普通高等教育"十二五"规划教材

电子信息科学与工程类专业规划教材

嵌入式系统
原理与应用设计

王光学　编著

電子工業出版社
Publishing House of Electronics Industry
北京·BEIJING

内 容 简 介

本书主要内容包括嵌入式系统基本概念、ARM 编程模型、ARM 指令集、ARM 程序设计基础、嵌入式系统硬件与软件结构、嵌入式系统硬件与底层驱动程序设计及嵌入式系统应用程序设计。本书通过一典型设计实例阐述嵌入式系统组成原理与设计方法。采取"自顶向下+模块化"方式讲授设计实例，首先给出实例架构，然后划分为模块，再设计硬件与底层驱动程序，最后设计应用程序。本书集作者多年教学探索所成，重点突出、语言简练，内容全面。本书配有电子课件等教学资源。

本书适合高校计算机科学与技术、电子信息科学与技术、电子信息工程、软件工程与自动化等专业嵌入式系统及其相关课程的教材，也适合具备上述专业背景的工程技术人员自学或参考。

图书在版编目（CIP）数据

嵌入式系统原理与应用设计 / 王光学编著. —北京：电子工业出版社，2013.1

电子信息科学与工程类专业规划教材

ISBN 978-7-121-19130-5

I. ①嵌⋯　II. ①王⋯　III. ①微型计算机－系统设计－高等学校－教材　IV. ①TP360.21

中国版本图书馆 CIP 数据核字（2012）第 286215 号

策划编辑：索蓉霞　　刁伟兴
责任编辑：史鹏举
印　　刷：北京虎彩文化传播有限公司
装　　订：北京虎彩文化传播有限公司
出版发行：电子工业出版社
　　　　　北京市海淀区万寿路 173 信箱　邮编　100036
开　　本：787×1092　1/16　印张：21.5　字数：621 千字
版　　次：2013 年 1 月第 1 版
印　　次：2021 年 1 月第 6 次印刷
定　　价：39.00 元

凡所购买电子工业出版社图书有缺损问题，请向购买书店调换。若书店售缺，请与本社发行部联系，联系及邮购电话：(010) 88254888。

质量投诉请发邮件至 zlts@phei.com.cn，盗版侵权举报请发邮件至 dbqq@phei.com.cn。

服务热线：(010) 88258888。

前　言

　　嵌入式系统是研究手机、数码相机、微波炉、医院 B 超、小汽车及工业自动化等设备中专用计算机系统的一门学科。它是随着电子集成电路技术的发展和 32 位嵌入式处理器的广泛使用而带来的产物。嵌入式系统(Embedded System)在国外出现的历史要长些，但在国内，直到 2002 年左右这一名词才开始大量出现在媒体上，此后迅速成为 IT 技术的一个研究热点，国内很多高校相继开设了相关课程或专业方向。笔者于 2007 年开始组织和编写本书，历时 5 年完成，本书力图体现如下特色。

　　(1) 突出重点、难点，抓住"抓手"。

　　例如异常中断，既是重点，又是难点，本书不但在内容上不惜笔墨，而且在讲授方式上也煞费苦心，设法将它以一种最易接受的方式呈现给读者；又如嵌入式系统硬件设计，本书抓住总线结构及设备控制器这个"抓手"，使硬件设计变得简单容易；再如 μC/OS-II 功能函数，笔者着力于源码的分析，通过源码理解其功能及工作原理。

　　(2) 通过典型实例阐述嵌入式系统原理及设计方法。

　　嵌入式系统涉及面广、复杂、抽象，若没有实例物化、深化、固化，学生不容易掌握。故在讲授完 ARM 架构与 μC/OS-II 操作系统后，本书虚构了一个应用需求，给出了能完成这一需求的嵌入式系统组成架构，随后各章的讲授都围绕这一架构的实现来展开。

　　(3) 采取"自顶向下+模块化"方式讲授设计实例。

　　嵌入式系统设计实例能否被学生掌握是决定本门课程成败的关键，但实例本身太复杂，初学者不易掌握。常听学生如此抱怨："前面汇编感觉还不错，但到后面的设计实例就晕了。"故从承担这门课起，笔者一直在思考如何讲授设计实例，并做了不少尝试，逐渐摸索出了讲授实例最有效的方式：自顶向下+模块化。

　　所谓"自顶向下"就是先讲授嵌入式系统架构，再讲授实现细节；"模块化"就是将复杂的嵌入式系统划分为模块，一个模块一个模块地进行设计介绍。"自顶"使学生登高望远，一览众山小，以掌握嵌入式系统整体结构；"向下"使学生深入其中，掌握嵌入式系统技术细节。"模块化"又将复杂的嵌入式系统做了简化，便于学习掌握。故自从采取"自顶向下+模块化"方式讲授设计实例后，讲课感觉轻松多了，也听不到先前的抱怨了。所以，本书在结构设计上有一定程度的创新，即在紧随 ARM 架构及 μC/OS-II 操作系统介绍后，增加一章专门分析研究嵌入式系统架构，接着进行模块划分，将复杂的嵌入式系统设计实例划分为一个个模块，逐一讲授每个模块的硬件与底层驱动设计，最后一章则利用前面提出的架构与设计的模块，给出了完成相同事务处理的嵌入式系统应用程序的无核(单任务)及有核(多任务)实现。

　　目前，国内开设嵌入式系统及其相关课程的专业通常有计算机科学与技术、电子信息科学与技术、电子信息工程、软件工程与自动化等。但无论是在哪个专业开设，不外乎两种情况：一种情况是学分少，作为导论课开设；另一种情况是学分较多，作为专业方向课开设。本书作为嵌入式系统系列课程中最基础的入门课，两种情况均适宜。对于第一种情况，由于开设的是嵌入式系统导论课，建议讲授完本书的全部内容，但第 7 章可以删掉一些模块。对于第二种情况，由于专业方向课程均会由几门课组成，建议重点讲授本书除第 5 章以外的所有章节，第 5 章所涉内容可以另设一门课来讲授。

为方便教学，本书配有电子课件，任课教师可以登录华信教育资源网（www.hxedu.com.cn）免费注册下载。

本书得以顺利出版，感谢家人的支持，感谢学校特色教材项目的资助，感谢电子工业出版社索蓉霞编辑的有益建议和史鹏举编辑付出的努力。

在多年的教学摸索中，笔者从教学实际需求的角度观察、思考，并试图尝试新的表述方式展现嵌入式系统的全貌，但由于水平有限，书中难免有不妥之处，恳请指正。

作　者

目　录

第1章 嵌入式系统概述

什么是嵌入式系统？有何特点？与传统的单片机系统以及 PC 系统有何不同？由哪些部分组成？如何开发？本章试图对这些问题做出回答。第 1 节阐述了嵌入式系统的基本概念，包括嵌入式系统定义、特征、与 PC 系统及单片机系统的区别；第 2 节介绍了嵌入式系统的发展；第 3 节介绍了嵌入式系统的应用；第 4 节介绍了嵌入式系统的组成，主要介绍其中的嵌入式处理器、嵌入式操作系统及嵌入式应用软件。

1.1 嵌入式系统的基本概念

1.1.1 嵌入式系统定义

嵌入式系统的定义要从计算机工业的分类说起。传统上，按照计算机的体系结构、运算速度、结构规模分为大型计算机、中型机、小型机和微型计算机，并以此来组织学科和产业分工，这种分类沿袭了约 40 年。但很明显，这种分类已不适合现代计算机工业了，现代微型计算机的速度、结构复杂度都直抵原来的大、中型机，于是现代分类按计算机的嵌入式应用和非嵌入式应用将其分为通用计算机和嵌入式计算机。通用计算机即通常所说的个人计算机（PC），嵌入式计算机即指嵌入式系统。因此，我们可以给嵌入式系统下这样一个定义：嵌入式系统是嵌入到对象体系中的专用计算机系统。如微波炉、空调、小汽车、数码相机与手机等产品中都需要计算机系统来进行控制与管理，这些产品中的计算机系统就是嵌入式系统。但习惯上，也称这些产品为嵌入式系统。

IEEE（国际电气和电子工程师协会）给嵌入式系统下了这样一个定义：嵌入式系统是"用于控制、监视或者辅助操作机器和设备的装置"。

可以看出此定义是从应用上考虑的，嵌入式系统是软件和硬件的综合体，还可以涵盖机电等附属装置。

综上所述，嵌入式系统有狭义与广义两类定义。狭义上看，嵌入式系统是指嵌入微波炉、空调、小汽车及数码相机等产品中用于控制与管理的专用计算机系统；广义上看，微波炉、空调、小汽车及数码相机等内部包含有专用计算机的产品都属嵌入式系统。

嵌入式系统的另一个较通用的定义是：嵌入式系统是以应用为中心，以计算机技术为基础，软件硬件可裁剪，适应应用系统对功能、可靠性、成本、体积、功耗等严格要求的专用计算机系统。

1.1.2 嵌入式系统的特点

PC 与单片机系统是我们较熟悉的，下面从嵌入式系统与 PC、单片机系统的区别来介绍嵌入式系统的特点。

1. 嵌入式系统与 PC 的区别

嵌入式系统与个人计算机系统（PC）的区别主要体现在以下方面：

（1）嵌入式系统的硬件和软件都必须高效率地设计、"量体裁衣"、去除冗余，力争在较少的资源上实现更高的性能；PC 的软/硬件都很庞大、臃肿。

（2）嵌入式系统的目标代码通常是固化在非易失性存储器（ROM，EPROM，EEPROM，Flash）芯片中的；PC 存放在硬盘中。

（3）嵌入式系统使用的操作系统一般是实时操作系统（RTOS），系统有实时性约束；PC 无此限制。

（4）嵌入式系统需要专用开发工具和方法进行设计——交叉开发；PC 直接开发。

（5）通用 PC 软、硬件技术高度垄断；嵌入式系统技术不容易被垄断。

2．嵌入式系统与单片机系统的区别

嵌入式系统与单片机系统的区别主要体现在以下方面：

（1）嵌入式系统通常指基于 32 位微处理器设计的系统（往往带操作系统）；单片机系统指基于 4 位、8 位与 16 位微处理器设计（不使用操作系统）的系统。

（2）嵌入式系统设计的核心是软件设计，约占 70%的工作量，硬件只占 30%；单片机系统软/硬件设计工作所占比例基本相同，约为 1∶1。

（3）嵌入式软件职位与硬件职位的需求比为 7∶3，单片机系统约为 1∶1，甚至软/硬件职位不分。

但根据嵌入式系统的定义，单片机系统显然也属于嵌入式系统，满足嵌入式系统的定义。为将单片机系统与通常所指的嵌入式系统区别开来，我们可将单片机系统看做低端嵌入式系统，而将以 32 位嵌入式处理器为代表的嵌入式系统看做中、高端嵌入式系统。

3．嵌入式系统的特征

嵌入式系统的特征主要体现在以下方面：

（1）嵌入式系统是一个专用计算机系统。

（2）嵌入式系统软、硬件根据需要进行定制，一般有功耗低、体积小、集成度高、成本低、可靠性高、实时性强等要求。具体要求随应用环境而异。

（3）嵌入式系统软件采取交叉方式进行开发。

1.2　嵌入式系统发展

嵌入式系统的发展历程，大致经历了以下 4 个阶段。

（1）无操作系统阶段

单片机是最早应用的嵌入式系统，单片机作为各类工业控制和飞机、导弹等武器装备中的微控制器，用来执行一些单线程的程序，完成监测、伺服和设备指示等多种功能，一般没有操作系统的支持，程序设计采用汇编语言。由单片机构成的这种嵌入式系统使用简便，价格低廉，在工业控制领域中得到了非常广泛的应用。

（2）简单操作系统阶段

20 世纪 80 年代，出现了大量具有高可靠性、低功耗的嵌入式 CPU（如 PowerPC 等），芯片上集成有 I/O 接口、串行接口及 RAM、ROM 等部件。一些简单的嵌入式操作系统开始出现并得到迅速发展，程序设计人员也开始基于一些简单的"操作系统"开发嵌入式应用软件。此时的嵌入式操作系统虽然还比较简单，但已经初步具有了一定的兼容性和扩展性，内核精巧且效率高，大大缩短了开发周期，提高了开发效率。

（3）实时操作系统阶段

20 世纪 90 年代，面对分布式控制、柔性制造、数字化通信和信息家电等巨大市场的需求，嵌入式系统飞速发展。随着硬件实时性要求的提高，嵌入式系统的软件规模也不断扩大，实时多任务操作系统（Real-Time Operation System，RTOS）逐渐形成，系统能够运行在各种不同类型的微处理器上，具备了文件和目录管理、设备管理、多任务、网络、图形用户界面等功能，并提供了大量的应用程序接口（Application Programming Interface，API），从而使应用软件的开发变得更加简单。

　　（4）面向 Internet 阶段

　　进入 21 世纪，Internet 技术与信息家电、工业控制技术等的结合日益紧密，嵌入式技术与 Internet 技术的结合正在推动着嵌入式系统的飞速发展。面对嵌入式技术与 Internet 技术的结合，嵌入式系统技术和应用在飞速发展，主要体现在以下方面：

　　① 新的微处理器不断出现，主频越来越高，从单核向多核发展，功耗和成本不断下降。提供更加友好的多媒体人机交互界面。

　　② Linux、Windows CE、Palm OS 与 Android 等嵌入式操作系统迅速发展。嵌入式操作系统自身结构的设计更便于移植，具有源代码开放、系统内核小、执行效率高、网络结构完整等特点，能够在短时间内支持更多的微处理器。计算机的新技术、新观念开始逐步移植到嵌入式系统中，嵌入式软件平台得到进一步完善。

　　③ 嵌入式系统的开发成了一项系统工程，开发厂商不仅要提供嵌入式软、硬件系统本身，同时还要提供强大的硬件开发工具和软件支持包。

1.3　嵌入式系统的应用

　　嵌入式系统的应用非常广泛，在军事国防、消费电子、工业控制、商业领域、医疗设备、交通管理、环境监测及信息家电中都得到了应用。

　　在军事国防方面，嵌入式系统应用于各种武器控制（火炮控制、导弹控制、智能炸弹制导引爆装置）及坦克、舰艇、轰炸机等陆海空各种军用电子装备、雷达、电子对抗、军事通信装备、野战指挥作战用各种专用设备中。

　　在消费电子方面，嵌入式系统应用于各种信息家电产品中，如数字电视机、机顶盒、数码相机、VCD、DVD、音响设备、可视电话、家庭网络设备、洗衣机、电冰箱、智能玩具、手机等。

　　在工业控制方面，嵌入式系统应用于各种智能测量仪表、数控装置、可编程控制器、分布式控制系统、现场总线仪表及控制系统、工业机器人、机电一体化机械设备及汽车电子设备中。

　　在商用领域，嵌入式系统应用于各类收款机、POS 系统、电子秤、条形码阅读机、商用终端、银行点钞机、IC 卡输入设备、取款机、自动柜员机、自动服务终端、防盗系统及其他各种银行专业外围设备中。

　　在办公领域，嵌入式系统应用于复印机、打印机、传真机、扫描仪、激光照排系统、安全监控设备、个人数字助理（PDA）、变频空调设备、通信终端、程控交换机、网络设备、录音录像、电视会议设备、数字音频广播等各种办公系统中。

　　在医疗设备领域，嵌入式系统应用于 X 光机、超声诊断仪、计算机断层成像系统、心脏起搏器、监护仪、辅助诊断系统、专家系统等各种医疗电子仪器中。

　　在交通管理、环境监测方面，嵌入式系统应用于车辆导航、流量控制、信息监测、车载 GPS 设备、水文资料实时监测、防洪体系及水土质量监测、堤坝安全、地震监测网、实时气象信息网、水源和空气污染监测等各种系统中。

1.4　嵌入式系统的组成

嵌入式系统是一个专用计算机系统，由硬件与软件组成。如图 1.1 所示，软件可分为三层，即驱动层、OS 层与应用层。硬件可分为处理器核、片上功能模块与外部设备三部分。

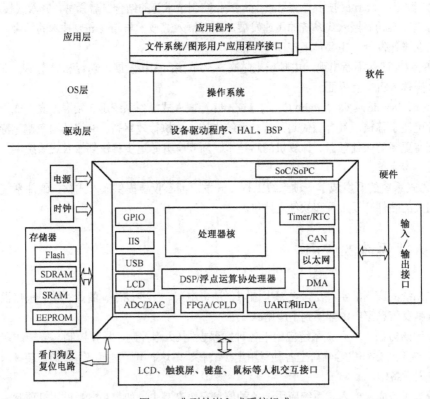

图 1.1　典型的嵌入式系统组成

驱动层指设备驱动程序、硬件抽象层(HAL)或板级支援包(BSP)，可以包括在操作系统中，作为操作系统内核的组成部分。在驱动层中还应包括 Bootloader，是嵌入式系统上电复位后执行的第一个程序——开机程序，负责初始化硬件、装载代码到 RAM 等工作。PC 中类似工作由 BIOS(Basic Input /Output System)来做，嵌入式系统中无通用 BIOS，用户必须自己编写 Bootloader 程序。嵌入式系统通常有两种启动方式，一种是直接从 Flash 启动，另一种是将压缩的内存映像文件从 Flash 中复制、解压到 RAM，再从 RAM 启动。Bootloader 完成基本软、硬件初始化后，若有操作系统，则将控制权转交操作系统；若没有操作系统，则直接执行应用程序或等待用户命令。

操作系统(OS)是嵌入式系统中的重要软件，管理嵌入式系统中的资源，向上向用户提供使用资源的接口，向下对硬件进行操作控制。但并非所有的嵌入式系统都需要操作系统。嵌入式操作系统种类很多，后面专辟一节介绍。

应用程序是向用户提供服务的程序，从功能上看，其与 PC 应用程序无多大区别，不同之处是其开发过程，通常采取交叉开发方式进行开发。

处理器核是嵌入式系统的大脑，种类很多，有 ARM、MIPS、PowerPC、SPARC、MCS 等，后面将专辟一节进行介绍。

片上功能模块是指 UART、IIS、ADC/DAC、LCD、DMA 与 Timer 等与处理器核集成在一起的独立功能模块或设备控制器。独立功能模块可单独提供某种使用功能，如 Timer 可定时、ADC/DAC 可进行模数/数模转换。设备控制器可用于挂接外部设备，如 LCD 控制器可挂 LCD，UART 控制器可挂接 RS-232 接口。

外部设备指输入/输出接口，人机交互接口与通信接口及电源、复位电路、存储器等处理器片外的设备。其中，输入/输出接口就是通常所说的 I/O 口，提供嵌入式处理器与外设之间连接所需的控制信号及数据通道，是嵌入式系统中最庞大的部分。电源电路提供嵌入式系统所需电源，一般为±3/5V DC。时钟电路提供嵌入式系统所需时钟信号，可由一外部时钟源或一晶振电路产生。复位电路提供嵌入式系统复位信号。人机交互接口有 LCD、触摸屏、键盘与鼠标等。存储器种类也很多，通常有如下几类：

SRAM：静态随机存储器，速度高，体积大，成本高，无需刷新；

DRAM：动态随机存储器，速度低，体积小，成本低，需刷新；

SDRAM：同步动态随机存储器，与 DRAM 同属一类存储器，但速度比 DRAM 快；

ROM：只读存储器；

Flash：只读存储器，也称闪存；

EEPROM：电可擦除的只读存储器。

1.4.1 嵌入式处理器

嵌入式处理器通常分为嵌入式微控制器、嵌入式 DSP、嵌入式微处理器与嵌入式片上系统 4 类，下面分别进行介绍。

1. 嵌入式微控制器 MCU (Micro Control Unit)

嵌入式微控制器是主要用于控制领域的嵌入式处理器。在一块芯片内部集成了 ROM、RAM、总线、总线控制逻辑、定时/计数器、看门狗、I/O、串行口、脉宽调制输出、A/D、D/A 等各种适宜控制用的功能模块，因此称为微控制器或单片机。典型代表是 MCS-51 系列及 PIC 系列的 4 位、8 位及 16 单片机。

微控制器的最大特点是单片化，体积大大减小，从而使功耗和成本下降、可靠性提高，特别适合工业控制。

2. 嵌入式 DSP (Digital Signal Processor)

DSP 是专门用于数字信号处理的处理器。数字信号处理是指数字滤波、FFT、DCT、小波变换、谱分析及音视频编码解码等处理，这些处理通常涉及大量数据的传输、乘法及乘累加等操作。因此，为便于数字信号处理，DSP 在系统结构和指令算法方面进行了特殊设计，如采用便于大量数据传输的哈佛体系结构及硬件乘法器和硬件乘累加器设计，以加快数据的传输、乘法及乘累加操作的速度。

哈佛体系结构如图 1.2 所示，它与传统的冯·诺依曼体系结构（见图 1.3）不同，程序存储器与指令存储器是分开的，有两套地址总线与数据总线，在取指令的同时也可取数据，克服了冯·诺依曼体系结构取指令时不能取数据带来的数据传输屏颈。

DSP 芯片厂商主要有 TI（德州仪器）、Motorloa、Lucent 等。

TI 占据 DSP 市场 80%以上份额，主要产品有 2000、5000 与 6000 三个系列，其中 2000 系列主要用于高速控制领域，5000 系列主要用于音频处理，6000 系列主要用于视频处理。

3. 嵌入式微处理器 MPU

MPU (Micro Processor Unit) 是由通用计算机中的 CPU 演变而来的，主要类型有 Am186/88、386EX、SC-400、PowerPC、68000、MIPS、SPARC 与 ARM 等系列。

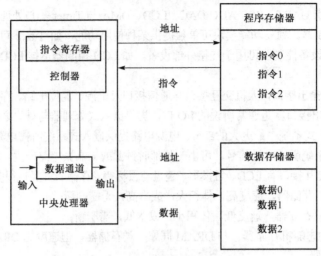

图 1.2　哈佛体系结构

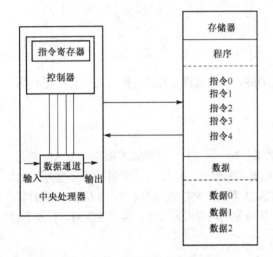

图 1.3　冯·诺依曼体系结构模型

（1）PowerPC

PowerPC 架构的处理器最初是由 IBM、Motorola 和 Apple 三家公司联合研制的产品，1994 年第一个 PowerPC 处理器 PowerPC 601 问世，到现在已有几十种 PowerPC 处理器投放市场，其主频范围从 32 MHz 到 1 GHz 不等。Apple 后来放弃了 PowerPC，但 IBM 与 Motorola 仍还在继续研发和生产 PowerPC 处理器。

PowerPC 处理器品种很多，既有通用的处理器，又有嵌入式控制器和内核，应用范围非常广泛，从高端的工作站、服务器到桌面计算机系统，从消费类电子产品到大型通信设备，无所不包。

PowerPC 主要型号是 PowerPC 750，它于 1997 年研制成功，最高的工作频率可以达到 500 MHz，采用先进的铜线技术。该处理器有许多品种，以便适合各种不同的系统。包括 IBM 小型机、苹果计算机和其他系统。嵌入式用的为 PowerPC 405（主频最高为 266 MHz）和 PowerPC 440（主频最高为 550 MHz），其内核可以用于各种 SoC 设计上，在电信、金融和其他许多行业具有广泛的应用。

（2）MIPS

MIPS（Microprocessor without Interlocked Piped Stages），为无内部互锁流水级的微处理器。

MIPS 微处理器最早是在 20 世纪 80 年代初期由斯坦福大学 Hennessy 教授领导的研究小组研制出来的。1984 年，MIPS 计算机公司成立，1992 年，SGI 收购了 MIPS 计算机公司，1998 年，MIPS 脱离 SGI，成为 MIPS 技术公司。MIPS 技术公司是一家设计与制造高性能嵌入式 32 位和 64 位处理器的厂商，在 RISIC 处理器方面占有重要地位。

MIPS 系列微处理器是目前仅次于 ARM 的用得最多的处理器之一（1999 年以前 MIPS 是世界上用得最多的处理器），其应用领域覆盖游戏机、路由器、激光打印机、掌上电脑等各个方面。MIPS 的系统结构及设计理念比较先进，在设计理念上 MIPS 强调软/硬件协同提高性能，同时简化硬件设计。

MIPS 处理器的发展如表 1.1 所示。下面仅对其中的 MIPS32 24KE 和 MIPS32 74K 做一简单介绍。

表 1.1　MIPS 的发展

1986 年	R2000 处理器	1996 年	R10000 处理器
1988 年	R3000 处理器	1997 年	R12000 处理器
1991 年	R4000 处理器	2000 年	MIPS32 24KE
1994 年	R8000 处理器	2007 年	MIPS32 74K

MIPS32 24KE 是 MIPS 公司在 2000 年推出的高性能、低功耗的 32 位处理器内核系列。该内核系列采用高性能 24K 微架构，同时集成了 MIPS DSP 特定应用架构扩展(ASE)。24KE 内核系列包括 24KEc、24KEf、24KEc Pro 和 24KEf Pro。目标市场包括机顶盒、DTV、DVD 刻录机、调制解调器与住宅网关等。其功能框图如图 1.4 所示。

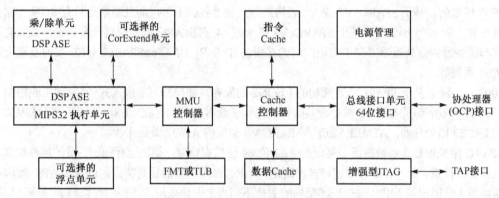

图 1.4　MIPS32 24KE 功能框图

MIPS32 74K(以下简称 74K)是 MIPS 公司在 2007 年推出的内核产品。该产品采用标准硅工艺，是目前嵌入式市场速度较快的可综合处理器内核，主频速度达到 1 GHz 以上。

MIPS32 74K 按照普通单元和 EDA 标准流程设计，采用 65 nm 制造工艺，内核面积为 $1.7~\mathrm{mm}^2$。内含自主研发的嵌入式微架构，在同类产品之中的性能/芯片面积比很高。具有如下特点：

① 具有 CorExtendTM 功能，该功能可供用户自定义指令。具有二进制兼容的特性，可以直接替代原有的 MIPS32 24K 系列内核，而不需要对应用代码进行任何修改；

② 74K 内核运行速度可达到 24K 内核的 1.5 倍到 1.6 倍。

③ 双流水线架构，支持非对称双发。

④ 一条 6 级地址生成(AGEN)流水线可处理存储转移负载，并控制传输分支转移指令。另外一条 5 级 ALU 流水线处理所有的与算数、逻辑和计算相关的指令。提供加快 DSP 和媒体处理应用的增强型指令集 DSP ASE(第 2 版)。

(3) SPARC

SPARC(Scalable Processor Architecture)，即可扩展处理器架构，是 SUN 公司在 1985 年提出的体系结构标准，它基于 1980 年到 1982 年间加州大学伯克利分校关于 Berkeley RISC 的研究成果，并由一个独立、非盈利组织 SPARC International 负责 SPARC 架构标准的管理和开发认证，是国际上流行的 RISC(Reduced Instruction Set Computer)微处理器体系架构之一。SPARC 是开放的，任何机构或个人均可研究或开发基于 SPARC 架构的产品，如东芝、富士通、Aeroflex、ESA(Europen Space Agent)、北京时代、珠海欧比特等都在此架构上开发出了自己的 SPARC 微处理器。

1985 年，SUN 发布了世界上第一个 32 位可扩展处理器架构标准 SPARC V7。V7 定义了 SPARC 体系结构的数据类型、寄存器、指令、存储器模型和异常处理，处理器指令字长是 32 位。它采用独立的指令（SAVE，RESTORE）来进行寄存器管理，用 LOAD 和 STORE 指令访问内存。

1987 年，SUN 发布了业界第一款有可扩展性功能的 32 位微处理器 SPARC。因为它采用了 SPARC 的首款架构 SPARC V7，所以获得了更高的流水线硬件执行效率和更为优化的编译器，并缩短了其开发周期，满足了 Sun-4 计算机迅速投放市场的要求。

1990 年，SPARC International 发布了 32 位 SPARC V8 架构标准。它在 SPARC V7 的基础上增加了乘法和除法指令，加速乘除法的处理，使得用户不必使用子程序完成相同操作。

1994 年，SPARC International 发布了 64 位 SPARC V9 架构标准。相对于 SPARC V8，这一版本的显著变化在于：数据和地址的位宽由 32 位变到 64 位，支持超标量微处理器的实现，支持容错及多层嵌套陷阱，具有超快速陷阱处理及上下文切换能力。

1995 年以前，基于 SPARC V7 或 V8 架构的微处理器种类不多，而且基本上只有 SUN 一家公司在研制开发。从 1995 年以后，基于 SPARC V9 架构的 64 位 SPARC 微处理器日渐丰富，其面向高性能计算和服务器的微处理器得到了市场广泛的接受，如 SUN 的 UltraSPARCT1/T2 系列及富士通的 SPARC64 系列等。

2003 年，随着基于 SPARC V8 架构的 LEON2 的发布，面向高可靠嵌入式领域（如工业控制、军工电子、空间应用等）的 SPARC 微处理器的研制得到了众多公司的青睐。ESA 研制了基于 SPARC V7 架构的 ERC32 微处理器，ATMEL 制造了 SPARC V8 架构的 AT697 微处理器。

SPARC 微处理器具备精简指令集、支持 32 位/64 位数据精度，架构运行稳定、可扩展性优良、体系标准开放等特点。此外，寄存器窗口技术既是 SPARC 微处理器的显著特点，也是 SPARC 架构不同于由斯坦福大学提出的 MIPS 微处理器架构的主要不同点之一。采用这项技术可以显著减少过程调用和返回执行时间、执行的指令条数和访问存储器的次数，从而易于实现直接高效的编译。寄存器窗口技术是将工作寄存器组成若干窗口，建立一个环形结构，利用重叠寄存器窗口来加快程序的运转。每个过程分配一个寄存器窗口（含有一组寄存器），当发生过程调用时，可以把处理器转换到不同寄存器窗口使用，无需保存和恢复操作。相邻寄存器窗口部分重叠，便于调用参数传送。为每个过程提供有限数量的寄存器窗口，各个过程的部分寄存器窗口重叠。

伴随 LEON2 的发布，SPARC 微处理器在嵌入式应用领域获得了巨大的发展空间，全球大约已有 3 万多个成功的应用案例。比较著名的是国际空间站上的控制计算机 DMS-R 及空间自动转移器 ATV 中均使用了 SPARC 微处理器 ERC32，而在太空观测台 JEM-EUSO 上则使用了 SPARC V8 架构的微处理器。国内研制的 SPARC 微处理器在军工电子领域已得到应用，在民用领域正处于普及推广应用过程中。

经过 20 多年的发展，SPARC 微处理器凭借其持续的创新研发能力，不断取得骄人成绩。在服务器等高端处理器领域，以及在空间应用等高可靠嵌入式应用领域，SPARC 微处理器发挥着越来越重要的作用。如 ESA 已决定在 2013 年发射的水星探测任务中采用 SPARC 微处理器。

SPARC 架构标准的开放和最先进的多核心、多线程 SPARC 微处理器的设计代码开放，促使世界上越来越多的公司、机构和大学加入到 SPARC 微处理器的研发中。到目前为止，对于开源的 SPARC 微处理器设计代码，已经有超过 10,000 个下载。而业界对研究 SPARC 微处理器的积极响应，必将推动 SPARC 微处理器持续进步，让它始终具有超强的竞争性。

（4）ARM

ARM 最初是由英国 Acorn Computer 公司于 1983~1985 年间设计的第一个商用 RISC 微处理器架构。

1990 年，ARM（Advanced RISC Machines）公司成立。现 ARM 公司已成为一个全球领先的嵌入式微处理器 IP（Intellectual Property）核供应商，提供一些高性能、低功耗、低成本和高可靠性的 RISC 处理器核、外围部件和系统级芯片设计方案，自己既不生产芯片也不销售芯片。

ARM 微处理器核的特点是结构简单、低功耗、低成本、高性能，适用于便携式通信工具、手持式计算机、多媒体数字消费类产品以及其他的嵌入式系统。

关于 ARM 的更多介绍请参见第 2 章。

4．嵌入式片上系统 SoC

SoC（System on Chip），意为"片上系统"，即将一个"系统"所需的功能模块都做在一个芯片上。如将 USB、TCP/IP、GPRS、GSM、IEEE1394、蓝牙等模块都集成在一块芯片上，而这些单元以往都是一个个独立的 IC。这样做有如下好处：

（1）实现了软、硬件无缝结合，可直接在微处理器芯片内嵌入操作系统的代码模块。

（2）通过改变内部工作电压，可降低芯片功耗。

（3）减少芯片对外引脚数，简化了制造过程。

（4）减少了外围驱动接口单元及电路板之间的信号传递，可以加快其数据处理的速度。

（5）内嵌的线路可以避免外部电路板在信号传递时所造成的系统杂讯干扰。

将 SoC 与 PLD/FPGA 相结合便产生另一种新的嵌入式处理器 SoPC（System On Programmable Chip），即可编程片上系统，其结合了 SoC 和 PLD/FPGA 各自的技术优点，使得系统具有可编程的功能，是可编程逻辑器件在嵌入式应用中的完美体现，极大提高了系统的在线升级、换代能力。

嵌入式处理器的以上划分是历史上形成的，并不一定合理，实际上有时很难将一款嵌入式处理器归为以上的哪一类，如三星公司的 S3C2440 嵌入式微处理器片上就集成了 USB、LCD、AC97、摄影机、串口、IIC 与 IIS 等控制器，算得上是一款 SoC，但通常仍将其当做一款微处理器。

1.4.2　嵌入式操作系统

嵌入式操作系统是嵌入式系统中的重要软件，介于应用程序与硬件之间，向上为应用程序提供使用硬件的接口，向下管理控制硬件。

嵌入式操作系统一般仅指操作系统的内核，通常只包括任务管理、存储管理、设备管理与存储器管理等内核模块，窗口界面、文件以及通信协议等模块则不被包括，根据需要选用。实际上，在嵌入式系统中，除了核外模块可根据需要进行裁剪外，内核也需要是可裁剪的，一方面是因为嵌入式系统的需求千差万别，另一方面嵌入式系统要求软、硬件必须精简，不允许有多余的成分，否则易于引起成本增加或可靠性下降。

大多数嵌入式系统应用在实时环境中，因此嵌入式操作系统跟实时（Real-Time）操作系统往往关联在一起，但嵌入式操作系统并非都是实时系统。实时又分为硬实时与软实时两类，一些嵌入式系统，如火箭发射、轮船控制等要求操作系统是硬实时的，另一些嵌入式系统，如手机、PDA 与订票系统等，只需软实时甚至非实时都可以。

嵌入式操作系统有近百种，典型的有 Linux、Windows CE、VxWorks、Psos、Palm OS、OS-9、LynxOS、QNX、LYNX 与 μC/OS-II 等，下面选取其中具有代表性的几种做一简单介绍。

（1）VxWork

VxWork 是美国 WindRiver 公司于 1983 年设计开发的一种嵌入式实时操作系统（RTOS），具有良好的持续发展能力、高性能的内核以及友好的用户开发环境，在嵌入式实时操作系统领域牢牢占据着一席之地。显著特点是：可靠性高、实时性和可裁减性好，支持多种处理器，如 x86、i960、Sun Sparc、Motorola MC68xxx、MIPS、PowerPC 等。

（2）Windows CE

Windows CE 是微软开发的一种针对小容量、移动式、智能化 32 位设备的模块化嵌入式操作系统，主要用于手机、掌上电脑、GPS 等。其特点是不够实时，属于软实时操作系统，但由于其 Windows 背景，界面与 Windows 相似，用户容易上手。

（3）Palm OS

Palm OS 是著名的网络设备制造商 3COM 旗下的 Palm Computing 公司的产品，主要针对 PDA 开发的操作系统，在 PDA 市场上占有很大的市场份额，市场份额曾经占到将近 90%，后来由于 Windows CE，尤其是 Android 的有力竞争，其市场份额急剧下降。

（4）QNX

QNX 是加拿大 QNX 公司的产品，是一个实时的、可扩充的操作系统，部分遵循 POSIX 标准，图形界面功能强，适合作为机顶盒、手持设备(掌上电脑、手机)、GPS 设备的操作系统。

（5）µC/OS-II

µC/OS-II 是源码开放、可裁减、结构小巧、抢先式、多任务(64 个任务，分 0~63 级)的一款硬实时操作系统。其内核最小可到 2K，包括信号量、消息队列及相关函数等全部功能的内核仅为 6~10K，已移植到 40 多种处理器上。但其不支持文件系统，无 GUI，适用于小型控制系统。可靠性已经过美国联邦航空管理局认证，可用于商用飞机。

关于 µC/OS-II 的更多介绍请参见第 5 章。

（6）Linux

Linux 源码开放、内核小、功能强大(尤其是网络功能)、运行稳定、系统健壮、效率高、易于定制剪裁、支持 CPU 芯片多，在嵌入式领域得到广泛应用的操作系统。

（7）Android

Android 为针对手机应用开发的开源操作系统，以 Linux 为内核，分为内核、中间件、应用程序框架与应用程序四层。除了手机，目前 Android 还在平板电脑中受到广泛使用。

目前在嵌入式领域使用最广泛的是 Linux 与 Android，但嵌入式领域需求差别很大，不同的应用有不同的需求，没有最好，只有最适合。

1.4.3　嵌入式应用程序

如图 1.1 所示，嵌入式应用程序是处于最上层，直接面向用户，为用户提供服务的程序。其可分为两类：一类基于某一操作系统平台，通过操作系统提供的 API(应用程序编程接口)调用底层驱动程序对硬件进行操作控制；另一类则不带操作系统，直接调用底层驱动程序操作控制设备。嵌入式应用程序与具体应用有关，不能一概而论，但其开发过程是相似的，都是采取交叉方式开发，故在此仅介绍嵌入式应用软件的开发环境与开发过程。

所谓交叉开发是指先在一台通用 PC 上进行软件的编辑、编译及连接，然后下载到嵌入式设备中运行、调试的开发方式。通用 PC 称为宿主机，嵌入式设备称为目标机。

交叉开发需要一个开发环境。交叉开发环境通常由集成开发环境 IDE(Intergrated Development Environment)、调试仿真器、评估板及 PC 组成。其中，IDE 一般为一个整合了编辑、编译、汇编、链接、调试、工程管理及函数库等功能模块的软件平台。IDE 与处理器架构相关，如 MCS-51 单片机使用的开发平台是 Keil51，TI 的 DSP 使用的是 CCS，ARM 使用开发平台有 ADS、SDT 及 EmbestIDE 等。

调试仿真器有指令集模拟器、JTAG 仿真器、在线仿真器 ICE 与 ROM 监控器等种类。其中，指令集模拟器为一种利用 PC 端的仿真开发软件进行模拟调试的方法，是一个软件仿真器。

JTAG 仿真器是基于 JTAG 的在电路调试器 ICD(In-Circuit Debugger)，其通过处理器芯片的 JTAG 边界扫描口与处理器核进行通信，不占用目标板的资源，是目前使用最广泛的调试手段。

在线仿真器 ICE(In-Circuit Emulator)使用仿真头代替目标板上的 CPU，可以完全仿真处理器芯片的行为。但结构较复杂，价格昂贵，现已不再常用。

ROM 监控器(Monitor，驻留监控软件)驻留一个监控程序在目标板上运行，PC 端调试软件通过并口、串口或网口与之交互，以完成程序执行、存储器及寄存器读/写、断点设置等调试任务。

评估板可作为嵌入式软件运行的载体及操作控制的对象，尤其是在目标板出来之前，可用其作目标板用，替代目标板的功能，用于调试软件。

嵌入式应用软件开发过程可分为源代码编辑、源文件编译和链接、重定位和下载、联机调试四个基本阶段，如图 1.5 所示。

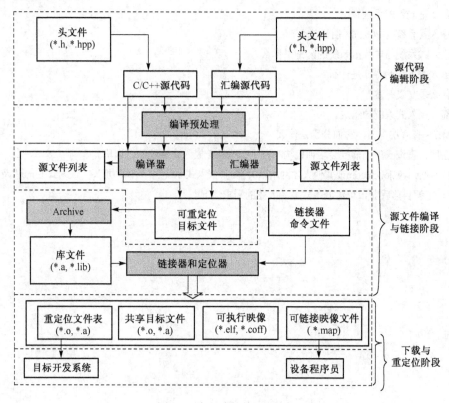

图 1.5　嵌入式软件开发流程

1.5　本章小结

本章主要介绍了嵌入式系统的定义、与 PC 及单片机系统的区别、特征、应用、组成及开发方式。嵌入式系统是嵌入到对象体系中的专用计算机系统。

嵌入式系统与 PC 的区别主要体现在前者为专用计算机系统，软、硬件针对特定应用专门设计，较精简，无冗余；后者为通用计算机系统，软、硬件需要满足各种不同应用，较庞大，较多冗余。另外，两者开发方式不同。

嵌入式系统与单片机系统的区别主要体现在前者通常使用 32 位及以上的嵌入式处理器，使用操作系统；后者使用 4 位、8 位或 16 位的嵌入式处理器，不使用操作系统。

嵌入式系统的特征主要体现在其是一个专用计算机系统，软、硬件根据需要进行定制，一般有功耗低、体积小、集成度高、成本低、可靠性高、实时性强等要求，另外，其软件采取交叉方式进行开发。

嵌入式系统由硬件与软件组成。软件可分为三层，即驱动层、OS 层与应用层。硬件可分为处理器核、片上功能模块与外部设备三部分。

嵌入式软件采取交叉方式开发，即先在一台通用 PC 上进行软件的编辑、编译及连接，然后下载到嵌入式设备中运行、调试。通用 PC 称为宿主机，嵌入式设备称为目标机。

习题与思考题

1.1　什么是嵌入式系统？

1.2　嵌入式系统与 PC 的区别是什么？

1.3　嵌入式系统与单片机系统的区别是什么？

1.4　嵌入式系统的特征是什么？

1.5　什么是交叉开发？

1.6　简述嵌入式系统的组成。

1.7　MIPS 有两层含义，它们分别是什么？

1.8　在网上查询一下当前社会培训机构举办了哪些关于嵌入式系统的培训班。

1.9　从网站www.jobcn.com或其他人才网站以关键词"嵌入式系统"、"单片机"、"嵌入式 Linux"及"Android"等进行查询，了解目前就业市场对嵌入式系统人才的需求情况。

第 2 章　ARM 编程模型

ARM（Advanced RISC Machines）公司 1991 年成立于英国剑桥，是专门从事基于 RISC 技术芯片设计的公司，主要出售芯片设计技术的授权，作为知识产权供应商，不直接从事芯片生产，靠转让设计许可由合作公司生产各具特色的芯片。半导体生产商从 ARM 公司购买其设计的 ARM 微处理器核，根据各自不同的应用领域，加入适当的外围电路，从而形成自己的 ARM 微处理器芯片。目前，全世界有几十家大的半导体公司在使用 ARM 公司的授权，使得 ARM 技术获得了更多的第三方工具、制造、软件的支持，又使整个系统成本降低，使产品更容易进入市场，更具有竞争力。ARM 微处理器几乎已经深入到工业控制、无线通信、网络应用、消费类电子产品、成像和安全产品等各个领域。

本章主要内容有：

- ARM 的发展历程、技术特征、版本与技术变种
- ARM 系列核
- ARM 核的工作状态、工作模式、寄存器组织、异常中断与指令流水线等

2.1　ARM 发展历程及其技术特征

2.1.1　ARM 发展历程

1983 年，英国剑桥的 Acorn Computer 开始进行 RISC 处理器的设计，1985 年 4 月推出了世界第一个商用 RISC 微处理器，芯片由美国加州 San Jose VLSI 技术公司制造。

1990 年，为推广 RISC 微处理器，Acorn Computer、Apple Computer 与 VLISI Technology 合资组建了 Advanced RISC Machines Limited，简称 ARM 公司。

1991 年，ARM 推出第一款 RISC 嵌入式微处理器核 ARM6。

1993 年，ARM 推出 ARM7 核。

1995 年，ARM 的 Thumb 扩展指令集结构为 16 位系统增加了 32 位的性能，提供业界领先的代码密度。

1995 年，Strong ARM 问世，应用于 PDA。

1997 年，第二代 Strong ARM 问世，称为 Xscale。

1997 年，ARM9 产生，其性能是 ARM7 的 2 倍。

2000 年，ARM10TDMI 产生，为 ARM 中的高端产品。

2003 年，ARM11 产生，是 ARM 中性能最强的一个系列。

2006 年，ARM Cortex 产生。

2.1.2　ARM 技术特征

ARM 架构属 RISC（Reduced Instruction Set Computer）体系架构，即精简指令集计算机体系架构。ARM 架构是世界上首个商用 RISC 架构，在此之前，计算机的体系架构为复杂指令集计算机体系架构，即 CISC（Complex Instruction Set Computer）架构。故要理解 RISC，还得先从 CISC 说起。

CISC 是 20 世纪 70 年代晚期在小型计算机基础上发展起来的一种单片计算机体系架构。其主要特点有三个：

（1）指令功能复杂，开发成本高。如 Intel 80386 耗资达 1.5 亿美元，开发时间长达 3 年多；IBM FS 高速机耗资数亿美元开发仍未获成功。

（2）指令多、长度不等，大量微码。如 IBM370 有 208 种指令、长度 16 位至 48 位，微程序 420 K；DEC VAX-11/780 有 303 种指令、长度 16 位至 456 位、微程序 480 K。

（3）不利于 VLSI 实现。

实际上，人们通过统计发现，计算机系统中 20%的简单指令(取数、运算、转移等)占据了 CPU 动态执行时间的 80%~90%，而 80%的复杂指令却只占据 CPU 动态执行时间的 20%。也就是说，在计算机系统中简单指令运行的机会多，复杂指令运行的机会少。既然如此，人们就没有必要花那么大的代价来设计复杂指令了，一条复杂指令的功能可通过多条简单指令来实现。这样既可简化设计的复杂度，又可降低硬件实现的成本，这就是 RISC 产生的原因。

1980 年，Patterson、Ditzel 的论文《精简指令集计算机》提出了 RISC 的设计思想：精简指令集的复杂度，简化指令实现的硬件设计，硬件只执行使用频度最高的那部分简单指令，大部分复杂的操作则由简单指令的组合完成。不久，伯克利分校据此设计出了 RISC 原型机 RISCI 与 RISCII，ARM 则是第一个采用 RISC 结构的商用微处理器。

RISC 与 CISC 的主要区别如下：

（1）RISC 指令格式和长度固定，类型少，功能简单，寻址简单方式少；CISC 指令长度不等，类型多，功能复杂。

（2）RISC 使用硬连线指令译码逻辑，易于流水线实现；CISC 采用微码 ROM 译码。

（3）RISC 大多数指令单周期完成；CISC 指令多为多周期完成。

（4）RISC 除 Load/Store 指令外，所有指令只对寄存器操作；大多数 CISC 指令皆可对主存及寄存器操作。

当然，RICS 也有其不足之处，主要是 RISC 代码密度没有 CISC 高，CISC 中的一条指令在 RISC 中有时要用一段子程序来实现；RISC 不能执行 x86 代码；RISC 给优化编译程序带来了困难。

ARM 的 RISC 体系结构采用了若干 Berkeley(伯克利)RISC 处理器设计中的一些特征，如：

（1）Load/Store 体系结构；

（2）固定的 32 位指令；

（3）3 地址指令格式。

但 ARM 并没有完全照搬 Berkeley RISC，做了一些改进，如：

（1）ARM 用少量的影子寄存器取代 Berkeley RISC 的寄存器窗口；

（2）ARM 的 RISC 未采用延迟转移；

（3）ARM 不强求所有的指令单周期执行，允许有多周期指令。

2.2 ARM 体系结构版本概述

2.2.1 ARM 体系结构版本

ARM 体系结构版本迄今为止共出现 7 个，分别命名为 v1~v7。此外还有基于这些体系结构版本的变种版本。目前主要在用的 ARM 处理器的体系结构版本是 v4、v5、v6 和 v7。每一个版本都继承了前一个版本的基本设计，指令集向下兼容。

目前实际使用的 ARM 处理器核有 20 多种，每一种处理器核依据一个体系结构版本设计，这些 ARM 核的共同特点是：字长 32 位、RISC 结构、低功耗、附加 16 位高密度 Thumb 指令集，获得广泛的嵌入式操作系统支持，包括 Windows CE、Palm OS、Symbian OS、Linux 以及其他的主流 RTOS，含有嵌入式跟踪宏单元 ETM（Embedded Trace Macro）。

下面对 ARM 已发布的体系结构版本做一简单介绍。

（1）ARMv1

ARMv1 具有 26 位寻址空间，包括下列指令：

① 基本数据处理指令（不包括乘法指令）；

② 基于字节、字和多字的存储器访问操作指令（Load/Store）；

③ 包括子程序调用指令 BL 在内的跳转指令；

④ 实现系统调用的软件中断指令 SWI。

ARMv1 只在原型机 ARM1 中出现过，现已不用。

（2）ARMv2

ARMv2 对 ARMv1 进行了扩展，但寻址空间仍只 26 位，增加了下列指令：

① 乘法和乘加指令；

② 支持协处理器操作的指令；

③ 对于 FIQ 模式，提供了额外的影子寄存器；

④ 存储器与寄存器交换指令 SWP 及 SWPB。

ARMv2 只在 ARM2 与 ARM3 使用，现已不用。

（3）ARMv3

ARMv3 地址（寻址）空间扩展到了 32 位，除了 ARMv3G 外，其他 ARMv3 版本向前兼容，支持 26 位地址空间。ARMv3 具有如下特点：

① 增加了当前程序状态寄存器 CPSR（Current Program Status Register）和程序状态保存寄存器 SPSR（Saved Program Status Register），SPSR 用于在程序异常中断时保存 CPSR 的内容；

② 增加了中止（Abort）和未定义（Undifined）两种异常模式；

③ 增加了 MRS 和 MSR 指令用于完成对 CPSR 和 SPSR 寄存器的读/写；

④ 修改了原来的从异常中断返回的指令。

ARMv3 在 ARM6、ARM600、ARM610、ARM7、ARM700、ARM710 中使用过，现已过时不用。

（4）ARMv4

ARMv4 在 ARMv3 基础上增加了下列指令：

① 有符号、无符号的半字和有符号字节的 Load 和 Store 指令；

② T 变种，即 16 位的 Thumb 指令集；

③ 增加了一种处理器特权模式，在该模式下，可以使用用户模式下的寄存器。

ARMv4 在 ARM7TDMI、ARM710T、ARM720T、ARM740T、StrongARM、ARM8、ARM810 中使用。

（5）ARMv5

ARMv5 主要由两个变型版本 5T 与 5TE 组成。与 ARMv4 相比，ARMv5 的指令集有了如下的变化：

① 提高了 T 变种中 ARM/Thumb 混合使用的效率；

② 增加前导零记数（CLZ）指令，该指令可使整数除法和中断优先级排队操作更为有效；

③ 增加了 BKPT（软件断点）指令；

④ 为协处理器设计提供了更多的可供选择的指令；

⑤ 对乘法指令如何设置标志进行了严格的定义。

ARMv5 在 ARM9E-S、ARM10TDMI、ARM1020E 中使用。

（6）ARMv6

ARMv6 是 2001 年发布的版本，在降低耗电量的同时还强化了图形处理性能。通过追加有效进行多媒体处理的 SIMD 功能，将语音及图像的处理功能提高到了原机型的 4 倍。ARMv6 首先在 2002 年春季发布的 ARM11 处理器中使用。除此之外，ARMv6 还支持多微处理器内核。

ARMv6 主要在 ARM11、ARM1156T-S、ARM115T2F-S、ARM1176JZ-S 与 ARM11JZF-S 核中使用。

（7）ARMv7

ARMv7 是 2005 年 3 月发布的，相比以前版本，增加了以下特征：

① 扩展了 Thumb 指令集，更名为 Thumb-2。Thumb-2 指令集具有 130 条指令，指令长度不完全是 16 位，有部分为 32 位；

② NEON 媒体引擎，该引擎具有分离的单指令多数据(SIMD)执行流水线和寄存器堆，可共享访问 L1 和 L2 高速缓存，因此提供了灵活的媒体加速功能并简化了系统带宽设计；

③ TrustZone 技术，可以对电子支付和数字版权管理之类的应用业务提供可靠的安全措施。

ARMv7 主要在 ARM Cortex-A、ARM Cortex-M 与 ARM Cortex-R 系列核上使用。

ARM 体系结构版本及其对应的 ARM 核总结如表 2.1 所示。

表 2.1　ARM 核与版本号

ARM 核	体系结构版本
ARM1	v1
ARM2	v2
ARM2aS、ARM3	v2a
ARM6、ARM600、ARM610	v3
ARM7、ARM700、ARM710	v3
ARM7TDMI、ARM710T、ARM720T、ARM740T	v4T
StrongARM、ARM8、ARM810	v4
ARM9TDMI、ARM920T、ARM940T	v4T
ARM9E-S	v5TE
ARM10TDMI、ARM1020E、XscaleARM	v5TE
ARM11、ARM1156T2-S、ARM1156T2F-S、ARM11JZF-S	v6
ARM Cotex-A8、ARM Cotex-R4、ARM Cotex-M3	v7

2.2.2　ARM 体系结构版本的变种

ARM 处理器是典型的 SoC，其处理器核的版本用体系结构版本号标记，但在实际制造过程中，ARM 处理器核的具体功能要求往往会与某一个标准 ARM 体系结构版本不完全一致，会在一个体系结构版本上添加或减少一些功能。ARM 公司制定了标准，使用一些字母后缀来标明基于某标准 ARM 体系结构版本之上的不同之处，这些字母称为 ARM 体系结构版本变量或者变量后缀。带有变量后缀的 ARM 体系结构版本称为 ARM 体系结构版本变种。目前主要有以下变种：

（1）T 变种(Thumb 指令集)

Thumb 指令是 ARM 指令的一个子集，它从标准 32 位 ARM 指令集中抽出 36 条指令格式，重新编成 16 位的操作码，以节省存储空间。运行时，16 位的 Thumb 指令又由处理器解压成 32 位的 ARM

指令，在 ARM 环境下执行。因此，Thumb 技术具有比 16 位处理器更高的处理性能（运行在 ARM 环境：地址空间、寄存器、移位器、算术逻辑单元、存储器接口宽度等都是 32 位），同时具有比 32 位处理器更高的代码密度，同样的程序运行在 Thumb 状态下时其代码尺寸仅为 ARM 状态下的 60%~70%。

ARM 指令是 32 位的，其运行环境也是 32 位的。一般来说，指令越长，功能越强大，那为什么还要再出 16 位 Thumb 指令（T 变种）呢？

在 ARMv4 前，基于 CISC 的 8 位、16 位处理器在性能上不能满足移动电话、磁盘驱动器、调制解调器等的需求，而基于 CISC 的 32 核虽性能可满足要求，但在体积、功耗及成本等方面又不能满足要求；基于 RISC 的 32 位核处理能力虽能满足要求，但代码密度低，需较大存储空间，也不具成本优势。因此需要一种处理性能强、代码密度高的处理器，于是便产生了 Thumb 指令，即 T 变种。

与 ARM 指令集相比，T 指令集具有以下局限：

① 完成相同的操作，Thumb 通常需要更多的指令，不适宜对运行时间要求高的系统使用；

② 无异常处理指令，异常中断时需回到 ARM 指令集。

Thumb 指令不是一个完整的指令集，通常需要将 Thumb 指令与 ARM 指令混合使用。

（2）M 变种（长乘法指令）

M 变种增加了如下两条长乘指令：

① 32 位整数乘 32 整数产生 64 位整数；

② 32 位整数乘 32 整数加 32 位整数产生 64 位整数。

M 变种首先在 ARMv3 开始引入，现已成为所有版本的标准部分。

（3）E 变种（增强型 DSP 指令）

E 变种增加了一些附加的指令，这些指令用于增强处理器对一些典型的 DSP 算法的处理性能。ARM 在提供通用的 RISC 处理器架构的同时，为其增添了一些针对特定应用的高性能指令集，以期能够达到软件和硬件的一个优化平衡。这样，一些高度涉及信号处理的应用本来是要借助一块专用 DSP 来完成的，现在由一个 ARM 内核就可以实现同样的功能。有着 DSP 增强指令的内核是最适合于应用在既需要高性能 DSP 核，同时又要求能够进行有效的任务控制的场合，如大容量存储器，语音编码器，语音识别与合成，网络应用，车控系统，智能手机，发报机和调制解调器等。

E 变种增加的指令主要包括：

① 单周期 16×16 和 32×16 的乘法指令；

② 增加了饱和运算功能的运算指令，这些指令为开发稳定的操作系统和比特级精确的算法提供了方便；

③ 前导零指令为算法的标准化和浮点数运算，特别是对于除法运算，带来了高性能；

④ 进行双字数据操作的指令，包括双字读取指令、双字写入指令和协处理器传输指令；

⑤ Cache 预取指令 PLD。

E 变种始用于 ARMv5T。

（4）J 变种（Java 加速器 Jazelle）

ARM 的 Jazelle 技术提供的 Java 加速器运行 Java 代码比 JavaVM 快 8 倍，功耗降 80%。

Jazelle 技术可在单处理器上同时运行 Java 应用程序，取代原需要双处理器或协处理器的场合。

（5）SIMD 变种（ARM 媒体功能扩展）

SIMD 指令针对音视频处理设计，为下一代的 Internet 应用产品、移动电话和 PDA 等需要流式媒体处理的终端设备提供解决方案。SIMD 指令使处理器的音视频性能提高 2~4 倍，可同时进行 2 个 16 位操作数或者 4 个 8 位操作数的运算，用户可自定义饱和运算的模式，可进行 2 个 16 位操作数的乘加/乘减运算及 32 位乘以 32 位的小数运算。

ARM 体系结构版本的变种总结如表 2.2 所示。

表2.2　ARM 体系结构版本的技术变种

后缀变量	功能说明
T	Thumb 指令集，Thumb 指令的长度为 16 位。目前 Thumb 有两个版本。Thumb 用于 ARM4 的 T 变种，Thumb-2 用于 ARMv7
D	含 JTAG 调试器，支持片上调试
M	提供用于进行长乘法操作的 ARM 指令，产生 64 位结果
I	嵌入式跟踪宏单元(EmbeddedICE macrocell)硬件部件，提供片上断点和调试点支持
E	增强型 DSP 指令，增加了几条 16 位乘法和加法指令，加减法指令可以完成饱和带符号算术运算
J	Java 加速器 Jazelle，与普通的 Java 虚拟机相比较，Jazelle 使 Java 代码运行速度提高了 8 倍，而功耗降低了 80%
F	向量浮点单元
S	可综合版本，以源代码形式提供，可以被 EDA 工具使用

2.3　ARM 核概述

ARM 微处理器核包括 ARM7、ARM9、ARM9E、ARM10E、SecurCore、ARM Cortex 以及 Intel 的 StrongARM、XScale 等。除了具有 ARM 体系结构的共同特点以外，每一系列的 ARM 微处理器核都有各自的特点和应用领域，如表 2.3 所示。下面做一简单介绍。

表2.3　ARM 核列表

处理器核系列	应用处理器	实时控制器	微控制器
ARM Cortex 系列	ARM Cortex-A8	ARM Cortex-R4	ARM Cortex-M3
ARM11 系列	ARM1136J-S ARM1176JZ-S	ARM1156T2	
ARM10 系列	ARM1020E ARM1022E ARM1026EJ-S	ARM1026EJ-S	
ARM9 系列	ARM920T ARM922T ARM926EJ	ARM946E	ARM966E ARM948E
ARM7 系列	ARM720T	ARM7TDMI ARM7EJ-S	ARM7TDMI

2.3.1　ARM 核命名规则

ARM 核命名规则的字符串表达式如下：

ARM{x}{y}{z}{T}{D}{M}{I}{E}{J}{F}{-S}

其中花括号的内容表示可有可无。前三个参数含义在下面说明：

{x}表示系列号，例如，ARM7，ARM9，ARM10；

{y}表示内部存储管理和保护单元，例如，ARM72，ARM92；

{z}表示含有高速缓存(Cache)，例如，ARM720，ARM940；

其余为体系结构版本变种名称，已经在上节说明，此处不再赘述。

在 ARM7TDMI 之后出产的所有 ARM 核，即使名称"ARM"字符串后面没有包含"TDMI"，也都默认包含了该字符串。

对于 2005 年以后 ARM 公司投入市场的 ARMv7 体系结构的处理器核,使用字符串"ARM Cortex"打头,随后附加字母后缀 "-A"、"-R" 或者 "-M",表示该处理器核适合应用的领域。其中,后缀 A 表示应用(Application),R 表示实时控制(Real time),M 表示微控制器(Micro Controller)。

2.3.2 ARM7 系列微处理器核

ARM7 系列微处理器核包括 ARM7TDMI、ARM7TDMI-S、ARM720T、ARM7EJ 几种类型。

（1）ARM7TMDI

ARM7TMDI 是目前使用最广泛的 32 位嵌入式 RISC 处理器核,主频最高可达 130 MIPS,采用能够提供 0.9 MIPS/MHz 的三级流水线结构,内嵌硬件乘法器(Multiplier),支持 16 位 Thumb 指令集,嵌入式 ICE,支持片上 Debug,支持片上断点和调试点。指令系统与 ARM9、ARM9E 和 ARM10E 系列兼容。典型产品有 Samsung 公司的 S3C44B0X 与 S3C4510B 等。

ARM7TDMI 提供了存储器接口、MMU 接口、协处理器接口和调试接口,以及时钟与总线等控制信号。

ARM7TDMI 处理器内核也可以 ARM7TDMI-S 软核(Softcore)形式向用户提供。同时,提供多种组合选择,例如可以省去嵌入式 ICE 单元等。

（2）ARM720T

ARM720T 处理器内核是在 ARM7TDMI 处理器内核基础上,增加 8 KB 的数据与指令 Cache、存储管理单元 MMU(Memory Management Unit)、写缓冲器及 AMBA(Advanced Microcontroller Bus Architecture)接口而构成。

（3）ARM740T

ARM740T 处理器内核与 ARM720T 处理器内核相比,结构基本相同,但 ARM740T 处理器核没有存储器管理单元 MMU,不支持虚拟存储器寻址,而是用存储器保护单元来提供基本保护和 Cache 的控制,适合低价格、低功耗的嵌入式应用。

2.3.3 ARM9

ARM9 系列微处理器核包含 ARM920T、ARM922T 和 ARM940T 几种类型。提供 1.1 MIPS/MHz 的 5 级整数流水线哈佛结构。支持数据 Cache 和指令 Cache,具有更高的指令和数据处理能力。支持 32 位 ARM 指令集和 16 位 Thumb 指令集。支持 32 位的高速 AMBA 总线接口。

ARM920T 处理器核在 ARM9TDMI 处理器内核基础上,增加了分离的指令 Cache 和数据 Cache,并带有相应的存储器管理单元 I-MMU 和 D-MMU、写缓冲器及 AMBA 接口等。

ARM940T 处理器核采用了 ARM9TDMI 处理器内核,是 ARM920T 处理器核的简化版本,没有存储器管理单元 MMU,不支持虚拟存储器寻址,而是用存储器保护单元来提供存储保护和 Cache 控制。

ARM9 系列微处理器主要应用于无线通信设备、仪器仪表、安全系统、机顶盒、高端打印机、数字照相机和数字摄像机等。

2.3.4 ARM9E

ARM9E 系列微处理器核包含 ARM926EJ-S、ARM946E-S 和 ARM966E-S 几种类型,使用单一的处理器内核提供了微控制器、DSP、Java 应用系统的解决方案。ARM9E 系列微处理器核提供了增强的 DSP 处理能力,适合于那些需要同时使用 DSP 和微控制器的应用场合。

ARM9E 系列微处理器核采用 5 级整数流水线,支持 32 位 ARM 指令集和 16 位 Thumb 指令集,支持 32 位的高速 AMBA 总线接口,支持 VFP9 浮点处理协处理器,MMU 支持 Windows CE、Linux、

Palm OS 等多种主流嵌入式操作系统，MPU 支持实时操作系统，支持数据 Cache 和指令 Cache，主频最高可达 300 MIPS。

ARM9 系列微处理器核主要应用于下一代无线设备、数字消费品、成像设备、工业控制、存储设备和网络设备等领域。

2.3.5　ARM10E

ARM10E 系列微处理器包含 ARM1020E、ARM1022E 和 ARM1026EJ-S 几种类型，由于采用了新的体系结构，与同等的 ARM9 器件相比较，在同样的时钟频率下，性能提高了近 50%。同时采用了两种先进的节能方式，使其功耗极低。

ARM10E 系列微处理器支持 DSP 指令集，适合于需要高速数字信号处理的场合。采用 6 级整数流水线，支持 32 位 ARM 指令集和 16 位 Thumb 指令集，支持 32 位的高速 AMBA 总线接口，支持 VFP10 浮点处理协处理器，MMU 支持 Windows CE、Linux、Palm OS 等多种主流嵌入式操作系统，支持数据 Cache 和指令 Cache，内嵌并行读/写操作部件，主频最高可达 400 MIPS。

ARM10E 系列微处理器核主要应用于下一代无线设备、数字消费品、成像设备、工业控制、通信和信息系统等领域。

2.3.6　SecurCore

SecurCore 系列微处理器包含 SecurCore SC100、SecurCore SC110、SecurCore SC200 和 SecurCore SC210 几种类型，提供了完善的 32 位 RISC 技术的安全解决方案。

SecurCore 系列微处理器除了具有 ARM 体系结构的各种主要特点外，在系统安全方面，带有灵活的保护单元，以确保操作系统和应用数据的安全。另外，采用软内核技术，以防止外部对其进行扫描探测。

SecurCore 系列微处理器主要应用于如电子商务、电子政务、电子银行、网络和认证系统等一些对安全性要求较高的场合。

2.3.7　StrongARM

Intel StrongARM 处理器是采用 ARMv4 体系结构，同时具有 Intel 技术优点的高度集成的 32 位 RISC 微处理器核。典型产品如 SA110、SA1100、SA1110PDA 及 SA1500 等。

2.3.8　XScale

Intel XScale 体系结构提供了一种高性价比、低功耗且基于 ARMv5TE 体系结构的解决方案，支持 16 位 Thumb 指令和 DSP 扩充。基于 XScale 技术开发的微处理器，可用于手机、个人数字助理（PDA）、网络存储设备、骨干网路由器等。

Intel XScale 处理器的处理速度是 Intel StrongARM 处理速度的两倍，数据 Cache 的容量从 8 KB 增加到 32 KB，指令 Cache 的容量从 16 KB 增加到 32 KB，微小数据 Cache 的容量从 512 B 增加到 2 KB；为了提高指令的执行速度，超级流水线结构由 5 级增至 7 级；新增乘/加法器 MAC 和特定的 DSP 协处理器，以提高对多媒体技术的支持；动态电源管理，使 XScale 处理器的时钟可达 1 GHz、功耗 1.6 W，速度达到 1200 MIPS。

XScale 微处理器架构经过专门设计，核心采用了英特尔先进的 0.18 μm 工艺技术制造，具备低功耗特性，适用范围从 0.1 mW~1.6 W。同时，它的时钟工作频率接近 1 GHz。XScale 与 StrongARM 相比，可大幅降低工作电压并且获得更高的性能。具体来讲，在目前的 StrongARM 中，在 1.55 V 下可以获得 133 MHz 的工作频率，在 2.0 V 下可以获得 206 MHz 的工作频率。而采用 XScale 后，在 0.75 V 时工作频率达到 150 MHz，在 1.0 V 时工作频率可以达到 400 MHz，在 1.65 V 下工作频率则可高达 800 MHz。超低功率与高性能的组合使 Intel XScale 适用于广泛的互联网接入设备，在互联网的各个环节中，从手持互联网设备到互联网基础设施产品，Intel XScale 都表现出了令人满意的处理性能。

Intel 采用 XScale 架构的嵌入式处理器典型产品有 PXA25x、PXA26x 和 PXA27x 系列。

2.3.9　ARM11 系列核

ARM11 系列微处理器是 ARM 公司近年推出的新一代 RISC 处理器，它是 ARM 新指令架构——ARMv6 的第一代设计实现。该系列主要有 ARM1136J、ARM1156T2 和 ARM1176JZ 三个内核型号，分别针对不同应用领域。具有以下特点：

- 主频：350~500 MHz
- 工艺：0.13 μm
- 功耗：0.4 mW/MHz
- 电压：1.2 V
- 8 级标量流水线
- 64 位数据通路

2.3.10　ARM Cortex 系列核

目前已经有了 4 个 ARM Cortex 内核，Cortex-A8、Cortex-M4、Cortex-R4 和 Cortex-R4F，具有以下特点：

- 8 级流水线；
- 哈佛结构；
- ARMv7 指令集；
- 灵活的可配置功能（可以在整合阶段对 Cache、TCM 和 MPU 进行配置）；
- 分支预测；
- 单周期乘法；
- 硬件除法器；
- 峰值运算速度达到 1.25 DMPIS/MHz（Dhrystone 测试基准）；
- Thumb-2 指令集。

2.4　ARM 微处理器核的工作状态

ARM 微处理器核版本发展到 V4T 后，处理器可以工作在 ARM 与 Thumb 两种状态下。在 ARM 状态下，指令的长度为 32 位，称为 ARM 指令（字对准）。在 Thumb 状态下，指令的长度为 16 位，称为 Thumb 指令（半字对准）。ARM 处理器可以在 ARM 和 Thumb 两种状态之间进行切换。

欲进入 Thumb 状态，执行 BX Rm 指令，且当寄存器 Rm 中的 bit[0]为 1 时进入 Thumb 状态。另外，若进入异常中断前处于 Thumb 状态，从异常中断返回时会自动切换到 Thumb 状态。

欲进入 ARM 状态，执行 BX Rm 指令，且当寄存器 Rm 中的 bit[0]为 0 时进入 ARM 状态。另外，进行异常处理时也会进入 ARM 状态。

ARM 启动时，只能处于 ARM 状态。

2.5　ARM 处理器核的工作模式

ARM 支持 7 种工作模式，由状态寄存器 CPSR 的低 5 位决定。在软件控制、外部中断或异常处理下皆可引起模式切换。7 种工作模式如表 2.4 所示。

表 2.4　ARM 处理器核的工作模式

M[4:0]	模式	用途	可访问的寄存器
0b10000	User	正常用户模式、程序正常执行模式	PC, R14~R0, CPSR
0b10001	FIQ	处理快速中断，支持高速数据传送或通道处理	PC, R14_fiq~R8_fiq, R7~R0, CPSR, SPSR_fiq
0b10010	IRQ	处理普通中断	PC, R14_irq~R13_irq, R12~R0, CPSR, SPSR_irq
0b10011	SVC	操作系统保护模式，处理软件中断 SWI	PC, R14_svc~R13_svc, R12~R0, CPSR, SPSR_svc
0b10111	中止	处理存储器故障，实现虚拟存储器和存储器保护	PC, R14_abt~R13_abt, R12~R0, CPSR, SPSR_abt
0b11011	未定义	处理未定义的指令陷阱、支持硬件协处理器的软件仿真	PC, R14_und~R13_und, R12~R0, CPSR, SPSR_und
0b11111	系统	运行特权操作系统任务	PC, R14~R0, CPSR（ARM v4 及更高版本）

用户模式是最基本的工作模式，大多数用户程序运行在用户模式下，在此模式下应用程序不能访问一些受操作系统保护的资源，也不能改变模式，除非异常中断发生。这允许由操作系统来控制系统资源的使用。

用户模式外的其他 6 种模式称为特权模式，即把 FIQ（Fast Interrupt Request）、IRQ（Interrupt Request）、SVC（Supervisor）、中止（Abort）、未定义（Undefined）与系统（System）6 种模式称为特权模式，特权模式比用户模式有更高的权限，可访问更多的资源，故名特权模式。

特权模式中除系统模式外的其他 5 种模式称为异常模式，即把 FIQ、IRQ、SVC、中止（Abort）和未定义（Undefined）5 种模式称为异常模式。此类模式用于处理中断和异常，发生异常或中断时，进入相应的异常模式，拥有部分专用寄存器。

工作模式由当前程序状态寄存器 CPSR 的最低 5 位决定，在特权模式下可通过程序修改 CPSR 的模式位进入相应的模式。另外，发生异常中断时处理器会自行修改模式位进入相应的异常中断模式。

在任一时刻处理器只能在一种模式下工作，如上电启动与发生复位中断时，处理器自动切换到 SVC 模式下运行；执行软中断指令 SWI 时，发生软中断，处理器也将自动切换到 SVC 模式下运行；响应 IRQ 中断时，处理器自动切换到 IRQ 模式下运行。

2.6　ARM 核的内部寄存器

ARM 有两种工作状态，两种状态下的寄存器略有不同，下面分别予以介绍。

2.6.1　ARM 状态下的寄存器

ARM 状态下总共有 37 个寄存器，可分为通用寄存器与状态寄存器两类，通用寄存器 31 个，状态寄存器 6 个。通用寄存器：R0~R15，R13_svc、R14_svc，R13_abt、R14_abt，R13_und、R14_und，R13_irq、R14_irq，R8_frq~R14_frq。状态寄存器：CPSR、SPSR_svc、SPSR_abt、SPSR_und、SPSR_irq 和 SPSR_fiq。

虽然寄存器总数有 37 个，但是在每种工作模式下运行时只能使用其中的一部分。如表 2.5 所示，在用户或系统模式下，能使用的寄存器是 R0~R15 和 CPSR，共 17 个，在 SVC 模式能使用的寄存器是 R0~R12、R13_svc、R14_svc、R15、CPSR 和 SPSR_svc，共 18 个，其他模式能使用的寄存器数量与此相似，均为 18 个。

表 2.5　ARM 状态下的寄存器

系统和用户	FIQ	SVC	中止	中断	未定义
R0	R0	R0	R0	R0	R0
R1	R1	R1	R1	R1	R1
R2	R2	R2	R2	R2	R2
R3	R3	R3	R3	R3	R3
R4	R4	R4	R4	R4	R4
R5	R5	R5	R5	R5	R5
R6	R6	R6	R6	R6	R6
R7	R7	R7	R7	R7	R7
R8	R8_fiq	R8	R8	R8	R8
R9	R9_fiq	R9	R9	R9	R9
R10	R10_fiq	R10	R10	R10	R10
R11	R11_fiq	R11	R11	R11	R11
R12	R12_fiq	R12	R12	R12	R12
R13(SP)	R13_fiq	R13_svc	R13_abt	R13_irq	R13_und
R14(LR)	R14_fiq	R14_svc	R14_abt	R14_irq	R14_und
R15(PC)	R15(PC)	R15(PC)	R15(PC)	R15(PC)	R15(PC)
CPSR	CPSR	CPSR	CPSR	CPSR	CPSR
	SPSR_fiq	SPSR_svc	SPSR_abt	SPSR_irq	SPSR_und

下面对寄存器进行分组介绍。

（1）R0~R7

R0~R7 称为不分组寄存器，是所有处理器模式下共用的寄存器，在模式切换时必须压入堆栈保护，以免遭破坏。

（2）R8~R12

R8~R12 称为分组寄存器，在物理上有两组，一组是通用的 R8~R12，是除快速中断 FIQ 外的其他 6 种模式共享的寄存器。FIQ 模式有自己的 R8_fiq~R12_fiq，故当发生 FIQ 中断时，不需将 R8~R12 入栈保护，节省保护寄存器的时间，以加快中断响应。但当发生 FIQ 外的其他异常中断时，则必须将 R8~R12 入栈保护。

（3）R13 与 R14

这两个寄存器在物理上有 6 组，用户模式与系统模式共用一组，其他异常模式各有一组。

R13 是通用寄存器之一，可以实现正常的寄存器功能，但习惯上，常常把它当作堆栈指针寄存器用，用 SP 表示，R13 与 SP 皆指同一个寄存器。在系统初始化时，通常需要为这 6 个寄存器 R13、R13_svc、R13_abt、R13_und、R13_irq 和 R13_frq 各分配一个地址值，指向各自堆栈的入口。在系统发生异常中断时，中断服务处理程序把需要保护的寄存器值压入 SP 指向的地址单元中；在退出中断服务程序时，再把堆栈中的数据弹出。

R14 也是通用寄存器之一，但通常作链接寄存器用，可用 LR（Link Register）表示，故 R14 与 LR 均指同一个寄存器。链接寄存器用于保存子程序调用和异常中断的返回地址。在 ARM 处理器中，子程序调用时，处理器硬件自动地把下一条指令的地址(返回地址)保存在 R14 中，在子程序执行完后，用户需使用一条指令把 R14 中的地址恢复给程序计数器 PC，这样便可返回到子程序调用处或中断异常发生处。

发生异常中断时，ARM 核也会自动把产生异常中断处的下一条指令的地址存储到 R14 中，在异常中断处理程序执行完后，用户需使用相应的中断返回指令才能正确返回。

（4）R15

R15 也是通用寄存器之一，但 ARM 将其作程序计数寄存器 PC 使用，故 PC 与 R15 均指同一个寄存器。R15 的值与程序当前的执行位置有关，如在三级流水线的 ARM 核中，当处在 ARM 状态下时，R15 的值 = 当前执行的指令地址+8；当处在 Thumb 状态下时，R15 的值 = 当前执行的指令地址+4。R15 也可作通用寄存器用，但作为通用寄存器使用时要特别小心，尤其是对 R15 进行写操作时，R15 的值的改变将引起程序执行顺序的变化，这有可能引起程序执行产生一些不可预料的结果。

（5）程序状态寄存器

状态寄存器共有 6 个，一个是当前程序状态寄存器 CPSR（Current Programe Status Register），其为所有模式共享，另外 5 个是备份状态寄存器 SPSR_svc、SPSR_abt、SPSR_und、SPSR_irq 和 SPSR_fiq，分别属于 5 种异常中断模式。SPSR 是 Saved Program Status Register 的缩写，下标用于表示对应的异常中断的类型，5 种异常中断均各自有自己的备份状态寄存器，当处理器响应异常中断时，硬件自动把 CPSR 的内容保存到与该异常中断对应的备份状态寄存器中，以免中断处理程序在使用 CPSR 时破坏其原来的内容，而在中断返回时，程序员需使用一条指令将 SPSR 中的内容恢复到 CPSR 中。

状态寄存器的格式如图 2.1 所示。

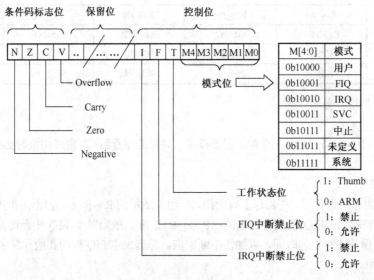

图 2.1　状态寄存器

[31:28]为条件标志位。其中：

[31]为 N（Negative）标志位，即正负标志位。在有符号数运算中，运算结果的最高位表示符号，若 N 被置位（N = 1），则表示结果为负；若 N 被清零（N = 0），则表示结果为正。

[30]为 Z（Zero）标志位，即零标志位。若 Z = 1，则表示运算的结果为零；若 Z = 0，则表示运算结果非零。

[29]为 C（Carry）标志位，即进/借位标志位。有 4 种情况：

加法运算(包括比较指令 CMN)。当运算结果产生了进位时(无符号数溢出)，则 C = 1，否则 C = 0。

减法运算(包括比较指令 CMP)。当运算时产生了借位(无符号数溢出)，则 C = 0，否则 C = 1。

对于含有移位操作的非加/减运算，C 为移出值的最后一位。

对于含有的移位操作的加/减运算，C 的值由加/减操作决定。

[28]为 V(Overflow)标志位，即溢出标志位。对于加/减法运算指令，当操作数和运算结果为二进制的补码表示的带符号数时，V = 1 表示符号位溢出。对于其他的非加/减运算指令，V 的值通常不改变。

[27]为 Q 标志位。在 ARM v5 及以上版本的 E 系列处理器中，用 Q 标志位指示增强的 DSP 运算指令是否发生了溢出。在其他版本的处理器中，Q 标志位无定义。

[24]为 J 标志位，仅 ARM 5TE/J 架构支持，当 J = 1 时，处理器处于 Jazelle 状态。

[7:0]为控制位。其中：

[7]为 I 控制位，即 IRQ 中断禁止位。当 I = 1 时，禁止 IRQ 中断；当 I = 0 时，允许 IRQ 中断。

[6]为 F 控制位，即 FIQ 中断禁止位。当 F = 1 时，禁止 FIQ 中断；当 F = 0 时，允许 FIQ 中断。

[5]为 T 控制位，即运行状态控制位。T = 0 时，处理器运行在 ARM 状态；当 T = 1 时，处理器运行在 Thumb 状态。

[4:0]为 M 控制位，即模式控制位。这些位决定了处理器的运行模式，如表 2.6 所示。

表 2.6　模式控制

M[4:0]	处理器模式	可访问的寄存器
0b10000	用户模式	PC，CPSR，R0-R14
0b10001	FIQ 模式	PC，CPSR，SPSR_fiq，R14_fiq-R8_fiq，R7~R0
0b10010	IRQ 模式	PC，CPSR，SPSR_irq，R14_irq，R13_irq，R12~R0
0b10011	SVC 模式	PC，CPSR，SPSR_svc，R14_svc，R13_svc，R12~R0
0b10111	中止模式	PC，CPSR，SPSR_abt，R14_abt，R13_abt，R12~R0
0b11011	未定义模式	PC，CPSR，SPSR_und，R14_und，R13_und，R12~R
0b11111	系统模式	PC，CPSR，R14~R0

改变模式位的值，可以改变处理器工作模式，但是状态寄存器的模式位在用户模式下是无权修改的，只有在特权模式下才可以修改。其他控制位在用户模式下也不能修改。

[23:8]与[26:25]为系统保留位，当前未定义，用于 ARM 版本的扩展。

2.6.2　Thumb 状态下的寄存器

在 Thumb 状态下，寄存器阵列与 ARM 状态略有不同，主要区别是 Thumb 状态能访问的寄存器少些，如图 2.2 所示是两种状态下的寄存器组织。从图 2.2 可看出：

(1) Thumb 状态下的 R0~R7 与 ARM 状态下的 R0-R7 相同；

(2) Thumb 状态下的 CPSR/SPSRs 与 ARM 状态下的 CPSR/SPSRs 相同；

(3) Thumb 状态下的 SP 映射到 ARM 状态下的 SP(R13)；

(4) Thumb 状态下的 LR 映射到 ARM 状态下的 LR(R14)；

(5) Thumb 状态下的 PC 映射到 ARM 状态下 PC(R15)。

Thumb 状态下通常不可使用高端寄存器 R8~R14，只有少数 Thumb 指令支持对高端寄存器的访问。

Thumb 指令集是 ARM 指令集的一个子集，故 Thumb 状态下的寄存器在物理上不是独立的，也就是说，Thumb 状态下所使用的寄存器就是 ARM 状态下的那些同名字的寄存器。因此，在状态切换时，要注意保护这些寄存器，并注意切换前后寄存器中的数据格式可能不同。

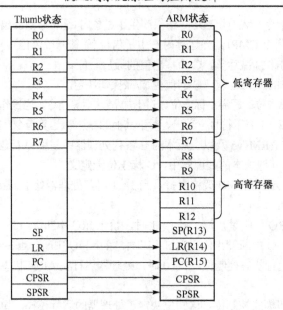

图 2.2　Thumb 状态下的寄存器

2.7　ARM 核的异常中断

2.7.1　ARM 核异常中断概述

异常中断是处理器处理突发事件的机制，当出现异常或中断时，处理器中止当前指令的执行，从一个预先设定好的入口进入突发事件处理程序，对突发事件进行处理，待突发事件处理完后，再返回到被中断的指令处继续往下执行。这个预先设定好的入口称为中断向量，是处理器设计者设计的。突发事件处理程序称为中断处理程序或中断服务程序(ISR)。要使处理器在执行完中断服务程序后能准确无误地返回到原来被中断处继续执行，异常中断发生时，必须将返回地址、状态寄存器等当前指令的执行现场保存下来。本节介绍 ARM 异常中断的类型、对异常中断的响应、返回、中断向量与中断优先级。

ARM 处理器核的异常中断类型有复位(Reset)、未定义指令(Undefined Instruction)、软件中断(Software Interrupt)、预取指令中止(Prefetch Abort)、取数据中止(Data Abort)、普通中断（Interrupt Request-IRQ）与快速中断 FIQ (Fast Interrupt Request-IRQ) 7 种。7 种异常中断类型的具体含义如表 2.7 所示。

表 2.7　ARM 核异常中断

异常类型	具体含义
复位	当处理器的复位电平有效时，产生复位异常。复位异常发生在系统上电与复位时，也可跳转到复位中断向量处执行，产生软复位
未定义指令	当 ARM 处理器或协处理器遇到不能处理的指令时，产生未定义指令异常。可使用该异常机制进行软件仿真
指令预取中止	若处理器预取的指令的地址不存在，或该地址不允许当前指令访问，存储器会向处理器发出中止信号，但当预取的指令被执行时，才会产生指令预取中止异常
数据中止	若处理器进行数据访问的地址不存在，或该地址不允许当前指令访问时，产生数据中止异常
软件中断(SWI)	一个由用户定义的中断指令，可用于用户模式下的程序调用特权操作
IRQ(普通中断)	当处理器的外部中断请求引脚有效，且 CPSR 中的 I 位为 0 时，产生 IRQ 异常中断。系统的外设可通过该异常中断请求处理器服务
FIQ(快速中断)	当处理器的快速中断请求引脚有效，且 CPSR 中的 F 位为 0 时，产生 FIQ 异常中断

　　异常中断发生时，处理器自动切换到相应的运行模式下执行，表 2.8 是异常中断类型与运行模式的对照表。从表中看出，复位与软中断对应管理模式(SVC)，预取指令中止与数据访问中止对应中止模式，其他异常中断类型与模式是一一对应的。也就是说，发生复位和软中断时，处理器自动切换到管理模式(SVC)下运行，发生预取指令中止与数据访问中止异常时，处理器切换到中止模式下运行，发生未定义指令、IRQ 中断与 FIQ 中断时，处理器分别切换到未定义、IRQ 与 FIQ 模式下运行。

表 2.8　ARM 异常类型与运行模式对照表

异常类型	运行模式
复位	SVC
未定义指令	未定义
软件中断	SVC
指令预取中止	中止
数据中止	中止
IRQ(普通中断)	IRQ
FIQ(快速中断)	FIQ

2.7.2　ARM 核异常中断响应过程

　　ARM 处理器核响应异常中断时，会自动做以下 4 件事：

（1）将 CPSR 的内容保存到相应的异常模式下的 SPSR_<Exception_Mode>中。

（2）修改当前状态寄存器 CPSR 中的相应位。

　　　设置模式控制位 CPSR[4:0]，切换到相应模式；

　　　清工作状态位 CPSR[5]，进入 ARM 状态；

　　　设置中断标志位 CPSR[7]，禁止 IRQ；

　　　若进入 Reset 或 FIQ，还需设置中断标志位 CPSR[6]，禁止 FIQ。

（3）将产生异常中断指令的下一条指令的地址保存到相应的连接寄存器 R14_<Exception_Mode> 中。

（4）给程序计数器(PC)强制赋值(即装入相应的异常中断向量)。

　　上述步骤可用伪代码表示如下：

```
SPSR_<Exception_Mode> = CPSR
CPSR[4:0] = Exception Mode Number
CPSR[5] = 0                    ;当运行于 ARM 状态时
CPSR[7] = 1                    ;禁止 IRQ 中断
IF<Exception_Mode> =    = Reset or FIQ then
 CPSR[6] = 1 ; 禁止新的 FIQ 异常
R14_<Exception_Mode> = Return Link
PC = Exception Vector Address
```

　　例　设处理器工作在用户模式下时发生了 FIQ 中断，则处理器响应中断时将自动完成如下工作。

（1）将 CPSR 的内容复制到 SPSR_fiq 中。

（2）修改当前状态寄存器 CPSR 中的相应位。

　　　将 CPSR[4:0]改为 10001(FIQ 模式)；

　　　CPSR[5] = 0(ARM 工作状态)；

　　　CPSR[7:6] = 1(关 IRQ、FIQ 中断)。

（3）从 R15 中计算出发生中断的下一条指令的地址，并将其传送到 R14_fiq 中。

（4）将 0x1C 赋给 R15。0x1C 为 FIQ 中断向量，它是 FIQ 中断处理程序的入口地址，程序员须在此放置一条跳转指令或一条向 PC 赋值的指令，从此进入 FIQ 中断处理程序。

上述响应中断的过程可用图 2.3 表示。

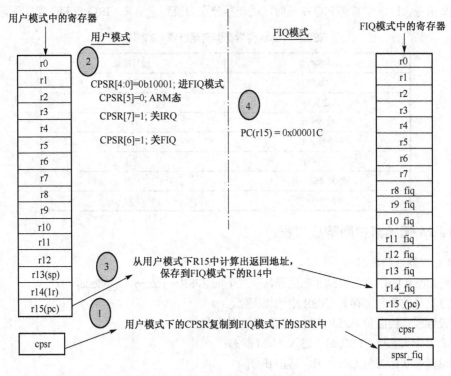

图 2.3　中断响应过程

发生中断时，首要任务是保护好现场，这样，当处理完中断事务后，才能准确无误地返回到被中断处，继续执行被中断的工作。在 ARM 处理器中，中断发生时，处理器自动将中断处下一条指令的地址及状态寄存器分别保存在链接寄存器与备份状态寄存器中。即处理器自动保存了返回地址与状态寄存器这部分现场，其余现场需由程序员通过指令告诉 CPU 去保存。在上面所举的 FIQ 中断的例子中，程序员必须在中断处理程序开始处，把 R0~R7 这 8 个寄存器保存在堆栈中，对于 R8~R12，由于FIQ 模式有自己的影子寄存器 R8_fiq~R12_fiq，不会用到 R8~R12，故不需保存。

2.7.3　ARM 核异常中断的返回

从异常中断处理程序中返回时，需要执行以下 3 个基本操作：

① 若使用堆栈，则须将保存在堆栈中的寄存器出栈；

② 将 SPSR_<Exception_Mode>寄存器内容复制到 CPSR 中，恢复被中断程序的工作状态；

③ 将 R14_<Exception_Mode>中的值减去一个由异常模式决定的偏移量后，复制到 PC（R15）中。

上述②与③不能分开完成。若先恢复 CPSR，则当前的 R14_<Exception_Mode>不再可访问；若先恢复 PC，异常处理程序将失去对指令流的控制，CPSR 不再可恢复。ARM 提供两种机制从异常中断返回。

（1）使用中断返回指令

中断返回指令如表 2.9 所示。

表 2.9　中断返回指令

异常中断类型	返回指令
软中断(SWI)	MOVS　PC, LR　　　；LR = R14_svc
未定义	MOVS　PC, LR　　　；LR = R14_und
快速中断(FIQ)	SUBS　PC, LR, #4　；LR = R14_fiq
普通中断(IRQ)	SUBS　PC, LR, #4　；LR = R14_irq
预取指令中止	SUBS　PC, LR, #4　；LR = R14_abt
取数据中止	SUBS　PC, LR, #8　；LR = R14_abt
复位	NA

ARM 的中断返回指令由数据传送指令 MOV 或减法指令 SUB 提供，但使用时与普通的数据传送指令或减法指令不同，指令带后缀 "S"，目的寄存器为 PC，该指令运行时同时做两件事：

CPSR←SPSR_<Exception_Mode>

PC←R14<Exception_Mode>或 PC←R14<Exception_Mode>-偏移量

在软中断与未定义异常返回指令中，偏移量为零，返回到发生异常中断的指令的下一条指令处；在其他异常中断中，偏移量不为零，返回到发生异常中断的指令处。为什么会这样呢？2.8 节讲授 ARM 的流水线时，再进行说明。

（2）使用多字节传送指令

使用多字节传送指令也可从异常中断中返回，但需要两条指令配合使用才行，第一条指令将返回地址进栈，第二条指令将返回地址出栈，并恢复 CPSR，如下所示：

```
STMFD   SP!,{Reglist,LR};
…
LDMFD   SP!,{Reglist,PC}^ ;
```

其中 Reglist 为寄存器列表，用来代表一堆寄存器。

第一条指令将寄存器列表中的寄存器及链接寄存器 LR（内装返回地址）传送到堆栈指针寄存器 SP 指向的一块内存中，即进栈。

第二条指令将堆栈指针寄存器 SP 指向的一块内存区的数据传送到寄存器列表中的寄存器及程序计数寄存器 PC 中，其中返回地址将传送到 PC 中。此外，由于该指令后有一个符号 "^"，除了完成上述操作（出栈操作）外，还将当前模式下的 SPSR 中的内容复制到 CPSR 中。所以这条指令具有出栈及中断返回的功能。

2.7.4　ARM 核异常中断处理程序结构

中断处理程序是处理中断事务的程序。中断事务不同，其处理程序也不同，但中断处理程序的结构应该是相同的，在程序的开始处应该保护现场，在程序的结束处应该恢复现场并进行中断返回。

下面分别给出用中断返回指令与多字节传送指令实现的 FIQ 中断处理程序的结构。

（1）用中断返回指令实现的 FIQ 中断处理程序 FIQ_ISR

```
FIQ_ISR:
stmfd  sp!, {r0-r7 }         ; r0-r7 进栈，保护现场
…
ldmfd  sp!, {r0-r7 }         ; r0-r7 出栈，恢复现场
subs    pc, r14, #4          ; 中断返回
```

(2) 用多字节传送指令实现的 FIQ 中断处理程序 FIQ_ISR

```
FIQ_ISR:
stmfd sp!,{r0-r7,lr}              ; r0-r7 及 lr 进栈，保护现场
…
ldmfd sp!,{r0-r7,pc}^             ; r0-r7 及 pc 出栈，恢复现场，中断返回
```

2.7.5　ARM 核异常中断向量表

异常中断向量是异常中断处理程序的入口地址，每一种异常中断对应一个入口地址，这些入口地址是处理器的设计者设计的，将其顺序排列构成的表称为异常中断向量表。ARM 处理器中每个中断向量为 4 字节，共有 7 种异常中断，另外，保留了一个中断向量的空间，故中断向量表长度为 32 字节。

在 ARM 体系结构中，异常中断向量表的起始地址可设置为 0x0，也可设置为 0xFFFF0000。前者为低地址设置，后者为高地址设置，有些处理器不支持高地址设置。表 2.10 给出的是起始地址为 0x0 的异常中断向量表。

表 2.10　异常中断向量表

中断向量(地址)	异常类型	工作模式
0x00000000	复位	管理模式
0x00000004	未定义指令	未定义模式
0x00000008	软件中断	管理模式
0x0000000C	中止(预取指令)	中止模式
0x00000010	中止(取数据)	中止模式
0x00000014	保留	保留
0x00000018	IRQ	IRQ
0x0000001C	FIQ	FIQ

2.7.6　ARM 核异常中断的优先级

ARM 处理器有 7 种异常中断，当 7 个异常中断或其中的部分同时发生时，处理器响应谁的请求呢？故必须预先给每个异常中断赋予一个优先级，这样，当它们同时发生时，处理器才知道应该响应哪个中断的请求。ARM 规定的优先级如表 2.11 所示。

表 2.11　中断优先级

异常中断类型	优先级
复位	1(最高)
取数据中止	2
快速中断 FIQ	3
普通中断 IRQ	4
预取指令中止	5
软中断(SWI)、未定义指令中止	6(最低)

复位中断的优先级为 1，为最高；其次为取数据中止，优先级为 2；软中断与未定义指令异常中断优先级相同，同为 6，为最低。

2.8　ARM 核流水线

　　流水线源自工业中的生产线。如汽车装配线，将一台汽车的装配分为多个阶段，每个阶段只做一件事，生产线上同时有很多辆汽车在装配，每辆处于不同的阶段。计算机指令的执行也是分阶段进行的，各个阶段相对独立，因此可将 CPU 内部的指令执行部件(逻辑电路)设计成分级的处理部件，对指令进行流水线处理，使 CPU 内同时有多条指令被执行，每条处于不同的执行阶段。这样可充分利用 CPU 内的硬件资源，提高指令执行效率。

　　流水线技术大大加快了处理器的指令执行速度，因此现代 CPU 设计方案中几乎都采用了流水线技术。ARM 处理器核设计也不例外，所有的 ARM 处理器核都使用了流水线设计。ARM7 系列核采用三级流水线、ARM9 系列核采用五级流水线、ARM10 采用六级流水线、ARM11 与 ARM Cortex 采用八级流水线。本节主要介绍三级与五级流水线。

2.8.1　三级流水线

　　三级流水线将一条指令的执行分成三级(阶段)来完成。在 ARM 系列核中，采用三级水线的是 ARM7TDMI 核，其结构如图 2.4 所示。图中，ALU、桶形移位器、乘法器、读数据寄存器、写数据寄存器、指令译码器与地址自增器为核内执行机构，执行相应的操作。ALU 执行算术与逻辑运算操作，桶形移位器执行各种移位操作，乘法器执行乘法运算操作。地址自增器自动对 PC 进行增量操作，在 ARM 态时，每执行一条指令，执行的操作为 PC = PC+4，在 Thumb 态时，为 PC = PC+2。读数据寄存器执行从寄存器 Bank 中读寄存器内容的操作。写数据寄存器则执行把数据写入寄存器 Bank 的操作。指令译码器执行译码操作。

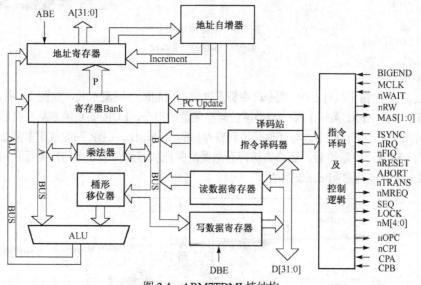

图 2.4　ARM7TDMI 核结构

　　寄存器 Bank 表示包含 PC 在内的全部寄存器，地址寄存器存放当前正在访问的内存地址，译码站为一缓存，存放刚从内存取来、等待译码的指令。

　　指令被译码后，控制逻辑产生相应控制信号去驱动读数据寄存器、桶形移位器与 ALU 等执行机构执行相应的操作。ABE 与 DBE 分别为地址总线与数据总线控制信号，A[31:0]为地址总线，D[31:0]为数据总线。A Bus、B Bus 与 ALU Bus 为三条数据通道。

上述执行机构、寄存器与数据通道等均为 ARM7TDMI 核内的宝贵资源。实行三级流水的目的是为了充分利用核内的这些资源，避免让某些资源闲着，而某些资源又被过度使用。如果资源的使用安排不合理，就会出现资源冲突，引起流水线中断。

三级流水线包括取指、译码与执行三级，各级执行的操作及使用的资源如下：

（1）取指。把指令从内存中取出，放入指令译码站，由取指部件完成。

（2）译码。进行指令译码，看看指令要进行何种操作，使用哪些寄存器等，这一级占用译码逻辑。

（3）执行。执行流水线中已经被译码的指令，这一级占用数据通路，桶形移位器，读数据寄存器，算术逻辑运算单元 ALU 与写数据寄存器。

下面举几个三级流水线的例子。

（1）最佳流水线

最佳流水线是指不发生中断的流水线，如图 2.5 所示。图中 F（Fetch）表示取指，D（Decode）表示译码，E（Execute）表示执行。虽然一条指令的执行被拆分成三个阶段（三级），但从周期 1 开始，内核中同时存在 3 条指令，分别处于取指、译码与执行阶段。由于没有出现资源冲突情况，该例用 6 个时钟周期执行了 6 条指令，所有操作都在寄存器中（单周期执行），完成一条指令所用的平均周期数，即指令周期数 CPI = 1。

Cycle Operation				1	2	3	4	5	6
ADD	F	D	E						
SUB		F	D	E					
ORR			F	D	E				
AND				F	D	E			
ORR					F	D	E		
EOR						F	D	E	

图 2.5　最佳流水线

注：F-取指　D-译码　E-执行

（2）LDR 流水线

LDR 流水线是指由于执行 LDR 指令产生资源冲突而引起的中断流水线，如图 2.6 所示。LDR 是 Load/Store 指令，是 ARM 架构中唯一一类可访问存储器的指令。LDR 的功能是从存储器中取出一个数据，然后装入某一个寄存器中。与其他只访问寄存器的指令相比，LDR 的完成需多要 2 个阶段，即要 5 个阶段。在执行（E）阶段后，还需要访问存储器，并把从存储器中取出的数据写回到寄存器中，即还需 M（Memory）与 W（Writeback）阶段。

Cycle Operation		1	2	3	4	5	6	7	8	9
ADD	F	D	E							
SUB		F	D	E						
LDR			F	D	E	M	W			
AND				F	D	S	S	E		
ORR					F	S	S	D	E	
EOR							F	D	E	

图 2.6　LDR 流水线

注：F-fetch D-Decode E-Execute M-Memory W-Writeback S-Stall

LDR 指令的访存（M）阶段需要占用数据通道，LDR 的下一条指令 AND 的执行（E）阶段也需要使用数据通道，于是发生了资源冲突，AND 只能停下来等待（S，Stall），引起流水线中断。其后，LDR

的 W 阶段与 AND 的 E 阶段也发生资源冲突，AND 只能再停(S)一个阶段。AND 后面的 ORR 指令则是因为 AND 还没有执行 E，也必须停下 S(Stall)等待。本例中，6 个周期里完成 4 条指令，指令周期数 CPI = 6/4 = 1.5。

　　(3) 分支流水线

　　分支流水线是由于程序中的分支指令引起的中断流水线，如图 2.7 所示。指令 BL 0x8FEC 执行(E)后，将跳转到 0x8FEC 处去取指令(即 F)，所以放弃了其后两条分别处于 D 与 F 阶段的 SUB 与 ORR 指令。

Cycle				1	2	3	4	5
Address	Operation							
0x8000	BL 0x8FEC	F	D	E	L	A		
0x8004	SUB		F	D				
0x8008	ORR			F				
0x8FEC	AND				F	D	E	
0x8FF0	ORR					F	D	E
0x8FF4	EOR						F	D

图 2.7　分支流水线

注：F-fetch D-Decode E-Execute L-Linkret A-Adjust

　　这里需说明一下为何 BL 指令在 E 后还需要 L 与 A 两个阶段。这是因为 BL 的功能为跳转与连接，跳转的同时将下一条指令的地址(0x8004)保存到 LR 中。但在 E 阶段，PC = 0x8008，在随后的 L 阶段，执行赋值 LR = PC = 0x8008 操作，故还需一个调整阶段 A，做 LR = LR-4 操作，这样才能保证存放在 LR 中的是下一条指令的地址(即 0x8004)。

　　(4) 中断流水线

　　中断流水线是指由于发生中断引起的流水线中断，如图 2.8 所示。在第 1 周期，SUB 指令在译码时，发生了 IRQ 中断，ARM7TDMI 于是对中断进行译码，即 DI(Decode IRQ)。在第 2 周期，执行中断，即 EI(Execute IRQ)。在第 3 周期，将 PC 内容(0x800C)送 LR，即 L(Linkret)。在第 4 周期，对 LR 进行调整，LR = LR-4 = 0x8008，即 A(Adjust)。

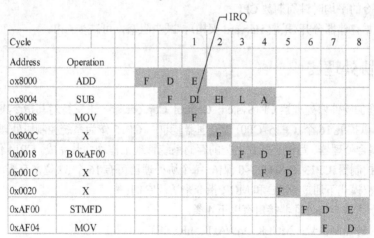

图 2.8　中断流水线

注：F-fetch D-Decode E-Execute DI-Decode IRQ EI-Execute IRQ L-Linkret A-Ad

此后即跳转去执行 IRQ 中断处理程序，中断处理程序执行完后，应该返回到断点（0x8004）继续执行，故中断返回指令为：

    SUBS　PC, R14_IRQ, #4

2.8.2　五级流水线

五级流水线将一条指令分为取指、译码、执行、存储器访问与写回 5 个阶段（级）来完成，各个阶段的功能如下：

取指：从指令存储器中读取指令，放入指令流水线；

译码：对指令进行译码，从通用寄存器组中读取操作数，由于寄存器组有 3 个读端口，大多数 ARM 指令能在一个时钟周期内读取其操作数；

执行：将其中的一个操作数移位，并在 ALU 中产生结果，如果指令是 Load 或 Store 指令，则在 ALU 中计算存储器的地址；

存储器访问：如果需要，则访问数据存储器，否则，ALU 只是简单地缓冲一个时钟周期，以便使所有指令具有同样的流水线流程；

写回：将指令的结果写回到寄存器组，包括任何从存储器读取的数据。

ARM9TDMI 采用五级流水线。

那么为什么要采用五级流水线呢？在 ARM 系列核中，性能越高，级数越多，这又是为什么呢？下面对此做一简单说明。

一给定程序的执行时间为：

$$T_{\text{pro}} = \frac{N_{\text{inst}} \times \text{CPI}}{f_{\text{clk}}}$$

式中，N_{inst} 为程序中的指令数，CPI 为每条指令的平均时钟周期数，f_{clk} 为处理器的时钟频率。

从此式看出，提高处理器性能有两种方式：

（1）提高时钟频率 f_{clk}

欲提高时钟频率，必须先减少每一级所做的事，也就是增加级数。

（2）减少指令的平均时钟周期数 CPI

将指令与数据存储器分开（采取 Harvard 架构），减少阻塞，可减少 CPI。

2.9　ARM 协处理器

ARM 通过增加硬件协处理器 CP（System Control Coprocessor）来支持对其指令集的通用扩展。在逻辑上，ARM 可以扩展 16 个（CP15~CP0）协处理器。其中，CP15 作为系统控制协处理器，诸如 MMU、Cache 配置、紧耦合处理器、写缓存配置之类的存储系统管理工作均由其完成。CP14 作为调试控制器。CP7~4 作为用户控制器。CP13~8 和 CP3~0 保留。每个协处理器可有 16 个 32 位寄存器，编号为 C0~C15，用户只能够在特权模式下通过 MRC 和 MCR 指令来访问它们。

ARM 处理器内核与协处理器接口有以下 4 类。

① 时钟和时钟控制信号：MCLK、nWAIT、nRESET；

② 流水线跟随信号：nMREQ、SEQ、nTRANS、nOPC、TBIT；

③ 应答信号：nCPI、CPA、CPB；

④ 数据信号：D[31:0]、DIN[31:0]、DOUT[31:0]。

在协处理器的应答信号中：

nCPI 为 ARM 处理器至 CPn 协处理器信号，该信号低电压有效，代表"协处理器指令"，表示 ARM 处理器内核标识了 1 条协处理器指令，希望协处理器去执行它；

CPA 为协处理器至 ARM 处理器内核信号，表示协处理器不存在，目前协处理器无能力执行指令；

CPB 为协处理器至 ARM 处理器内核信号，表示协处理器忙，还不能够开始执行指令。

协处理器也采用流水线结构，为了保证与 ARM 处理器内核中的流水线同步，在每一个协处理器内需有 1 个流水线跟随器 (Pipeline Follower)，用来跟踪 ARM 处理器内核流水线中的指令。由于 ARM 的 Thumb 指令集无协处理器指令，协处理器还必须监视 TBIT 信号的状态，以确保不把 Thumb 指令误解为 ARM 指令。

协处理器也采用 Load/Store 结构，用指令来执行寄存器的内部操作，从存储器取数据至寄存器或把寄存器中的数保存至存储器中，以及实现与 ARM 处理器内核中寄存器之间的数据传送。而这些指令都由协处理器指令来实现。

2.10　ARM AMBA 接口

ARM 处理器内核可以通过先进的微控制器总线架构 AMBA (Advanced Microcontroller Bus Architecture) 来扩展不同体系架构的宏单元及 I/O 部件。AMBA 已成为事实上的片上总线 OCB (On Chip Bus) 标准。

AMBA 有 AHB (Advanced High-performance Bus，先进高性能总线)、ASB (Advanced System Bus，先进系统总线) 和 APB (Advanced Peripheral Bus，先进外围总线) 等三类总线。

ASB 是目前 ARM 常用的系统总线，用来连接高性能系统模块，支持突发 (Burst) 方式数据传送。

AHB 不但支持突发方式的数据传送，还支持分离式总线事务处理，以进一步提高总线的利用效率。特别在高性能的 ARM 架构系统中，AHB 有逐步取代 ASB 的趋势，例如在 ARM1020E 处理器核中。

APB 为外围宏单元提供了简单的接口，也可以把 APB 看做 ASB 的余部。

AMBA 通过测试接口控制器 TIC (Test Interface Controller) 提供了模块测试的途径，允许外部测试者作为 ASB 总线的主设备来分别测试 AMBA 上的各个模块。

AMBA 中的宏单元也可以通过 JTAG 方式进行测试。虽然 AMBA 的测试方式通用性稍差些，但其通过并行口的测试比 JTAG 的测试代价也要低些。

一个基于 AMBA 的典型系统如图 2.9 所示。

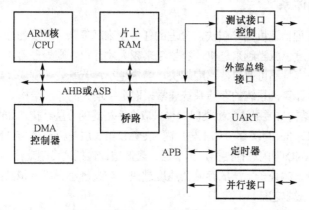

图 2.9　基于 AMBA 总线的典型系统

2.11 ARM 存储器结构

2.11.1 ARM 存储器的数据类型和存储格式

ARM 存储器中有 6 种数据类型，即 8 位字节、16 位半字、32 位字的有符号和无符号数。ARM 处理器的内部操作都面向 32 位操作数，只有数据传送指令（STR、STM、LDR、LDM）支持较短的字节和半字数据。

ARM 存储器支持两种端序，即大端序和小端序。大端序（Big Endian）中字数据的高字节存储在低地址中，低字节存放在高地址中，如图 2.10 所示。小端序（Little Endian）中低地址中存放的是字数据的低字节，高地址存放的是字数据的高字节，如图 2.11 所示。

ARM 默认端序设置为小端序。

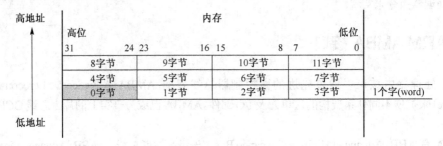

图 2.10　大端序

图 2.11　小端序

2.11.2 ARM 存储体系

现代计算机系统处理器速度越来越快，管理的任务越来越复杂，并发的任务数越来越多，这要求与之配套的存储器的速度也应当越来越快，容量越来越大才行，否则处理器的速度优势发挥不了。但是通常存储器的速度与容量不可兼得，速度越快、容量越小，若既要速度快又要容量大，成本会高得难以承受。所以，现代计算机系统的存储系统通常采取金字塔式的分层结构。

ARM 存储系统的结构与通用计算机类似，也采取金字塔式的分层结构，如图 2.12 所示。最高层为寄存器，第 2 层是片内 Cache、写缓存、TCM 与片内 SRAM，第 3 层是板卡级 SRAM、DRAM 和 SDRAM，第 4 层是 NOR 型和 NAND 型闪速存储器，第 5 层为最低层，包括硬盘驱动器和光盘驱动器等。

在这种分层结构中，越处于上层的存储器速度越快、容量越小、成本越高；反之，越处于下层的速度越慢、容量越大、成本越低。

在使用时，将上面一层的存储器作为下一层存储器的高速缓存。如 CPU 寄存器就是片内 Cache

的高速缓存，保存来自片内 Cache 的字；片内 Cache 又作为主存的高速缓存，保存来自主存的行；主存又作为闪速存储器的高速缓存，保存来自闪速存储器的行字；闪速存储器又作硬盘等的高速缓存，保存来自硬盘的行。

采取塔式分层结构，便可在速度与成本之间达到平衡。

图 2.12　ARM 存储体系

2.12　本章小结

本章介绍了 ARM 的发展历程、技术特征、版本、技术变种、核系列、工种状态、工作模式、寄存器组织、异常中断及流水线等。

ARM 为 Advanced RISC Machines Limited 的缩写，既指公司又指一种处理器核架构。ARM 核架构属精简指令集计算机（RISC）体系架构。ARM 公司只提供处理器核设计，不生产处理器芯片。

ARM 核从 1983 年开始设计至今，核版本已从 ARMv1 发展到 ARMv7，其中 ARMv1~ARMv3 已经不再使用。每一种版本又有许多变种，T 变种指 Thumb 指令、D 变种指片上调试、M 变种指长乘法指令、E 变种指增强型 DSP 指令、J 变种指 Java 加速器。

ARM 微处理器核包括 ARM7、ARM9、ARM9E、ARM10E、SecurCore、ARM Coretex 以及 Intel 的 StrongARM、XScale 等。

ARM 核有 ARM 与 Thumb 两种工作状态。在 ARM 状态下，指令的长度为 32 位；在 Thumb 状态下，指令的长度为 16 位。ARM 处理器可以在 ARM 和 Thumb 两种状态之间进行切换。

ARM 有用户、系统、SVC、未定义、中止、IRQ 与 FIQ 共 7 种工作模式，由状态寄存器 CPSR 的低 5 位决定。用户模式外的其他 6 种模式称为特权模式，特权模式中除系统模式外的其他 5 种模式称为异常模式。在软件控制、外部中断或异常处理下皆可引起模式切换。

ARM 状态下共有 37 个寄存器，可分为通用寄存器与状态寄存器两类。通用寄存器 31 个，它们是 R0~R15，R13_svc、R14_svc、R13_abt、R14_abt、R13_und、R14_und、R13_irq、R14_irq、R8_frq~R14_frq。状态寄存器 6 个，它们是 CPSR、SPSR_svc、SPSR_abt、SPSR_und、SPSR_irq 和 SPSR_fiq。

Thumb 状态下的寄存器仅是 ARM 状态下的子集，R8~R12 称为高寄存器，只有少数几条 Thumb 指令能访问。

ARM 核有复位、未定义指令、软件中断 SWI、预取指令中止、取数据中止、普通中断 IRQ 与快速中断 FIQ 共 7 种异种中断类型。

发生异常中断时，ARM 核自动做以下 4 件事予以响应：

（1）将 CPSR 的内容保存到相应的异常模式下的 SPSR 中。

(2) 修改当前状态寄存器 CPSR 中的相应位。

  设置模式控制位 CPSR[4:0]，切换到相应模式；

  清工作状态位 CPSR[5]，进入 ARM 状态；

  设置中断标志位 CPSR[7]，禁止 IRQ；

  若进入 Reset 或 FIQ，还需设置中断标志位 CPSR[6]，禁止 FIQ。

(3) 将产生异常中断指令的下一条指令的地址保存到相应的连接寄存器 R14 中。

(4) 给程序计数器 PC 强制赋值(装入相应的异常中断向量)。

从异常中断处理程序中返回时，ARM 核需要执行以下 3 个操作：

(1) 将保存在堆栈中的寄存器出栈；

(2) 将 SPSR 寄存器内容复制到 CPSR 中，恢复被中断程序的工作状态；

(3) 将 R14 中的值减去一个由异常模式决定的偏移量后，复制到 PC(R15)中。

上述(2)与(3)由一条中断返回指令同时完成。

  工业生产中使用流水线可以提高生产效率。同样，在指令的执行中使用流水线技术可以充分利用 CPU 内的硬件资源，提高指令执行效率。所有的 ARM 核都使用了流水线技术。ARM7 系列核采用三级流水线、ARM9 系列核采用五级流水线、ARM10 采用六级流水线、ARM11 与 ARM Cortex 采用八级流水线。

习题与思考题

2.1 ARM 处理器核有几种工作状态？

2.2 ARM 处理器核有哪些工作模式？哪些属于特权模式？哪些属于异常模式？模式由 CPSR 中的哪些位决定？

2.3 ARM 处理器核在 ARM 状态下共有多少个寄存器？通用寄存器多少个？状态寄存器多少个？在 Thumb 状态下的寄存器是哪些？

2.4 标出当前程序状态寄存器 CPSR 中各位的功能。

2.5 写出 ARM 处理器核异常中断的类型，对应的工作模式及其对应的中断向量。

2.6 在异常中断的响应及退出过程中需要完成哪些工作？哪些是 CPU 自动完成的，哪些是由程序员完成的？

2.7 简述 ARM 三级流水流线中每一级所做的工作及占用的资源。

2.8 SWI 中断返回指令为 MOVS　PC，LR，而 FIQ 中断返回指令为 SUBS　PC，LR，#4。试回答为何 FIQ 中断返回指令中的偏移量为 4，SWI 中却为 0。

第3章　ARM 指令系统

ARM 架构处理器的指令可看成由基本指令集和变种指令组成。基本指令集由核的基本版本决定，由于版本间的前向兼容性，基本指令集几乎是所有核共享的。变种指令则由核的变种决定，如 ARMv5TE 核具有 T 变种和 E 变种，故其具有 Thumb 指令与 DSP 增强指令。本章主要介绍 ARM 基本指令集和 Thumb 指令集，基本指令集本书简称指令集。

本章主要内容有：
- ARM 指令系统概述
- ARM 指令的寻址方式
- ARM 指令集
- Thumb 指令集

3.1　ARM 指令系统概述

ARM 指令根据功能可分为数据传送指令、数据处理指令、程序状态寄存器访问指令、跳转指令、异常中断指令与协处理器指令 6 类。每类指令的汇编格式、编码格式都是不同的，本节先对基本汇编格式，编码格式及可选后缀做一简单概述，第 3 节再对指令集做详细介绍。

3.1.1　ARM 指令的基本汇编格式

ARM 指令的基本汇编格式如下：

> Opcode{Cond}{S} Rd, Rn {, Operand2}

式中各项的意义如下：

Opcode：指令助记符，表示指令所执行的具作操作，如 SUB，MOV，ADD 等；

{ }：该括号内的项是可选项；

Cond：可选后缀，指令执行条件，如 NE，EQ 等，详情见 3.1.3 节；

S：可选后缀，影响程序状态寄存器的标志，详情见 3.1.3 节；

Rd：目的寄存器，存放操作结果；

Rn：第一操作数寄存器，存放第一操作数；

Operand2：第二操作数，很灵活，可为立即数、寄存器数或寄存器移位数；

下面几条 ARM 汇编指令均符合基本汇编格式。

```
LDR       R0, [R1]        ; R←[R1]
BEQ       DATAEVEN        ; 若满足条件 EQ，则跳转到 DATAEVEN
ADDS      R2, R1, #1      ; R2←R1 + 1，影响 CPSR
SUBNES    R2, R1, #0x20   ; R2←R1-0x20  While NE，影响 CPSR
```

3.1.2　ARM 指令的机器码格式

ARM 指令的机器码格式是指汇编指令的二进制数编码表示。计算机是不能识别汇编指令的，必须将汇编指令中的助记符、执行条件、目的寄存器、第一和第二操作数等用二进制数编码表示。将汇编指令表示成二进制码的工作一般由编译器来完成。

表 3.1 是 ARM 指令集编码表，其中，第 1 行为数据传送/PSR 传输类指令的二进制编码格式，第 2 行为乘法指令的编码格式⋯⋯最后一行为软中断指令的编码格式。

表 3.1　ARM 指令集编码表

31	28 27 26 25 24	21 20 19	16 15	12 11	0	
Cond	0 0 1 Opcode	S Rn	Rd	Operand2		数据处理/PSR 传输
Cond	0 0 0 0 0 0 A	S Rd	Rn	Rs 1 0	0 1 Rm	乘法
Cond	0 0 0 0 1 U A	S RdHi	RdLo	Rn 1 0	0 1 Rm	长乘法
Cond	0 0 0 1 0 B 0 0	Rn	Rd	0 0 0 0 1 0	0 1 Rm	数据交换
Cond	0 0 0 1 0 0 1 0	1 1 1 1	1 1 1 1	1 1 1 1 0 0	0 1 Rn	分支交换
Cond	0 0 0 P U 0 W L	Rn	Rd	0 0 0 0 1 S	H 1 Rm	半字传送：寄存器平移
Cond	0 0 0 P U 1 W L	Rn	Rd	Offset 1 S	H 1 Offset	半字传送：立即数平移
Cond	0 1 1 P U B W L	Rn	Rd	Offset		字节/字传送
Cond	0 1 1			1		未定义
Cond	1 0 0 P U B W L	Rn	Register List			块传送
Cond	1 0 1 L	Offset				分支
Cond	1 1 0 P U B W L	Rn	CRd	CP#	Offset	协处理器数据传送
Cond	1 1 1 0 CP Opc	CRn	CRd	CP#	CP 0 CRm	协处理器数据操作
Cond	1 1 1 0 CP Opc	L CRn	CRd	CP#	CP 1 CRm	协处理器寄存器传送
Cond	1 1 1 1	Ignored by processor				软中断

虽然每类或每条指令的编码格式不同，但 ARM 指令的二进制编码格式基本上可以分为 5 个区域，其中：

[31:28]为条件码域，共 4 位，最多可允许设置 16 个条件，详情见 3.1.3 节；

[27:20]为指令代码域，共 8 位，除指令编码外，还包含几个很重要的指令特征位和可选后缀的编码；

[19:16]为第 1 操作数或基地址码域，用于编码第 1 操作数寄存器或基址寄存器 Rn，共 4 位，可编码 16 个寄存器(R0~R15)；

[15:12]为目的或源地址码域，用于编码目的或源地址寄存器 Rd，共 4 位，可编码 16 个寄存器(R0~R15)；

[11:0]为第 2 操作数码域，共 12 位，用于编码第 2 操作数。第 2 操作数很灵活，可为立即数、寄存器数或寄存器移位数等。

3.1.3　ARM 指令可选后缀

ARM 指令集中的大多数指令都可以带可选后缀，这些可选后缀给 ARM 指令集带来了活力，使得 ARM 指令使用十分灵活。

（1）S 后缀

当目的寄存器非 R15 时，带后缀 S 的指令的执行结果要刷新状态寄存器中的标志位；

当目的寄存器为 R15 时，带后缀 S 的指令执行时会将备份状态寄存器 SPSR 中的内容恢复到当前程序状态寄存器 CPSR 中，在 ARM 中这类指令即为中断返回指令。

例如：

ADD	R3, R5, R8	; R3←R5＋R8，未带 S 后缀，条件标志位不刷新
ADDS	R3, R5, R8	; R3←R5＋R8，带 S 后缀，条件标志位刷新
SUBS	R15, R14_irq, #4	; R15← R14_irq -4，CPSR← SPSR_irq
SUB	R15, R14_irq, #4	; R15← R14_irq -4

第 1 条指令未带 S 后缀，执行时不会引起状态寄存器 CPSR 中的标志位改变。

第 2 条指令带 S 后缀，将根据执行结果刷新状态寄存器 CPSR 中的标志位。需要指出的是，有些指令不需要加 S 后缀，执行时同样可以刷新条件标志位，这些指令是 CMP、CMN、TST 等，这类指令设计的目的就是用于影响条件标志位的，故不需要再加后缀 S。

第 3 条指令带后缀 S，且目的寄存器为 R15。R15 在 ARM 架构中被用做程序计数器 PC，故这类指令较特殊，不是根据执行结果去刷新状态寄存器中的标志位，而是将备份状态寄存器 SPSR 中的内容恢复到当前程序状态寄存器 CPSR 中。实际上，这是 IRQ 中断返回指令，这条指令同时完成减法操作与恢复状态寄存器的操作。

第 4 条指令虽目的寄存器为 R15，但没带后缀 S，这是一条单纯的减法指令，只完成减法操作，结果也不影响状态寄存器。

（2）！后缀

在指令的地址表达式中含有"！"后缀时，指令执行后，基址寄存器中的地址将发生变化，变化的结果如下：

基址寄存器中的地址值(指令执行后) = 指令执行前的值 + 地址偏移量

如果指令不含"！"后缀，则地址值不会发生变化。

例如：

LDMIA	R3, [R0, #04]	; R3←[R0＋4]
LDMIA	R3, [R0, #04]!	; R3←[R0＋4]，R0←R0＋4

第 1 条指令没有带"！"后缀，指令执行的结果是把 R0＋4 指向的地址单元中的数据加载到 R3，R0 的值不变；

第 2 条指令除实现上述加载操作外，还把 R0＋4 送到 R0 中，即改变基地址，使其指向下一个存储位置。

"！"后缀使用须注意如下问题：

"！"后缀必须紧跟在地址表达式后面，而地址表达式要有明确的地址偏移量；

"！"后缀不能用在 R15 的后面；

"！"用在单个地址寄存器后面时，必须确信这个寄存器有隐性的偏移量。例如，在"STMDB R1！{R3，R5，R7}"中，基址寄存器 R1 的隐性偏移量是 4。

（3）B 后缀

B 后缀表示指令涉及的是一个字节，而不是半字或字。

例如：

```
LDR   R4, [R0, #20]              ; R4←[R0 + 0x20],传送一个字
LDRB R4, [R0, #20]              ; R4←[R0 + 0x20],传送一个字节
```

第 1 条指令不含后缀 B,所传送的是一个 32 位的字,地址指向这个字的最低地址,需要地址对准。

第 2 条指令中含有后缀 B,所传送的是一个 8 位的字节,地址指向这个字节,不存在地址对准问题。

B 后缀应紧跟在指令助记符后面。

(4) T 后缀

T 是一个很特殊的可选后缀,其含义是,指令在特权模式下对存储器的访问,将被存储器看成是用户模式的访问。

T 使用受到很多限制,一般只用在字传送和无符号字节传送中。在用户模式下不可选用,选用是没有意义的,不能与前索引一起使用。

例如:

```
LDRT R4, [R5]                    ; R4←[R5] T 模式
```

(5) 条件后缀

ARM 指令会根据 CPSR 中的条件码自动判断是否需要执行。在条件满足时,指令执行,否则指令被忽略。

在 ARM 指令编码格式中,最高四位[31:28]即为"条件码",如表 3.2 所示。

表 3.2　指令条件码表

条件码	助记符后缀	标志	含义
0000	EQ	Z 置位	相等
0001	NE	Z 清零	不相等
0010	CS/HS	C 置位	无符号数大于或等于
0011	CC/LO	C 清零	无符号数小于
0100	MI	N 置位	负数
0101	PL	N 清零	正数或零
0110	VS	V 置位	溢出
0111	VC	V 清零	未溢出
1000	HI	C 置位 Z 清零	无符号数大于
1001	LS	C 清零 Z 置位	无符号数小于或等于
1010	GE	N 等于 V	带符号数大于或等于
1011	LT	N 不等于 V	带符号数小于
1100	GT	Z 清零且(N 等于 V)	带符号数大于
1101	LE	Z 置位或(N 不等于 V)	带符号数小于或等于
1110	AL	忽略	无条件执行

例如:

```
CMP   R0, #0                     ; R0-0,结果影响状态寄存器的标志位 Z
BEQ   SUB0                       ; Z = 1,执行;Z = 0,不执行
CMP   R0, #1                     ; R0-1,结果影响状态寄存器的标志位 Z
BGT   SUB1                       ; Z = 0,且 N = V,执行;否则不执行
CMP   R0, #2                     ; R0-2,结果影响状态寄存器的标志位 Z
BNE   SUB2                       ; Z = 0,执行;Z = 1,不执行
SUB0:
SUB1:
SUB2:
```

第 1 条指令为比较指令，执行结果影响状态寄存器标志位，若 R0 为零，则将 Z 置位，否则将 Z 清零。

第 2 条指令为带条件的跳转指令，满足条件 Z = 1 则执行跳转到 SUB0 的操作，否则不执行任何操作，转去执行第 3 条指令。

其他指令的执行与第 1、2 条指令类似，不再赘述。

3.2　ARM 指令的寻址方式

寻址方式就是寻找操作数地址的方式，寻找操作数地址的目的是为了取得操作数，故也可说寻址方式就是寻找操作数的方式。如在计算 2 + 3 = ? 时，需先找到操作数 2 和 3(2 和 3 可能放在内存，也可能放在寄存器中)，获取操作数 2 和 3 的方式即寻址方式。

ARM 的寻址方式有立即寻址、寄存器寻址、寄存器间接寻址、基址加偏址寻址、堆栈寻址、多寄存器寻址与相对寻址共 7 种。下面分别予以介绍。

3.2.1　立即寻址

立即寻址也称为立即数寻址，在这种寻址方式中，操作数直接包含在指令中，取出指令的同时也就取到了操作数，这个操作数被称为立即数。以下为两条采用立即寻址的指令：

```
ADD  R0, R0, #1              ; R0←R0 + 1
ADD  R0, R0, #0x3f           ; R0←R0 + 0x3f
```

上述指令中，第二操作数即为立即数。立即数要以"#"为前缀，若其数为十六进制数，须再加"0x"或"&"符号；若其为二进制数，须再加"0b"符号；若其为十进制数，可加"0d"符号，也可省略不写。

立即寻址的特点是速度快，因操作数是包含在指令中的，无需再去取操作数。但由于在 32 位长度的指令中，需用相当多的位数来编码助记符、条件与寄存器等，能用来编码立即数的位数很有限，故能够使用的立即数受到限制。也就是说，不是所有的数都能作为立即数来寻址的。对于不能作为立即数来寻址的数，应该采取其他的寻址方式。

3.2.2　寄存器寻址

寄存器寻址中，操作数在寄存器中。指令中的地址码为寄存器编号，指令执行时根据寄存器编号取出相应寄存器中的数值作为操作数。寄存器是 CPU 中的存储器，对寄存器的存取操作是最快的，故寄存器寻址是执行效率较高的寻址方式。

例如：

```
ADD   R0, R1, R2               ; R0←R1 + R2
```

寄存器寻址中，第二寄存器中的操作数在与第一操作数结合前可先进行移位操作，移位位数可以是一个用 5 位二进制数来编码的立即数或一寄存器值。

例如：

```
ADD   R3，R2，R1，LSR #2         ; R3←R2 + R1÷4
ADD   R3，R2，R1，LSR R4         ; R3←R2 + R1÷2^{R4}
```

第 1 与第 2 操作数均在寄存器中，但第 1 条指令中的第二操作数在与第一操作数相加前先逻辑右移 2 位，第 2 条指令中的第二操作数在与第一操作数相加前也需先逻辑右移，逻辑右移的位数则存放在另一个寄存器 R4 中。

下面对移位操作做一简单介绍。

ARM 微处理器核内嵌的桶形移位器(Barrel Shifter)支持数据的各种移位操作，移位操作在 ARM 指令集中不作为单独的指令使用，它只能作为指令格式中的一个字段，在汇编语言中表示为指令中的选项。例如，数据处理指令的第二个操作数为寄存器时，就可以加入移位操作选项对它进行各种移位操作。

移位操作包括逻辑左移 LSL、逻辑右移 LSR、算术左移 ASL、算术右移 ASR、循环右移 ROR 与带扩展的循环右移 RRX 共 6 种类型。

（1）逻辑左移 LSL（Logical Shift Left）

LSL（或算术左移 ASL）可完成对通用寄存器中的内容进行逻辑（或算术）左移的操作，按操作数所指定的数量向左移动，低位用零来填充，如图 3.1(a)所示。其中，操作数可以是通用寄存器，也可以是立即数(1~31)。

例如：

    MOV   R0, R1, LSL #5   ; 将 R1 中的内容左移 5 位后传送到 R0 中

（2）逻辑右移 LSR（Logical Shift Right）

LSR 可完成对通用寄存器中的内容进行右移的操作，按操作数所指定的数量向右移位，左端用零来填充，如图 3.1(b)所示。其中，操作数可以是通用寄存器，也可以是立即数(1~32)。

例如：

    MOV   R0, R1, LSR #5   ; 将 R1 中的内容右移 5 位后传送到 R0 中，左端用零来填充

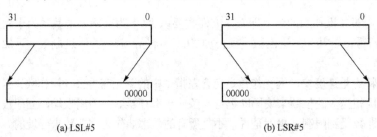

(a) LSL#5　　　　　　　　　　　　　　　(b) LSR#5

图 3.1　逻辑左移与右移

（3）ASL（Arithmetic Shift Left）算术左移

同逻辑左移 LSL。

（4）ASR（Arithmetic Shift Right）算术右移

ASR 可完成对通用寄存器中的内容进行右移的操作，按操作数所指定的数量向右移位，左端用第 31 位(符号位)的值来填充，如图 3.2 所示。其中，操作数可以是通用寄存器，也可以是立即数(1~32)。

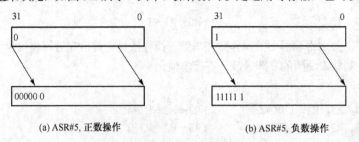

(a) ASR#5, 正数操作　　　　　　　　　　(b) ASR#5, 负数操作

图 3.2　算术右移

例如：

    MOV   R0, R1, ASR #2   ; 将 R1 中的内容右移两位后传送到 R0 中，左端用第 31 位的值来填充

（5）ROR（Rotate Right）循环右移

ROR 可完成对通用寄存器中的内容进行循环右移的操作，按操作数所指定的数量向右循环移位，左端用右端移出的位来填充，如图 3.3（a）所示。其中，操作数可以是通用寄存器，也可以是立即数（1~31）。

例如：

MOV　　R0, R1, ROR #2　　　　; 将 R1 中的内容循环右移两位后传送到 R0 中

（6）RRX（Rotate Right Extended by 1 Place）带扩展循环右移

RRX 将对通用寄存器的内容移右 1 位，右边空出的位用原来的 C 标志位填充，左边移出的位进 C 标志位，如图 3.3（b）所示。

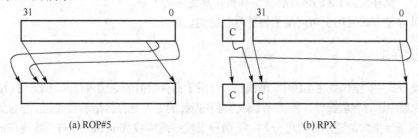

(a) ROP#5　　　　　　　　　　　　　(b) RPX

图 3.3　循环右移与带扩展循环右移

例如：

MOV　　R0, R1, RRX　　　　　　; 将 R1 中的内容进行带扩展的循环右移一位后传送到 R0 中

3.2.3　寄存器间接寻址

寄存器间接寻址中，操作数在内存中，内存地址则存放在一寄存器中。指令执行时，先从寄存器中取出该操作数的内存地址，再用此地址值从内存中取出操作数。

例如：

LDR　R0, [R1]　　　　　　; R0←[R1]
STR　R0, [R1]　　　　　　; [R1]←R0

第 1 条指令将 R1 中的值为地址的内存中的数据传送到 R0 中。第 2 条指令将 R0 的值传送到 R1 中的值为地址的内存中。

3.2.4　基址变址寻址

基址变址寻址中，操作数在内存中，内存地址则由一寄存器（基址寄存器）的值与指令中给出的偏移量相加得到。指令执行时，先将基址寄存器的值与指令中给出的偏移量相加，得到操作数的有效地址，然后再从该地址指向的存储单元中取出操作数。

例如：

LDR　R0, [R1, #4]　　　　　　; R0←[R1 + 4]，前变址形式
LDR　R0, [R1, #4]!　　　　　　; R0←[R1 + 4]，R1←R1 + 4，自动变址形式
LDR　R0, [R1], #4　　　　　　; R0←[R1]，R1←R1 + 4，后变址形式
LDR　R0, [R1, R2]　　　　　　; R0←[R1 + R2]，偏移量在寄存器 R2 中
LDR　R0, [R1, R2, LSL#2]　　　; R0←[R1 + R2*4]，偏移量由 R2 的值左移 2 位获得

上述指令中，R1 为基址寄存器，存放内存单元的基址，偏移量为指令中的立即数 4 或寄存器 R2 中的值。

第1条指令先将偏移量4与基址寄存器的值相加，获得操作数的地址，再将此地址单元的值送至寄存器R0中。因地址先改变再取操作数，故称为前变址。

第2条比第1条多后缀"!"，除了完成第1条指令传送数据的操作外，还将改变基址寄存器的值为R1+4，使其指向下一个待操作的数据。因基址会自动改变，故称其为自动变址方式。

第3条中，偏移量在括号外，基址寄存器的值即为操作数地址，不需加偏移量，但完成传送数据的操作后基址寄存器的值自动加偏移量，指向下一个待操作的数据。因先取操作数地址再改变，故称其为后变址方式。

第4条中，偏移量在另一寄存器R2中，其他同第1条。

第5条中，偏移量由R2的值左移2位获得，其他同第1条。

基址变址寻址方式常用于访问某基地址附近的地址单元。

3.2.5 堆栈寻址

堆栈寻址方式中，操作数在堆栈中。堆栈是一片用于保存数据的连续内存区，按先进后出FILO(First In Last Out)的顺序进行存取操作，使用一个称为堆栈指针的专用寄存器指示当前的操作位置。

根据堆栈指针指向位置的方式可分为如下两种堆栈：满堆栈(Full Stack)与空堆栈(Empty Stack)。当堆栈指针指向最后压入堆栈或第一个要读出的数据时称为满堆栈。当堆栈指针指向最后压入堆栈的数据的上或下一个空位或第一个要读出的数据的上或下一个空位时称为空堆栈(Empty Stack)。图3.4(a)为满堆栈，图3.4(b)为空堆栈。

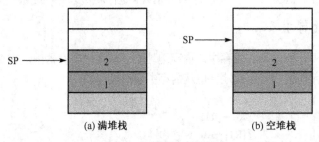

(a) 满堆栈　　　　　　　　　(b) 空堆栈

图 3.4　满堆栈与空堆栈

进行堆栈操作时，堆栈指针会自动调整，总是指向栈顶，根据堆栈指针调整的方式可分为递增堆栈(Ascending Stack)与递减堆栈(Decending Stack)两种方式。当堆栈由低地址向高地址生成时，称为递增堆栈。当堆栈由高地址向低地址生成时，称为递减堆栈。图3.5(a)为递增堆栈，图3.5(b)为递减堆栈。

满堆栈和空堆栈与递增堆栈和递减堆栈组合可产生堆栈的四种工作方式：

(1)满递增堆栈：堆栈指针指向最后压入或第一个要读出的数据，且由低地址向高地址生长。

(2)满递减堆栈：堆栈指针指向最后压入或第一个要读出的数据，且由高地址向低地址生长。

(3)空递增堆栈：堆栈指针指向上一个将要放入数据的空位或第一个将要读出的数据的上一个空位，且由低地址向高地址生长。

(4)空递减堆栈：堆栈指针指向下一个将要放入数据的空位或第一个将要读出的数据的下一个空位，且由高地址向低地址生长。

ARM处理器堆栈的工作方式默认为满递减堆栈，如图3.5(b)所示。

例如，ARM指令集中的进栈、出栈指令：

STMFD　　SP!, {R0, R1, R3-R5}　　　; R0-R1，R3-R5 入栈
LDMFD　　SP!, {R0, R1, R3-R5}　　　; R0-R1，R3-R5 出栈

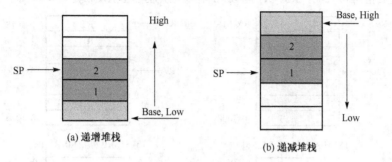

(a) 递增堆栈　　　　　　　(b) 递减堆栈

图 3.5　递增与递减堆栈

Thumb 指令集中的进栈、出栈指令：

PUSH　　　{R0, R1, R3-R5}　　　　; R0-R1，R3-R5 入栈
POP　　　　{R0, R1, R3-R5}　　　　; R0-R1，R3-R5 出栈

3.2.6　多寄存器寻址

多寄存器寻址中，涉及一块操作数的存或取，用一条多寄存器寻址指令便可把存储器中的一块数据加载到多个寄存器中，或把多个寄存器中的内容保存到一片存储器区。寻址操作中的寄存器可以是 R0~R15 中的子集或全部。

多寄存器寻址指令由 LDM/STM 加下列后缀构成，具体寻址方式由后缀决定。

IA (Increment After)　　　　; 操作完成后地址增加
IB (Increment Before)　　　 ; 地址先增加而后完成操作
DA (Decrement After)　　　　; 操作完成后地址递减
DB (Decrement Before)　　　 ; 地址先减而后完成操作

例如：

STMIA R9!, {R0, R1, R5}　　　; R0、R1、R5 存入 R9 所指内存，先存后加
STMIB R9!, {R0, R1, R5}　　　; R0、R1、R5 存入 R9 所指内存，先加后存
STMDA R9!, {R0, R1, R5}　　　; R0、R1、R5 存入 R9 所指内存，先存后减
STMDB R9!, {R0, R1, R5}　　　; R0、R1、R5 存入 R9 所指内存，先减后存
STMFD SP!, {R0, R1, R3-R5}　; R0、R1、R3-R5 入堆，满递减堆栈
STMED SP!, {R0, R1, R3-R5}　; R0、R1、R3-R5 入堆，空递减堆栈
STMFA SP!, {R0, R1, R3-R5}　; R0、R1、R3-R5 入堆，满递增堆栈
STMEA SP!, {R0, R1, R3-R5}　; R0、R1、R3-R5 入堆，空递增堆栈

上述第 1~4 条指令执行的操作均是把 R0、R1 与 R5 三个寄存器的内容存储到 R9 指向的内存单元，但后缀不同，执行结果不同，如图 3.7 所示。图 3.7 中执行操作前 R9 均指向 0x100C，操作完成后 R9 指向的位置与后缀有关，用 R9′ 表示。图 3.7(a) 中，后缀为 IA，意为"先存后加"，即先完成将 R0 存入 0x100C 的操作后地址再加，使 R9 指向 0x1010，接着把 R1 存入 0x1010，地址又再加，R9 指向 0x1014，最后再把 R5 存入 0x1014，地址又再加最后指向 0x1018。图 3.7(b) 中，后缀为 IB，意为"先加后存"，即地址先加，使 R9 指向 0x1010，再将 R0 存入 0x1010，随后同样是地址先加，使 R9 指向 0x1014，再把 R1 存入 0x1014，最后地址再先加，使 R9 指向 0x1018，最后把 R5 存入 0x1018。图 3.7(a)、(b) 中，完成操作后，R9 均指向 0x1018，但 R0、R1 与 R5 存储的位置是不同的。

图 3.6（c）、（d）中指令的操作情况与图 3.6（a）、（b）类似，不同在于此处地址是减不是加，所以完成操作后 R9 最后指向 0x1000，R0、R1 与 R5 的存储位置仍然由后缀决定。

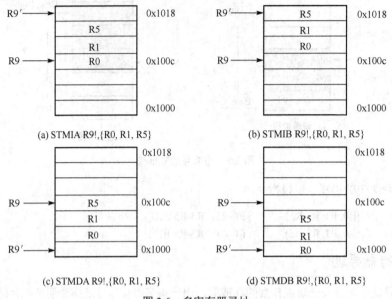

(a) STMIA R9!,{R0, R1, R5}　　(b) STMIB R9!,{R0, R1, R5}

(c) STMDA R9!,{R0, R1, R5}　　(d) STMDB R9!,{R0, R1, R5}

图 3.6　多寄存器寻址

3.2.7　相对寻址

相对寻址中，以程序计数器 PC 的当前值为基地址，指令中的地址标号作为偏移量，两者相加得操作数的有效地址。

以下程序段完成子程序的调用和返回，跳转指令 BL 采用了相对寻址方式：

```
        BL  NEXT      ；跳转到子程序 NEXT 处执行
        …             ；返回到此
        …             ；当前 PC
NEXT                  ；子程序入口
        …
        MOVPC, LR     ；从子程序返回
```

指令 BL NEXT 使得程序跳转到子程序 NEXT 处执行，这里 NEXT 是程序标号，即偏移量，基址寄存器隐含为 PC。

3.3　ARM 指令集

ARM 指令集由数据传送、数据处理、程序状态寄存器访问、跳转、异常中断与协处理器 6 大类指令组成，下面分别予以详述。

3.3.1　数据传送指令

这里的数据传送是指数据在寄存器与存储器之间的传送。从存储器到寄存器的传送称为加载（Load）或读取，从寄存器到存储器的传送称为存储（Store），故数据传送指令也称为加载/存储（Load/Store）指令或访存指令。

ARM 处理器采取统一编址方式进行编址，所有 I/O 都和存储单元一样，同属 ARM 的地址空间，ARM 都把它们视为存储器，与存储器一起统一编址，数据在 I/O 与寄存器间的传送也使用（Load/Store）指令完成。

ARM 采用 Load/Store 结构，即除 Load/Store 指令能在存储器与寄存器间进行数据传送外，其他指令均无此功能，也就是说除 Load/Store 外的指令均无访存功能。

数据传送指令可分为字与无符号字节传送指令、半字与有符号字节传送指令、块数据传送指令及交换指令几类，下面分别进行介绍。

1. 字和无符号字节传送指令（LDR|STR 和 LDRB|STRB）

字和无符号字节传送指令用于寄存器与存储器间一次传送一个字或一个无符号字节。把寄存器中的一个字/无符号字节传送到存储器使用 STR|STRB，把存储器中的一个字或无符号字节传送到寄存器使用 LDR|LDRB。

指令汇编格式如下：

LDR|STR {Cond} {B} Rd, [Rn, Offset] {!}	；自动变址格式
LDR|STR {Cond} {B} {T} Rd, [Rn], Offset	；后变址格式
LDR|STR {Cond} {B} Rd, LABEL	；相对 PC 的形式

说明：

LDR|STR 是指令助记符，LDR 为加载，STR 为存储；

Cond 是条件后缀，可选，若不带条件后缀，表示无条件执行；

B 是字节选项，不带此选项表示传送的为字；

Rd 是源或目的寄存器，加载时为目的寄存器，存储时为源寄存器；

Rn 是基址寄存器，存放基地址；

Offset 是偏移量，偏移量很灵活，既可为立即数，又可为寄存器或寄存器移位数。

例如：

LDR	R1, [R2]	；R1←[R2]
LDR	R1, [R2, #16]	；R1←[R2 + 16]
LDRNE	R1, [R2, #960]!	；R1←[R2 + 960]，R2←R2 + 960，条件执行
LDR	R1, [R2, R3, LSL#2]	；R1←[R2 + R3x4]
LDR	R1, [R2], R3, LSL #2	；R1←[R2]，R2←R2 + R3x4
LDRB	R1, [R2, #3]	；R1←[R2 + 3]，R1 高 24 清零
LDREQB	R1, [R2, #5]	；R1←[R2 + 5]，R1 高 24 清零，条件执行
STR	R1, [R2], #-8	；R1→[R2]，R2←R2-8
STRB	R1, [R2, -R8, ASR#2]	；R1→[R2-R8/4]，只存储 R1 的最低 8 位
STR	R1, [R2, R4]!	；R1→[R2 + R4]，R2←R2 + R4
STR	R1, [R2], R4	；R1→[R2]，R2←R2 + R4
STR	R1, START	；R1→[START]

上述第 1~7 条指令中，R1 为目的寄存器，R2 为基址寄存器；第 8~12 条指令中，R1 则为源寄存器，R2 仍为基址寄存器。

偏移量很灵活，第 1 条指令偏移量为 0，第 2 条为 16，第 4 条为由寄存器 R3 左移 2 位获得，第 10、11 条为寄存器 R4 的值。第 6、7、9 条传送的为无符号字节，其他传送的为字。

指令二进制编码格式：

指令的二进制编码格式如图 3.7 所示。

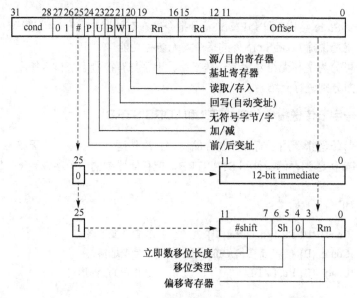

图 3.7　单字和无符号字节数据传送指令的二进制编码格式

Offset 表示偏移量，用[11:0]来编码，由位[25]决定其是立即数还是寄存器移位数。若[25] = 0，偏移量为 12 位立即数。若[25] = 1，则偏移量为寄存器移位数，由[3:0]来编码寄存器，由[6:5]来编码移位操作，由[11:7]来编码移位长度。

Rd 表示源/目的寄存器，用[15:12]来编码。

Rn 表示基址寄存器，用[19:16]来编码。

L 表示数据传送的方向，L = 1 表示加载，即 LDR，L = 0 表示存储，即 STR。

W 表示变址类型，W = 1 表示自动变址，即汇编中的"!"后缀，W = 0 表示非自动变址。

B 表示数据类型，B = 1 表示字节，B = 0 表示字。

U 表示偏移量前面的符号，U = 1 表示"+"，U = 0 表示"–"。

P 表示变址方式，P = 1 表示前变址，P = 0 表示后变址。

2. 半字与有符号字节数据传送指令

半字与有符号字节数据传送指令用于内存与寄存器间一次传送一个半字(无符号或有符号)或一个有符号字节。

汇编格式 ：

    LDR|STR{<cond>} H|SH|SB　Rd, [Rn, <offest>]{!}　; 前变址、自动变址格式
    LDR|STR {<cond>} H|SH|SB　Rd, [Rn], <offest>　　; 后变址格式

说明：

式中<offset>是#±<8 位立即数>或#±Rm；H|SH|SB 选择传送数据类型；其他部分的意义与上述字和无符号字节传送指令相同。

例如：

　　LDRH　　R1, [R0, #20]；R1←[R0 + 20]，加载无符号 16 位半字，零扩展至 32 位

　　LDRSH R1, [R9, R2]!；R1←[R9 + R2]，R9←R9 + R2，加载有符号半字，高 16 位用符号扩展

　　STRH　　R0,[R1，R2，LSL#2]　　; R0→[R1 + R2x4]，存储无符号半字(低半字)

　　STRSB R0,[R3,-R8,ASR#2]　　; R0→[R3-R8/4]，存储有符号低字节

　　LDREQSH　　R11,[R6]　　　　; R11←[R6]，加载有符号半字，符号扩展至 32 位，条件执行

　　STRNEH　　R0,[R2，#960]!　　; R0→[R2 + 960]，R2←R2 + 960，加载无符号半字

　　第 1 条指令将地址指针[R0 + 20]指向的存储区中的 16 位无符号半字加载到寄存器 R1 的低半字部分，然后零扩展至 32 位。

　　第 2 条指令将地址[R9 + R2]开始的有符号半字加载到 R1 的低 16 位部分，将符号位扩展至高 16 位部分。

　　第 4 条指令将 R0 中的最低 8 位有符号字节存储到地址单元[R3-R8/4]中。

　　第 5、6 条指令分别为加载、存储有符号、无符号半字的指令，均为条件执行。

　　指令编码格式：

　　半字与无符号字节传送指令编码格式如图 3.8 所示，图中 Rd、Rn、L、W、U、P 及 cond 意义与上述字传送指令相同，可参照上述描绘，此处仅说明与上述不同的部分。

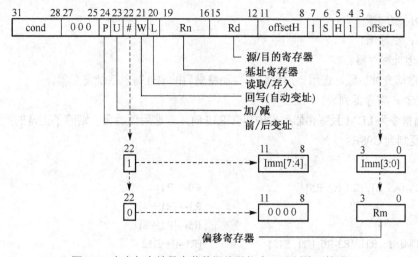

图 3.8　半字与有符号字节数据传送指令二进制编码格式

① 若位[22] = 1，偏移量为 8 位立即数，低 4 位由 offestL[3:0]编码，高 4 位由 offestH[11:8]编码；

② 若位[22] = 0，偏移量在寄存器 Rm 中，Rm 由[3:0]位编码；

③ SH[6:5]用于编码数据类型，具体意义如表 3.3 所示。

表 3.3 中 SB 为有符号字节，UH 为无符号半字，SH 为有符号半字。

表 3.3　数据类型

S	H	类型
1	0	SB
0	1	UH
1	1	SH

3. 块数据传送指令 LDM/STM

块数据传送指令用于在寄存器与存储器间一次传送一块数据。ARM 有 16 个通用寄存器（R0~R15），故一次最多可传 16 个字。

指令汇编格式：

> LDM|STM{<cond>}<add mode>　Rn{!}, <registers> {^}

说明：

LDM|STM：指令助记符，LDM 为加载，STM 为存储。

<cond>：可选条件后缀，如前所述。

<add mode>：必选后缀，主要有如下几种：

　　IA（Increment After）：后增，先传送一个字后地址再增 4；

　　IB（Increment Before）：前增，地址增 4 后再传送一个字；

　　DA（Decrement After）：后减，先传送一个字后地址再减 4；

　　DB（Decrement Before）：前减，地址减 4 后再传送一个字；

　　FD：满递减；

　　FA：满递增；

　　ED：空递减；

　　EA：空递增。

Rn：基地址寄存器。

{! }：自动变址后缀，选用该后缀时，自动将最后的地址写入基址寄存器。

<registers>：寄存器列表。

{^}：当指令为 LDM 且寄存器列表中包含 R15 时，若选用该后缀，则除了正常的数据传送之外，还将 SPSR 复制到 CPSR。

例如：

```
    LDMIA   R1, {R0, R2, R5}            ; R0←[R1]
                                        ; R2←[R1 + 4]
                                        ; R5←[R1 + 8]
    STMDB   R1!, {R3-R6, R11, R12}      ; [R1-4]←R12
                                        ; [R1-8]←R11
                                        ; [R1-12]←R6
                                        ; [R1-16]←R5
                                        ; [R1-20]←R4
                                        ; [R1-24]←R3
                                        ; R1←R1-24
    STMFD   SP! , {R0-R7, LR}           ; [R13-4]←R14
                                        ; [R13-8]←R7
                                        ; [R13-12]←R6
                                        ; [R13-16]←R5
                                        ; [R13-20]←R4
                                        ; [R13-24]←R3
                                        ; [R13-28]←R2
```

```
                                      ; [R13-32]←R1
                                      ; [R13-36]←R0
                                      ; R13←R13-36
```

指令二进制编码格式：

块数据传送指令的二进制编码格式如图 3.9 所示，图中符号的意义如下：

register list 表示寄存器列表，用[15:0]编码，每一位表示一个寄存器，若某位为 1，则寄存器列表中包含与此位对应的寄存器，否则不包含。例如若[0] = 1，则寄存器列表中包含 R0，若[0] = 0，则寄存器列中不包含 R0，其余以此类推；

Rn 表示基址寄存器，用[19:16]编码；

L 表示数据传送的方向，L = 1 表示读取，即 LDM，L = 0 表示存入，即 STM；

W 表示是否要回写，W = 1 表示自动回写，汇编中带 "!" 后缀，W = 0 表示无自动回写；

S = 1 表示强制恢复 PSR；

U = 1 表示地址加，U = 0 表示地址减；

P = 1 表示前变址，P = 0 表示后变址。

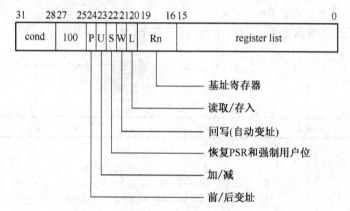

图 3.9 块数据传送指令的二进制编码格式

4. 交换指令 SWP/SWPB

交换指令用于将寄存器中的一个字/字节存储到存储器中，同时将存储器中的一个字/字节加载到寄存器中。

指令汇编格式：

    SWP{Cond} {B} Rd，Rm，[Rn]

Cond：可选条件后缀，详情如前所述；

B：可选后缀，带该后缀时交换的是字节，不带时交换的是字；

Rd：目的寄存器，从存储器中取出的数据加载到该寄存器中；

Rm：源寄存器，该寄存器中的数将存储到存储器中；

Rn：基地址寄存器，存放在内存中的用于交换的数据的地址存放在该寄存器中。

例如：

```
SWP     R2, R3, [R4]    ; [R4]→R2, R3→[R4]
SWPB    R2, R3, [R4]    ; [R4]→R2, R3→[R4]
```

```
SWP       R2, R2, [R4]      ; [R4]→R2, R2→[R4]
SWPNEB    R5, R0, [R4]      ; [R4]→R5, R5→R0, WhileZ = 0。
```

第 1 条指令将 R4 指向的存储器中的数据加载到 R2 中，同时把 R3 的数据存储到 R4 指向的存储区中。

第 2 条指令将 R4 指向的存储器中的字节加载到 R2 中，同时把 R3 中的字节存储到 R4 指向的存储区中。

第 3 条指令将 R4 指向的存储器中的数据加载到 R2 中，同时把 R2 中的数据存储到 R4 指向的存储区中，即把 R4 指向的存储区中的数据与 R2 交换。

第 4 条指令当状态寄存器的标志位 Z = 0 时，将 R4 指向的存储器区中的数据加载到 R5，同时将 R0 中的一个字节存储到 R4 指向的存储区中。

指令编码格式：

交换指令的二进制编码格式如图 3.10 所示，图中：

[3:0]用于编码源寄存器 Rm；

[15:12]用于编码目的寄存器 Rd；

[19:16]用于编码基址寄存器 Rn；

[22]用于编码交换的数据类型，[22] = 1 为无符号字节，[22] = 0 为字。

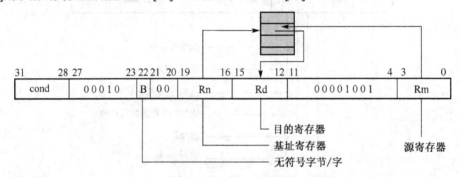

图 3.10　交换指令的二进制编码格式

3.3.2　数据处理指令

数据处理指令主要完成寄存器中数据的算术和逻辑运算。根据指令的功能可分为以下六类：数据移动指令、算术运算指令、逻辑运算指令、比较测试指令与乘法指令。数据移动指令用于在寄存器之间进行数据传送。算术与逻辑运算指令完成常用的算术与逻辑运算，该类指令不但将运算结果保存在目的寄存器中，同时可更新 CPSR 中的相应条件标志位。比较测试指令不保存运算结果，只更新 CPSR 中相应的条件标志位。乘法指令用于实现乘法及乘累加运算。

在数据处理指令中，乘法指令的汇编格式及二进制编码格式均与其他指令不同，故将数据处理指令分为基本数据处理指令与乘法指令进行介绍。

3.3.2.1　基本数据处理指令

基本数据处理指令包括数据移动指令、算术运算指令、逻辑运算指令、比较测试指令。

1．基本数据处理指令格式

指令汇编格式：

数据移动型

      <opcode>{<cond>}{S} <Rd>, <operand2>   ; <opcode> : =MOV | MVN

比较测试型

      <opcode>{<cond>} <Rn>, < operand2>   ; <opcode> : =CMP | CMN | TST | TEQ

算术逻辑运算型

      <opcode>{<cond>}{S} <Rd>, <Rn>, < operand2>   :<opcode> : =ADD | SUB | RSB | ADC

                                             ;| SBC | RSC | AND | BIC | EOR | ORR

说明：

opcode：指令助记符，决定指令的操作。

cond：可选条件后缀，决定指令执行的条件。

S：可选后缀，决定指令的操作是否影响 CPSR，详情可参见 3.1.3 节。

Rd：目的寄存器，用于存放操作结果。

Rn：第 1 操作数寄存器，用于存放第 1 个操作数。

Operand2：第 2 操作数，可为一立即数、寄存器值或寄存器移位三种类型，下面用实例予以说明。

（1）立即数型

      MOV   R3, #0xF2   ; R3←0xF2

      CMP   R1, #0x2   ; R1−2，影响状态寄存器标志位

      ADD   R0, R1, #5   ; R0←R1 + 5

（2）寄存器型

      MOV   R0, R1   ; R0←R1

      CMP   R0, R1   ; R0−R1，结果影响状态寄存器

      ADD   R0, R1, R2   ; R0←R1 + R2

（3）寄存器移位型

寄存器移位型中第 2 操作数由一寄存器中的值移位获得，移位的位数可为立即数，也可为另一寄存器中的值。

      MOV R0，R1, LSR #2   ; R0←R1÷4

      MOV R0，R2, LSR R3   ; R0←R2÷ (2^{R3})

      CM   R0，R1, LSR #2   ; R0−R1÷4

      CMP R0，R1, LSR R3   ; R0−R1÷ (2^{R3})

      ADD R0, R4, R5, LSL #0x02   ; R0←R4 + R5×4

      ADD R0, R4, R5, LSL R6   ; R0←R4 + R5×2^{R6}

第 1 条指令的第 2 操作数由寄存器 R1 中的值逻辑右移获得，右移的位数为立即数 2。

第 2 条指令的第 2 操作数由寄存器 R2 中的值逻辑右移获得，右移的位数则存放在另一寄存器 R3 中。

其他指令与第 1、2 条指令情况类似，此处不再赘述。

指令编码格式如图 3.11 所示：

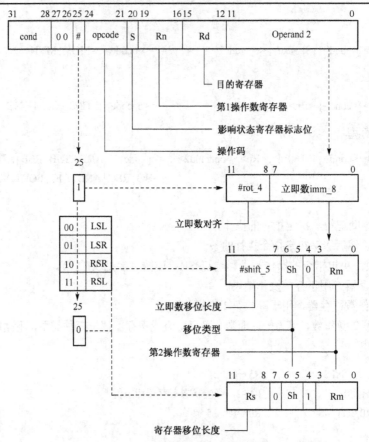

图 3.11　基本数据处理指令编码格式

说明：

Operand2 表示第 2 操作数，由[11:0]编码，可取三种类型：

（1）立即数型编码方式

第 2 操作数为立即数型时，用[7:0]编码立即数 imm_8，用[11:8] 编码循环右移的位数 rot_4，则第 2 操作数 Operand2 = imm_8 rot 2×rot_4。

（2）寄存器型编码方式

第 2 操作数为寄存器型时，操作数在一寄存器中，用[3:0] 来编码存放第 2 操作数的寄存器，[11:4] 全为零。

（3）寄存器移位型编码方式

第 2 操作数为寄存器移位型时，移位位数可为立即数，也可为寄存器的值，故又对应两种编码类型：

移位位数为立即数时，用[3:0] 编码寄存器 Rm，用[6:5]编码移位类型，可表示 LSL|LSR|RSL|RSR 共 4 种移位操作；用[11:7]编码移动的位数。

移位位数为寄存器值时，用[3:0]编码寄存器 Rm，用[6:5]编码移位类型，可表示 LSL|LSR|RSL|RSR 共 4 种移位操作；用[11:8]编码存放移位数的寄存器。

Rd 表示目的寄存器，用[15:12]编码。

Rn 表示第 1 操作数寄存器，用[16:19]编码。

S 表示是否影响状态寄存器 CPSR，详情可参见 3.1.3 节。

opcode 表示操作类型，用[21:24]编码，参见表 3.4 基本数据处理指令操作码表。

表 3.4　基本数据处理指令操作码表

opcode[24:21]	助记符	说明	操作
0000	AND	逻辑与指令	Rd：=Rn AND Op2
0001	EOR	逻辑异或指令	Rd：=Rn EOR Op2
0010	SUB	减法指令	Rd：=Rn − Op2
0011	RSB	逆向减法指令	Rd：=Op2 − Rn
0100	ADD	加法指令	Rd：=Rn + Op2
0101	ADC	带进位加法指令	Rd：=Rn + Op2 + C
0110	SBC	带借位减法指令	Rd：=Rn − Op2 + C − 1
0111	RSC	带借位的逆向减法指令	Rd：=Op2 − Rn + C − 1
1000	TST	位测试指令	Scc on Rn AND Op2
1001	TEQ	相等测试指令	Scc on Rn EOR Op2
1010	CMP	比较指令	Scc on Rn − Op2
1011	CMN	反值比较指令	Scc on Rn + Op2
1100	ORR	逻辑或指令	Rd：=Rn OR Op2
1101	MOV	数据传送指令	Rd：=Op2
1110	BIC	位清除指令	Rd：=Rn AND NOT Op2
1111	MVN	数据取反传送指令	Rd：=NOT Op2

2. 基本数据处理指令集

基本数据处理指令集包括数据传送指令、算术运算指令、逻辑运算指令与比较测试指令四种类型，如表 3.5 所示。

表 3.5　基本数据处理指令集

指令类型	助记符	说明	操作	条件码位置
数据传送指令	MOV　Rd, operand2	数据传送指令	Rd←operand2	MOV{cond}{S}
	MVN　Rd, operand2	数据非取反传送指令	Rd←(~operand2)	MVN{cond}{S}
算术运算指令	ADD　Rd, Rn, operand2	加法运算指令	Rd←Rn + operand2	ADD{cond}{S}
	SUB　Rd, Rn, operand2	减法运算指令	Rd←Rn−operand2	SUB{cond}{S}
	RSB　Rd, Rn, operand2	逆向减法指令	Rd←operand2−Rn	RSB{cond}{S}
	ADC　Rd, Rn, operand2	带借位加法指令	Rd←Rn + operand2 + Carry	ADC{cond}{S}
	SBC　Rd, Rn, operand2	带借位减法指令	Rd←Rn−operand2−(NOT) Carry	SBC{cond}{S}
	RSC　Rd, Rn, operand2	带借位逆向减法指令	Rd←operand2−Rn−(NOT) Carry	RSC{cond}{S}
逻辑运算指令	AND　Rd, Rn, operand2	逻辑"与"操作指令	Rd←Rn & operand2	AND{cond}{S}
	ORR　Rd, Rn, operand2	逻辑"或"操作指令	Rd←Rn	operand2	ORR{cond}{S}
	EOR　Rd, Rn, operand2	逻辑"异或"操作指令	Rd←Rn^operand2	EOR{cond}{S}
	BIC　Rd, Rn, operand2	位清除指令	Rd←Rn&(~operand2)	BIC{cond}{S}
比较测试指令	CMP　Rn, operand2	比较指令	标志 N,Z,C,V←Rn−operand2	CMP{cond}
	CMN　Rn, operand2	负数比较指令	标志 N,Z,C,V←Rn + operand2	CMN{cond}
	TST　Rn, operand2	位测试指令	标志 N,Z,C←Rn&operand2	TST{cond}
	TEQ　Rn, operand2	相等测试指令	标志 N,Z,C←Rn^operand2	TEQ{cond}

3. 基本数据处理指令用法举例

（1）数据移动指令 MOV 和 MVN

MOV 指令可将一个立即数、一个寄存器值或一个被移位的寄存器值传送到目的寄存器中。MVN 指令的功能与 MOV 相似，唯一的差别是在 MVN 中，数据在传送之前被按位取反了，即把一个被取反的值传送到目的寄存器中。

例如：

MOV	R1, R0	; R1←R0
MOV	PC, R14	; PC←R14
MOVS	PC, R14	; PC←R14，CPSR←SPSR
MOV	R0, #0x80	; R0←0x80
MOVEQS	R0, #0xFF	; While Z = 1，R0←255，刷新 N 和 Z
MOVS	R1, R0, LSL #3	; R1←R0÷8，刷新 N、Z 和 C
MNV	R0, R3, LSL R5	; R0←非 R3÷2^{R5}

(2) 比较测试指令

① CMP 指令

CMP 指令用于把一个寄存器的内容和另一个寄存器的内容或立即数进行比较，同时更新 CPSR 中条件标志位的值。该指令进行一次减法运算，但不存储结果，只更新条件标志位。对标志位的影响是：

结果为负 N = 1，否则 N = 0；

结果为零 Z = 1，否则 Z = 0；

如果有借位 C = 0，否则 C = 1；

结果有溢出 V = 1，否则 V = 0。

例如：

CMP　R1, R0	; R1−R0，根据结果设置 CPSR 的标志位
CMP　R1, #100	; R1−100，根据结果设置 CPSR 的标志位

② CMN 指令

CMN 指令用于把一个寄存器的内容和另一个寄存器的内容或立即数取反后进行比较，同时更新 CPSR 中条件标志位的值。该指令实际完成操作数 1 和操作数 2 相加，但不保留结果，只根据结果更新条件标志位。对条件标志位的影响同 CMP 指令。

例如：

CMN　R1, R0	; R1 + R0，根据结果设置 CPSR 的标志位
CMN　R1, #100	; R1 + 100，根据结果设置 CPSR 的标志位

③ TEQ 指令

TEQ 指令用于把一个寄存器的内容和另一个寄存器的内容或立即数进行按位 "异或" 运算，但不保留结果，只根据运算结果更新 CPSR 中条件标志位的值。对条件标志位的影响是：

结果为负 N = 1，否则 N = 0；

结果为零 Z = 1，否则 Z = 0；

C = 最后移出的位（若第 2 操作数是寄存器移位类型）；

该指令不影响标志位 V。

该指令通常用于测试（比较）两个操作数是否相等。

"异或" 是一种逻辑运算，运算的法则是：两个位相同结果为 0，不同结果为 1。例如二进数 0101 1010 与 0011 1001 异或的结果为 0110 0011。运算过程如下：

$$
\begin{array}{r}
0101\ 1010 \\
异或\quad 0011\ 1001 \\
\hline
0110\ 0011
\end{array}
$$

例如：

TEQ　R3, #0x0FF	; R3^0xFF，若 R3 = FF，则 Z = 1，否则 Z = 0
TEQ　R1，#0b00010101	; R1^00010101，若 R1 = 00010101，则 Z = 1，否则 Z = 0
TEQ　R1, R2	; R1^ R2，若 R1 = R2，则 Z = 1，否则 Z = 0

④ TST 指令

TST 指令用于把一个寄存器的内容和另一个寄存器的内容或立即数进行按位"与"运算，但不保留结果，只根据运算结果更新 CPSR 中条件标志位的值。对标志位的影响同上述 TEQ 指令。该指令通常用来检测是否设置了特定的位，所以操作数 1 为要测试的数据，操作数 2 为一个位掩码。

例如：

TST　R1, #0b1	; 测试 R1 中位[0]，若[0] = 1，Z = 0，否则 Z = 1
TST　R3, #0b01010000	; 测试 R3 中位[6]和[4]，若[6]和[4]均为 1，Z = 0，否则 Z = 1
TST　R1, #0xFF	; 测试 R1 的低 8 位，若均为 1，则 Z = 0，否则 Z = 1
TST　R3, R4, LSL R5	; R3&R4×2^{R5}，结果影响 N、Z 与 C（不影响 V）

(3) 算术运算指令

① ADD 指令

ADD 指令用于把两个操作数相加，并将结果存放到目的寄存器中。操作数 1 应是一个寄存器，操作数 2 可以是一个寄存器，被移位的寄存器，或一个立即数。

例如：

ADDS　R0, R1, #256	; R0 = R1 + 256，影响标志位 N、Z、C 与 V
ADDEQS　R0, R1, R2	; R0 = R1 + R2，带条件，影响标志位 N、Z、C 与 V
ADD　R0, R2, R3, LSL#1	; R0 = R2 + (R3 << 1)　or　R0 = R2 + R3×2
ADD　R0, R2, R3, LSL R4	; R0 = R2 + (R3 << R4) or　R0 = R2 + R3×2^{R4}

② ADC 指令

ADC 指令用于把两个操作数相加，再加上 CPSR 中的 C 标志位的值，并将结果存放到目的寄存器中。它使用一个进位标志位，这样就可以做比 32 位大的数的加法。操作数 1 应是一个寄存器，操作数 2 可以是一个寄存器，被移位的寄存器，或一个立即数。

例如，两个 128 位数的加法：

ADDS	R0, R4, R8	; 加低端的字，影响状态寄存器标志位
ADCS	R1, R5, R9	; 加第二个字，带进位
ADCS	R2, R6, R10	; 加第三个字，带进位
ADC	R3, R7, R11	; 加第四个字

③ SUB 指令

SUB 指令用于把两个数相减，并将结果存放到目的寄存器中。操作数 1 应是一个寄存器，操作数 2 可以是一个寄存器，被移位的寄存器，或一个立即数。该指令可用于有符号数或无符号数的减法运算。

例如：

SUB	R0, R1, R2	; R0 = R1 − R2
SUB	R0, R1, #256	; R0 = R1 − 256
SUBS	R0, R2, R3, LSL #1	; R0 = R2 − (R3 << 1)，影响 N、Z、C 与 V
SUBS	R15, R14, #4	; R15←R14-4，CPSR←SPSR，中断返回指令

④ SBC 指令

SBC 指令用于把操作数 1 减去操作数 2，再减去 CPSR 中的 C 标志位的反码，并将结果存放到目的寄存器中。操作数 1 应是一个寄存器，操作数 2 可以是一个寄存器，被移位的寄存器，或一个立即数。该指令使用进位标志来表示借位，这样就可以做大于 32 位的减法。该指令可用于有符号数或无符号数的减法运算。

例如：

SBCS　　　R0，R1，R2　　　; R0 =R1–R2–! C　; 根据结果设置标志位

⑤ RSB 指令

RSB 指令称为逆向减法指令，用于把操作数 2 减去操作数 1，并将结果存放到目的寄存器中。操作数 1 应是一个寄存器，操作数 2 可以是一个寄存器，被移位的寄存器，或一个立即数。该指令可用于有符号数或无符号数的减法运算。

例如：

RSB　R0, R1, R2　　　　　　　　; R0 =R2–R1
RSB　R0, R1, #256　　　　　　　; R0 =256–R1
RSB　R0, R2, R3, LSL#1　　　　　; R0 =(R3 << 1) –R2

⑥ RSC 指令

RSC 指令用于把操作数 2 减去操作数 1，再减去 CPSR 中的 C 标志位的反码，并将结果存放到目的寄存器中。操作数 1 应是一个寄存器，操作数 2 可以是一个寄存器，被移位的寄存器，或一个立即数。该指令使用进位标志来表示借位，这样就可以做大于 32 位的减法。该指令可用于有符号数或无符号数的减法运算。

例如：

RSC　R0, R1, R2　　　　　　　　　　　　; R0 =R2–R1–!C

(4) 逻辑运算指令

① AND 指令

AND 指令用于在两个操作数上进行逻辑 "与" 运算，并把结果放置到目的寄存器中。操作数 1 应是一个寄存器，操作数 2 可以是一个寄存器，被移位的寄存器，或一个立即数。该指令常用于屏蔽操作数 1 的某些位。

例如：

AND　R0, R0, #3　　　　　　; R0←R0&3，保留 R0 的最低两位不变，其余位清零

② BIC 指令

BIC 指令用于将第 1 操作数与第 2 操作数的非进行逻辑 "与" 运算，并把结果放置到目的寄存器中。第 1 操作数应为寄存器值，操作数 2 可以是一个寄存器，被移位的寄存器，或一个立即数。该指令常用于对操作数 1 的某些位进行清零操作。

例如：

BIC R0, R0, #0x1F　　　　　　; R0←R0 & NOT 0x1F, 即将 R0 的最低 5 位清零，其余位保持不变

③ ORR 指令

ORR 指令用于在两个操作数上进行逻辑 "或" 运算，并把结果放置到目的寄存器中。操作数 1 应是一个寄存器值，操作数 2 可以是一个寄存器，被移位的寄存器，或一个立即数。该指令常用于置位操作数 1 的某些位。

例如：

　　ORR　R0，R0，#3　　　　　；R0←R0|3，即将 R0 的最低两位置位，其余位保持不变

④ EOR 指令

EOR 指令用于在两个操作数上进行逻辑"异或"运算，并把结果放置到目的寄存器中。操作数 1 应是一个寄存器值，操作数 2 可以是一个寄存器、被移位的寄存器或一个立即数。该指令常用于反转操作数 1 的某些位。

例如：

　　EOR　R0,R0,#3　　　　　；R0←R0^3，即反转 R0 的最低两位，其余位保持不变

3.3.2.2　乘法指令

ARM 微处理器支持的乘法指令与乘加指令共有 6 条，可分为运算结果为 32 位和运算结果为 64 位两类。与前面的基本数据处理指令不同，乘法指令中的所有操作数寄存器与目的寄存器必须为通用寄存器，不能对操作数使用立即数或被移位的寄存器，同时，目的寄存器和操作数 1 必须是不同的寄存器。

乘法指令的编码格式如图 3.12 所示：

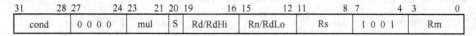

31 28	27 24	23 21	20	19 16	15 12	11 8	7 4	3 0
cond	0 0 0 0	mul	S	Rd/RdHi	Rn/RdLo	Rs	1 0 0 1	Rm

图 3.12　乘法指令编码

说明：

Rm：存放第 1 操作数的寄存器，用[3:0]编码；

Rs：存放第 2 操作数的寄存器，用[8:11]编码；

Rn/RdLo：存放累加数/64 位结果的低半部分的寄存器，用[12:15]编码；

Rd/RdHi：存放 32 位结果/64 位结果的高半部分的寄存器，用[16:19]编码；

S：S = 1 表示有符号乘，S = 0 表示无符号乘；

mul：表示乘法类型，用[23:21]编码，可表示 8 种类型，但仅用到 6 种，如表 3.6 所示。

表 3.6　乘法类型编码

[23:21]	助记符	说明
000	MUL	32 位乘
001	MLA	32 位乘加
100	UMULL	64 位无符号乘
101	UMLAL	64 位无符号乘加
110	SMULL	64 位有符号乘
111	SMLAL	64 位有符号乘加

乘法指令共有 6 条，如表 3.7 所示。

表 3.7　乘法指令集

乘法指令	说明	操作	条件码
MUL　Rd, Rm, Rs	32 位乘法指令	Rd←Rm×Rs（Rd! = Rm）	MUL{Cond}{S}
MLA　Rd, Rm, Rs, Rn	32 位乘加指令	Rd←Rm×Rs + Rn（Rd! = Rm）	MLA{cond}{S}
UMULL　RdLo, RdHi, Rm, Rs	64 位无符号乘法指令	(RdLo, RdHi)←Rm×Rs	UMULL{cond}{S}
UMLAL　RdLo, RdHi, Rm, Rs	64 位无符号乘加指令	(RdLo, RdHi)←Rm×Rs + (RdLo, RdHi)	UMLAL{cond}{S}
SMULL　RdLo, RdHi, Rm, Rs	64 位有符号乘法指令	(RdLo, RdHi)←Rm×Rs	SMULL{cond}{S}
SMLAL　RdLo, RdHi, Rm, Rs	64 位有符号乘加指令	(RdLo, RdHi)←Rm×Rs + (RdLo, RdHi)	SMLAL{cond}{S}

乘法指令用法举例:

(1) MUL 指令

MUL 指令完成操作数 1 与操作数 2 的乘法运算,并把结果(低 32 位)放置到目的寄存器中,同时可以根据运算结果设置 CPSR 中相应的条件标志位。其中,操作数 1 和操作数 2 均为 32 位的有符号数或无符号数。

例如:

  MUL R0, R1, R2   ; R0 =(R1×R2)低 32 位

(2) MLA 指令

MLA 指令完成操作数 1 与操作数 2 的乘法运算,再将乘积加上操作数 3,并把结果放置到目的寄存器中,同时可以根据运算结果设置 CPSR 中相应的条件标志位。其中,操作数 1 和操作数 2 均为 32 位的有符号数或无符号数。

例如:

  MLA R0, R1, R2, R3   ; R0 =(R1×R2 + R3)低 32 位

(3) SMULL 指令

SMULL 指令完成操作数 1 与操作数 2 的乘法运算,并把结果的低 32 位放置到目的寄存器 RdLo 中,结果的高 32 位放置到目的寄存器 RdHi 中,同时可以根据运算结果设置 CPSR 中相应的条件标志位。其中,操作数 1 和操作数 2 均为 32 位的有符号数。

例如:

  SMULL R0, R1, R2, R3   ; R0 =(R2×R3)的低 32 位,R1 =(R2×R3)的高 32 位

(4) SMLAL 指令

SMLAL 指令完成操作数 1 与操作数 2 的乘法运算,并把结果的低 32 位同目的寄存器 RdLo 中的值相加后又放置到目的寄存器 RdLo 中,结果的高 32 位同目的寄存器 RdHi 中的值相加后又放置到目的寄存器 RdHi 中,同时可以根据运算结果设置 CPSR 中相应的条件标志位。其中,操作数 1 和操作数 2 均为 32 位的有符号数。

对于目的寄存器 RdLo,在指令执行前存放 64 位加数的低 32 位,指令执行后存放结果的低 32 位。对于目的寄存器 RdHi,在指令执行前存放 64 位加数的高 32 位,指令执行后存放结果的高 32 位。

例如:

  SMLAL R0, R1, R2, R3   ; R0 =(R2×R3)的低 32 位 + R0
               ; R1 =(R2×R3)的高 32 位 + R1

(5) UMULL 指令

UMULL 指令完成操作数 1 与操作数 2 的乘法运算,并把结果的低 32 位放置到目的寄存器 RdLo 中,结果的高 32 位放置到目的寄存器 RdHi 中,同时可以根据运算结果设置 CPSR 中相应的条件标志位。其中,操作数 1 和操作数 2 均为 32 位的无符号数。

例如:

  UMULL R0, R1, R2, R3   ; R0 =(R2×R3)的低 32 位
               ; R1 =(R2×R3)的高 32 位

(6) UMLAL 指令

UMLAL 指令完成操作数 1 与操作数 2 的乘法运算,并把结果的低 32 位同目的寄存器 RdLo 中的

值相加后又放置到目的寄存器 RdLo 中，结果的高 32 位同目的寄存器 RdHi 中的值相加后又放置到目的寄存器 RdHi 中，同时可以根据运算结果设置 CPSR 中相应的条件标志位。其中，操作数 1 和操作数 2 均为 32 位的无符号数。

对于目的寄存器 RdLo，在指令执行前存放 64 位加数的低 32 位，指令执行后存放结果的低 32 位。

对于目的寄存器 RdHi，在指令执行前存放 64 位加数的高 32 位，指令执行后存放结果的高 32 位。

例如：

　　　UMLAL　　R0, R1, R2, R3　　　　　　　　; R0 =（R2×R3）的低 32 位 + R0
　　　　　　　　　　　　　　　　　　　　　　　; R1 =（R2×R3）的高 32 位 + R1

3.3.3　程序状态寄存器访问指令 MRS 和 MSR

程序状态寄存器是非常重要的寄存器，一旦对其误操作，将会产生严重后果。故 ARM 设计了两条专门用于访问程序状态寄存器的指令 MRS 与 MSR，用于在程序状态寄存器和通用寄存器之间传送数据，其中 MRS 用于程序状态寄存器到通用寄存器的数据传送，MSR 用于通用寄存器到程序状态寄存器的数据传送。

（1）MRS 指令

指令汇编格式：

　　　MRS{<cond>} Rd，CPSR|SPSR

编码格式如图 3.13 所示：

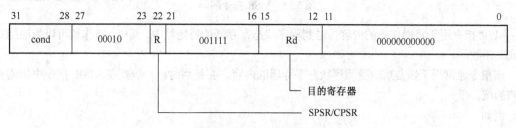

图 3.13　MRS 指令编码

MRS 指令用于将程序状态寄存器的内容传送到通用寄存器中。该指令一般用于以下两种情况：

当需要改变程序状态寄存器的内容时，可用 MRS 将程序状态寄存器的内容写入通用寄存器，修改后再写回程序状态寄存器。

当进程切换时，若需要保存程序状态寄存器的值，可先用该指令读出程序状态寄存器的值，然后保存。

例如：

　　　MRS R0, CPSR　　　　　　　　　; 传送 CPSR 的内容到 R0
　　　MRS R0, SPSR　　　　　　　　　; 传送 SPSR 的内容到 R0

（2）MSR 指令

指令汇编格式：

　　　MSR{<cond>} CPSR_f | SPSR_f, #<32-bit immediate>
　　　MSR{<cond>} CPSR_<field> | SPSR_<field>，Rm

说明：

cond：可选条件后缀。

SPSR_f：影响 SPSR 的条件标志位域，即[31:24]，如图 3.14 所示。

CPSR_<field>：影响 CPSR 的 fsxc 位域或 fsxc 的任意组合产生的域。

SPSR_<field>：影响 SPSR 的 fsxc 位域或 fsxc 的任意组合产生的域。

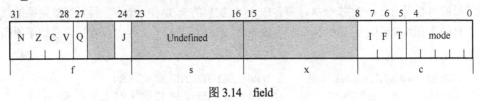

图 3.14 field

编码格式如图 3.15 所示。

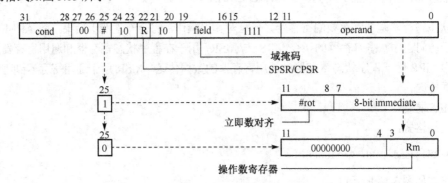

图 3.15 MSR 指令编码

MSR 指令用于将操作数的内容传送到程序状态寄存器的特定域中。其中，操作数可以为通用寄存器或立即数。

该指令通常用于恢复或改变程序状态寄存器的内容，在使用时，一般要在 MSR 指令中指明将要影响的域。

例如：

```
MSR  CPSR_cxsf, R0        ; CPSR←R0
MSR  SPSR_cxsf, R0        ; SPSR←R0
MSR  CPSR_c, R0           ; CPSR←R0，仅仅修改 CPSR 中的控制位域
```

例如，下列代码可完成切换到管理模式的操作：

```
MRS  R0, CPSR             ; 读 CPSR 到 R0
BIC  R0, R0, #0x1F        ; R0 的最低 5 位（模式控制位）清零
ORR  R0, R0, #0x13        ; R0 的最低 5 位设置为管理模式位
MSR  CPSR_c, R0           ; 将 R0 写回到 CPSR，只更新模式控制位，其余位保持不变
```

3.3.4 跳转指令

在 ARM 程序中有两种方法可以实现程序流程的跳转，一种是使用跳转指令，另一种是直接向程序计数器 PC 写入目标地址值。通过向程序计数器 PC 写入目标地址值，可以实现在 4 GB 的地址空间中的任意跳转，这种跳转指令又称为长跳转。使用跳转指令可以从当前指令向前或向后 32 MB 地址空间的跳转。

跳转指令有以下 4 条：B 跳转指令；BL 带链接的跳转指令；BLX 带链接和状态切换的跳转指令；BX 带状态切换的跳转指令。

（1）B 与 BL

B 指令完成简单的跳转，跳转到指令中给定的地址。BL 是带链接的跳转，即跳转的同时将下一条指令的地址复制到链接寄存器 LR 中，以便将来返回。

指令编码格式如图 3.16 所示。

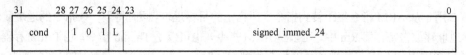

31	28 27 26 25	24	23	0
cond	1 0 1	L	signed_immed_24	

图 3.16　B 与 BL 指令编码格式

指令语法格式：

　　　B{L}{<cond>} <target_address>

说明：

L：链接后缀，带该后缀时处理器自动将下一条指令的地址（返回地址）复制到链接寄存器 LR 中；

cond：可选条件后缀；

target_address：指定要跳往的目标地址，由 24 位有符号立即数符号扩展为 30 位，再左移 2 位得到 32 位，并将其与程序计数寄存器 PC 相加获得要跳往的目标地址。可跳转的目标地址范围为（-32MB～+32MB）。

例如：

B	Label	；程序跳转到标号 Label 处执行
BCS	Label	；当 CPSR 寄存器中的 C 条件码置位时，程序跳转到标号 Label 处执行
BL	func_1	；程序跳转到子程序 func_1 处执行，同时将当前 PC 值保存到 LR 中

（2）BLX 指令

BLX 为带状态切换与连接的跳转指令，实现状态切换、链接（保存返回地址）与跳转三种功能。其有两种语法格式与编码格式，每种格式下的功能是不同的，下面分别予以介绍。

① 格式 1

指令编码格式如图 3.17 所示。

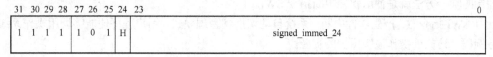

31 30 29 28	27 26 25	24	23	0
1 1 1 1	1 0 1	H	signed_immed_24	

图 3.17　BLX 指令编码格式 1

指令语法格式：

　　　BLX　<target_addr>

target_addr：目标地址，即要跳往的 Thumb 子程序首址，其计算方法同 B 与 BL。

格式 1 用于从 ARM 指令中跳转到另一 Thumb 子程序，跳的同时完成 ARM 到 Thumb 的状态转换，并将下一条指令的地址复制到链接寄存器 LR 中。本指令属于无条件执行的指令。

② 格式 2

指令编码格式如图 3.18 所示。

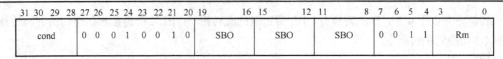

图 3.18　BLX 指令编码格式 2

指令语法格式:

　　BLX{Cond}　Rm

格式 2 用于从 ARM 指令集跳转到指令中所指定的目标地址,同时将下一条指令的地址复制到 LR 中。目标地址存放在寄存器 Rm 中,可以是 ARM 指令,也可以是 Thumb 指令,由 Rm 寄存器的 bit[0] 决定。当 bit[0] 值为 0 时,目标地址处的指令类型为 ARM 指令;当 Rm 寄存器的 bit[0] 值为 1 时,目标地址处的指令类型为 Thumb 指令。

(3) BX 指令

指令编码格式如图 3.19 所示。

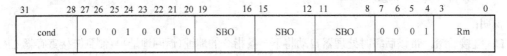

图 3.19　BX 指令编码格式

指令语法格式:

　　BX{<cond>} <Rm>

BX 跳转到指令中所指定的目标地址,目标地址处的指令既可以是 ARM 指令,也可以是 Thumb 指令,由 Rm 寄存器的 bit[0] 决定。当 bit[0] 值为 0 时,目标地址处的指令类型为 ARM 指令;当 Rm 寄存器的 bit[0] 值为 1 时,目标地址处的指令类型为 Thumb 指令。

3.3.5　异常产生指令

ARM 微处理器所支持的异常产生指令有软件中断 SWI 与断点中断 BKPT 两条。

1. 软件中断异常产生指令 SWI

ARM 指令在用户模式下运行时不能够访问受操作系统保护的资源,需要访问这些资源时,使用软件控制的唯一方法就是使用软件中断指令 SWI。

运行 SWI 指令时,产生软件中断,系统自动切换到管理模式,用户程序便能够调用操作系统提供的服务例程,访问受操作系统保护的资源。

指令编码格式如图 3.20 所示。

图 3.20　SWI 指令编码格式

指令语法格式:

　　SWI{<cond>} <immed_24>

说明:

cond：可选条件后缀。

immed_24：24 位的立即数。

例如：

SWI　0x02　　　　　　　　　　　　　；立即数为 2

产生软中断时，ARM 处理器核自动执行下列操作：

(1) 把返回地址复制到 R14 中。

(2) 把 CPSR 复制到管理模式下的 SPSR 中。

(3) 修改状态寄存器中相应位：

改变模式控制位为管理模式；

禁止 IRQ 中断，使 CPSR[7] = 1；

禁止 FIQ 中断，使 CPSR[6] = 1。

(4) 把中断向量 0x8 赋给 PC。

处理器核做完上述 4 件事后，就取 0x8 处的指令执行，此处通常是一条跳转指令或向 PC 赋值的指令。

例如：

0x00000008　B　　SWISR　　　　　；跳转指令，跳到软中断处理程序 SWISR 处

或

0x00000008　LDR　PC, SWISR　　　；向 PC 赋值，实现向中断处理程序 SWISR 的跳转

SWISR 为软中断处理程序，程序首先应把需要用到的寄存器进堆栈保护，然后进行具体的中断事务处理，完后出堆栈恢复现场，最后中断返回。

软中断处理程序应有如下结构：

SWISR　　　STMFD SP!,{R0-R12}　　　；R0-R12 进堆，保护现场

　　　　　　…　　　　　　　　　　　　　；软中断事务处理

　　　　　　…

　　　　　　LDMFD SP!,{R0-R12}　　　；R0-R12 出堆，恢复现场

　　　　　　MOVS　PC, R14　　　　　；中断返回

综上所述，执行软中断指令 SWI 时，即发生一次软中断，处理器做一些保护现场及模式切换的工作后，自动跳到 0x8 处取指令执行，且无论 SWI 中的立即数为何，都跳到 0x8 处，软中断指令中的立即数似乎不起任何作用。在本节开始处说到用户模式下的程序可通过软中断指令调用操作系统提供的服务例程，而操作系统提供的服务例程是很多的，软中断指令中的立即数应该是用来选择不同服务例程的，问题是如何将其提取出来？

可用如下两种方式将软中断指令中的立即数提取出来：

(1) 用寄存器传递立即数

设有如下应用程序，其中多处放置软中断指令。

MOV　R0, 0　　　　　；立即数 0 进 R0，为调用 0 号系统服务例程做准备

SWI　　0　　　　　　　；产生软中断，跳到 0x8 处取指执行，0x8 处为一条跳转指令，

　　　　　　　　　　　　；跳到软中断服务处理程序 SWISR 处

　　　….

```
MOV   R0, #0x1          ; 立即数 1 进 R0, 为调用 1 号系统服务例程做准备
SWI   #1                ; 产生软中断, 跳到 0x8 处取指执行, 0x8 处应置一条跳转指令
                        ; 跳到软中断服务处理程序 SWISR 处
...
MOV   R0, #n
SWI   #n
...
```

软中断处理程序分为总程序与子程序的两层结构, 总程序负责提取寄存器 R0 中的立即数, 并可根据立即数的不同跳转到不同的子程序处。如下所示:

```
#软中断处理总程序
SWISR   MOV R0, R0, LSL #2      ; R0←4×R0, R0 = 立即数×4
        ADD PC, PC, R0          ; PC←PC + R0
        NOP
        B  SWISRSUB0            ; R0 = 0 时, 跳转到 0 号软中断处理子程序 SWISRSUB0
        B  SWISRSUB1            ; R0 = 1 时, 跳转到 1 号软中断处理子程序 SWISRSUB1
        B  SWISRSUB2            ; R0 = 2 时, 跳转到 2 号软中断处理子程序 SWISRSUB2
        ...
        B  SWISRSUBn            ; R0 = n 时, 跳转到 n 号软中断处理子程序 SWISRSUBn
        ...
```

上述第一条指令提取立即数, 第二条指令向 PC 赋值, 实现跳转。

```
#编号为 0 的软中断处理子程序
SWISRSUB0   STMFD SP!,{R0-R12}   ; R0-R12 进堆, 保护现场
            ...                  ; 0 号软中断事务处理
            LDMFD SP!,{R0-R12}   ; R0-R12 出堆, 恢复现场
            MOVS  PC, R14        ; 中断返回
            ...
#编号为 n 的软中断处理子程序
SWISRSUBn   STMFD SP!,{R0-R12}   ; R0-R12 进堆, 保护现场
            ...                  ; n 号软中断事务处理
            LDMFD SP!,{R0-R12}   ; R0-R12 出堆, 恢复现场
            MOVS  PC, R14        ; 中断返回
            ...
```

(2) 直接提取 SWI 指令中的立即数

设有如下应用程序, 其中多处放置软中断指令。

```
...
SWI   #0
...
SWI   #1
...
SWI   #n
...
```

软中断处理程序也分为总程序与子程序的两层结构, 总程序负责提取软中断指令中的立即数, 并可根据立即数的不同跳转到不同的子程序处。如下所示:

```
#软中断处理总程序
SWISR       LDR   R0, [R14, #-0x04]           ; R0←[R14-4]，软中断指令 SWI 编码送 R0
            BIC   R0, R0, #0xFF000000        ; 高 8 位清零，提取立即数(24 位立即数)
            MOV   R0, R0, LSL#2              ; R0←4×R0
            ADD   PC, PC, R0                 ; PC←PC＋R0，给 PC 赋值，实现跳转功能
            NOP
            B    SWISRSUB0                   ; 立即数为 0，跳到此处
            B    SWISRSUB1                   ; 立即数为 1，跳到此处
            B    SWISRSUB2                   ; 立即数为 2，跳到此处
            …
            B    SWISRSUBn                   ; 立即数为 n，跳到此处
            …
```

上述第一条至第三条指令提取软中断指令中的立即数，第四条指令向 PC 赋值，实现跳转。

软中断处理子程序 SWISRSUB0、SWISRSUB1、…、SWISRSUBn 完成具体的中断事务处理，其结构已在上面说明。

2. BKPT 指令

BKPT 产生预取指令异常，用于产生软件断点，以供调试程序使用；另外，发生预取指令异常时，处理器将跳转到预取指令异常处理程序处执行，用户可利用这种机制做一些事情。

指令编码格式如图 3.21 所示。

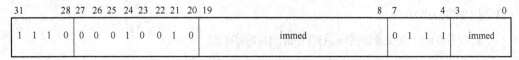

31	28	27 26 25 24 23 22 21 20	19	8	7	4	3	0
1 1 1 0		0 0 0 1 0 0 1 0	immed		0 1 1 1		immed	

图 3.21　BKPT 指令编码格式

指令语法格式：

BKPT <immediate>
mmediate:　　16 位的立即数

3.3.6　协处理器指令

ARM 微处理器可支持多达 16 个协处理器，用于各种协处理操作，在程序执行的过程中，每个协处理器只执行针对自身的协处理指令，忽略 ARM 处理器和其他协处理器的指令。

协处理器指令主要用于 ARM 协处理器的初始化操作、ARM 处理器的寄存器和协处理器的寄存器之间传送数据，以及在 ARM 协处理器寄存器和存储器之间的数据传送。ARM 协处理器指令如下：

CDP：协处理器数据操作指令；

LDC：协处理器数据加载指令；

STC：协处理器数据存储指令；

MCR：ARM 处理器寄存器到协处理器寄存器的数据传送指令；

MRC：协处理器寄存器到 ARM 处理器寄存器的数据传送指令。

1. CDP 指令

CDP 指令的格式为：

CDP{条件} 协处理器编码，协处理器操作码 1，目的寄存器，源寄存器 1，源寄存器 2，协处理器操作码 2

CDP 指令用于 ARM 处理器通知 ARM 协处理器执行特定的操作，若协处理器不能成功完成特定的操作，则产生未定义指令异常。协处理器操作码 1 和协处理器操作码 2 为协处理器将要执行的操作，目的寄存器和源寄存器均为协处理器的寄存器，指令不涉及 ARM 处理器的寄存器和存储器。

例如：

CDP　P5, 2, C12, C10, C3, 4　　　　; 该指令完成协处理器 P5 的初始化

2. LDC 指令

LDC 指令的格式为：

LDC{条件}{L} 协处理器编码，目的寄存器，[源寄存器]

LDC 指令用于将源寄存器所指向的存储器中的字数据传送到目的寄存器中，若协处理器不能成功完成传送操作，则产生未定义指令异常。其中，{L}选项表示指令为长读取操作，可用于双精度数据的传输。

例如：

LDC P6，CR1，[R4]　　　　; 将 ARM 处理器寄存器 R4 所指向的存储器中的字数据传
　　　　　　　　　　　　　; 送到协处理器 P6 的寄存器 CR1 中

3. STC 指令

STC 指令的格式为：

STC{条件}{L} 协处理器编码，源寄存器，[目的寄存器]

STC 指令用于将源寄存器中的字数据传送到目的寄存器所指向的存储器中，若协处理器不能成功完成传送操作，则产生未定义指令异常。其中，{L}选项表示指令为长读取操作，用于双精度数据的传输。

例如：

STC　P8, CR8, [R2, #4]!　　　; 将协处理器 P8 的寄存器 CR8 中的字数据传送到 ARM
　　　　　　　　　　　　　　; 处理器的寄存器 R2 + 4 所指向的存储器中，R2 = R2 + 4

4. MCR 指令

MCR 指令的格式为：

MCR{条件} 协处理器编码，协处理器操作码 1，源寄存器，目的寄存器 1，目的寄存器 2{，协处理器操作码 2}

MCR 指令用于将 ARM 处理器寄存器中的数据传送到协处理器寄存器中，若协处理器不能成功完成操作，则产生未定义指令异常。其中协处理器操作码 1 和协处理器操作码 2 为协处理器将要执行的操作，源寄存器为 ARM 处理器的寄存器，目的寄存器 1 和目的寄存器 2 均为协处理器的寄存器。

例如：

MCR P15，0，R0，C1，C0 ; CP15 register 1: = R0

5. MRC 指令

MRC 指令的格式为：

MRC{条件} 协处理器编码，协处理器操作码 1，目的寄存器，源寄存器 1，源寄存器 2，协处理器操作码 2

　　MRC 指令用于将协处理器寄存器中的数据传送到 ARM 处理器寄存器中，若协处理器不能成功完成操作，则产生未定义指令异常。其中协处理器操作码 1 和协处理器操作码 2 为协处理器将要执行的操作，目的寄存器为 ARM 处理器的寄存器，源寄存器 1 和源寄存器 2 均为协处理器的寄存器。

3.4　Thumb 指令集

3.4.1　Thumb 指令集概述

　　Thumb 指令集是 ARM 指令集的一个子集，是针对代码密度问题而提出的，具有 16 位的代码宽度，与等价的 32 位代码相比较，在保留 32 位代码优势的同时，大大节省了系统的存储空间。但 Thumb 不是一个完整的体系结构，不能指望处理器只执行 Thumb 指令集而不支持 ARM 指令集。

　　当处理器在执行 ARM 程序段时，称 ARM 处理器处于 ARM 工作状态，当处理器在执行 Thumb 程序段时，称 ARM 处理器处于 Thumb 工作状态。Thumb 指令集并没有改变 ARM 体系底层的编程模型，只是在该模型上增加了一些限制条件，只要遵循一定的调用规则，Thumb 子程序和 ARM 子程序就可以互相调用。

　　与 ARM 指令集相比较，Thumb 指令集中的数据处理指令的操作数仍然是 32 位，指令地址也为32 位，但 Thumb 指令集为实现 16 位的指令长度，舍弃了 ARM 指令集的一些特性，如大多数的 Thumb指令是无条件执行的，而几乎所有的 ARM 指令都是有条件执行的，大多数的 Thumb 数据处理指令采用 2 地址格式，而 ARM 通常是 3 地址格式。由于 Thumb 指令的长度为 16 位，即只用 ARM 指令一半的位数来实现同样的功能，所以要实现特定的程序功能，所需的 Thumb 指令的条数较 ARM 指令多。在一般情况下，Thumb 指令与 ARM 指令的时间效率和空间效率关系为：

　　Thumb 代码所需的存储空间约为 ARM 代码的 60%~70%；

　　Thumb 代码使用的指令数比 ARM 代码多 30%~40%；

　　若使用 32 位的存储器，ARM 代码比 Thumb 代码快 40%；

　　若使用 16 位的存储器，Thumb 代码比 ARM 代码快 40%~50%；

　　与 ARM 代码相比较，使用 Thumb 代码，存储器的功耗会降低约 30%。

　　显然，ARM 指令集和 Thumb 指令集各有其优点，若对系统的性能有较高要求，应使用 32 位的存储系统和 ARM 指令集，若对系统的成本及功耗有较高要求，则应使用 16 位的存储系统和 Thumb 指令集。当然，若两者结合使用，充分发挥其各自的优点，会取得更好的效果。

3.4.2　Thumb 指令分类介绍

　　Thumb 指令根据功能可分为分支指令、数据传送指令、单寄存器加载和存储指令，以及多寄存器加载和存储指令。Thumb 指令集没有协处理器指令、信号量（semaphore）指令以及访问 CPSR 或 SPSR的指令。

1．存储器访问指令

　　（1）LDR 和 STR——立即数偏移

　　指令的功能为加载/存储，寻址方式为基址变址，变址方式为立即数偏移。

　　指令汇编格式：

```
Opcode Rd, [Rn, #immed_5×4]
OpcodeH Rd, [Rn, #immed_5×2]
```

OpcodeB Rd, [Rn, #immed_5×1]

其中：

Opcode：LDR 或 STR，STR 用于存储一个字、半字或字节到存储器中，LDR 用于从存储器加载一个字、半字或字节；

H：无符号半字；

B：无符号字节；

Rd：加载和存储寄存器，必须在 R0~R7 范围内；

Rn：基址寄存器，必须在 R0~R7 范围内；

immed_5×N：偏移量，是一个表达式，其取值（在汇编时）是 N 的倍数，在 (0~31)×N 范围内，N=4、2、1，立即数偏移的半字和字节加载是无符号的，数据加载到 Rd 的最低有效半字或字节，Rd 的其余位补 0。

例如：

```
LDR   R3, [R5, #0]        ; R3←[R5]
STRB  R0, [R3, #32]       ; [R3 + 32]←R0，最高 24 位清零
STRH  R7, [R3, #16]       ; [R3 + 16]←R7，最高 16 位清零
```

(2) LDR 和 STR——寄存器偏移

指令功能为加载与存储，寻址方式为基址变址，变址方式为寄存器偏移。

指令汇编格式：

Opcode Rd, [Rn, Rm]

其中，Opcode 为指令助记符，可以是下列情况之一：

LDR：加载字；

STR：存储字；

LDRH：加载无符号半字；

LDRSH：加载带符号半字；

STRII：存储半字；

LDRB：加载无符号字节；

LDRSB：加载带符号字节；

STRB：存储字节；

Rn：基址寄存器；

Rm：存放偏移量的变址寄存器，必须在 R0~R7 范围内。

寄存器偏移的半字和字节加载可以是带符号或无符号的，数据加载到 Rd 的最低半字或字节。对于无符号加载，Rd 的其余位补 0；对于带符号加载，Rd 的其余位复制符号位。字传送地址必须可被 4 整除，半字传送地址必须可被 2 整除。

例如：

```
LDR   R2,[Rl,R5]         ; R2←[R2 + R5]
LDRSH  R0,[R1,R6]        ; R0←[R1 + R6]，R0 高 16 位用符号扩展
STRB  Rl,[R7,R0]         ; [R7 + R0]←R1
```

(3) LDR 和 STR——PC 或 SP 相对偏移

指令功能为加载与存储，寻址方式为相对寻址，以 PC 或 SP 为基址寄存器，偏移量为立即数。

指令汇编格式：

> LDR Rd, [PC, #immed_8×4]
> LDR Rd, label
> LDR Rd, [SP, #immed_8×4]
> STR Rd, [SP, #immed_8×4]

其中：

immed_8×4：偏移量，是一个表达式，取值（在汇编时）为 4 的整数倍，范围在 0~1020 之间；

label：程序相对偏移表达式，必须在当前指令之后且 1 KB 范围内；

STR：将一个字存储到存储器；

LDR：从存储器中加载一个字。

例如：

> LDR R2, [PC, #1016]
> LDR R5, localdata
> LDR R0, [SP, #920]
> STR Rl, [SP, #20]

(4) PUSH 和 POP

指令功能为进栈与出栈。

指令汇编格式：

> PUSH {reglist}
> POP {reglist}
> PUSH {reglist, LR}
> POP {reglist, PC}

其中：

reglist：低寄存器的全部或其子集；

POP：出栈指令；

PUSH：进栈指令。

例如：

> PUSH {R0, R3, R5}　　　　; R0、R3 与 R5 进栈
> PUSH {R1, R4-R7}　　　　; R1、R4、R5、R6 与 R7 进栈
> PUSH {R0, LR}　　　　　　; R0 与 LR 进栈
> POP {R2, R5}　　　　　　 ; R2 与 R5 出栈
> POP {R0-R7, PC}　　　　　; R0、R1、R2、R3、R4、R5、R6、R7 与 PC 出栈

(5) LDMIA 和 STMIA

指令功能为一次加载与存储多个字。

指令汇编格式：

> Opcode Rn!，{reglist}

其中：

Opcode：LDMIA 或 STMIA。

reglist：低寄存器或低寄存器范围的、用逗号隔开的列表。括号是指令格式的一部分，它们不代表

指令列表可选，列表中至少应有 1 个寄存器。寄存器以数字顺序加载或存储，最低数字的寄存器在 Rn 的初始地址中。

Rn：基址寄存器，以 reglist 中寄存器个数的 4 倍增加，若 Rn 在寄存器列表中，则对于 LDMIA 指令，Rn 的最终值是加载的值，不是增加后的地址。对于 STMIA 指令，Rn 存储的值有两种情况：若 Rn 是寄存器列表中最低数字的寄存器，则 Rn 存储的值为 Rn 的初值；其他情况则不可预知。当然，reglist 中最好不包括 Rn。

例如：

```
LDMIA R3!, {R0, R4}      ; R0←[R3]，R4←[R3 + 4]，R3←R3 + 4
LDMIA R5!, {R0~R7}       ; R0←[R5]，R1←[R5 + 4]，R2←[R5 + 8]，R3←[R3 + 12]，
                         ; R4←[R5 + 16]，R5←[R5 + 20]，R6←[R5 + 24]，R7←[R3 + 28]
                         ; R5←R5 + 28
STMIA R0!, {R6, R7}      ; R6→[R0]，R7→[R0 + 4]，R0 + 4→R0
STMIA R3!, {R4, R5, R7}  ; R4→[R3]，R5→[R3 + 4]，R7→[R3 + 8]，R3 + 8→R3
```

2．数据处理指令

（1）ADD 和 SUB——低寄存器

指令的功能为加法与减法操作，对于低寄存器操作，这 2 条指令各有如下 3 种形式：

① 两个寄存器的内容相加或相减，结果放到第 3 个寄存器中；

② 寄存器中的值加上或减去一个小整数，结果放到另一个不同的寄存器中；

③ 寄存器中的值加上或减去一个大整数，结果放回同一个寄存器中。

指令汇编格式：

```
Opcode   Rd Rn Rm
Opcode   Rd Rn, #expr3
Opcode   Rd, #expr8
```

其中：

Opcode：ADD 或 SUB；

Rd：目的寄存器；

Rn：第一操作数寄存器；

Rm：第二操作数寄存器；

expr3：表达式，为取值在-7~＋7 范围内的整数（3 位立即数）；

expr8：表达式，为取值在-255~＋255 范围内的整数（8 位立即数）；

Rd、Rn 和 Rm 必须是低寄存器（R0~R7），这些指令更新标志 N、Z、C 和 V。

例如：

```
ADD R3, R1, R5      ; R3←R1 + R5
SUB R0, R4, #5      ; R0←R4-5
ADD R7, #201        ; R7←R7 + 201
```

（2）ADD——高或低寄存器

指令功能为将寄存器中值相加，结果送回到第一操作数寄存器。

指令汇编格式：

```
ADD Rd,Rm
```

其中：

　　Rd：目的寄存器，也是第一操作数寄存器；

　　Rm：第二操作数寄存器。

　　这条指令将 Rd 和 Rm 中的值相加，结果放在 Rd 中。

　　当 Rd 和 Rm 都是低寄存器时，指令"ADD Rd，Rm"汇编成指令"ADD Rd，Rd，Rm"。指令执行结果更新条件码标志 N、Z、C 和 V，其他情况下这些标志不受影响。

　　例如：

　　　　ADD R12, R4

　　(3) ADD 和 SUB——SP

　　SP 加上或减去立即数常量。

　　指令汇编格式：

　　　　ADD SP, #expr
　　　　SUB SP, #expr

其中：expr 为表达式，取值(在汇编时)为在 −508~ + 508 范围内的 4 的整倍数。

　　该指令把 expr 的值加到 SP 的值上或用 SP 的值减去 expr 的值，结果放到 SP 中。

　　expr 为负值的 ADD 指令汇编成相对应的带正数常量的 SUB 指令。expr 为负值的 SUB 指令汇编成相对应的带正数常量的 ADD 指令。这条指令不影响条件码标志。

　　例如：

　　　　ADD SP, #32
　　　　SUB SP, #96

　　(4) ADD——PC 或 SP 相对偏移

　　SP 或 PC 值加一立即数常量，结果放入低寄存器。

　　指令汇编格式：

　　　　ADD Rd, Rp, #expr

其中：

　　Rd：目的寄存器，必须在 R0~R7 范围内；

　　Rp：SP 或 PC；

　　expr：表达式，取值(汇编时)为在 0~1020 范围内的 4 的整倍数。

　　这条指令把 expr 加到 Rp 的值中，结果放入 Rd。

　　例如：

　　　　ADD R6, SP, #64
　　　　ADD R2, PC, #980

　　(5) ADC、SBC 和 MUL

　　带进位的加法、带进位的减法和乘法指令。

　　指令汇编格式：

　　　　Opcode Rd, Rm

其中：

Opcode：ADC、SBC 或 MUL；

Rd：目的寄存器，也是第一操作数寄存器；

Rm：第二操作数寄存器，Rd、Rm 必须是低寄存器；

ADC：将带进位标志的 Rd 和 Rm 的值相加，结果放在 Rd 中，用这条指令可组合成多字加法；

SBC：考虑进位标志，从 Rd 值中减去 Rm 的值，结果放入 Rd 中，用这条指令可组合成多字减法；

MUL：进行 Rd 和 Rm 值的乘法，结果放入 Rd 中。

Rd 和 Rm 必须是低寄存器(R0~R7)。ADC 和 SBC 更新标志 N、Z、C 和 V，MUL 更新标志 N 和 Z。在 ARMv4 及以前版本中，MUL 会使标志 C 和 V 不可靠，在 ARMv5 及以后版本中，MUL 不影响标志 C 和 V。

例如：

```
ADC R2, R4
SBC R0, R1
MUL R7, R6
```

(6) 按位逻辑操作 AND、ORR、EOR 和 BIC

指令汇编格式：

```
Opcode Rd,Rm
```

其中：

Opcode：AND、ORR、EOR 或 BIC；

Rd：目的寄存器，它也包含第一操作数，必须在 R0~R7 范围内；

Rm：第二操作数寄存器，必须在 R0~R7 范围内；

AND：进行逻辑"与"操作；

ORR：进行逻辑"或"操作；

EOR：进行逻辑"异或"操作；

BIC：进行"Rd AND NOT Rm"操作。

这些指令根据结果更新标志 N 和 Z。

例如：

```
AND R1, R2
ORR R0, R1
EOR R5, R6
BIC R7, R6
```

(7) 移位和循环移位操作 ASR、LSL、LSR 和 ROR

Thumb 指令集中，移位和循环移位操作作为独立的指令使用，这些指令可使用寄存器中的值或立即数移位量。

指令汇编格式：

```
Opcode Rd, Rs
Opcode Rd, Rm, #expr
```

其中 Opcode 是下列之一：

ASR：算术右移，将寄存器中的内容看做补码形式的带符号整数，将符号位复制到空出位；

LSL：逻辑左移，空出位填零；

LSR：逻辑右移，空出位填零；

ROR：循环右移，将寄存器右端移出的位循环移回到左端；

Rd：目的寄存器，它也是寄存器控制移位的源寄存器，必须在 R0~R7 范围内；

Rs：包含移位量的寄存器，必须在 R0~R7 范围内；

Rm：立即数移位的源寄存器，Rm 必须在 R0~R7 范围内；

expr：立即数移位量，是一个取值(在汇编时)为整数的表达式。

对于除 ROR 以外的所有指令，若移位量为 32，则 Rd 清零，最后移出的位保留在标志 C 中；若移位量大于 32，则 Rd 和标志 C 均被清零。这些指令根据结果更新标志 N 和 Z，且不影响标志 V。对于标志 C，若移位量是零，则不受影响。在其他情况下，它包含源寄存器的最后移出位。

例如：

```
ASR R3, R5
LSR R0, R2, #16          ; 将 R2 的内容逻辑右移 16 次后，结果放入 R0 中
LSR R5, R5, av
```

(8) 比较指令 CMP 和 CMN

指令汇编格式：

```
CMP Rn, #expr
CMP Rn, Rm
CMN Rn, Rm
```

其中：

Rn：第一操作数寄存器；

expr：表达式，其值(在汇编时)为在 0~255 范围内的整数；

Rm：第二操作数寄存器。

CMP 指令从 Rn 的值中减去 expr 或 Rm 的值，CMN 指令将 Rm 和 Rn 的值相加，这些指令根据结果更新标志 N、Z、C 和 V，但不往寄存器中存放结果。

对于"CMP Rn, #expr"和 CMN 指令，Rn 和 Rm 必须在 R0~R7 范围内。

对于"CMP Rn，Rm"指令，Rn 和 Rm 可以是 R0~R15 中的任何寄存器。

例如：

```
CMP R2, #255
CMP R7, R12
CMN Rl, R5
```

(9) 传送、传送非和取负指令 MOV、MVN 和 NEG

指令汇编格式：

```
MOV Rd, #expr
MOV Rd, Rm
MVN Rd, Rm
NEG Rd, Rm
```

其中：

Rd：目的寄存器；

expr：表达式，其取值为在 0~255 范围内的整数；

Rm：源寄存器。

MOV 指令将#expr 或 Rm 的值放入 Rd 中。MVN 指令从 Rm 中取值，然后对该值进行按位逻辑"非"操作，结果放入 Rd。NEG 指令取 Rm 的值再乘以–1，结果放入 Rd。

对于"MOV Rd, #expr"、MVN 和 NEG 指令，Rd 和 Rm 必须在 R0~R7 范围内。

对于"MOV Rd，Rm"指令，Rd 和 Rm 可以是寄存器 R0~R15 中的任意一个。

"MOV Rd, #expr"和 MVN 指令更新标志 N 和 Z，对标志 C 或 V 无影响。NEG 指令更新标志 N、Z、C 和 V。"MOV Rd, Rm"指令中，若 Rd 或 Rm 是高寄存器(R8~R18)，则标志不受影响；若 Rd 和 Rm 都是低寄存器(R0~R7)，则更新标志 N 和 Z，且清除标志 C 和 V。

例如：

```
MOV R3, #0
MOV R0, R12
MVN R7, R1
NEG R2, R2
```

（10）测试位 TST

指令汇编格式：

```
TST Rn, Rm
```

其中：

Rn：第一操作数寄存器；

Rm：第二操作数寄存器。

TST 对 Rm 和 Rn 中的值进行按位"与"操作，但不把结果放入寄存器。该指令根据结果更新标志 N 和 Z，标志 C 和 V 不受影响。Rn 和 Rm 必须在 R0~R7 范围内。

例如：

```
TST R2, R4
```

3. 分支指令

（1）分支 B 指令

这是 Thumb 指令集中唯一一条有条件指令。

指令汇编格式：

```
B{cond} label
```

其中，label 是程序相对偏移表达式，通常是在同一代码块内的标号。若使用 cond，则 label 必须在当前指令的–256~ + 256 字节范围内。若指令是无条件的，则 label 可以在±2 KB 范围内。若 cond 满足或不使用 cond，则 B 指令引起处理器转移到 label。

例如：

```
B dloop
BEG sectB
```

（2）带链接的长分支指令 BL

指令汇编格式：

```
BL label
```

其中，1abel 为程序相对转移表达式。BL 指令将下一条指令的地址复制到 R14(链接寄存器)，并引起处理器转移到 1abel。

BL 指令不能转移到当前指令±4 MB 以外的地址。必要时，ARM 链接器插入代码以允许更长的转移。

例如：

　　BL extract

(3) 状态切换的分支指令 BX

指令汇编格式：

　　BX Rm

其中，Rm 是装有分支目的地址的 ARM 寄存器。Rm 的位[0]不用于地址部分。若 Rm 的位[0]清零，则位[1]也必须清零，指令清除 CPSR 中的标志 T，目的地址的代码被解释为 ARM 代码，BX 指令引起处理器转移到 Rm 存储的地址。若 Rm 的位[0]置位，则指令集切换到 Thumb 状态。

例如：

　　BX R5

(4) 带链接与状态切换的分支指令 BLX

指令汇编格式：

　　BLX Rm
　　BLX label

其中，Rm 是装有分支目的地址的 ARM 寄存器。Rm 的位[0]不用于地址部分。若 Rm 的位[0]清零，则位[1]必须也清零，指令清除 CPSR 中的标志 T，目的地址的代码被解释为 ARM 代码。label 为程序相对偏移表达式，"BLX label"始终引起处理器切换到 ARM 状态。BLX 指令可用于：

① 复制下一条指令的地址到 R14；

② 引起处理器转移到 label 或 Rm 存储的地址；

③ 如果 Rm 的位[0]清零，或使用 BLX label 形式，则指令切换到 ARM 状态。

指令不能转移到当前指令±4 MB 范围以外的地址。必要时，ARM 链接器插入代码以允许更长的转移。

例如：

　　BLX　R6
　　BLX　armsub

4．异常产生指令

(1) 软件中断异常产生指令 SWI

指令汇编格式：

　　SWI　immed_8

其中，immed_8 为数字表达式，其取值为 0~255 范围内的整数。

SWI 指令引起 SWI 异常。这意味着处理器状态切换到 ARM 态，处理器模式切换到管理模式，CPSR 保存到管理模式的 SPSR 中，执行转移到 SWI 向量地址。处理器忽略 immed_8，但 immed_8 出现在指令操作码的位[7：0]中，而异常处理程序用它来确定正在请求何种服务，这条指令不影响条件码标志。

例如：

SWI　12

（2）断点 BKPT 指令

指令汇编格式：

BKPT　immed_8

其中，immed_8 为数字表达式，取值为 0~255 范围内的整数。

例如：

BKPT　67

3.5　本章小结

本章介绍了 ARM 的寻址方式、ARM 指令集及 Thumb 指令集。

寻址即寻找操作数地址，寻址方式即寻找操作数的方式。ARM 有立即寻址、寄存器寻址、寄存器间接寻址、基址变址寻址、堆栈寻址、多寄存器寻址及相对寻址共 7 种寻址方式。立即寻址中操作数在指令中，取到指令就得到操作数，是最快的寻址方式。寄存器寻址中，操作数在寄存器中，是较快的寻址方式。其他 5 种寻址中，操作数在内存中，内存地址则由一寄存器值或寄存器值 + 偏移量给出。

ARM 指令集可分为数据传送指令、数据处理指令、程序状态寄存器访问指令、跳转指令、异常中断指令与协处理器指令 6 类。

Thumb 指令集是 ARM 指令集的一个子集，指令长度 16 位，与等价的 32 位 ARM 指令相比较，其代码密度更高，但没有条件后缀(B 除外)，没有 S 后缀(均可影响标志位)，源、目的寄存器相同，仅能使用低寄存器(少数指令除外)，不能使用在线移位器(有单独的移位指令)。ARM 和 Thumb 之间可通过 BX 指令进行切换。

习题与思考题

3.1　ARM 寻址方式有几种？各有什么特点？举例说明 ARM 如何进行不同方式的寻址。

3.2　比较 ARM 指令集与 Thumb 指令集的异同，并简述各自的特点。

3.3　就 ARM 处理器而言，相对寻址时的基准地址是什么？

3.4　数据块传送指令与堆栈指令有何不同？

3.5　为什么说 ARM 的 SWP 指令并非简单地执行 SWAP(数据交换)操作？

3.6　请说明 ARM 指令第 2 个操作数是如何定义的。

3.7　如何区别前索引偏移和后索引偏移？

3.8　如何编写开中断和关中断的汇编指令段？

3.9　如何让中断服务子程序获得 SWI 指令中的立即数？

3.10　使用两种类型的第 2 操作数，分别编写 3 条 ARM 指令，并且说明这些指令中的第 2 操作数的形成方法。

3.11　LDR 和 STR 指令有前变址、后变址和自动变址三种变址模式，请举例说明。

第4章 ARM 汇编程序设计

第 3 章介绍了 ARM 的指令系统，包括指令寻址方式与指令集。但仅有这些还不足以设计 ARM 汇编程序，本章将介绍设计 ARM 汇编程序所需的其他基础知识。

本章的主要内容有：

- ARM 编译环境
- ARM 伪操作
- ARM 伪指令
- ARM 汇编程序的格式
- ARM 汇编语言与 C 语言的混合编程

4.1 ARM 伪操作与伪指令

伪操作（Directives）是汇编语言程序里的特殊指令助记符，主要作用是为完成汇编程序做各种准备。伪操作仅是在源程序进行汇编时由汇编程序处理，而不是在计算机运行期间由机器执行的指令。即伪操作只在汇编时起作用，一旦汇编结束，它的使命便随之结束。

伪指令（Pseudo-Instruction）也是汇编语言程序里的特殊指令助记符，不是"真指令"。伪指令在汇编时将被替换成合适的 ARM 或 Thumb 指令，故其也只在汇编时起作用，不在机器运行期间由机器执行。

ARM 汇编语言程序常见的开发环境主要有两种：一种是 ADS/SDT 开发环境，由 ARM 公司开发，使用了 CodeWarrior 公司的编译器；另一种是集成了 GNU 的 IDE 开发环境，由 GNU 的汇编器 as、交叉编译器 gcc 及链接器 ld 等组成。

伪操作与编译环境有关，下面先分别介绍两种编译环境下的伪操作，再介绍伪指令。

4.1.1 GNU 编译环境下的伪操作

GNU 编译环境下的伪操作可分为以下 4 种类型：数据定义伪操作、字符定义伪操作、汇编控制伪操作及其他伪操作，下面逐一介绍。

1．数据定义伪操作

数据定义伪操作用于为特定类型数据分配存储空间，并进行初始化。常用的数据定义伪操作如表 4.1 所示。

表 4.1 数据定义伪操作

伪操作	语法格式	作用
.byte	.byte expr {, expr} …	分配一段字节内存单元，并用 expr 初始化
.hword/.short	.hword expr {, expr} …	分配一段半字内存单元，并用 expr 初始化
.ascii	.ascii expr {, expr} …	定义字符串 expr（非零结束符）
.asciz /.string	.asciz expr {, expr} …	定义字符串 expr（以/0 为结束符）
.float /.single	.float expr {, expr} …	定义一个 32 bit IEEE 浮点数 expr

下面对表 4.1 中的部分数据定义伪操作进行说明。

（1）.byte

.byte 伪操作用于分配一段字节内存单元，并用 expr 初始化。

语法格式：

.byte expr {, expr}…

例如：

.byte 21, 48, 32, 0x13, 0xEF

（2）.word|.long|.int

.word|.long|.int 伪操作用于分配一段字内存单元，并用 expr 初始化。

语法格式：

.word|.long|.int expr {, expr}…

例如：

```
.ltorg              /*产生一个文字池的伪操作*/
src:                /*定义一个字数据区*/
        .long   1,2,3,4,5,6,7,8,1,2,3,4,5,6,7,8,1,2,3,4
dst:
        .long   0,0,0,0,0,0,0,0,0,0,0,0,0,0,0,0,0,0,0,0
```

（3）.asciz |.string

.asciz |.string 伪操作用于定义一个字符串（以"/0"为结束符），并用 expr 初始化。

语法格式：

.asciz|.string expr{, expr}…

例如：

```
.asciz   "I am a student"
.string   "My God"
```

2．字符定义伪操作

字符定义伪操作用于为数字常量、基于寄存器的值和程序中的标号定义一个字符名称。常用的字符定义伪操作有：

```
.equ
.set
.global
.extern
```

（1）.equ|.set

.equ|.set 伪操作用于为数字常量定义一个字符名称或赋值。

语法格式：

.equ|.set symbol, expr

例如：

```
.equ   x, 45                 /*定义变量 x,并赋值为 45*/
.equ   y, 64                 /*定义变量 y,并赋值为 64*/
```

```
        .equ    stack_top, 0x1000        /*定义栈顶为 0x1000*/
        .set zheng, "STUDENT"
        .equ PLLCON, 0x01d80000
        .equ CLKCON, 0x01d80004
        .equ LOCKTIME, 0x01d8000c
```

（2）global |.extern

.global |.extern 伪操作用于声明一个符号，该符号可被其他文件引用，相当于声明一个全局变量。
语法格式：

```
        .global |.extern symbol
```

例如：

```
        .global _start
        _start:
                MOV      r0, #x
                ···
        .extern    Image_RO_Limit        /*只读存储区域界限*/
        .extern    Image_RW_Base         /*可读 / 写存储区域起始地址*/
        .extern    Image_ZI_Base         /*清零区域起始地址*/
        .extern    Image_ZI_Limit        /*清零区域界限*/
        .extern    Main                  /*主程序入口*/
```

3. 汇编控制伪操作

汇编控制伪操作用于控制汇编程序的执行流程。常用的汇编控制伪操作如表 4.2 所示。

表 4.2　汇编控制伪操作

伪操作	语法格式	作用
.section	.section　　　expr	定义域中包含的段
.text	.text {subsection}	将操作符开始的代码编译到代码段或代码段子段
.data	.data {subsection}	将操作符开始的数据编译到数据段或数据段子段
.bss	.bss　{subsection}	将变量存放到.bss 段或.bss 段的子段
.code 16/.thumb	.code 16 .thumb	表明当前汇编指令的指令集选择 Thumb 指令集
.code 32/.arm	.code　32 .arm	表明当前汇编指令的指令集选择 ARM 指令集
.end	.end	标记汇编文件的结束行，即标号后的代码不做处理
.include	.include　"filename"	将一个源文件包含到当前源文件中
.align/.balign	.align　{alignment}　{, fill}　{, max}	通过添加填充字节使当前位置满足一定的对齐方式
.macro、.exitm 及.endm	.macro　　acroname {parameter {,　parameter} ...} ... .endm	.macro 伪操作标识宏定义的开始，.endm 标识宏定义的结束。用.macro 及.endm 定义一段代码，称为宏定义体。.exitm 伪操作用于提前退出宏
.ifdef, .else 及.endif	.ifdef　condition ... .else ... .endif	当满足某条件时对一组语句进行编译，而当条件不满足时则编译另一组语句，其中 else 可以默认

（1）.section、.text、.data 与.bss

.section、.text、.data 与.bss 伪操作主要用于链接脚本文件中，产生脚本文件。

例如：

```
SECTIONS
{
  . =   0x10000;
  .text : { *(.text) }
  . =   0x8000000;
  .data : { *(.data) }
  .bss : { *(.bss) }
}
```

（2）.align

.align 伪操作通过添加填充字节使当前位置满足一定的对准方式。

语法格式：

```
.align {alignment} {,fill} {,max}
```

说明：

alignment：对准方式，默认为 4；

fill：填充内容，默认为 0；

max：填充字节数最大值。

例如：

```
.align
src:
            .long 1, 2, 3, 4, 5, 6, 7, 8, 1, 2, 3, 4, 5, 6, 7, 8, 1, 2, 3, 4
dst:
            .long 0, 0, 0, 0, 0, 0, 0, 0, 0, 0, 0, 0, 0, 0, 0, 0, 0, 0, 0, 0
```

（3）.code 16/.thumb 与.code 32/.arm

.code 16/.thumb|.code 32/.arm 伪操作用于选择当前汇编的指令集。

语法格式：

```
.code 16/.thumb|.code 32/.arm
```

例如：

```
.global _start
.text
_start:
.arm    /*指示下面为 ARM 指令*/
header:
              ADR   R0, Tstart  +  1
              BX    R0
              NOP
.thumb   /*指示下面为 Thumb 指令*/
Tstart:
              MOV     R0, #10
```

```
            MOV     R1, #3
            BL      doadd
    stop:
            B       stop
    doadd:
            ADD     R0, R0, R1
            MOV     PC, LR
    .end
```

（4）.macro、.exitm 及.endm

.macro、.exitm 及.endm 伪操作用于定义一段称为宏定义体的代码，以便在程序中多次调用。

语法格式：

```
    .macro macronam {parameter{,parameter}...
    ...
    .end
```

例如：

```
    .macro HANDLER HandleLabel
        sub     sp, sp, #4            ; 堆栈指针减 4
        stmfd   sp!, {r0}            ; r0 进栈
        ldr     r0, = \HandleLabel   ; 装载 HandleLabel 地址到 r0
        ldr     r0, [r0]             ; 装载 HandleLabel 地址单元中的内容到 r0
        str     r0, [sp, #4]         ; r0 进栈
        ldmfd   sp!, {r0, pc}        ; r0，pc 出栈
    .endm
```

4．其他伪操作

其他伪操作如表 4.3 所示，下面仅对其中常用的两个伪操作进行说明。

表 4.3　其他伪操作

伪操作	语法格式	作用
.eject	.eject	在汇编符号列表文件中插入一分页符
.list	.list	产生汇编列表（从 .list 到 .nolist）
.nolist	.nolist	表示汇编列表结束处
.title	.title "heading"	使用 "heading" 作为标题
.sbttl	.sbttl "heading"	使用 "heading" 作为子标题
.ltorg	.ltorg	在当前段的当前地址产生一个文字池
.req	.req　name，expr	为一个特定的寄存器定义名称
.err	.err	使编译时产生错误报告
.print	.print string	打印信息到标准输出
.fail	.fail　expr	编译汇编文件时产生警告

（1）.ltorg

.ltorg 伪操作用于在当前段的当前地址产生一个文字池。

语法格式：

```
        .ltorg
    src:
                .long 1, 2, 3, 4, 5, 6, 7, 8, 1, 2, 3, 4, 5, 6, 7, 8, 1, 2, 3, 4
    dst:
                .long   0, 0, 0, 0, 0, 0, 0, 0, 0, 0, 0, 0, 0, 0, 0, 0, 0, 0, 0, 0
        .end
```

（2）.req

.req 伪操作用于为特定的寄存器定义名称，以方便程序员记忆该寄存器的功能。

语法格式：

    .reg name,expr

例如：

    .reg COUNT,R7   ;定义寄存器 R7 为 COUNT

4.1.2　ADS 环境下的伪操作

ADS 环境下的伪操作可以分成 6 种类型：符号定义、数据定义、汇编控制、框架控制、信息报告和其他，下面分别进行介绍。

1．符号定义伪操作

符号定义（Symbol Definition）伪操作用于定义 ARM 汇编程序中的变量，对变量进行赋值及定义寄存器名称等。符号定义伪操作如表 4.4 所示，下面对其中的部分进行说明。

表 4.4　符号定义伪操作

伪操作	语法格式	作用
GBLA	GBLA　Variable	声明一个全局的算术变量，并将其初始化成 0
GBLL	GBLL　Variable	声明一个全局的逻辑变量，并将其初始化成{FALSE}
GBLS	GBLS　Variable	声明一个全局的字符串变量，并将其初始化成空串""
LCLA	LCLA　Variable	声明一个局部的算术变量，并将其初始化成 0
LCLL	LCLL　Variable	声明一个局部的逻辑变量，并将其初始化成{FALSE}
LCLS	LCLS　Variable	声明一个局部的串变量，并将其初始化成空串""
SETA	Variable　SETA	给一个全局或局部算术变量赋值
SETL	Variable SETL expr	给一个全局或局部逻辑变量赋值
SETS	Variable SETS expr	给一个全局或局部字符串变量赋值
RLIST	Name RLIST {list of registers}	为一个通用寄存器列表定义名称
CN	name　CN　expr	为一个协处理器的寄存器定义名称
CP	name　CP　expr	为一个协处理器定义名称
DN/SN	name DN/SN　expr	DN/SN 为一个双精度/单精度的 VFP 寄存器定义名称
FN	name　FN　expr	为一个 FPA 浮点寄存器定义名称

（1）GBLA、GBLL、GBLS

GBLA、GBLL 与 GBLS 伪操作用于定义全局变量，并将其初始化，其中：

GBLA 用于声明一个全局的算术变量，并初始化为 0；

GBLL 用于声明一个全局的逻辑变量，并初始化为 F（假）；

GBLS 用于声明一个全局的字符串变量，并初始化为空。

语法格式：

  <GBLX> Variable

说明：

GBLX：GBLA、GBLL、GBLS；

Variable：全局变量名称，应该是全局唯一的，对已声明过的变量重新声明时，将被重新初始化，作用范围为包含该变量的源程序。

例如：

```
GBLA    objectsize          ; 声明全局算术变量 objectsize
objectsize   SETA   0xff     ; 赋初值为 0xff
SPACE   objectsize          ; 引用该变量
GBLL    statusB             ; 声明一个全局的逻辑变量
statusB   SETL {TRUE}       ; 赋初值为真
```

（2）LCLA、LCLL 和 LCLS

LCLA、LCLL 和 LCLS 伪操作用于定义一个 ARM 程序中的局部变量，并进行初始化，其中：

LCLA 声明一个局部的算术变量，并初始化为 0；

LCLL 声明一个局部的逻辑变量，并初始化为 F（假）；

LCLS 声明一个局部的字符串变量，并初始化为空。

语法格式：

  <LCLX> Variable

说明：

LCLX：LCLA、LCLL 和 LCLS；

Variable：局部变量名称，应该是作用范围内唯一的，对已声明过的变量重新声明时，将被重新初始化。

（3）SETA、SETL 和 SETS

SETA、SETL、SETS 伪操作用于给一个已经定义的全局变量或局部变量赋值，其中：

SETA 用于给一个算术变量赋值；

SETL 用于给一个逻辑变量赋值；

SETS 用于给一个字符串变量赋值。

语法格式：

  <SETX> Variable Expression

SETX：SETA、SETL 和 SETS；

Variable：GBLA、GBLL、GBLS、LCLA、LCLL 和 LCLS 定义的变量；

Expression：赋值表达式。

（4）RLIST

RLIST 伪操作用于对一个通用寄存器列表定义名称，使用该伪操作定义的名称可在 ARM 指令 LDM/STM 中使用。在 LDM/STM 指令中，列表中的寄存器访问次序为根据寄存器的编号由低到高，而与列表中的寄存器排列次序无关。

语法格式：

> Name   RLIST {List of registers }

其中：Name 为寄存器列表名称；List of registers 为寄存器列表。

例如：

> registers   RLIST   {r0-r6, r8, r10-r12, r15}   ; 将寄存器列表名称定义为 registers
> STMFD   SP! , registers   ; r0-r6, r8, r10-r12, r15 进栈

2. 数据定义伪操作

数据定义（Data Definition）伪操作用于数据缓冲器定义、数据表定义和数据空间分配。常用的数据定义伪操作如表 4.5 所示。

表 4.5　数据定义伪操作

伪操作	语法格式	作用
LTORG	LTORG	声明一个数据缓冲池（也称为文字池）的开始
MAP	MAP expr{，base-register}	定义一个结构化内存表（Storage Map）的首地址
FIELD	{label} FIELD　expr	定义一个结构化内存表中的数据域
SPACE	{label} SPACE　expr	分配一块连续内存单元，并用 0 初始化
DCB	{label} DCB expr{，expr}	分配一段字节内存单元，并用 expr 初始化
DCD/ DCDU	{label} DCD expr {，expr} …	分配一段字内存单元
DCDO	{label} DCDO　expr{,epr} …	分配一段字对齐的字内存单元
DCFD/ DCFDU	{label} DCFD　{U} fpliteral {，fpliteral} …	为双精度的浮点数分配字对齐的内存单元
DCFS/ DCFSU	{label} DCFS　{U}　fpliteral　{，fpliteral} …	为单精度的浮点数分配字对齐的内存单元
DCI	{label} DCI　expr {，expr} …	在 ARM 代码中分配一段字对齐的内存单元，在 Thumb 代码中分配一段半字对齐的半字内存单元
DCQ/ DCQU	{label} DCQ {U}　{ - } literal {，{ - } literal} …	分配一段以双字（8 字节）为单位的内存
DCW/ DCWU	{label} DCW {U} expr {，expr} …	分配一段半字对齐的半字内存单元

下面对表 4.5 中部分数据定义伪操作做进一步说明。

（1）LTORG

LTORG 伪操作用于分配一个数据缓冲池（文字池）。

语法格式：

> LTORG

ARM 汇编器通常把数据缓冲池放在代码段的最后面，即下一个代码段开始之前，或者 END 伪操作之前。当程序中使用 LDMFD 之类的指令时，数据缓冲池可能越界。这时可以使用 LTORG 定义数据缓冲池，以防止越界发生。大的代码段可以使用多个数据缓冲池。

LTORG 通常放在无条件跳转指令之后，或者子程序返回之后，这样处理器就不会错误地把数据缓冲池中的数据当做指令来执行。

例如：

> AREA EXP_1, CODE, READONLY
> START   BL　FUNC1
>   …
> FUNC1

	LDR　R1, = 55555555	; 产生形如 LDR R1, [PC, #offset to Literal Pool]的指令
	…	
	MOV　PC, LR	; 子程序结束
	LTORG	; 定义数据缓冲池存放 55555555
DATA	SPACE　46	; 从当前位置开始分配 46 字节, 初始化为 0
	END	; 默认的数据缓冲池为空

(2) MAP

MAP 用于声明一个结构化的内存表(Storage Map)的首地址, 可用符号 "^" 代替, 内存表的位置计数器{VAR}(汇编器的内置变量)设置成该地址。MAP 通常与 FIELD 配合使用来定义结构化内存表。

语法格式:

　　MAP expr {, base-register}

说明:

expr: 数字表达式或者是程序中已定义过的标号;

base-register: 一个寄存器, 可选;

当 base-register 不存在时, 位置计数器{VAR}初值为 expr, 即 VAR = expr; 当 base-register 存在时, VAR = expr + base-register。

例如:

MAP 0xA0FF, R8	; 内存表首地址为 R8 + 0xA0FF, 也就是 VAR 的值为 R8 + 0xA0FF
MAP 0xC12305	; 内存表起始位置为 0xC12305
MAP readdata + 86	; 内存表起始位置是 readdata + 86, readdata 标号已经定义过了

(3) FIELD

FIELD 用于声明一个结构化内存表的数据域, 可用符号 "#" 代替。

语法格式:

　　{label} FIELD expr

说明:

{label}为可选项, 当指令中包含{label} 时, 标号 label 的值为当前内存表位置计数器{VAR}的值。汇编编译到 FIELD 语句时, 内存表位置计数器 VAR + = expr。expr 表示本字段(数据项)在内存表中所占的字节数。FIELD 通常与 MAP 配合使用来定义结构化内存表。

例如:

MAP	0	; 定义结构化内存表首地址为 0
consta	FIELD	4	; consta 的长度为 4 字节, 相对位置为 0
constb	FIELD	4	; constb 的长度为 4 字节, 相对位置为 4
x	FIELD	8	; x 的长度为 8 字节, 相对位置为 0x8
y	FIELD	8	; y 的长度为 8 字节, 相对位置为 0x10
string	FIELD	256	; y 的长度为 256 字节, 相对位置为 0x18

(4) SPACE

SPACE 用于分配一块内存单元, 并用 0 初始化。SPACE 可用符号 "%" 代替。

语法格式:

　　{label} MAP expr

说明：

label 是可选项；

expr 是伪操作分配的内存字节数。

例如：

　　　Pro_data　　SPACE　　1290　　　；分配 1290 字节内存单元，并且将该存储区初始化为 0

（5）DCB

DCB 用于分配一段字节内存单元并用 expr 初始化，可用符号"="代替。

语法格式：

　　　{label} DCB expr{,expr}...

说明：

label 可选，expr 为一个 –128~256 的数值表达式或者字符串。

例如：

　　　C_string DCB "C_string",0

（6）DCD 和 DCDU

DCD 用于分配一段字对齐内存空间并用 expr 初始化，可用符号"&"代替。

DCDU 用于分配一段内存空间并用 expr 初始化，但不严格要求字对齐。

语法格式：

　　　{label} DCD{U} expr{, expr}

说明：

label 可选，expr 为一个数字表达式或者程序中的标号，内存分配的字节数由 expr 的个数决定。

例如：

　　　data1　DCD 1, 5, 20　　　；分配 3 个字单元，并用 1、5、20 初始化
　　　data2　DCD memaddr + 4　　；分配 1 个字单元，其值为程序中标号 memaddr 加 4 字节

3．汇编控制伪操作

汇编控制伪操作用于控制汇编程序的执行流程，常用的汇编控制伪操作包括以下几条：

● IF、ELSE、ENDIF

● WHILE、WEND

● MACRO、MEND

● MEXIT

（1）IF、ELSE、ENDIF

语法格式：

　　　IF　逻辑表达式
　　　指令序列 1
　　　ELSE
　　　指令序列 2
　　　ENDIF

例如：

```
IF Version = "1.0"
; 指令
; 伪指令
ELSE
; 指令
; 伪指令
ENDIF
```

（2）WHILE、WEND

语法格式：

```
WHILE   逻辑表达式
指令序列
WEND
```

例如：

```
count SETA      1
      WHILE     count< = 4
count SETAcount + 1
      ;code
      WEND
```

（3）MEXIT

语法格式：

```
MEXIT      ; MEXIT 用于从宏定义中跳转出去
```

（4）MACRO、MEND

MACRO、MEND 伪指令可以将一段代码定义为一个整体，然后就可以在程序中通过宏指令多次调用该段代码。

语法格式：

```
MACRO
$标号   宏名   $参数 1，$参数 2，…
指令序列
MEND
```

例如，在 ARM 中完成测试一跳转操作需要两条指令，定义一条宏指令完成这一操作：

```
MACRO
$label TestAndBranch    $dest, $reg, $cc
$label CMP       $reg, #0
B$cc  $dest
MEND
```

在程序中调用该宏：

```
test   TestAndBranch   NonZero, r0, NE
…
NonZero
```

程序被汇编后，宏展开的结果：

```
test    CMP    r0, #0
BNE    NonZero
…
NonZero
```

4．信息报告伪操作

信息报告（Reporting）伪操作用于报告汇编信息。常用的信息报告伪操作如下：

ASSERT：在汇编编译器对汇编程序的第二趟扫描中，如果其中的 ASSERTION 条件不成立，ASSERT 伪操作将报告该错误信息。

INFO：支持第一、二趟汇编扫描时报告诊断信息。

5．其他伪操作

其他伪操作如表 4.6 所示。下面选取其中较常用的进行简单说明。

表 4.6　其他伪操作

伪操作	语法格式	作用
CODE16	CODE16	告诉汇编器后面的指令序列为 16 位的 Thumb 指令
CODE32	CODE32	告诉汇编器后面的指令序列为 32 位的 ARM 指令
EQU	name　EQU　expr {，type}	为数字常量基于寄存器的值和程序中的标号定义一个字符名称
AREA	AREA　sectionname {，attr} …	定义一个代码段或者数据段
ENTRY	ENTRY	指定程序的入口点
END	END	告诉编译器已经到了源程序结尾
ALIGN	ALIGN　{expr {，offset} }	通过添加补丁字节使当前位置满足一定的对齐方式
EXPORT/	EXPORT symbol　{［WEAK］}	声明一个符号可以被其他文件引用，类似声明了一个全局变量
IMPORT	IMPORT　symbol　{[WEAK] }	告诉编译器当前的符号不是在本源文件中定义的，而是在其他源文件中定义的，在本源文件中可能引用该符号
EXTERN	EXTERN　symbol　{〔WEAK〕}	告诉编译器当前的符号不是在本源文件中定义的，而是在其他源文件中定义的，在本源文件中可能引用该符号
GET	GET　　filename	将一个源文件包含到当前源文件中，并在当前位置进行汇编处理
INCBIN	INCBIN　filename	将一个文件包含到当前源文件中，不进行汇编处理
KEEP	KEEP {symbol}	告诉编译器将局部符号包含在目标文件的符号表中
NOFP	NOFP	禁止源程序中包含浮点运算指令
REQUIRE	REQUIRE　lable	指定段之间的相互依赖关系
RN	name　RN　expr	为一个特定的寄存器定义名称
ROUT	{name} ROUT	定义局部变量的有效范围

（1）AREA

AREA 伪操作用于定义一个代码段或者数据段。

语法格式：

　　　　AREA sectionname{，attr}{，attr} …

说明：

sectionname：所定义的代码段或者数据段的名称。如果该名称是以数字开头的，则该名称必须用

"｜"括起来，如｜1_datasec｜。还有一些代码段具有约定的名称，如｜.text｜表示 C 语言编译器产生的代码段或者是与 C 语言库相关的代码段。

attr：该代码段（或者程序段）的属性。常用的属性如下：

① CODE：用于定义代码段，默认为 READONLY；

② DATA：用于定义数据段，默认为 READWRITE；

③ READONLY：指定本段为只读，代码段默认为 READONLY；

④ READWRITE：指定本段为可读可写，数据段的默认属性为 READWRITE。

例如：

    AREA   Example, CODE, READONLY

（2）CODE16、CODE32

CODE16 伪操作告诉汇编编译器后面的指令序列为 16 位的 Thumb 指令。

CODE32 伪操作告诉汇编编译器后面的指令序列为 32 位的 ARM 指令。

语法格式：

    CODE16（或 CODE32）

说明：

CODE16 其后的指令序列为 16 位的 Thumb 指令。

CODE32 其后的指令序列为 32 位的 ARM 指令。

例如：

    AREA   ChangeState, CODE, READONLY
    CODE32   ; 指示下面的指令为 ARM 指令
    LDR   r0, = start + 1
    BX   r0   ; 切换到 Thumb 状态，并跳转到 start 处执行

    CODE16   ; 指示下面的指令为 Thumb 指令
    start   MOV   r1, #10

（3）ENTRY

ENTRY 伪操作用于指定汇编程序的入口点。在一个源文件里最多只能有一个 ENTRY（可以没有）。在一个完整的汇编程序中至少要有一个 ENTRY（当有多个 ENTRY 时，程序的真正入口点由链接器指定）。

语法格式：

    ENTRY

例如：

    AREA   example, CODE, READONLY
    ENTRY   ; 应用程序的入口点

（4）END

END 伪操作用于通知编译器已经到了源程序的结尾。

语法格式：

    END

例如：

```
AREA   example，CODE，READONLY
…
END
```

（5）EQU

EQU 伪操作为数字常量、基于寄存器的值和程序中的标号（基于 PC 的值）定义一个字符名称，可用符号"*"代替。

语法格式：

```
name EQU expr{, type}
```

说明：

expr：基于寄存器的地址值、程序中的标号、32 位的地址常量或者 32 位的常量。

name：EQU 伪操作为 expr 定义的字符名称。

type：当 expr 为 32 位常量时，可以使用 type 指示 expr 表示的数据的类型。

例如：

```
abcd EQU 2              ; 定义 abcd 符号的值为 2
abcd EQU label + 16     ; 定义 abcd 符号的值为（label + 16）
addr1 EQU 0xlC, CODE32  ; 定义 addr1 符号值为绝对地址值 0xlC，而且该处为 ARM 指令
```

（6）ALIGN

ALIGN 伪操作通过添加补丁字节使当前位置满足一定的对齐方式。

语法格式：

```
ALIGN {expr{, offset}}
```

说明：

expr 为数字表达式，用于指定对齐方式。可能的取值为 2 的次幂，如 1、2、4、8 等。如果伪操作中没有指定 expr，则当前位置对齐到下一个字边界处。offset 为数字表达式。当前位置对齐到下面形式的地址处：offset + n*expr。

（7）EXPORT

EXPORT 伪操作声明一个源文件中的符号，使得该符号可以被其他源文件引用。相当于声明了一个全局变量。GLOBAL 是 EXPORT 的同义词。

语法格式：

```
EXPORT symbol {[WEAK]}
```

说明：

symbol 为声明的符号名称，大小写敏感。

[WEAK]选项声明其他的同名符号优先于本符号被引用。

例如：

```
AREA   Example, CODE, READONLY
EXPORT   Do_Add      ; 函数名称 Do_Add 可以被引用
```

（8）IMPORT

IMPORT 伪操作告诉编译器当前的符号不是在本源文件中定义的，而是在其他源文件中定义的，在本源文件中可能引用该符号，而且不论本源文件是否实际引用该符号，该符号都将被加入到本源文件的符号表中。

语法格式：

  IMPORT symbol {[WEAK]}

其中，symbol 为声明的符号的名称。它是区分大小写的。[WEAK]指定这个选项后，如果 symbol 在所有的源文件中都没有被定义，编译器也不会产生任何错误信息，同时编译器也不会到当前没有被 INCLUDE 进来的库中去查找该符号。

  (9) EXTERN

  EXTERN 伪操作告诉编译器当前的符号不是在本源文件中定义的，而是在其他源文件中定义的，在本源文件中可能引用该符号。如果本源文件没有实际引用该符号，该符号将不会被加入到本源文件的符号表中。

  语法格式：

  EXTERN symbol {[WEAK]}

其中，symbol 为声明的符号的名称，是区分大小写的。[WEAK]指定该选项后，如果 symbol 在所有的源文件中都没有被定义，编译器也不会产生任何错误信息，同时编译器也不会到当前没有被 INCLUDE 进来的库中去查找该符号。

  例如，下面的代码测试是否连接了 C++ 库，并根据结果执行不同的代码：

```
AREA   Example,   CODE, READONLY
EXTERN   _CPP_INITIALIZE[WEAK]          ; 如果连接了 C++库，则读取函数_CPP_INITIALIZE 地址
LDR   r0,_CPP_INITIALIZE
CMP   r0, #0                            ; Test if zero.
BEQ   nocplusplus                       ; 如果没有连接 C++ 库，则跳转到 nocplusplus
```

  (10) GET

  GET 伪操作将一个源文件包含到当前源文件中，并将被包含的文件在其当前位置进行汇编处理。GET 与 INCLUDE 同义。

  语法格式：

  GET filename

其中，filename 为被包含的源文件的名称。这里可以使用路径信息。

  通常可以在一个源文件中定义宏，用 EQU 定义常量的符号名称，用 MAP 和 FIELD 定义结构化的数据类型，这样的源文件类似于 C 语言中的.h 文件。然后用 GET 伪操作将这个源文件包含到它们的源文件中，类似于在 C 源程序的 "include   *.h"。

  例如：

```
AREA   Example, CODE, READONLY
GET file1.s                 ; 包含源文件 file1.s
GET c:\project\file2.s      ; 包含源文件 file2.s，可以包含路径信息
GET c:\program files\file3.s ; 包含源文件 file3.s，路径信息中可以包含空格
```

  (11) INCBIN

  INCBIN 伪操作将一个文件包含到当前源文件中，被包含的文件不进行汇编处理。

  语法格式：

  INCBIN filename

其中，filename 为被包含的文件的名称，这里可以使用路径信息。

通常可以使用 INCBIN 将一个执行文件或者任意的数据包含到当前文件中。被包含的执行文件或数据将被原封不动地放到当前文件中。编译器从 INCBIN 指示符后面开始继续处理。

编译器通常在当前目录中查找被包含的源文件。可以使用编译选项-I 添加其他的查找目录。同时，被包含的源文件中也可以使用 GET 伪操作，即 GET 可以嵌套使用。如在源文件 A 中包含了源文件 B，而在源文件 B 中包含了源文件 C。编译器在查找 C 源文件时将把源文件 B 所在的目录作为当前目录。这里所包含的文件名及路径信息中都不能有空格。

例如：

```
AREA Example, CODE, READONLY
INCBIN file1.dat                  ; 包含文件 file1.dat
INCBIN c:\project\file2.txt       ; 包含文件 file2.txt
```

4.1.3　两种编译环境下的常用伪操作汇总

ADS 与 GNU 环境下的常用伪操作如表 4.7 所示。

表 4.7　ADS 与 GNU 伪操作对照表

ADS 下的伪操作符	GNU 下的伪操作符
INCLUDE	.include
TCLK2　EQU　PB25	.equ　TCLK2，PB25
EXPORT	.global
IMPORT	.extern
DCD	.long
IF：DEF：	.ifdef
ELSE	.else
ENDIF	.endif
：OR：	|
：SHL	<<
RN	.req
GBLA	.global
BUSWIDTH SETA 16	.equ BUSWIDTH，16
MACRO	.macro
MEND	.endm
END	.end
AREA Word，CODE，READONLY	.text
AREA Block，DATA，READWRITE	.data
CODE32	.arm 或.CODE[32]
CODE16	.thumb 或.CODE[16]
LTORG	.ltorg
%	.fill
Entry	Entry:
ldr pc, [pc, #&18]	ldr pc, [pc, # + 0x18]
ldr pc, [pc, #-&18]	ldr pc, [pc, #-0x18]

4.1.4　伪指令

ARM 伪指令不是 ARM 指令集中的指令，只是为了编程方便，编译器定义了伪指令。可以像其他 ARM 指令一样使用伪指令，但在编译时这些伪指令将被等效的 ARM 指令代替。

ARM 伪指令有 4 条，分别为 ADR 伪指令、ADRL 伪指令、LDR 伪指令和 NOP 伪指令。下面分别予以介绍。

1. ADR 伪指令

ADR 为小范围的地址读取伪指令。该指令将基于 PC 的地址值或者基于寄存器的地址值读取到寄存器中。

语法格式：

　　　ADR {<cond>} register, expr

其中，register 为目的寄存器，expr 为基于 PC 或者基于寄存器的地址表达式，其取值范围如下：

当地址值不是字对齐时，取值范围为–255~255；

当地址值是字对齐时，取值范围为–1020~1020；

当地址值是 16 字节对齐时，其取值范围将更大。

例如：

```
start   MOV   R0, #1000
        ADR   R4, start        ; 对于三级流水线的 ARM 处理器，PC 值为当前指令地址值加 8 字节，
                               ; 因此本 ADR 伪指令将被编译器替换成机器指令 SUB R4, PC, #0xC
```

2. ADRL 伪指令

ADRL 为中等范围的地址读取伪指令。该指令将基于 PC 或基于寄存器的地址值读取到寄存器中。ADRL 伪指令比 ADR 伪指令可以读取更大范围的地址。ADRL 伪指令在汇编时被编译器替换成两条指令。

语法格式：

　　　ADRL {<cond>} register, expr

其中，register 为目的寄存器，expr 为基于 PC 或者基于寄存器的地址表达式，其取值范围如下：

当地址值不是字对齐时，取值范围为–64~64 KB；

当地址值是字对齐时，取值范围为–256~256 KB；

当地址值是 16 字节对齐时，取值范围将更大。

例如：

```
start    MOV R0,#10
         ADRL R4,start + 6000       ;被替换为 ADD R4, PC, #100 与 ADD R4, R4, #5888 两条指令
         …
```

编译时上述伪指令将被编译器替换为 ADD R4, PC, #100 与 ADD　R4, R4, #5888 两条指令，因执行到该伪指令时，PC = start + 12，所以 start = PC–12，start + 6000 = PC + 5988

3. 大范围地址读取伪指令 LDR

LDR 伪指令用于加载 32 位的立即数或一个地址值到指定寄存器。在汇编译源程序时，LDR 伪指令被编译器替换成一条合适的指令。若加载的常数未超出 MOV 或 MVN 的范围，则使用 MOV 或 MVN 指令代替该 LDR 伪指令；否则汇编器将常量放入文字池，并使用一条相对偏移的 LDR 指令从文字池读出常量。与 ARM 存储器访问指令 LDR 相比，伪指令的 LDR 的参数有"＝"符号。

语法格式：

　　　LDR{cond}　register，＝expr/label-expr

其中，register 为加载的目的寄存器，expr 为 32 位立即数，label-expr 为基于 PC 的地址表达式或外部表达式。

例如：

```
LDR    R0, = 0x12345678        ; 加载 32 位立即数 0x12345678
LDR    R0, = DATA_BUF+60        ; 加载 DATA_BUF 地址+60
...
LTORG                           ; 声明文字池
...
```

伪指令 LDR 常用于加载芯片外围功能部件的寄存器地址(32 位立即数)，以实现各种控制操作，如下面的程序所示。

```
...
LDR    R0,   = IOPIN            ; 加载寄存器 IOPIN 的地址
LDR    R1，[R0]                 ; 读取 IOPIN 寄存器的值
...
LDR    R0，=IOSET
LDR    R1，= 0x00500500
STR    R1，[R0]                 ; IOSET = 0x00500500
```

4. 空操作伪指令 NOP

NOP 伪指令在汇编时将被替代成 ARM 中的空操作，比如可能为"MOV R0，R0"指令等。
语法格式：

```
NOP
```

例如，用 NOP 伪指令于延时操作，如下面的程序所示：

```
...
DELAY1
NOP
NOP
NOP
SUBS      R1, R1, #1
BNE       DELAY1
...
```

4.2 ARM 汇编程序设计

4.2.1 ARM 汇编语言中的文件格式

ARM 源程序文件(可简称为源文件)可以由任意一种文本编辑器来编写，它一般为文本格式，常用的源文件格式如表 4.8 所示。

表 4.8   常用的源文件格式

源程序文件	文件名	说明
汇编程序文件	*.s	用 ARM 汇编语言编写的 ARM 程序或 Thumb 程序
C 程序文件	*.c	用 C 语言编写的程序代码
头文件	*.h	为了简化源程序，把程序中常用到的常量命名、宏定义、数据结构定义等单独放在一个文件中，一般称为头文件

4.2.2　ARM 汇编语言语句格式

1. 语句格式

汇编语言语句是 ARM 汇编语言程序的基本单位，其具有丰富的格式，为汇编语言程序设计提供了极大的灵活性。

基本格式：

　　　{symbol} {instruction | directive | pseudo-instruction} {; comment}

其中：

symbol：符号。ARM 中符号必须从一行的行头开始。在指令和伪指令中，符号用做地址标号。在伪操作中，符号用做变量或者常量。

instruction：指令。ARM 汇编语言中指令不能从一行的开头开始，指令前必须有空格或符号。

directive：伪操作。

pseudo-instruction：伪指令。

comment：注释，以"；"开头。

在指令、伪指令和伪操作中，助记符可以是大写或小写(不区分)，但是在一个助记符中不能大小写字符混合使用；

语句太长一行写不下时，可用"\"把语句分成若干行来写，但是要求"\"后紧跟指令中的字符，不能有空格、制表符等。

寄存器名可以大写也可以小写。

例如：

	AREA	EXAMPLE, CODE, READONLY	; 前面留有空格，正确
	GBLA	DATA	; 前面留有空格，正确
DATA	SETA	0x20	; 前面不能留有空格，正确
	ADD	R0,R1,R2	; 全部大写，正确
	ADD	R0, R1, r2	; 部分寄存器小写，部分大写，正确
	add	R0, R1, r2	; 指令助记符小写，寄存器大写或小写，正确
	aDD	R0, R1, r2	; 寄存器小写，正确；指令助记符大小写混合使用，不正确

2. 符号

符号可以由大小写字母、数字、下划线组成，但符号是区分大小写的。符号在起作用范围内是唯一的，符号不能和系统定义的符号相同。符号包括变量、数字常量、全局标号和局部标号。

（1）变量

变量包括数字变量、逻辑变量、字符串变量 3 种类型。数字变量取值范围是数字常量和数字表达式所能表示的数值范围；逻辑变量取值范围是 TRUE 和 FALSE；字符串变量取值范围是串表达式所能表示的数值范围。由 GBLA、GBLL、GBLS 声明全局变量；由 LCLA、LCLL、LCLS 声明局部变量；使用 SETA、SETL、SETS 为变量赋值。

（2）数字常量

数字常量有十进制、十六进制、n 进制 3 种。十进制如 43、6、112 等；十六进制如 0x321、0xFF等；n 进制表示为 n_XXX，n 取值 2~9，X 取值 0~n-1；如 2_010011，8_34562。使用 EQU 定义数字常量。数字常量定义后，就不能再改变。

（3）全局标号

在一行语句中，顶头书写就定义了一个全局标号。全局标号不能以数字开头。全局标号用于表示指令或数据的地址，一般有 3 种标号：

基于 PC 的标号常用于表示跳转指令的目标地址，被处理成 PC±数字常量；

基于寄存器的标号通常是用 MAP 或 FIELD 伪操作定义的标号，也可以由 EQU 伪操作定义，被处理成寄存器±数字常量；

绝对地址标号是一个 32 位数字常量。

（4）局部标号

在一行中，顶头书写就定义了一个局部标号。局部标号定义的语法格式为：

    N　{routname}

其中：

N 为 0~99 的整数，局部标号只能以数字开头；

routname 为局部标号的作用范围。

局部标号引用的语法格式：

    %{F|B}{A|T}　N{routname}

其中：

%：引用操作；

F：向前搜索；

B：向后搜索，默认；

T：搜索宏的当前层；

A：搜索宏的所有嵌套层；

routname：指定 routname 时，向前搜索最近的 routname，若名称不匹配，则报错。

例如，局部标号使用：

```
IsrIRQ:
        sub sp, sp, #4
        stmfd sp!, {r8-r9}
        ldr r9, = I_ISPR
        ldr r9, [r9]
        mov r8, #0x0
0       movs r9, r9, lsr #1        ; 定义局部标号 0
        bcs %F1                    ; 引用局部标号1, 满足条件 cs 则向前搜索
        add r8, r8, #4
        b %B0                      ; 引用局部标号 0, 向后搜索
1       ldr r9, = HandleADC        ; 定义局部标号 1
        add r9, r9, r8
        ldr r9, [r9]
        str r9, [sp, #8]
        ldmfd sp!, {r8-r9, pc}
        …
```

上述代码的功能是将发出 IRQ 非向量中断的中断源找出来，然后跳转到该中断源的中断处理程序入口处执行。其中使用了局部标号，请参看代码中的注释。

3. 表达式与操作符

在 ARM 汇编语言程序设计中，也经常使用各种表达式。表达式一般由变量、常量、运算符和括号构成。常用的表达式有数字表达式、逻辑表达式和字符串表达式，其运算次序遵循如下优先级：括号操作符的优先级最高；各种操作符有一定的优先级；相邻的单目操作符的执行顺序为由右到左，单目操作符优先级高于其他操作符；优先级相同的双目操作符执行顺序为由左到右。

（1）字符串表达式与操作符

字符串表达式由字符串、字符串变量、操作符、括号组成。由双引号定义一个字符串。

例如：

```
abc    SETS "this string contains only " " double quote"
def    SETS "this string contains only $$ double quote"
```

字符串操作符有 LEN、CHR、STR、LEFT、RIGHT 与 CC，其使用方法与功能如下：

```
: LEN: A          ; 返回字符串 A 的长度
: CHR: A          ; 将一个 0~255 之间的整数转换成一个字符串(A)
: STR: A          ; 将一个数字或逻辑表达式转换成一个字符串(A)
: DEF：A          ; 如果字符串 A 已定义，则逻辑为 TRUE，否则为 FALSE
A :LEFT: B        ; 从字符串 A 中返回 A 左侧的 B 个字符串的子串
A :RIGHT: B       ; 从字符串 A 中返回 A 右侧的 B 个字符串的子串
A :CC: B          ; 将字符串 A 和 B 连接起来返回
```

例

```
          GBLS DATAS1                  ; 定义字符串 DATAS1
DATAS1 SETS "CONNECTION ERR"           ; 为 DATAS1 赋值
          MOVE R0,#:LEN:DATAS1         ; 计算 DATAS1 的长度作为 MOV 指令中的立即数
          GBLS DATAS2                  ; 定义字符串 DATAS2
DATAS2 SETS :CHR:89                    ; 将 89 转换为字符串(Y)并赋给 DATAS2
                                       ; 相当于"DATAS2　SETS　Y"
          GBLS DATAS3                  ; 定义字符串 DATAS3
DATAS3  SETS :STR:23                   ; 为 DATAS3 赋值 00000017
          MOVE R1, #:LEN:DATAS3        ; 计算 DATAS3 的长度编译为"MOV R1, #8"，一个字的长度
          IF     :DEF:DATAS3           ; 如果 DATAS3 已定义
          MOV R6,#5                    ; 则执行本语句
          ELSE                         ; 否则
          MOV R6,#6                    ; 执行本语句
          ENDIF                        ; IF 结束
```

（2）数字表达式

数字表达式一般由数字常量、数字变量、操作符和括号组成。与数字表达式相关的操作符如下：

① +、−、×、/ 及 MOD

以上操作符分别代表加、减、乘、除和取余数操作。例如，若以 A 和 B 表示两个数字表达式，则：

```
A+B                  表示 A 与 B 的和
A−B                  表示 A 与 B 的差
A×B                  表示 A 与 B 的乘积
A / B                表示 A 除以 B 的商
A:MOD:B              表示 A 除以 B 的余数
```

② ROL、ROR、SHL 及 SHR 为移位操作符

设 A 与 B 表示两个数字表达式，则以上移位操作符代表的运算如下：

A：ROL：B	表示将 A 循环左移 B 位
A：ROR：B	表示将 A 循环右移 B 位
A：SHL：B	表示将 A 左移 B 位
A：SHR：B	表示将 A 右移 B 位

③ AND、OR、NOT 及 EOR 为按位逻辑运算操作符

设 A 与 B 表示两个数字表达式，则以上移位操作符代表的运算如下：

A：AND：B	表示将 A 与 B 按位做逻辑与的操作
A：OR：B	表示将 A 与 B 按位做逻辑或的操作
：NOT：A	表示将 A 按位做逻辑非的操作
A：EOR：B	表示将 A 与 B 按位做逻辑异或的操作

(3) 逻辑表达式

逻辑表达式一般由逻辑常量、逻辑操作符和括号组成，其表达式的运算结果为真或假。与逻辑表达式相关的操作符如下：

① =、>、<、>=、<=、/= 及<>操作符

设 A 与 B 表示两个数字表达式，则以上逻辑操作符代表的运算如下：

A＝B	表示 A 等于 B
A>B	表示 A 大于 B
A<B	表示 A 小于 B
A>＝B	表示 A 大于等于 B
A<＝B	表示 A 小于等于 B
A/＝B	表示 A 不等于 B
A<>B	表示 A 不等于 B

② LNOT、LAND、LOR 及 LEOR 操作符

设 A 与 B 表示两个数字表达式，则以上逻辑操作符代表的运算如下：

A：LAND：A	表示将 A 和 B 做逻辑与的操作
A：LOR：B	表示将 A 和 B 做逻辑或的操作
：LNOT：A	表示将 A 做逻辑非的操作
A：LEOR：B	表示将 A 和 B 做逻辑异或的操作

4．ARM 汇编语言程序结构

ARM 汇编语言是以段（Section）为单位来组织源文件的。段是相对独立、具有特定名称、不可分割的指令或者数据序列。段又可分为代码段与数据段。代码段存放执行代码，数据段存放代码运行时需要用到的数据。一个 ARM 源程序至少需要一个代码段，大的程序可以包含多个代码段和数据段，多个段在程序编译链接时最终形成一个可执行的映像文件。

可执行的映像文件通常由以下几个部分构成：

(1) 一个或多个代码段，代码段通常是只读的；

(2) 零个或多个包含初始值的数据段，数据段通常是可读/写的；

(3) 零个或多个不包含初始值的数据段，这些数据段被初始化为 0，数据段通常是可读/写的。

链接器根据一定的规则，将各个段安排到内存的相应位置上。因此源程序中段之间的相对位置与可执行的映像文件中段的相对位置一般不会相同。以下是一个汇编语言源程序在 ADS 与 GNU 环境下的基本结构。

（1）ADS 环境下的 ARM 汇编语言源程序结构

```
AREA    EXAMPLE, CODE, READONLY
ENTRY
start
        MOV r0, #10
        MOV r1, #3
        ADD r0, r0, r1
END
```

在 ADS 环境下，用 AREA 伪操作定义一个段，并说明所定义段的相关属性。本例中定义了一个名为 EXAMPLE 的代码段，属性为只读。ENTRY 伪操作标示程序的入口点，接下来是指令系列。程序的末尾为 END 伪操作，该伪操作告诉编译器源文件结束，每一个汇编程序都必须有一条 END 伪操作，指示代码结束。

（2）GNU 环境下的 ARM 汇编语言源程序结构

```
.global _start
.text
_start:
        MOV r0, #10
        MOV r1, #3
        ADD r0, r0, r1
.end
```

在 GNU 环境下，用 global 伪操作定义一个全局标号_start，其类似于 ADS 环境下的段名，可以方便其他程序调用。用.text 伪操作定义一个段，段的属性为默认。标号_start 后紧跟指令系列。程序的末尾为.end 伪操作，该伪操作告诉编译器源文件结束，每一个汇编程序都必须有一条.end 伪操作，指示代码结束。

4.2.3　汇编程序设计示例

例 4-1　调用子程序。子程序 doadd 完成加法运算，操作数放在 R0 和 R1 寄存器中，结果放在 R0 中。

```
      AREA      EXAMPLE2, CODE, READONLY
      ENTRY
start MOV   R0, #10        ; R0 设置输入参数
      MOV   R1, #3         ; R1 设置输入参数
      BL    doadd          ; 调用子程序 doadd
stop  B     stop
doadd ADD r0, r0, r1       ; 子程序实体
      MOV pc, lr           ; 从子程序中返回
      END
```

例 4-2　循环结构。在 ARM 汇编中，没有专门的指令用来实现循环，一般通过跳转指令加条件码的形式来实现。

```
LOOP
        ADD R4, R4, R0
        ADD R0, R0, #1
        CMP R0, R1
        BLE  LOOP                      ; R0 小于等于 R1 时跳转
```

例 4-3　数据块复制。

```
.global _start
.text
.equ   num, 20                        ; 设置待复制数据的数量(即字数)
_start:
        LDR    r0, = src               ; 源地址送 r0
        LDR    r1, = dst               ; 目的地址送 r1
        MOV    r2, #num                ; 待复制数据的数量送 r2
        MOV    sp, #0x400              ; 设置堆栈栈顶
blockcopy:
        MOVS    r3,r2, LSR #3          ; 待复制数据的数量除 8
        BEQ     copywords             ; 若待复制数据的数量少于 8，则跳转至 copywords
        STMFD   sp!, {r4-r11}          ; r4~r11 进栈保护
        LDMIA   r0!, {r4-r11}          ; 从源地址读 8 个字数据送 r4~r11
        STMIA   r1!, {r4-r11}          ; 将 r4~r11 存入目的地址
        SUBS    r3, r3, #1             ; 计数值减 1
        BNE     blockcopy             ; 若不为零则跳转至 blockcopy
        LDMFD   sp!, {r4-r11}          ; r4~r11 出栈

copywords:
        ANDS    r2, r2, #7             ; 计算待复制数据的数量除 8 后的余数
        BEQ     stop                  ; 余数若为零则跳转到 stop
wordcopy:
        LDR    r3, [r0], #4            ; 从源地址读一个字到 r3
        STR    r3, [r1], #4            ; 将 r3 存入目的地址
        SUBS    r2, r2, #1             ; 计数值减 1
        BNE     wordcopy              ; 若不为零则跳转至 workcopy

stop:
        B       stop
.ltorg                                 ; 定义数据缓冲池
src:                                   ; 源地址
    .long    1, 2, 3, 4, 5, 6, 7, 8, 1, 2, 3, 4, 5, 6, 7, 8, 1, 2, 3, 4
dst:                                   ; 目的地址
    .long    0, 0, 0, 0, 0, 0, 0, 0, 0, 0, 0, 0, 0, 0, 0, 0, 0, 0, 0, 0
.end
```

例 4-4　工作模式切换。

```
#进入系统模式
        MRS R0,CPSR        ; 将 CPSR 传送至 R0
        BIC R0,R0,#0x1F    ; 将 R0 最低 5 位清零
```

```
            ORR R0,R0,#0x1F        ; 用 0x1F(系统模式控制位)与 R0 相或，结果送 R0
            MSR CPSR,R0           ; R0 回写进 CPSR
     #进入 FIQ 模式
            MRS R0,CPSR           ; 将 CPSR 传送至 R0
            BIC R0,R0,#0x1F       ; 将 R0 最低 5 位清零
            ORR R0,R0,#0x11       ; 用 0x11(FIQ 模式控制位)与 R0 相或，结果送 R0
            MSR CPSR,R0           ; R0 回写进 CPSR
     #进入 SVC 模式
            MRS R0,CPSR           ; 将 CPSR 传送至 R0
            BIC R0,R0,#0x1F       ; 将 R0 最低 5 位清零
            ORR R0,R0,#0x13       ; 用 0x13(SVC 模式控制位)与 R0 相或，结果送 R0
            MSR CPSR,R0           ; R0 回写进 CPSR
     #进入中止模式
            MRS R0,CPSR           ; 将 CPSR 传送至 R0
            BIC R0,R0,#0x1F       ; 将 R0 最低 5 位清零
            ORR R0,R0,#0x17       ; 用 0x17(中止模式控制位)与 R0 相或，结果送 R0
            MSR CPSR,R0           ; R0 回写进 CPSR
     #进入 IRQ 模式
            MRS R0,CPSR           ; 将 CPSR 传送至 R0
            BIC R0,R0,#0x1F       ; 将 R0 最低 5 位清零
            ORR R0,R0,#0x12       ; 用 0x12(IRQ 模式控制位)与 R0 相或，结果送 R0
            MSR CPSR,R0           ; R0 回写进 CPSR
     #进入未定义模式
            MRS R0,CPSR           ; 将 CPSR 传送至 R0
            BIC R0,R0,#0x1F       ; 将 R0 最低 5 位清零
            ORR R0,R0,#0x1b       ; 用 0x1b(未定义模式控制位)与 R0 相或，结果送 R0
            MSR CPSR,R0           ; R0 回写进 CPSR
            .end
```

4.2.4　C 语言与汇编语言混合编程

在嵌入式程序设计中，C 语言和汇编语言都是必需的，在有些情况下，还需要 C 语言与汇编语言混合编程。在需要 C 语言和汇编语言混合编程时，如果汇编代码比较简单，可以直接采用内嵌汇编来进行混合编程。如果汇编代码比较复杂，则可以将汇编程序和 C 程序分别以文件的形式加到一个工程里，根据 ATPCS 来实现汇编程序与 C 程序之间的调用。本节介绍 ATPCS 规则、内嵌汇编、汇编与 C 语言之间的相互调用。

1. ATPCS 介绍

ATPCS 是 ARM-Thumb Procedure Call Standard 的缩写，可译为 ARM-Thumb 子程序调用标准。但实质上其是为使单独编译的 C 语言程序和 ARM/Thumb 汇编语言程序之间能够相互调用而制定的一些规则。ATPCS 的规则很多，最基本的是寄存器使用规则、数据栈使用规则与参数传递规则 3 种。下面对这 3 种基本规则做一简单介绍，其他则不做介绍。

（1）寄存器的使用规则

寄存器的使用必须遵守以下规则：

R0~R3 用于子程序间参数的传递，可记做 A1~A4；

R4~R11 用于保存子程序中的局部变量，可记做 V1~V8；

R12 用做子程序间的 scratch 寄存器(用于保存 SP, 在函数返回时使用该寄存器出栈), 可记做 IP;

R13 用做数据栈指针, 可记做 SP, 进入与退出子程序时, SP 必须相等;

R14 用做链接寄存器(保存子程序的返回地址), 可记做 LR;

R15 用做程序计数器, 可记做 PC, 不能用于其他用途。

关于寄存器使用规则的更详细说明可参考表 4.9。

表 4.9　寄存器使用规则

寄存器名	别名	特殊名	使用规则
R0	a1		参数/结果/scratch 寄存器 1
R1	a2		参数/结果/scratch 寄存器 2
R2	a3		参数/结果/scratch 寄存器 3
R3	a4		参数/结果/scratch 寄存器 4
R4	v1		ARM 状态局部变量寄存器 1Thumb 状态工作寄存器
R5	v2		ARM 状态局部变量寄存器 2Thumb 状态工作寄存器
R6	v3		ARM 状态局部变量寄存器 3 Thumb 状态工作寄存器
R7	v4	wr	ARM 状态局部变量寄存器 4Thumb 状态工作寄存器
R8	v5		ARM 状态局部变量寄存器 5
R9	v6	sb	ARM 状态局部变量寄存器 6, 在支持 RWPI 的 ATPCS 中为静态基址寄存器
R10	v7	sl	ARM 状态局部变量寄存器 7, 在支持数据栈检查的 ATPCS 中为数据栈限制指针
R11	v8	fp	ARM 状态局部变量寄存器 8/帧指针
R12		ip	子程序内部调用的 scratch 寄存器
R13		sp	数据栈指针
R14		lr	连接寄存器
R15		pc	程序计数器

(2) 数据栈使用规则

根据堆栈指针指向位置的不同和增长方向的不同可以分为以下 4 种数据栈:

FD(Full Descending): 满递减;

ED(Empty Descending): 空递减;

FA(Full Ascending): 满递增;

EA(Empty Ascending): 空递增。

ATPCS 规定数据栈为 FD(满递减)类型。下面是与堆栈操作相关的几个概念:

数据栈指针(Stack Point): 最后一个写入栈的数据的内存地址;

数据栈的基地址(Stack Base): 数据栈的最高地址;

数据栈界限(Stack Limit): 数据栈中可使用的最低的内存单元地址;

已用的数据栈(Used Stack): 数据的基地址和数据栈的栈指针之间的内存区域, 包括栈指针对应的内存单元, 但不包括基址对应的内存单元;

未用的数据栈(Unused Stack): 数据栈指针和数据栈界限之间的内存区域, 包括数据栈界限对应的内存单元, 但不包括栈指针对应的内存单元;

数据栈中的数据帧(Stack Frames): 数据栈中为子程序分配的用来保存寄存器和局部变量的区域。

(3) 参数的传递规则

参数传递规则:

参数不超过 4 个时，使用 R0~R3 传，按顺序分配到 R0~R3 中；

参数超过 4 个时，超过部分使用数据栈传递。

子程序结果返回规则：

结果为一个 32 位整数时，通过寄存器 R0 返回；

结果为一个 64 位整数时，通过寄存器 R0 和 R1 返回；

结果为一个浮点数时，通过浮点寄存器 F0、D0 或 S0 返回；

结果为复合型浮点数（如复数）时，通过寄存器 F0~Fn 或 D0~Dn 返回，位数更多的结果，通过内存来返回。

2．内嵌汇编

在 C 程序中嵌入汇编程序可以实现一些高级语言没有的功能，并可以提高执行效率。内嵌汇编器 armcc 和 armcpp 用于 ARM 指令集，内嵌汇编器 tcc 和 tcpp 用于 Thumb 指集。

内嵌的汇编指令包括大部分的 ARM 指令和 Thumb 指令，但是不能直接引用 C 的变量定义，数据交换必须遵守 ATPCS 规则。嵌入式汇编在形式上表现为独立定义的函数体。

（1）内嵌汇编指令的语法格式

　　　__asm（"指令[；指令]"）;

__asm 告诉 ARM 的 C 语言编译器，__asm 后面的代码是用汇编语言编写的。如果有多条汇编指令需要嵌入，可以用 "{ }" 将它们归为一条语句，如：

```
__asm
{
指令 [；指令]
…
[指令]
}
```

需要特别注意的是，__asm 是两个下划线，各指令间用 "；" 分隔。如果一条指令占据多行，除最后一行外都要使用连字符 "\"。在汇编指令段中可以使用 C 语言的注释语句。

（2）内嵌汇编指令特点

① 操作数。

在内嵌汇编指令中，操作数可以是寄存器、常量或 C 表达式。它们可以是 char、short 或者 int 类型，而且是作为无符号数进行操作的。如果需要有符号数，用户需要自己处理与符号有关的操作。编译器将计算这些表达式的值，并为其分配寄存器。

② 物理寄存器使用。

在内嵌汇编指令中，不能直接向寄存器 PC 赋值，程序的跳转只能通过 B 和 BL 指令实现。

在内嵌汇编指令中，不要使用复杂的 C 语言表达式。因为当表达式过于复杂时，将需要较多的物理寄存器，这些寄存器可能与指令中的物理寄存器的使用冲突。当编译器发现了寄存器的分配冲突时，会产生相应的错误信息，报告寄存器分配冲突。

在内嵌汇编指令中，不要同时将 R0~R3、R12、R13、R14 指定为指令中的物理寄存器。编译器可能会使用 R12 或者 R13 存放编译的中间结果，在计算表达式值时可能会将寄存器 R0~R3、R12 以及 R14 用于子程序调用。

在内嵌的汇编指令中，使用物理寄存器时，如果有 C 变量使用了该物理寄存器，编译器将在合适的时候保存并恢复该变量的值。需要注意的是，当寄存器 SP、SI、FP 以及 SB 用做特定的用途时，编译器不能恢复这些寄存器的值。

在内嵌的汇编指令中，通常不要指定物理寄存器，因为这可能会影响编译器分配寄存器，进而可能影响代码的效率。

③ 常量。

在内嵌汇编指令中，常量前的符号"#"可以省略。

④ 标号。

C 语言程序中的标号可被内嵌的汇编指令使用，但只有指令 B 可以使用 C 程序中的标号，指令 BL 不能使用 C 程序中的标号。

指令 B 使用 C 程序中的标号时语法格式如下：

  B{cond}label

⑤ 内存单元的分配。

内嵌汇编器不支持汇编语言中用于内存分配的伪操作，内存分配只能通过 C 语言来完成。

⑥ 指令展开。

内嵌汇编指令中如果包含常量操作数，该指令可能会被汇编器展开成几条指令，例如，指令"ADD R0, R0, #1023"可能会被展开成下面的指令序列：

  ADD R0, R0, #1024
  SUB R0, R0, #01

乘法指令 MUL 可能会被展开成一系列的加法操作和移位操作。事实上，除了与协处理器相关的指令外，大部分的 ARM 指令和 Thumb 指令中包含常量操作数都可能被展开成多条指令。展开的指令对于 CPSR 寄存器中的标志位有影响：算术指令可以正确地设置 CPSR 寄存器中的 N、Z、C、V 条件标志；逻辑指令可以正确地设置 CPSR 寄存器中的 N、Z 条件标志位，不影响 V 条件标志位，破坏 C 条件标志位。

⑦ SWI 和 BL 指令使用。

在内嵌的 SWI 和 BL 指令中，除正常的操作数域外，尚需增加 3 个寄存器列表：输入参数寄存器列表，存放输入参数；输出参数寄存器列表，存放返回结果；工作寄存器列表，子程序调用时使用。

⑧ 内嵌汇编器与 ARM 汇编器的区别。

内嵌汇编器(armcc)与 ARM 汇编器(armasm)的区别如下：

内嵌汇编器不支持通过"·"指示符或 PC 获取当前指令地址；

内嵌汇编器不支持 LDR Rn, = expression 伪指令，而使用 MOV Rn, expression 指令向寄存器赋值；

内嵌汇编器不支持标号表达式；

内嵌汇编器不支持 ADR 和 ADRL 伪指令；

内嵌汇编器不支持 BX 和 BLX 指令；

内嵌汇编器不支持向 PC 赋值；

内嵌汇编器使用 0x 前缀替代"&"表示十六进制数。

(3) 内嵌汇编注意事项

在 C、C++程序中使用内嵌汇编指令时应注意以下事项：

① 在汇编指令中，逗号(,)用做分隔符。因此如果指令中的 C 表达式中包含有逗号(,)，则该表达式应该被包含在括号中。例如：

  __asm{ADD x, y, (f(), z)}   ; 其中 (f(), z) 为 C 表达式

② 在指令中需谨慎地使用物理寄存器，特别是在需要调用其他函数或程序段时。

例如，在下面的代码中，第 2 条语句是计算 R0 和 X/Y 的和，其中 X/Y 表达式需要先得出结果。编译器在编译时，会引入一段程序计算 X/Y。如果这段由编译器引入的程序中使用了 R0，则在第 1 条语句中为 R0 所赋的值将会丢失，计算的结果将不正确。

例如：

```
__asm
{
MOV R0,x
ADD y,R0,x/y                ; //R0 被(x/y)破坏
}
```

在这种情况下，用 C 语言变量代替第 1 条指令中的物理寄存器 R0，可解决问题，如下所示：

```
__asm
{
MOV var, x        :
ADD y, var, x/y
}
```

这时编译器将会为变量 var 分配合适的存储单元，从而避免冲突的发生。如果编译器不能分配合适的存储单元，它将会报告错误。例如，在下面的程序段中，由于在从 C 程序进入汇编程序的过程中，编译器在引用该程序段时会用到 R12 寄存器，从而破坏了第 1 条指令为 R12 寄存器赋的值，这时编译器将会报告错误。原因是 R12 寄存器被系统预定义为子程序调用时使用的 Scratch 寄存器，在嵌入汇编时被用到。

例如：

```
__asm
{
MOV ip , #3
ADDS x, x, #0x12345678
ORR x, x, ip
}
```

③ 不要使用寄存器寻址变量。

虽然有时寄存器明显对应某个变量，但不能直接使用寄存器代替变量。

例如：

```
int example (int x)     /*x 存放在 R0 中*/
{
  __asm
  {
    ADD r0, r0, #1     /*发生寄存器冲突，且在 R0 中保存的 x 值不变*/
  }
  return x,              /*x 存放在 R0 中*/
}
```

根据编译器编译规则，似乎可以确定 R0 对应 x，但这样的代码会使汇编器认为发生了寄存器冲突，于是用其他寄存器代替 R0 存放参数 x，使得该函数将 x 原封不动返回。

这段代码的正确写法如下：

```
int example（int x）
{
    __asm
    {
    ADD x, x, #1
    }
    return x;
}
```

④ 对于在内嵌汇编语言程序中用到的寄存器，编译器在编译时会自动保存和恢复这些寄存器，用户不用保存和恢复这些寄存器。事实上，除 CPSR 和 SPSR 外，对寄存器没有写就读都会引起编译器报错。

例如，在下面的例子中，第 1 条指令在没有给寄存器 R0 赋值时就对 R0 进行读操作，这是错误的。最后一条指令恢复寄存器 R0 的值，也是没有必要的。

```
int f（int x）
{
    __asm
    {
        STMFD SP!, {R0}              ; 无需保存 R0，且在写之前读，非法
        ADD R0, x, #1
        EOR x, R0, x
        LDMFD SP! , {R0}             ; 无需恢复 R0
    }
    return x;
}
```

（4）内嵌汇编应用举例

例如，用 BL 调用子程序。

```
#include <stdio.h>
void my_strcpy（char * src, const char *dst）
{
    int ch;
    __asm
    {
            loop:
            #ifndef _Thumb          //ARM Version
            LDRB    ch, [src], #1
            STRB    ch, [dst], #1
        #else                       //Thumb Version
            LDRB    ch, [src]
            ADD     src, #1
            STRB    ch, [dst]
            ADD     dst, #1
        #endif
            CMP     ch, #0
            BEN     loop
    }
```

```
        }
        int main(void)
        {
            const char *a = "Hello world!";
            char b[20];
            __asm
            {
                MOV R0, a                      /*设置入口参数*/
                MOV R1, b
                BL my_strcopy, {R0, R1}        /*调用 my_strcpy*/
            }
            printf("Original string: %s\n", a);   /*显示字符串复制结果*/
            printf("Copied string: %s\n", b);
            return 0;
        }
```

在这个例子中，主函数 main() 中 "BL my_strcopy, {R0, R1}" 指令的输入寄存器列表为{R0，R1}，没有输出寄存器列表与工作寄存器列表。

例如，使能与禁止中断。

```
        _inline void disable_IRQ(void)
        {
            int temp;
            __asm
            {
                MRS temp, CPSR
                ORR temp, temp, #0x80
                MSR CPSR_c, temp
            }
        }
        _inline void enable_IRQ(void)
        {
            int tmp;
            __asm
            {
                MRS temp, CPSR
                BIC temp, temp, #0x80
                MSR CPSR_c, temp
            }
        }
        int main(void)
        {
            disable_IRQ();
            enable_IRQ();
        }
```

3. C 和 ARM 汇编程序间的相互调用

C 语言程序和 ARM 汇编语言程序间的相互调用必须遵守 ATPCS 规则。C 语言程序和 ARM 汇编语言程序间的相互调用包括以下 3 个方面：从 ARM 汇编语言程序中访问 C 语言程序全局变量；在 C 语言程序中调用 ARM 汇编程序；在 ARM 汇编程序中调用 C 语言程序。

（1）从 ARM 汇编语言程序中访问 C 语言程序全局变量

汇编程序可以通过地址间接访问在 C 语言程序中声明的全局变量，方法是在汇编中首先使用 IMPORT 关键词声明需引用的 C 全局变量，再利用 LDR 和 STR 指令通过 C 全局变量的地址对其进行访问。

例如，globvar 为 C 语言程序中的全局变量，下列汇编实现了对 globvar 的访问。

```
AREA    globals, CODE, READONLY
EXPORT asmsubroutine
IMPORT globvar              ; 用 IMPORT 伪操作声明 globvar，其是在其他文件中定义的
                           ; 在本文件中可能要用到该变量
asmsubroutine
LDR        R1, = globvar    ; 读取 globvar 变量的地址到 R1 中
LDR        R0, [R1]         ; 将 globvar 变量的值读取到 R0 中
ADD        R0, R0, #2       ; 将 R0 的内容(globvar 变量的值)加 2，结果放回到 R0 中
STR        R0, [R1]         ; 将 R0 的内容存入 globvar 变量的地址中
MOV        PC, LR           ; 返回
END
```

（2）在 C 语言程序中调用 ARM 汇编程序

为了在 C 语言程序中调用 ARM 汇编程序，需要做两件事：一是在汇编程序中使用 EXPORT 伪操作声明汇编程序，使其可以被其他程序调用；二是在 C 程序调用该汇编程序之前使用 extern 关键词来声明该汇编程序。

例如，C 语言程序调用汇编语言程序完成字符串复制。

```
#include<stdio.h>
extern void strcopy(char *d, const char *s)           /*用 extern 声明需要调用的汇编程序 strcopy*/
int main()
{
    const char *srcstr   = "First string-source";
    char *dststr = "Second string-destination";
    printf("Before copying:\n");
    print("%s\n%s\n", srcstr, dststr);
    strcopy(dststr,srcstr)                             /*调用汇编程序 strcopy*/
    printf("After copying:\n");
    print("%s\n%s\n", srcstr, dststr);
    return(0);
}
```

下面为汇编语言程序，完成字符串复制。

```
AREA    Scopy    CODE, READONLY
EXPORT strcopy              ; 用 EXPORT 伪操作声明汇编程序，使其可被其他文件(C 语言程序)调用
strcopy
LDRB       R2, [R1], #1
STRB       R2, [R0], #1
CMP        R2, #0
BNE        strcopy
```

```
MOV      PC, LR
END
```

（3）在 ARM 汇编程序中调用 C 语言程序

为了在 ARM 汇编程序中调用 C 语言程序，只需调用前在汇编语言程序中使用 IMPORT 伪操作来声明需要调用的 C 程序，然后即可通过 BL 指令来调用 C 程序，在 C 语言程序中无需做任何工作。

例如，汇编程序调用 C 程序。

C 程序：

```
int g(int a,int b,int c, int d,int e)
{
return a + b + c + d + e;
}
```

汇编程序调用 C 程序 g()计算 i + 2xi + 3xi + 4xi + 5xi：

```
EXPORT f
AREA f, CODE, READONLY
IMPORT   g               ; 声明即将调用的 C 程序 g 假设 i 在 R0 中
STR    LR, [sp, #-4]!      ; 预先保存 LR
ADD    R1, R0, R0         ; 计算 2xi，2 参
ADD    R2, R1, R0         ; 计算 3xi，3 参
ADD    R3, R1, R2         ; 计算 5xi, 5 参
STR    R3, [sp, #-4]!      ; 将第 5 个参数压栈
ADD    R3, R1, R1         ; 计算 4xi
BL     g                  ; 调用 C 程序 g
ADD    SP, SP, #4         ; 调整栈指针
LDR    PC, [SP], #4        ; 返回
END
```

4.3　本章小结

本章讲授了 ARM 伪操作、伪指令、汇编格式及 ARM 语言程序与 C 语言程序的相互调用。

伪操作是汇编语言程序里的特殊指令助记符，主要作用是为完成汇编程序做各种准备，只在汇编时起作用，不在机器运行期间由机器执行。伪操作与编译环境有关。

伪指令也是汇编语言程序里的特殊指令助记符，在汇编时将被替换成合适的 ARM 或 Thumb 指令，故其也只在汇编时起作用，不在机器运行期间由机器执行。ARM 有 4 条伪指令：ADR、ADRL、LDR 及 NOP，分别为小范围地址读取、中等范围地址读取、大范围地址/常数读取与空操作伪指令。

ARM 汇编语言基本格式为：{symbol}{instruction | directive | pseudo-instruction}{；comment}。符号（symbol）顶格书写；指令、伪操作与伪指令可大写或小写，但在一个助记符中不能大小写字符混合使用；寄存器名可以大写也可以小写；语句太长一行写不下时，可使用连字符 "\" 分成若干行来写。

ARM 汇编语言程序以段为单位来组织目标文件。可分为代码段与数据段，代码段存放执行代码，数据段存放代码运行时需要用到的数据。一个 ARM 源程序至少需要一个代码段，大的程序可以包含多个代码段和数据段，多个段在程序编译链接时最终形成一个可执行的映像文件。

ARM 汇编语言程序的结构与编译环境有关，在 ADS 与 GNU 环境下有不同的基本结构。

在嵌入式程序设计中，C 语言和汇编语言都是必需的，在有些情况下，还需要 C 语言与汇编语言混合编程。在需要 C 和汇编混合编程时，如果汇编代码比较简单，可以直接采用内嵌汇编来进行混合

编程。如果汇编代码比较复杂，则可以将汇编程序和 C 程序分别以文件的形式加到一个工程里，根据 ATPCS 来实现汇编程序与 C 程序之间的调用。

习题与思考题

4.1　什么是伪操作？

4.2　什么是伪指令？

4.3　如何辨别 LDR 指令是 ARM 机器指令还是伪指令？举出 3 条数据传送 LDR 指令的例子和 3 条 LDR 伪指令的例子。

4.4　ATCPS 包括哪些规则？分别是什么？

4.5　如何使用内嵌汇编编程？使用内嵌汇编时需要注意什么？

4.6　如何从汇编程序中访问 C 语言程序中的全局变量？

4.7　如何从 C 语言程序中调用汇编语言程序？

4.8　如何从汇编语言程序中调用 C 语言程序？

4.9　编写一段汇编语言程序，实现从 Thumb 到 ARM 状态的切换。

4.10　编写一段汇编语言程序，实现从 ARM 到 Thumb 状态的切换。

4.11　编写一段汇编语言程序，利用跳转表实现程序跳转。

第5章 嵌入式操作系统

运行在嵌入式硬件平台上的操作系统称为嵌入式操作系统。嵌入式操作系统是嵌入式系统中的核心软件。与计算机操作系统被微软一家独大不同，嵌入式操作系统有 Linux、Windows CE、VxWorks、Psos、Palm OS、OS-9、LynxOS、QNX、LYNX 与 μC/OS-II 等近百种之多。嵌入式操作系统可分为软实时与硬实时两类，软实时的典型代表是 Linux，硬实时的典型代表是 μC/OS-II。Linux 庞大复杂，讲授它需长篇巨著；μC/OS-II 则短小简单，本书以一章之篇幅，从源码分析入手对其进行较为深入的介绍。

本章主要内容有：

- μC/OS-II 任务结构、调度、创建
- μC/OS-II 初始化、启动、时钟与中断
- μC/OS-II 事件控制块、信号量与消息邮箱
- μC/OS-II 内存管理
- μC/OS-II 移植

5.1 嵌入式操作系统 μC/OS-II 简介

μC/OS（Micro Controller OS，微控制操作系统）是美国人 Jean Labrosse 1992 年完成的一款实时嵌入式操作系统，应用面覆盖了照相机、医疗器械、音响设备、发动机控制、高速公路、电话系统、自动提款机等诸多领域。1999 年 Jean Labrosse 推出 μC/OS-II，并在 2000 年得到美国航空管理局（FAA）的认证，证明 μC/OS-II 具有足够的稳定性和安全性，可以用于飞行器中。

μC/OS-II 具有下列特点：

（1）μC/OS-II 源代码公开，可移植性（Portable）好。其大部分代码是用 C 语言编写的，与处理器无关，移植时不需修改，只少量与微处理器硬件相关的部分用汇编编写，移植时需修改，所以用户只需做少量修改即可将其移植到不同架构的处理器上。

（2）μC/OS-II 可裁剪性（Scalable）好。用户可以根据需要只使用其中的部分系统服务。也就是说某产品可以只使用很少几个 μC/OS-II 调用，而另一个产品则使用了几乎所有 μC/OS-II 的功能，这样可以减少产品中的 μC/OS-II 所需的存储器空间（RAM 和 ROM）。

（3）μC/OS-II 为可剥夺性（Preemptive）内核，且函数调用或系统服务的执行时间具有可确定性，是硬实时操作系统。

（4）μC/OS-II 支持多任务。最多可以管理 64 个任务，每个任务有自己单独的栈，允许每个任务有不同的栈空间，以便压低应用程序对 RAM 的需求。

（5）μC/OS-II 提供的系统服务丰富。例如邮箱、消息队列、信号量、块大小固定的内存的申请与释放、时间相关函数等。

（6）μC/OS-II 的中断管理可以使正在执行的任务暂时挂起，如果优先级更高的任务被该中断唤醒，则高优先级的任务在中断嵌套全部退出后立即执行，中断嵌套层数可达 255 层。

μC/OS-II 的体系结构如图 5.1 所示，第一层为与具体处理器相关的代码层，由 OS_CPU.H、OS_CPU_A.ASM 与 OS_CPU_C.C 三个文件组成，第二层为与处理器无关的层，由 OS_CORE.C、OS_FLAG.C 等 13 个文件组成。

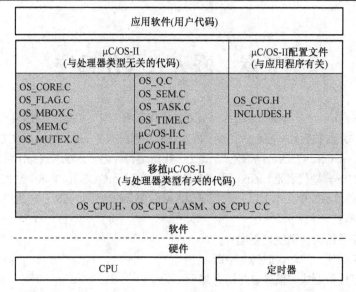

图 5.1　µC/OS-II 体系结构

5.2　µC/OS-II 的任务管理

5.2.1　µC/OS-II 任务概述

µC/OS-II 是一个实时多任务操作系统，最多可支持 64 个任务，包括 2 个系统任务和 62 个用户任务。系统任务为空闲任务与统计任务。每个任务有唯一的优先级，用数字表示，数字越大，优先级越低。空闲任务的优先级最低，其次是统计任务。用户任务的优先级由用户给定。

µC/OS-II 中的任务有以下 5 种状态：

睡眠态（Dormant）。任务驻留在程序空间，还没有交给µC/OS-II 管理，也就是还未创建，只有程序代码，没有控制块及堆栈。

就绪态（Ready）。任务一旦建立，就进入就绪态准备运行。

运行态（Running）。任务正在使用 CPU 的状态称为运行态。

等待态（Waiting）。也称为挂起状态，任务运行的条件尚不具备，需要等待某件事发生才能运行。

中断服务态（ISR）。正在运行的任务被中断（除非中断是关闭的），就进入了中断服务态（ISR）。

在系统管理下，一个任务可以在 5 个状态之间发生转换，如图 5.2 所示。

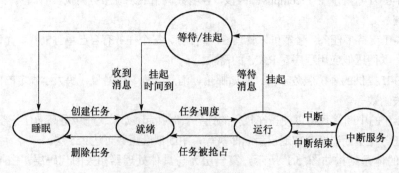

图 5.2　任务切换

　　μC/OS-II 的任务由任务代码+控制块+堆栈组成,如图 5.3 所示。控制块中存储有指向任务堆栈的指针,通过它可找到任务堆栈,堆栈中又存储有指向任务代码的指针,通过堆栈便可找到任务的代码。控制块中还存储有指向下一个控制块及前一个控制块的指针,用于将系统的任务组成一个双向链表(也称为任务控制块链表),以便于管理,如图 5.4 所示。

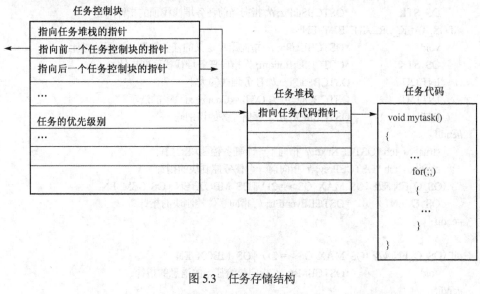

图 5.3　任务存储结构

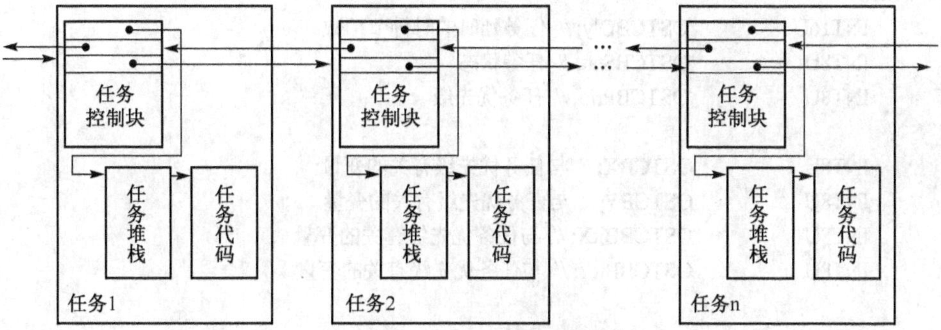

图 5.4　任务控制块链表

　　堆栈是在内存中划分出来的一块连续存储空间,用于在任务切换和响应中断时保存 CPU 寄存器及一个指向任务代码的指针。μC/OS-II 中堆栈的数据类型为 OS_STK(typedef unsigned int OS_STK)。用户可以静态分配堆栈空间(在编译的时候分配),也可以动态分配堆栈空间(在运行时分配)。

　　程序代码通常是一个无限循环结构/超循环结构,看起来像其他 C 函数一样。

```
void mytask(void *pdata)
{
    for (;;)
    {
        do something;
        waiting;
        do something;
    }
}
```

　　任务控制块(Task Control Blocks, OS_TCBs)是μC/OS-Ⅱ用来存储任务堆栈指针、当前状态、优先级及任务链表指针等一些与任务管理有关的属性的数据结构，如图5.3所示。

　　任务控制块是μC/OS-Ⅱ中的重要数据结构，其完整信息如下所示。

```
typedef struct os_tcb {
    OS_STK          *OSTCBStkPtr; // 指向当前任务堆栈栈顶的指针
#if OS_TASK_CREATE_EXT_EN
    void            *OSTCBExtPtr; // 指向用户定义的任务控制块扩展的指针
    OS_STK          *OSTCBStkBottom; // 指向任务堆栈栈底的指针
    INT32U          OSTCBStkSize; // 任务堆栈的大小
    INT16U          OSTCBOpt; // 为 OSTaskCreateExt()中的选项
    INT16U          OSTCBId; // 用于存储任务的识别码
#endif
    struct os_tcb *OSTCBNext; // 指向下一个任务控制块的指针
    struct os_tcb *OSTCBPrev; // 指向前一个任务控制块的指针
#if (OS_Q_EN && (OS_MAX_QS >= 2)) || OS_MBOX_EN || OS_SEM_EN
    OS_EVENT        *OSTCBEventPtr; // 指向事件控制块的指针
#endif

#if (OS_Q_EN && (OS_MAX_QS >= 2)) || OS_MBOX_EN
    void            *OSTCBMsg; // 指向传给任务的消息的指针
#endif
    INT16U          OSTCBDly; // 任务延时的时钟节拍数
    INT8U           OSTCBStat; // 任务状态
    INT8U           OSTCBPrio; // 任务优先级

    INT8U           OSTCBX; // 与任务优先级有关的变量
    INT8U           OSTCBY; // 与任务优先级有关的变量
    INT8U           OSTCBBitX; // 与任务优先级有关的变量
    INT8U           OSTCBBitY; // 与任务优先级有关的变量

#if OS_TASK_DEL_EN
    BOOLEAN         OSTCBDelReq; // 用于表示任务是否需要删除
#endif
} OS_TCB;
```

　　控制块 OS_TCB 中每一字段的意义可见其中的注释，此处不再赘述。

5.2.2　任务调度

　　任务调度是根据某种算法从就绪任务中选出一个最值得运行的任务来使用 CPU 的过程。μC/OS-Ⅱ采用优先级调度算法，即优先级高的任务先得到调度。调度由调度器来实施，调度器的工作有两项：一是找出处于就绪态的优先级最高的任务；二是进行任务切换。为迅速找出处于就绪态的优先级最高的任务，μC/OS-Ⅱ设计了一个就绪表。本节首先介绍就绪表，然后介绍调度器。

1．就绪表

　　μC/OS-Ⅱ中的就绪表是用于保存任务就绪标志的表，如图5.5所示，可以看做一个 8×8 矩阵，共有 64 位,每位对应一个任务,图中的数字表示该位所对应任务的优先级。其实每个位只有"1"与"0"两种状态,当某任务处于就绪态时,表中相应位置 1;反知,若表中某位为 0,则与此位对应的任务就没有就绪。就绪表有两个变量:OSRdyGrp 和 OSRdyTbl[],前者为就绪组变量,后者为就绪表变量。利用此两个变量可方便地对就绪表进行操作,任务的就绪状态也可通过它们来表示。例如,若优先级为 11、21 与 63 的任务就绪,其他任务均未就绪,则 OSRdyGrp=10000110,OSRdyTbl[1]=00001000,OSRdyTbl[2]=00100000,OSRdyTbl[7]=10000000。此时就绪表如图 5.6 所示。

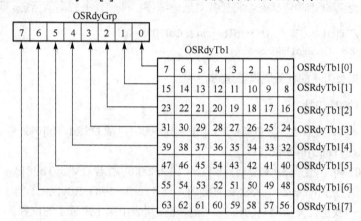

图 5.5　就绪表

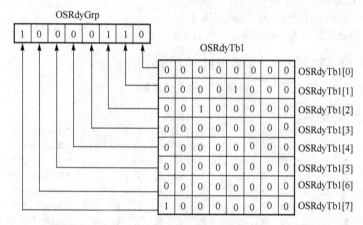

图 5.6　优先级为 11、21 与 63 的任务就绪时的就绪表

对就绪表有三种操作:当任务就绪时,需要将任务对应位置 1;当任务被挂起或处于等待状态时,需要将任务对应位清零;从就绪表中找出优先级最高的任务。下面介绍执行这三种操作的代码。

(1) 任务就绪,将任务对应位置 1,即使任务进入就绪态。其代码如下:

```
OSRdyGrp| = OSMapTbl[prio >> 3];
OSRdyTbl[prio>>3]| = OSMapTbl[prio&0x07];
```

其中,OSMapTbl[]为一个数组,称为索引映射表,如表 5.1 所示。

表 5.1　OSMapTbl[ ](索引映射表)

0	00000001
1	00000010
2	00000100
3	00001000
4	00010000
5	00100000
6	01000000
7	10000000

例5-1　使优先级为 7 的任务进入就绪态。

　　　prio = 7 = 0b00000111

因 prio >> 3 = 0，查表 5.1 得 OSMapTbl[0] = 0000001，故 OSRdyGrp| = 0000001，将第 1 位置|。

又因 prio&0x07 = 7，查表 5.1 得 OSMapTbl[7] = 10000000，故 OSRdyTbl[0]| = 10000000，将第 8 位置|。

（2）任务被挂起或处于等待状态，将任务对应位清零，即使任务脱离就绪态。其代码如下：

```
if((OSRdyTbl[prio>>3]& = ~ OSMapTbl[prio & 0x07]) == 0)
OSRdyGrp& = ~OSMapTbl[prio>>3];
```

例5-2　使优先级为 7 的任务脱离就绪态。

　　　prio = 7 = 0b00000111

因 prio >> 3 = 0，查表 5.1 得 OSMapTbl[0] = 0000001，故 OSRdyTbl[0]& = ~ OSMapTbl[7] = 011111111，将 OSRdyTbl[0]第 8 位清零。

又因 prio&0x07 = 7，查表 5.1 OSMapTbl[7] = 10000000，故若 OSRdyTbl[0]& = ~ OSMapTbl[7] = 011111111 = 0x0，则 OSRdyGrp& = ~OSMapTbl[0] = 11111110，将 OSRdyGrp 的第 1 位清零。

（3）从就绪表中找出优先级最高的任务，即找出就绪表中第 1 个置 1 的位置。其代码如下：

```
high3Bit = OSUnMapTbl[OSRdyGrp];
low3Bit = OSUnMapTbl[OSRdyTbl[high3Bit]];
priority = (high3Bit << 3) + low3Bit;
```

其中，OSUnMapTbl[]称为优先级映射表，如表 5.2 所示。

表 5.2　优先级映射表

```
INT8U   const OSUnMapTbl [ ] = {
0,  0,  1,  0,  2,  0,  1,  0,  3,  0,  1,  0,  2,  0,  1,  0,   /*0x00 to 0x0F*/
4,  0,  1,  0,  2,  0,  1,  0,  3,  0,  1,  0,  2,  0,  1,  0,   /*0x10 to 0x1F*/
5,  0,  1,  0,  2,  0,  1,  0,  3,  0,  1,  0,  2,  0,  1,  0,   /*0x20 to 0x2F*/
4,  0,  1,  0,  2,  0,  1,  0,  3,  0,  1,  0,  2,  0,  1,  0,   /*0x30 to 0x3F*/
6,  0,  1,  0,  2,  0,  1,  0,  3,  0,  1,  0,  2,  0,  1,  0,   /*0x40 to 0x4F*/
5,  0,  1,  0,  2,  0,  1,  0,  3,  0,  1,  0,  2,  0,  1,  0,   /*0x50 to 0x5F*/
4,  0,  1,  0,  2,  0,  1,  0,  3,  0,  1,  0,  2,  0,  1,  0,   /*0x60 to 0x6F*/
4,  0,  1,  0,  2,  0,  1,  0,  3,  0,  1,  0,  2,  0,  1,  0,   /*0x70 to 0x7F*/
7,  0,  1,  0,  2,  0,  1,  0,  3,  0,  1,  0,  2,  0,  1,  0,   /*0x80 to 0x8F*/
4,  0,  1,  0,  2,  0,  1,  0,  3,  0,  1,  0,  2,  0,  1,  0,   /*0x90 to 0x9F*/
5,  0,  1,  0,  2,  0,  1,  0,  3,  0,  1,  0,  2,  0,  1,  0,   /*0xA0 to 0xAF*/
4,  0,  1,  0,  2,  0,  1,  0,  3,  0,  1,  0,  2,  0,  1,  0,   /*0xB0 to 0xBF*/
6,  0,  1,  0,  2,  0,  1,  0,  3,  0,  1,  0,  2,  0,  1,  0,   /*0xC0 to 0xCF*/
4,  0,  1,  0,  2,  0,  1,  0,  3,  0,  1,  0,  2,  0,  1,  0,   /*0xD0 to 0xDF*/
5,  0,  1,  0,  2,  0,  1,  0,  3,  0,  1,  0,  2,  0,  1,  0,   /*0xE0 to 0xEF*/
4,  0,  1,  0,  2,  0,  1,  0,  3,  0,  1,  0,  2,  0,  1,  0,   /*0xF0 to 0xFF*/
}
```

例5-3　若 OSRdyGrp = 00000001 = 0x1，OSRdyTbl[0] = 10000000 = 0x80，则处于就绪态的优先级最高的任务的优先级为：

　　　high3Bit = OSUnMapTbl[0x1] = 0；

low3Bit = OSUnMapTbl[0x80] = 7

priority = $(0 \ll 3) + 7 = 7$;

2. 调度器

调度器的工作主要有两项: 一是找出处于就绪态的优先级最高的任务, 二是进行任务切换。任务级的调度由函数 OSSched() 完成, 中断级的调度由另一个函数 OSIntExt() 完成。本节只介绍任务级的调度器, 中断级的调度器在 5.6 节介绍。

调度器代码:

```
1    void OSSched (void)
2    {
3        INT8U y;
4        OS_ENTER_CRITICAL();
5        if ((OSLockNesting | OSIntNesting) == 0) {
6            y = OSUnMapTbl[OSRdyGrp];
7            OSPrioHighRdy = (INT8U) ((y << 3) + OSUnMapTbl[OSRdyTbl[y]]);
8            if (OSPrioHighRdy ! = OSPrioCur) {
9                OSTCBHighRdy = OSTCBPrioTbl[OSPrioHighRdy];
10               OSCtxSwCtr++;
11               OS_TASK_SW();
12           }
13       }
14       OS_EXIT_CRITICAL();
15   }
```

可以看出, 调度器的执行时间是常数, 与系统中的任务数无关, 这是实时操作系统必须具备的条件。

第 4 行代码关中断, 第 14 行开中断, 因整个调度器属临界段代码, 必须在关中断情况下执行; 第 5 行判断调度器有没有上锁以及是不是在中断处理中, 若调度器没有上锁, 同时不在中断处理中, 才进行任务级的调度; 第 6、7 行找出优先级最高的任务; 第 8 行判断找出的优先级最高的任务是不是当前任务, 以免做不必要的切换; 第 9 行从控制块优先级表中取出优先级最高的就绪任务的控制块; 第 10 行对变量 OSCtxSwCtr 加 1, 其记录下任务切换的次数; 第 11 行实施任务切换, OS_TASK_SW() 称为任务切换宏, 其定义为:

#define OS_TASK_SW()   OSCtxSw()

OSCtxSw() 需要用汇编语言来实现, 与所用处理器架构有关, 为便于说明 OSCtxSw() 的功能, 我们用伪代码来实现它, 并假设 CPU 只有 R1、R2、R3 与 R4 四个通用寄存器。则 OSCtxSw() 的实现如下:

```
1    void   OSCtxSw (void)
2    {
3        PUSH R1, R2, R3 and R4 onto the current stack;    ┐ 当前任务的CPU寄存器入栈
4        OSTCBCur->OSTCBStkPtr = SP;
5        OSTCBCur = OSTCBHighRdy;                           ┐ 高优先级任务的CPU寄存器出栈
6        SP         = OSTCBHighRdy->OSTCBStkPtr;
7        POP R4, R3, R2 and R1 from the new stack;
8        Execute a return from interrupt instruction;
9    }
```

第 3 行将当前任务的寄存器 R1、R2、R3 与 R4 推入其堆栈, 第 4 行将当前任务的堆栈指针寄存器存入其控制块, 第 5 行将全局变量 OSTCBCur(指向当前任务控制块的指针)指向即将运行的任务(就

绪表中优先级最高的任务)的控制块,第 6 行从即将运行的任务的控制块中取出堆栈地址,赋给堆栈指针寄存器 SP,第 7 行将即将运行的任务保存在堆栈中的数据出栈,也就是把以前保存在堆栈中的数据恢复到 CPU 寄存器 R1、R2、R3 与 R4 中,第 8 行执行中断返回。

　　实际上,任务切换主要做两件事:

　　(1) 将当前任务的 CPU 寄存器推入堆栈,上述第 3、4 行伪代码所为即是。

　　(2) 将高优先级任务的寄存器值从堆栈中恢复到 CPU 寄存器中,上述第 6、7 行伪代码所为即是。

　　任务切换是操作系统中的重要概念,下面再用图进行说明。

　　图 5.7 表示任务切换前当前任务与高优先级就绪任务的数据结构,其中图 5.7(a)表示低优先级任务,即当前任务,其正在运行,CPU 正在由它使用,全局变量 OSTCBCur 指向其控制块 OS_TCB;图 5.7(b)表示处于就绪态的优先级最高的任务,也是即将运行的任务,全局变量 OSTCBHighRdy 指向其控制块 OS_TCB,其控制块中有一指针指向其堆栈。

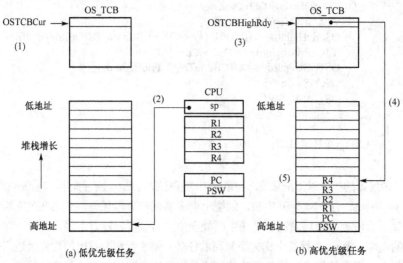

图 5.7　任务切换前的数据结构

　　图 5.8 表示将当前任务的 CPU 寄存器入栈保护的情况。如图 5.8(a)所示,当前任务的 CPU 寄存器 R1、R2、R3、R4、PC 及 PSW 被推入堆栈中,堆栈指针寄存器 SP 则放到其任务控制块 OS_TCB 中。

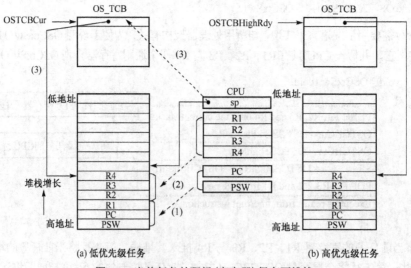

图 5.8　当前任务的现场(寄存器)保存至堆栈

图 5.9 表示处于就绪态的优先级最高的任务的寄存器出栈的情态。如图 5.9(b) 所示，最高优先级任务的寄存器 R1、R2、R3、R4、PC 及 PSW 被从其堆栈中读出，送到 CPU 中，并将全局变量 OSTCBCur 指向其控制块 OS_TCB。于是优先级最高任务便获得了 CPU 的使用权，开始运行。

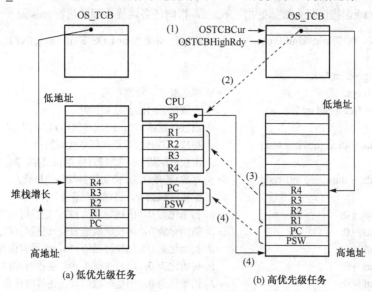

图 5.9　高优先级任务的现场恢复至 CPU

5.2.3　任务创建

μC/OS-II 中的任务由代码、控制块与堆栈组成，如图 5.3 所示。故创建任务的工作便是编写任务代码、创建并初始化任务的控制块及任务的堆栈。任务代码的结构已在 5.2.1 节做了说明，是一无限循环结构，类似普通 C 函数，编写任务代码与编写一个普通 C 函数并无实质差别。μC/OS-II 提供了创建并初始化控制块函数 OS_TCBInit()、初始化堆栈函数 OSTaskStkInit() 及任务创建函数 OSTaskCreate()，用户根据具体任务需求编写好任务代码后，即可调用 OSTaskCreate() 或 OSTaskCreateExt() 来创建任务，其会调用 OS_TCBInit() 及 OSTaskStkInit() 来创建并初始化任务控制块及任务堆栈，从而完成任务的创建。

1. 堆栈初始化

堆栈初始化前，必须分配好堆栈。堆栈的分配比较简单，可用 C 语言中定义数组的方式来为堆栈分配空间，如下语句即为堆栈分配了一块 512 个字的空间。

```
#define   TASK_STK_SIZE   512
typedef unsigned  int   OS_STK
OS_STK   MyTaskStack[TASK_STK_SIZE];
```

分配好堆栈后，即可调用 OSTaskStkInit() 对堆栈进行初始化。那么，堆栈初始化需做哪些工作呢？

当处理器启动一个任务时，处理器的各寄存器总是需要预置一些与待运行任务相关的初始数据，如指向任务代码的指针、指向任务堆栈的指针、程序状态字的控制位等，这些初始数据应该事先存放到这个任务的堆栈中。以上就是 OSTaskStkInit() 需要做的工作。

OSTaskStkInit() 与处理器的体系结构有关，在不同体系结构的处理器中是不同的，下面以 ARM 结构为例，介绍堆栈初始化函数 OSTaskStkInit()。

ARM 处理器有 16 个通用寄存器，编号为 R0、R1、…、R15，有 1 个当前状态寄存器 cpsr 及 5

个与工作模式相关的备份状态寄存器 spsr。通用寄存器 R15、R14 与 R13 有特殊用途，其中 R15 作程序计数寄存器 pc 用，R14 作链接寄存器 lr 用，R13 作堆栈指针寄存器用。

下面是堆栈初始化函数 OSTaskStkInit() 的源码，用 C 语言编写。OSTaskStkInit() 有 4 个参数：指向任务代码的指针 task，指向任务数据的指针 pdata，指向任务堆栈栈顶的指针 ptos 及一个可选参数 opt。

```
OS_STK   *OSTaskStkInit (void (*task) (void *pd), void *pdata, OS_STK *ptos, INT16U opt)
{
    unsigned int *stk ;
    opt = opt;                          // 可选参数，通常不用
    stk = (unsigned int *) ptos;        // 存放(初始化为)栈顶指针，
                                        // 出栈时赋给 r13，进栈时保存 r13 的内容
    *--stk = (unsigned int) task;       // 存放(初始化为)指向任务代码的指针，
                                        // 出栈时赋给 pc，进栈时保存 pc 的内容
    *--stk = (unsigned int) task;       // 存放(初始化为)指向任务代码的指针，
                                        // 出栈时赋给 lr，进栈时保存 lr 的内容
    *--stk = 0;                         // 初始化为 0，出栈时赋给 r12，进栈时保存 r12 的内容
    *--stk = 0;                         // 初始化为 0，出栈时赋给 r11，进栈时保存 r11 的内容
    *--stk = 0;                         // 初始化为 0，出栈时赋给 r10，进栈时保存 r10 的内容
    *--stk = 0;                         // 初始化为 0，出栈时赋给 r9，进栈时保存 r9 的内容
    *--stk = 0;                         // 初始化为 0，出栈时赋给 r8，进栈时保存 r8 的内容
    *--stk = 0;                         // 初始化为 0，出栈时赋给 r7，进栈时保存 r7 的内容
    *--stk = 0;                         // 初始化为 0，出栈时赋给 r6，进栈时保存 r6 的内容
    *--stk = 0;                         // 初始化为 0，出栈时赋给 r5，进栈时保存 r5 的内容
    *--stk = 0;                         // 初始化为 0，出栈时赋给 r4，进栈时保存 r4 的内容
    *--stk = 0;                         // 初始化为 0，出栈时赋给 r3，进栈时保存 r3 的内容
    *--stk = 0;                         // 初始化为 0，出栈时赋给 r2，进栈时保存 r2 的内容
    *--stk = 0;                         // 初始化为 0，出栈时赋给 r1，进栈时保存 r1 的内容
    *--stk = (unsigned int) pdata;      // 存放(初始化为)指向任务数据的指针，
                                        // 出栈时赋给 r0，进栈时保存 r0 的内容
    *--stk = (SVC32MODE|0x0);           // 存放当前状态寄存器初始值，出栈时赋给 cpsr
    *--stk = (SVC32MODE|0x0);           // 存放备份状态寄存器初始值，出栈时赋给 spsr
    return ((void *) stk);              // 返回堆栈新的栈顶位置给调用函数
}
```

2. 控制块创建及初始化

任务控制块通过函数 OSTCBInit() 创建，其做 4 件事：

(1) 从空任务控制块链表中获取一个任务控制块；

(2) 用任务的属性值对任务控制块各个成员赋值；

(3) 把这个赋了值的任务控制块链入到任务控制块使用链表的头部；

(4) 把这个任务放入就绪表，即使任务进入就绪态。

OSTCBInit() 有 6 个参数：分配给任务的优先级 prio，指向任务堆栈栈顶的指针 ptos，指向任务堆栈栈底的指针 pbos，任务 id，堆栈尺寸 stk_size，指向堆栈扩展的指针 pext，选项参数 opt。OSTCBInit() 源码如下：

```
INT8U OSTCBInit (INT8U prio, OS_STK *ptos, OS_STK *pbos, INT16U id, INT16U stk_size, void *pext,
    INT16U opt)
```

```
{
    OS_TCB *ptcb;
    OS_ENTER_CRITICAL();
    //下面 3 行将空任务控制块链表表头的控制块摘下(若有)
    ptcb = OSTCBFreeList;
    if (ptcb != (OS_TCB *) 0) {
        OSTCBFreeList = ptcb->OSTCBNext;
        OS_EXIT_CRITICAL();
        //下面 4 行初始化控制块,即将任务的属性值填入控制块内
        ptcb->OSTCBStkPtr = ptos;
        ptcb->OSTCBPrio   = (INT8U) prio;
        ptcb->OSTCBStat   = OS_STAT_RDY;
        ptcb->OSTCBDly    = 0;
        //下面 6 行为条件编译,调用创建任务扩展函数时才编译,将任务的属性值填入控制块内
        #if OS_TASK_CREATE_EXT_EN
            ptcb->OSTCBExtPtr     = pext;
            ptcb->OSTCBStkSize    = stk_size;
            ptcb->OSTCBStkBottom  = pbos;
            ptcb->OSTCBOpt        = opt;
            ptcb->OSTCBId         = id;
        #else
            pext     = pext;
            stk_size = stk_size;
            pbos     = pbos;
            opt      = opt;
            id       = id;
        #endif
        #if OS_TASK_DEL_EN
            ptcb->OSTCBDelReq = OS_NO_ERR;
        #endif
        //下面 4 行初始化控制块,将任务优先级相关的属性值填入控制块内
        ptcb->OSTCBY = prio >> 3;
        ptcb->OSTCBBitY = OSMapTbl[ptcb->OSTCBY];
        ptcb->OSTCBX = prio & 0x07;
        ptcb->OSTCBBitX = OSMapTbl[ptcb->OSTCBX];
        #if OS_MBOX_EN || (OS_Q_EN && (OS_MAX_QS >= 2)) || OS_SEM_EN
            ptcb->OSTCBEventPtr = (OS_EVENT *) 0;
        #endif
        #if OS_MBOX_EN || (OS_Q_EN && (OS_MAX_QS >= 2))
            ptcb->OSTCBMsg    = (void *) 0;
        #endif
        OS_ENTER_CRITICAL();
        //下面 5 行将初始化好的控制块挂到任务控制块双向链表上,如图 5.10 所示
        OSTCBPrioTbl[prio] = ptcb;
        ptcb->OSTCBNext = OSTCBList;
        ptcb->OSTCBPrev = (OS_TCB *) 0;
        if (OSTCBList != (OS_TCB *) 0) {
```

```
                    OSTCBList->OSTCBPrev = ptcb;
               }
          //下面 3 行将任务在就绪表中的位置 1，即使其进入就绪态
               OSTCBList              = ptcb;
               OSRdyGrp               |= ptcb->OSTCBBitY;
               OSRdyTbl[ptcb->OSTCBY]|= ptcb->OSTCBBitX;
               OS_EXIT_CRITICAL();
               return (OS_NO_ERR);
          } else {
               OS_EXIT_CRITICAL();
               return (OS_NO_MORE_TCB);
          }
     }
```

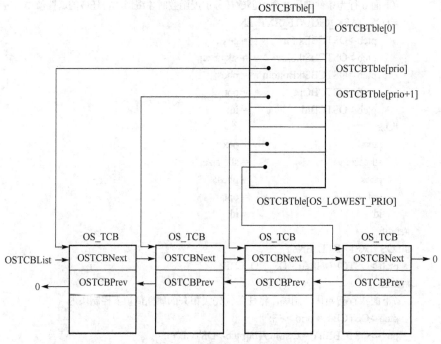

图 5.10 　 任务控制块使用链表

3. 任务创建

知道了任务控制块的创建与初始化及堆栈的分配与初始化后，现在就可以介绍任务的创建了。任务创建由函数 OSTaskCreate() 或 OSTaskCreateExt() 完成。此处仅介绍 OSTaskCreate()，其带 4 个参数，分别为：指向任务代码的指针 task、指向任务数据的指针 pdata、任务堆栈栈顶 ptos 及分配给任务的优先级 prio。OSTaskCreate() 的源码如下：

```
     INT8U   OSTaskCreate (void (*task) (void *pd), void *pdata, OS_STK *ptos, INT8U prio)
     {
1         OS_STK    *psp;
2         INT8U     err;
3         OS_ENTER_CRITICAL();
```

```
4        if (OSTCBPrioTbl[prio] == (OS_TCB *) 0) {//确认该优先级未曾使用
5            OSTCBPrioTbl[prio] = (OS_TCB *) 1; //先占据该位置
6            OS_EXIT_CRITICAL ();
7            psp = (OS_STK *) OSTaskStkInit (task, pdata, ptos, 0); //初始化任务堆栈
8            err = OS_TCBInit (prio, psp, (OS_STK *) 0, 0, 0, (void *) 0, 0); //创建任务控制块
9            if (err == OS_NO_ERR) {
10               OS_ENTER_CRITICAL ();
11               OSTaskCtr++;              //增加任务数
12               OS_EXIT_CRITICAL ();
13               if (OSRunning == TRUE) OS_Sched (); //若多任务已启动, 调用调度器
14           } else {
15               OS_ENTER_CRITICAL ();
16               OSTCBPrioTbl[prio] = (OS_TCB *) 0; //创建未成功, 让出该优先级
17               OS_EXIT_CRITICAL ();
18           }
19           return (err); //返回错误信息
20       }
21       OS_EXIT_CRITICAL ();
22       return (OS_PRIO_EXIST); //返回该优先级已被使用信息
}
```

例5-4 下面代码创建了4个任务。

```
#define  TASK_STK_SIZE    512    //定义任务堆栈大小
OS_STK   TestTask1[TASK_STK_SIZE]; //为任务1分配堆栈
OS_STK   TestTask2[TASK_STK_SIZE]; //为任务2分配堆栈
OS_STK   TestTask3[TASK_STK_SIZE]; //为任务3分配堆栈
OS_STK   TestTask4[TASK_STK_SIZE]; //为任务4分配堆栈
…
void   TestTask1 (void *data); //声明任务1
void   TestTask2 (void *data); //声明任务2
void   TestTask3 (void *data); //声明任务3
void   TestTask4 (void *data); //声明任务4
…
int main (void)
{
     OSInit ();    // 初始化μC/OS-II
     /*创建第一个任务*/
     OSTaskCreate (TestTask1, (void *) 11, &TestTaskStk1[TASK_STK_SIZE], 11);
     OSStart ();   // 启动 uCOS-II
     return 0;
}
/*任务1代码*/
void TestTask1 (void *pdata)
{
     printf ("%4u: ***** Test Task 1 First call *****\n", OSTime);
     //Create 3 other tasks
     OSTaskCreate (TestTask2, (void *) 22, &TestTaskStk2[TASK_STK_SIZE], 22);
```

```
        OSTaskCreate (TestTask3, (void *) 33, &TestTaskStk3[TASK_STK_SIZE], 33);
        OSTaskCreate (TestTask4, (void *) 10, &TestTaskStk3[TASK_STK_SIZE], 10);
        while (1)
        {
            …
            printf("%4u: ***** Test Task 11 *****\n", OSTime);
            OSTimeDly (1);
        }
    }
    /*任务 2 代码*/
    void TestTask2 (void *pdata)
    {
        …
        while (1)
        {
            printf("%4u: ***** Test Task 22 *****\n", OSTime);
            OSTimeDly (1);
        }
    }
    /*任务 3 代码*/
    void TestTask3 (void *pdata)
    {
        …
        while (1)
        {
            printf("%4u: ***** Test Task 33 *****\n", OSTime);
            OSTimeDly (1);
        }
    }
    /*任务 4 代码*/
    void TestTask4 (void *pdata)
    {
        …
        while (1)
        {
            printf("%4u: +++++ Test Task 10 +++++\n", OSTime);
            OSTaskSuspend (10); //Suspend yourself
        }
    }
```

5.2.4　任务的挂起和恢复

挂起任务，其实就是停止任务的运行或使任务脱离就绪态，以取消其被调度的机会。在 μC/OS-II 中，用户任务可通过调用系统提供的函数 OSTaskSuspend()来挂起自身或除空闲任务外的其他任务。用函数 OSTaskSuspend()挂起的任务，只能在其他任务中通过调用返回函数 OSTaskResume()使其恢复为就绪态。如果任务在被挂起的同时也在等待延时期满，那么，当取消挂起后，还要继续等待延时期满，任务才能转入就绪状态。

OSTaskSuspend()的原型如下：

INT8U OSTaskSuspend(INT8U prio);

当挂起当前任务自身时，让 prio＝OS_PRIO_SELF 或让 prio＝当前任务的优先级，此时 OSTaskSuspend()
主要做 3 件事：

(1) 从就绪表中清除自己；

(2) OSTCBStat | = OS_STAT_SUSPEND，即将自己的状态置为挂起态；

(3) 调用调度函数 OSSched()。

当挂起其他任务时，让 prio＝ 被挂起任务的优先级，此时 OSTaskSuspend()主要做 2 件事：

(1) 从就绪表中清除被挂起的任务；

(2) OSTCBStat | = OS_STAT_SUSPEND，即将被挂起任务的状态置为挂起态。

从挂起返回的函数 OSTaskResume()的原型如下：

INT8U OSTaskResume(INT8U prio);

OSTaskResume()所做的事与 OSTaskSuspend()相反。

5.2.5　任务的删除

所谓任务的删除，就是把任务置于睡眠状态。μC/OS-II 中用于删除任务的函数是 OSTaskDel()，
其原型如下：

INT8U　OSTaskDel(INT8U prio);

prio 为待删除任务的优先级，OSTaskDel()首先判断优先级是否有效，若有效，则从使用链表中删
除任务的控制块，并将此控制块放回空闲链表，然后从就绪表及等待事件表中清除被删除的任务。

OSTaskDel()不能删除空闲任务，也不能在 ISR 中被调用。

5.3　μC/OS-II 的初始化

在使用 μC/OS-II 的服务之前，必须先调用初始化函数 OSInit()对 μC/OS-II 自身的运行环境进行
初始化，然后至少创建一个用户任务，最后调用启动函数 OSStart()启动 μC/OS-II。

OSInit()主要做以下 5 件事情：

(1) 初始化全局变量；

(2) 初始化就绪表；

(3) 建立空闲数据缓冲池(空任务控制块、空事件控制块、信号量集、空消息队列控制块、空存
储器管理控制块)；

(4) 建立空闲任务 OSTaskIdle()(优先级为 S_LOWEST_PRIO)；

(5) 建立统计任务 OSTaskStat()(可选，优先级为 OS_LOWEST_PRIO-1)。

OSInit()与 OSStart()在代码中的位置如下所示。

```
void main(void)
{
    …
    /*μC/OS-II 初始化*/
        OSInit();
```

```
    /*创建用户任务，至少创建一个用户任务*/
        OSTaskCreate(TaskStart,(void *)0, &StackMain[STACKSIZE - 1], 0);
    /*启动 μC/OS-II*/
        OSStart();
    }
```

本节主要介绍 OSInit()，OSStart()在下节介绍。OSInit()源代码如下：

```
    void    OSInit (void)
    {
    #if OS_VERSION >= 204
        OSInitHookBegin();                  /*初始化勾子函数，其可以为空函数*/
    #endif
        OS_InitMisc();                      /*初始化全局变量*/
        OS_InitRdyList();                   /*初始化就绪表及相关变量 */
        OS_InitTCBList();                   /*初始化空任务控制块链表*/
        OS_InitEventList();                 /*初始化空事件控制块链表 */
    #if (OS_VERSION >= 251) && (OS_FLAG_EN > 0) && (OS_MAX_FLAGS > 0)
        OS_FlagInit();                      /*初始化信号量集*/
    #endif
    #if (OS_MEM_EN > 0) && (OS_MAX_MEM_PART > 0)
        OS_MemInit();                       /*初始化存储管理*/
    #endif
    #if (OS_Q_EN > 0) && (OS_MAX_QS > 0)
        OS_QInit();                         /*初始化消息队列*/
    #endif
        OS_InitTaskIdle();                  /*创建空闲任务*/
    #if OS_TASK_STAT_EN > 0
        OS_InitTaskStat();                  /*创建统计任务*/
    #endif
    #if OS_VERSION >= 204
        OSInitHookEnd();                    /*初始化勾子函数，可以为空函数*/
    #endif
    }
```

下面分别对 OSInit()中调用的函数进行说明。

（1）初始化全局变量函数 OS_InitMisc ()

OS_InitMisc ()对 μC/OS-II 中部分全局变量进行初始化，详情见下面代码中的注释。

```
    static void OS_InitMisc (void)
    {
    #if OS_TIME_GET_SET_EN > 0
        OSTime              = 0L;           /*32 位系统时钟变量清零*/
    #endif
        OSIntNesting        = 0;            /*中断嵌套计数器清零*/
        OSLockNesting       = 0;            /*调度器上锁计数器清零*/
        OSTaskCtr           = 0;            /*记录任务数的变量清零*/
        OSRunning           = FALSE;        /*多任务启动标志设为 FALSE*/
        OSCtxSwCtr          = 0;            /*任务切换计数器清零*/
```

```
    OSIdleCtr           = 0L;                    /*32 位空闲计数器清零*/
#if (OS_TASK_STAT_EN > 0) && (OS_TASK_CREATE_EXT_EN > 0)
    OSIdleCtrRun        = 0L;
    OSIdleCtrMax        = 0L;
    OSStatRdy    = FALSE;                        /*统计任务就绪标志设为 FALSE*/
#endif
}
```

（2）初始化就绪表及相关变量函数 OS_InitRdyList（）

OS_InitRdyList（）主要对就绪表及部分全局变量进行初始化。初始化后的就绪表如图 5.11 所示，其他全局变量的初始化可参见下面代码中的注释。

```
static void OS_InitRdyList（void）
{
    INT16U    i;
    INT8U    *prdytbl;
    OSRdyGrp    = 0x00;                          /*就绪组变量清零*/
    prdytbl     = &OSRdyTbl[0];
    for (i = 0; i < OS_RDY_TBL_SIZE; i++) {
        *prdytbl++ = 0x00;                       /*就绪表变量清零*/
    }
    OSPrioCur = 0;                               /*当前任务优先级变量清零*/
    OSPrioHighRdy = 0;                           /*最高优先级变量清零*/
    OSTCBHighRdy = (OS_TCB *)0;                  /*指向最高优先级任务控制块指针变量清零*/
    OSTCBCur    = (OS_TCB *)0;                   /*指向当前任务控制块指针变量清零*/
}
```

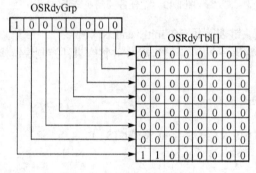

图 5.11 初始化后的就绪表

（3）初始化空任务控制块链表函数 OS_InitTCBList（）

OS_InitTCBList（）初始化一个空任务控制块链表及一个任务控制块优先级数组。初始化后的任务控制块优先级数组如图 5.12 所示。OS_InitTCBList（）利用任务控制块 OS_TCB 中指向下一个任务控制块的指针 OSTCBNext，将空任务控制块 OS_TCB 串联为一个单向链表，如图 5.13 所示。

OSTCBTble[]	
0	OSTCBTble[0]
0	OSTCBTble[1]
0	
...	
0	OSTCBTble[OS_LOWEST_PRIO]

static void OS_InitTCBList（void）

图 5.12 控制块优先级数组

```
{
    INT8U      i;
    OS_TCB     *ptcb1;
    OS_TCB     *ptcb2;
    OSTCBList = (OS_TCB *)0;                        /*指向任务控制块使用链表表头指针清零*/
    for (i = 0; i < (OS_LOWEST_PRIO + 1); i++) {
        OSTCBPrioTbl[i] = (OS_TCB *)0;              /*初始化任务控制块优先级数组*/
    }
    ptcb1 = &OSTCBTbl[0];
    ptcb2 = &OSTCBTbl[1];
    for (i = 0; i < (OS_MAX_TASKS + OS_N_SYS_TASKS - 1); i++) {
        ptcb1->OSTCBNext = ptcb2;                   /*构建任务控制块空闲链表*/
        ptcb1++;
        ptcb2++;
    }
    ptcb1->OSTCBNext = (OS_TCB *)0;
    OSTCBFreeList = &OSTCBTbl[0];
}
```

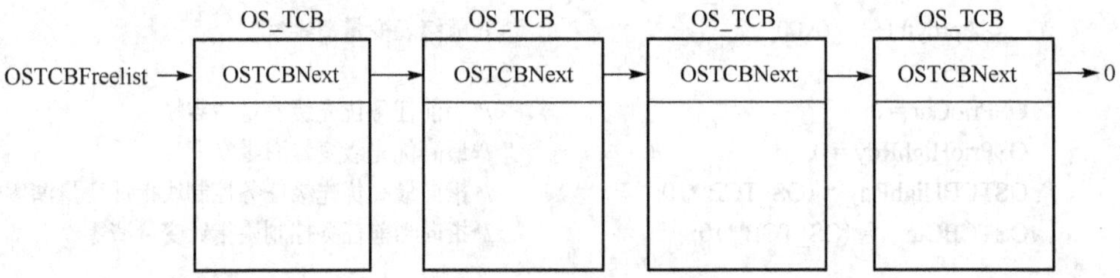

图 5.13　空任务控制块链表

（4）初始化空事件控制块链表函数 OS_InitEventList ()

OS_InitEventList () 初始化一个空事件控制块，并将空事件控制块链接为一个单向链表，如图 5.14 所示。

```
static void OS_InitEventList (void)
{
#if (OS_EVENT_EN > 0) && (OS_MAX_EVENTS > 0)
#if (OS_MAX_EVENTS > 1) {
    INT16U      i;
    OS_EVENT    *pevent1;
    OS_EVENT    *pevent2;
    pevent1 = &OSEventTbl[0];
    pevent2 = &OSEventTbl[1];
    for (i = 0; i < (OS_MAX_EVENTS - 1); i++) { /*初始化空闲事件控制块*/
        pevent1->OSEventType = OS_EVENT_TYPE_UNUSED;
        pevent1->OSEventPtr = pevent2;
        pevent1++;
        pevent2++;
    }
    pevent1->OSEventType = OS_EVENT_TYPE_UNUSED;
```

```
        pevent1->OSEventPtr = (OS_EVENT *) 0;
        OSEventFreeList   = &OSEventTbl[0];
#else
        OSEventFreeList = &OSEventTbl[0];   /*第一个事件控制块*/
        OSEventFreeList->OSEventType = OS_EVENT_TYPE_UNUSED;
        OSEventFreeList->OSEventPtr = (OS_EVENT *) 0;
#endif
#endif
}
```

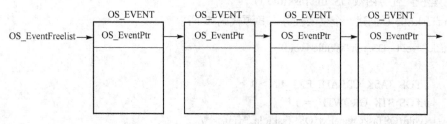

图 5.14　空事件控制块链表

（5）事件标志组初始化函数 OS_FlagInit()

OS_FlagInit()初始化一个事件标志组管理数据结构，产生图 5.15 所示的事件标志组空数据结构链表。OS_FlagInit()的代码可参考 μC/OS-II 的源码，此处从略。

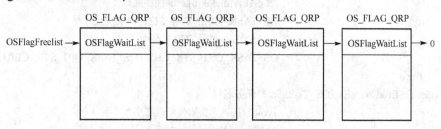

图 5.15　事件标志组空数据结构链表

（6）消息队列控制块初始化函数 OS_QInit()

OS_QInit()初始化消息队列控制块，产生图 5.16 所示的空消息队列控制块链表。OS_QInit()的代码可参考 μC/OS-II 的源码，此处从略。

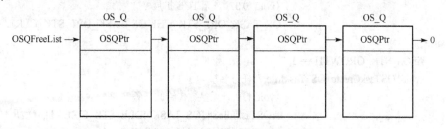

图 5.16　空消息队列控制块链表

（7）存储管理控制块初始化函数 OS_MemInit()

OS_MemInit()初始化存储管理控制块，产生图 5.17 所示的空存储管理控制块链表。OS_MemInit()的代码可参考 μC/OS-II 的源码，此处从略。

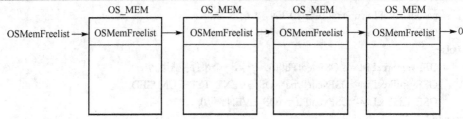

图 5.17　空存储管理控制块链表

(8) 创建空闲任务函数 OS_InitTaskIdle ()

OS_InitTaskIdle ()创建一个空闲任务，其源代码如下：

```
static   void   OS_InitTaskIdle (void)
{
    #if OS_TASK_CREATE_EXT_EN > 0
    #if OS_STK_GROWTH == 1
    (void)OSTaskCreateExt(OS_TaskIdle,/*任务名*/
                            (void *)0, /*无参数传给此任务*/
                            &OSTaskIdleStk[OS_TASK_IDLE_STK_SIZE - 1], /*栈顶*/
                            OS_IDLE_PRIO, /*最低优先级*/
                            OS_TASK_IDLE_ID,/*任务 ID*/
                            &OSTaskIdleStk[0],/*堆栈栈底*/
                            OS_TASK_IDLE_STK_SIZE, /*堆栈尺寸*/
                            (void *)0,   /*无 TCB 扩展*/
                            OS_TASK_OPT_STK_CHK | OS_TASK_OPT_STK_CLR);

    #else
    (void)OSTaskCreateExt(OS_TaskIdle, /*任务名*/
                            (void*)0, /*无参数传给此任务*/
                            &OSTaskIdleStk[0], /*栈顶*/
                            OS_IDLE_PRIO,/*最低优先级*/
                            OS_TASK_IDLE_ID,/*任务 ID*/
                            &OSTaskIdleStk[OS_TASK_IDLE_STK_SIZE-1], /*栈底*/
                            OS_TASK_IDLE_STK_SIZE,/*堆栈尺寸*/
                            (void *)0,   /*无 TCB 扩展*/
                            OS_TASK_OPT_STK_CHK|OS_TASK_OPT_STK_CLR);   #endif
    #else
    #if OS_STK_GROWTH == 1
    (void)OSTaskCreate(OS_TaskIdle, /*任务名*/
                            (void *)0, /*无参数传给此任务*/
                            &OSTaskIdleStk[OS_TASK_IDLE_STK_SIZE - 1], /*栈顶*/
                            OS_IDLE_PRIO);/*最低优先级*/
    #else
    (void)OSTaskCreate(OS_TaskIdle, /*任务名*/
                            (void *)0, /*无参数传给此任务*/
                            &OSTaskIdleStk[0], /*栈顶*/
                            OS_IDLE_PRIO); /*最低优先级*/
```

```
        #endif
    #endif
    }
```

(9) 创建统计任务函数 OS_InitTaskStat ()

OS_InitTaskStat ()创建一个统计任务，其源代码如下：

```
#if OS_TASK_STAT_EN > 0
static   void   OS_InitTaskStat (void)
{
#if OS_TASK_CREATE_EXT_EN > 0
    #if OS_STK_GROWTH == 1
    (void) OSTaskCreateExt (OS_TaskStat, /*任务名*/
                                (void*)0, /*无参数传给此任务*/
                                &OSTaskStatStk[OS_TASK_STAT_STK_SIZE-1], /*栈顶*/
                                OS_STAT_PRIO, /*次最低优先级*/
                                OS_TASK_STAT_ID,/*任务 ID*/
                                &OSTaskStatStk[0], /*栈底*/
                                OS_TASK_STAT_STK_SIZE,/*任务堆栈尺寸*/
                                (void *)0, /*无 TCB 扩展*/
                                OS_TASK_OPT_STK_CHK|OS_TASK_OPT_STK_CLR);      #else
    (void) OSTaskCreateExt (OS_TaskStat, /*任务名*/
                                (void*)0, /*无参数传给此任务*/
                                &OSTaskStatStk[0], /*栈顶*/
                                OS_STAT_PRIO, /*次最低优先级*/
                                OS_TASK_STAT_ID,/*任务 ID*/
                                &OSTaskStatStk[OS_TASK_STAT_STK_SIZE - 1], /*栈底*/
                                OS_TASK_STAT_STK_SIZE, /*任务堆栈尺寸*/
                                (void *)0, /*无 TCB 扩展*/
                                OS_TASK_OPT_STK_CHK|OS_TASK_OPT_STK_CLR);     #endif
#else
    #if OS_STK_GROWTH == 1
    (void) OSTaskCreate (OS_TaskStat, /*任务名*/
                                (void *)0, /*无参数传给此任务*/
                                &OSTaskStatStk[OS_TASK_STAT_STK_SIZE-1], /*栈顶*/
                                OS_STAT_PRIO); /*次最低优先级*/
    #else
    (void) OSTaskCreate (OS_TaskStat,
                                (void *)0, /*无参数传给此任务*/
                                &OSTaskStatStk[0], /*栈顶*/
                                OS_STAT_PRIO); /*次最低优先级*/
    #endif
#endif
}
```

调用 OSInit ()后，μC/OS-II 中的变量与数据结构如图 5.18 所示。

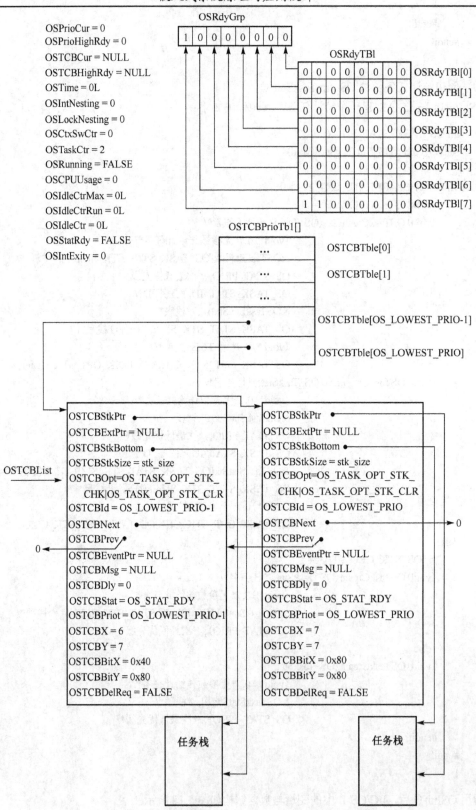

图 5.18　调用 OSInit()之后的变量与数据结构

5.4　μC/OS-II 的启动

μC/OS-II 的启动是通过调用函数 OSStart()实现的。然而，在启动 μC/OS-II 之前还必须建立至少一个用户任务。OSStart()主要做 3 件事：

(1) 从任务就绪表中找出优先级最高的任务；

(2) 获取其任务控制块指针；

(3) 调用 OSStartHighRdy()启动它。

```
void main(void)
{
    …
    /*μC/OS-II 初始化*/
        OSInit();
    /*创建用户任务，至少创建一个用户任务*/
    OSTaskCreate(FirstTask,(void *)0, &StackMain[STACKSIZE - 1], 6);
    /*启动 μC/OS-II*/
     OSStart();
}
```

上面创建的第一个用户任务取名为 FirstTask，优先级设为 6。创建第一个用户任务 FirstTask 后，即可调用 OSStart()启动 μC/OS-II。OSStart()的代码如下所示：

```
void OSStart (void)
{
    INT8U y;
    INT8U x;
    if (OSRunning == FALSE) {        /*若 μC/OS-II 还未启动*/
        y = OSUnMapTbl[OSRdyGrp];
        x = OSUnMapTbl[OSRdyTbl[y]];
        OSPrioHighRdy = (INT8U)((y << 3) + x); /*从就绪表中找出处于就绪态的*/
                                     /*优先级最高的任务*/

        OSPrioCur = OSPrioHighRdy;
        OSTCBHighRdy = OSTCBPrioTbl[OSPrioHighRdy];
        OSTCBCur = OSTCBHighRdy;
        OSStartHighRdy(); /*启动最高优先级就绪任务，与体系结构有关，需用汇编实现*/
    }
}
```

OSStartHighRdy()与处理器体系结构有关，需用汇编实现，可参见 5.9 节。

μC/OS-II 启动(多任务启动)后，部分全局变量的值及就绪表、任务控制块使用链表与控制块优先级数组如图 5.19 所示。

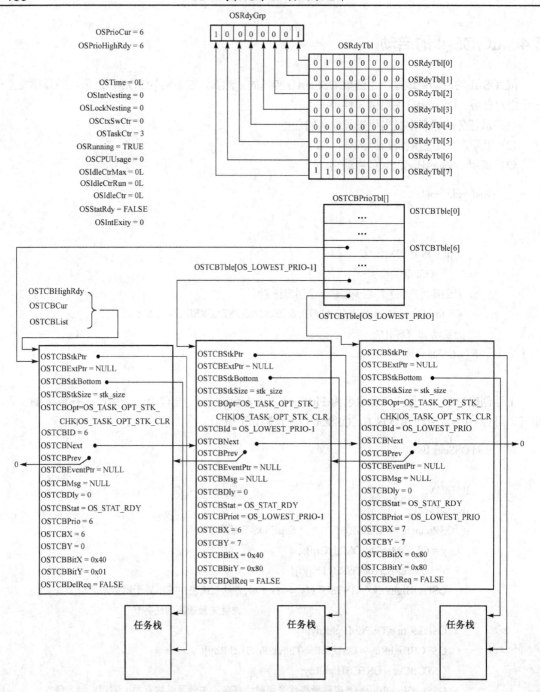

图 5.19   调用 OSStart() 以后的变量与数据结构

5.5   μC/OS-II 的中断

中断是计算机系统处理异步事件的重要机制。当异步事件发生时，事件向处理器发出中断请求，如果中断是打开的，处理器就会响应这个请求，暂停正在运行的程序，转去执行一个叫中断服务子程序的代码来处理该事件。

在 µC/OS-II 中，中断服务子程序做如下事情：

(1) 保存全部 CPU 寄存器；

(2) 调用 OSIntEnter 或 OSIntNesting++ 以告诉内核进入中断了；

(3) 执行用户代码做中断服务；

(4) 调用 OSIntExit() 以告诉内核，退出中断服务了；

(5) 恢复所有 CPU 寄存器；

(6) 执行中断返回指令。

告诉内核进入中断的函数 OSIntEnter() 的代码如下：

```
void OSIntEnter (void)
{
    OS_ENTER_CRITICAL();
    OSIntNesting++;
    OS_EXIT_CRITICAL();
}
```

告诉内核退出中断服务子程序的函数 OSIntExit() 的代码如下：

```
void OSIntExit (void)
{
    OS_ENTER_CRITICAL();
    if ((--OSIntNesting | OSLockNesting) == 0) {
        OSIntExitY = OSUnMapTbl[OSRdyGrp];
        OSPrioHighRdy = (INT8U) ((OSIntExitY << 3) +
                            OSUnMapTbl[OSRdyTbl[OSIntExitY]]);
        if (OSPrioHighRdy != OSPrioCur) {
            OSTCBHighRdy = OSTCBPrioTbl[OSPrioHighRdy];
            OSCtxSwCtr++;
            OSIntCtxSw();
        }
    }
    OS_EXIT_CRITICAL();
}
```

5.5.1　µC/OS-II 的中断过程

µC/OS-II 为可剥型内核，其响应中断的过程可用图 5.20 来说明。

系统在运行用户任务或内核程序时有中断源发出了中断请求(1)，但还不能被 CPU 识别，也许因为中断被µC/OS-II 内核程序或用户应用程序关了，或者是 CPU 还没执行完当前指令。一旦 CPU 响应了这个中断(2)，在中断向量指引下 CPU(至少大多数微处理器是如此)跳转到中断服务子程序(3)。如上所述，中断服务子程序保存 CPU 寄存器(也叫做 CPU 上下文)(4)，保存完 CPU 寄存器之后，中断服务子程序通知µC/OS-II 进入中断服务子程序了，做法是调用 OSIntEnter() 或者给 OSIntNesting 直接加 1(5)。然后用户中断服务代码开始执行(6)。用户中断服务中做的事要尽可能地少，要把大部分工作留给任务去做。中断服务子程序通知某任务去做事的手段是调用 OSMboxPost()、OSQPost()、OSQPostFront() 或 OSSemPost() 向等待队列中的任务发送消息邮箱、消息队列或信号量。接收消息的任务可能是也可能不是挂起在邮箱、队列或信号量上的任务。用户中断服务完成以后，要调用

OSIntExit()(7)。从时序图上可以看出,对被中断了的任务说来,如果没有高优先级的任务被中断服务子程序激活而进入就绪态,OSIntExit()只占用很短的运行时间。在这种情况下,只需简单地恢复CPU寄存器(8)并执行中断返回指令(9)。如果中断服务子程序使一个高优先级的任务进入了就绪态,则OSIntExit()将占用较长的运行时间,因为这时要做任务切换(10)。新任务的寄存器内容要恢复并执行中断返回指令(12)。

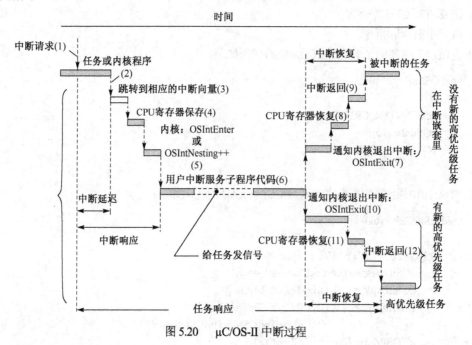

图 5.20　　μC/OS-II 中断过程

5.5.2　中断级任务切换

前面提到,如果中断服务程序使一个优先级更高的任务进入就绪态,那么μC/OS-II 在运行完中断服务程序后,不是返回被中断的任务继续运行,而是进行任务切换,切换到有更高优先级的就绪任务上去运行,这个在中断服务程序中调用的用于任务切换的函数 OSIntCtxSw()叫中断级任务切换函数,其示意性代码如下:

```
OSIntCtxSw()
{
        OSTCBCur = OSTCBHighRdy;
        OSPrioCur = OSPrioHighRdy;
        SP = OSTCBHighRdy->OSTCBStkPtr;
        将 R1,R2,R3…从堆栈中弹出;
        执行中断返回指令
}
```

前面介绍的任务级任务切换函数示意性代码如下:

```
Void OSCtxSw(void)
{
        将 R1,R2,R3…推入当前堆栈;
        OSTCBCur->OSTCBStkPtr = SP;
```

```
OSTCBCur = OSTCBHighRdy;
SP = OSTCBHighRdy ->OSTCBSTKPtr;
将 R1，R2，R3…从新堆栈中弹出；
执行中断返回指令；
}
```

将中断级任务切换函数与任务级任务切换函数两者的代码对照一下不难发现，其后半段代码完全相同，只是在任务级任务切换函数中多了用于保护现场的前半段代码。道理很简单，发生中断时，中断服务子程序已将被中断任务的现场推入堆栈保护了，故随后的中断级任务切换函数不需要再做此项工作。

5.6　μC/OS-II 的时钟

任何操作系统都需要有一个周期性的信号源，以供系统处理诸如延时、超时等与时间有关的事件，这个周期性的信号源就叫时钟。

时钟由硬件定时器提供，由定时器每隔一定时间间隔产生的中断来实现系统时钟。系统时钟的最小单位是相邻两次中断之间的时间间隔，这个最小时钟单位叫时钟节拍（Time Tick）。

时钟节拍的倒数叫时钟节拍率，节拍率一般在每秒 10 次到 100 次之间，或者 10~100 Hz。时钟节拍率越高，系统的额外负荷就越重。时钟节拍率的高低取决于用户应用程序的精度。

硬件定时器每隔一定时间间隔产生一次中断请求，CPU 响应后便停止当前的任务，转去执行时钟节拍中断服务程序 OSTickISR()。

5.6.1　μC/OS-II 时钟节拍中断服务程序

时钟节拍中断服务程序 OSTickISR() 的主要功能是保存被中断任务的现场、提供时钟节拍中断所需的服务、恢复被中断任务的现场、返回断点继续执行。OSTickISR() 与 CPU 体系结构有关，应该用汇编来写，下面给出其示意性代码如下：

```
Void OSTickISR(void)
{
    保存处理器寄存器的值；
    调用 OSIntEnter()，     /*告诉内核进入中断服务了*/
    if(OSIntNesting == 1){
    OSTCBCur->OSTCBStkPtr = SP;
    }
    调用 OSTimeTick()；  /*提供时钟节拍中断所需服务*/
    清发出中断设备的中断；
    重新允许中断(可选用)
    调用 OSIntExit()；
    恢复处理器寄存器的值；
    执行中断返回指令；
}
```

时钟节拍中断所需服务由函数 OSTimeTick() 来提供，其主要做两件事：

（1）给计数器 OSTime 加 1。

（2）遍历任务控制块链表中的所有任务控制块，把其中用来存放任务延时时限的变量 OSTCBDly 减 1，并将其中已经到了延时时限的非挂起任务推入就绪态，最后进行上下文切换。

OSTimeTick() 的源码如下所示：

```
void OSTimeTick (void)
{
    OS_TCB *ptcb;
    OSTimeTickHook ();
    ptcb = OSTCBList;
    while (ptcb->OSTCBPrio ! = OS_IDLE_PRIO) {
        OS_ENTER_CRITICAL ();
        if (ptcb->OSTCBDly ! = 0) {
            if (--ptcb->OSTCBDly == 0) {
                if (! (ptcb->OSTCBStat & OS_STAT_SUSPEND)) {
                    OSRdyGrp                    | = ptcb->OSTCBBitY;
                    OSRdyTbl[ptcb->OSTCBY] | = ptcb->OSTCBBitX;
                } else {
                    ptcb->OSTCBDly = 1;
                }
            }
        }
        ptcb = ptcb->OSTCBNext;
        OS_EXIT_CRITICAL ();
    }
    OS_ENTER_CRITICAL ();
    OSTime++;
    OS_EXIT_CRITICAL ();
}
```

5.6.2 μC/OS-II 的时间管理

μC/OS-II 的时间管理，主要是指 μC/OS-II 对任务提供的延时、取消延时及设置和查询系统时间等方面的服务。

μC/OS-II 提供下列与时间相关的服务函数：任务延时函数 OSTimeDLY ()，按时分秒延时函数 OSTimeDLYHMSM ()，取消任务延时函数 OSTimeDlyResmue ()，取得/改变系统时间函数 OStimeGet ()/OSTimeSet ()。

在应用程序的设计中，经常会碰到因某种原因需要程序暂停一段时间后再继续运行的情况。如为使高优先级任务不至于独占 CPU，让其他优先级别较低的任务有获得 CPU 的机会，规定除了空闲任务之外的所有任务必须在其合适的位置调用任务延时函数，使当前任务延时（暂停）一段时间并进行一次任务调度，以让出 CPU 的使用权。实现这一功能的函数为任务延时函数 OSTimeDLY ()。

OSTimeDly (INT16U ticks) 有一个参数，主要做两件事：

（1）将任务延时一段时间（由 ticks 决定，若为 0，则不延时）。

（2）进行一次任务调度，让下一个优先级更高的就绪任务获得 CPU。

一旦任务延时期满或者有其他的任务通过调用 OSTimeDlyResume () 取消了延时，就会马上进入就绪状态。但只有当该任务是就绪任务表中优先级最高的任务时，它才会立即运行。

OSTimeDly (INT16U ticks) 的代码如下：

```
void OSTimeDly (INT16U ticks)
{
```

```
      if (ticks > 0) {
      OS_ENTER_CRITICAL ();
      if ((OSRdyTbl[OSTCBCur->OSTCBY] & = ~OSTCBCur->OSTCBBitX) == 0)
      {
                  OSRdyGrp & = ~OSTCBCur->OSTCBBitY;
            }
            OSTCBCur->OSTCBDly = ticks;
            OS_EXIT_CRITICAL ();
            OSSched ();
         }
      }
```

OSTimeDLY () 是 μC/OS-II 中时间管理的最基本函数，按时分秒延时函数 OSTimeDLYHMSM ()
实质上是通过调用 OSTimeDLY () 来实现的。

5.7　μC/OS-II 的同步与通信

5.7.1　同步与通信的基本概念

在多进程环境下，由于资源共享和进程合作，使同处于一个系统中的诸进程之间可能存在着以下
两种形式的制约关系：

间接制约关系。设有两个进程 A 和 B，如果在进程 A 提出打印请求时，系统已将唯一的打印机分
配给了进程 B，则此时进程 A 只能阻塞；一旦进程 B 将打印机释放，进程 A 才能由阻塞态变为就绪状
态。如果进程 A 与 B 不这样做，就会造成极大的混乱。进程间的这种间接制约关系源于对资源的共享，
也称为互斥关系。

直接制约关系。设有一输入进程 A 通过单缓冲
向进程 B 提供数据，如图 5.21 所示。当该缓冲空时，
B 因不能获得所需数据而阻塞，而当进程 A 把数据
输入缓冲区后，便将进程 B 唤醒；反之，当缓冲区
已满时，进程 A 因不能再向缓冲区投放数据而阻塞，

图 5.21　直接制约关系

当进程 B 将缓冲区数据取走后便可唤醒 A。进程间的这种直接制约关系源于进程间的合作，又称为同
步关系。

由于在多进程系统中进程之间存在上述制约关系，操作系统应提供一种机制，以保证共享资源的
进程间具有一种互斥关系，合作的进程间具有一种先后次序关系。进程之间的这种制约性的合作运行
机制统称为进程间的同步。

进程间的同步是依靠进程与进程之间相互发送消息（通信）来保证的，即进程间的同步依赖于进程
间的通信。在操作系统中，常用的通信工具有信号量、消息邮箱、消息队列等。

这些通信工具或机制又称为事件。

5.7.2　事件控制块 ECB

μC/OS-II 把信号量、消息邮箱、消息队列等用来通信的工具称为事件，并提供一个称为事件控制
块的数据结构来管理这些事件。该结构中除了包含事件定义、信号量计数器、指向消息邮箱或消息队
列的指针外，还定义了一个类似于就绪表的任务等待表，用于管理等待该事件的任务。

事件控制块数据结构的定义如下：

```
typedef struct {
    void      *OSEventPtr;                      /*指向消息或者消息队列的指针*/
    INT8U     OSEventTbl[OS_EVENT_TBL_SIZE];    /*等待任务列表*/
    INT16U    OSEventCnt;                       /*计数器(当事件是信号量时)*/
    INT8U     OSEventType;                      /*事件类型 */
    INT8U     OSEventGrp;                       /*等待任务组变量*/
} OS_EVENT;
```

下面对数据结构中的各成员做进一步说明。

OSEventType 定义了事件的具体类型。它可以是信号量(OS_EVENT_SEM)、互斥信号量(OS_EVENT_TYPE_MUTEX)、消息邮箱(OS_EVENT_TYPE_MBOX)、消息队列(OS_EVENT_TYPE_Q)或空事件控制块(OS_EVENT_TYPE_UNUSED)中的一种。

OSEventPtr 为指向消息邮箱或消息队列的指针。只有在所定义的事件是消息邮箱或者消息队列时才使用。当所定义的事件是消息邮箱时，它指向一个消息，而当所定义的事件是消息队列时，它指向一个数据结构。

OSEventCnt 是用于信号量的计数器。只有当事件是一个信号量时，该变量才有意义。

OSEventTbl[]和OSEventGrp 为任务等待表中的两个变量，类似就绪表中的OSRdyTbl[]和OSRdyGrp。

任务等待表如图 5.22 所示，最多可有 64 位，每位对应一个优先级的任务，当任务需要等待某一事件时，便将此任务在等待表中对应的位置 1；相反，当任务正在等待的事件出现时，便将此任务在等待表中对应的位清零。

μC/OS-II 提供了如下 4 个函数对任务等待表进行操作：任务等待表初始化函数 OSEventWaitListInit()；使一个等待任务进入就绪态函数 OSEventTaskRdy()；使一个任务进入等待状态函数 OSEventTaskWait()；使一个超时任务进入就绪态函数 OSEventTO()。

（1）任务等待表初始化函数

任务等待表初始化函数的原型如下：

```
void OSEventWaitListInit(
                OS_EVENT *pevent //指向事件控制块的指针
            );
```

这个函数的作用是把变量 OSEventGrp 及任务等待表中的每一位都清零，即任务等待表中不含有等待任务，如图 5.23 所示。

（2）使一个任务进入等待状态函数 OSEventTaskWait()

当一个任务在请求一个事件而不能获得时，应把这个任务记录在事件的任务等待表中，并把任务控制块中的任务的状态置为等待状态并把任务置为非就绪任务。

使一个任务进入等待状态的函数 OSEventTaskWait()的原型如下：

```
void OSEventTaskWait(
                OS_EVENT *pevent //指向事件控制块的指针
            );
```

（3）使一个等待任务进入就绪态函数 OSEventTaskRdy()

如果一个事件出现了，那么正在等待该事件的任务就具备了运行的条件，此时就需要调用 OSEventTaskRdy()函数，把任务在任务等待表中的位清零，并把该任务在就绪表中的位置 1。

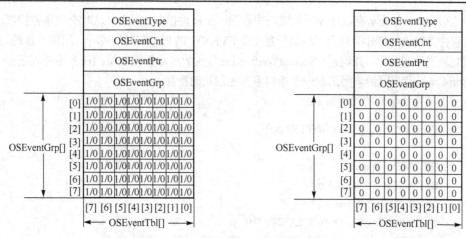

图 5.22　任务等待表　　　　　　　　　图 5.23　初始化后的任务等待表

OSEventTaskRdy()的原型如下：

> void OSEventTaskRdy　 (
>
> OS_EVENT *pevent,//指向事件控制块的指针
> void *msg, //未使用
> INT8U msk　 //清除 TCB 状态标志的掩码
>) ;

（4）使一个超时任务进入就绪态函数 OSEventTO()

如果一个正在等待事件的任务已经超过了等待的时间，却由于没有获得可运行条件不能运行，又要使它进入就绪状态，这时就要调用函数 OSEventTo()。

OSEventTo()的原型如下：

> void OSEventTo (
>
> OS_EVENT *pevent　//指向事件控制块的指针
>) ;

5.7.3　信号量

信号量在多任务系统中是用于控制共享资源的使用权、标志事件的发生、使两个任务的行为同步等的变量。

在使用一个信号量之前，首先要建立该信号量，并对信号量的初始计数值赋值。该初始值可为 0 到 65 535 之间的一个数。

如果信号量是用来表示一个或者多个事件发生的，那么该信号量的初始值应设为 0。

如果信号量是用于对共享资源的访问，那么该信号量的初始值应设为 1(例如，把它当做二值信号量使用)。

如果信号量是用来表示允许任务访问 n 个相同的资源，那么该初始值显然应该是 n，并把该信号量作为一个可计数的信号量使用。μC/OS-II 提供了以下操作信号量的函数：建立一个信号量函数 OSSemCreate()；等待/请求一个信号量函数 OSSemPend()；发送一个信号量函数 OSSemPost()；无等待地请求一个信号量函数 OSSemAccept()；查询一个信号量的当前状态函数 OSSemQuery()；删除一个信号量函数 OSSemDel()。

（1）建立一个信号量函数 OSSemCreate()

　　创建信号量时，首先从空事件控制块链表中获取一个事件控制块，如果这时有空事件控制块可用，就将该空事件控制块的事件类型设置成信号量 OS_EVENT_TYPE_SEM。接着，用信号量的初始值对空事件控制块进行初始化，并调用 OSEventWaitListInit()函数对事件控制块的任务等待表进行初始化，最后 OSSemCreate()返回给调用函数一个指向事件控制块的指针。

　　建立一个信号量函数的代码如下：

```
OS_EVENT *OSSemCreate (INT16U cnt)
{
    OS_EVENT *pevent;
    OS_ENTER_CRITICAL ();
    pevent = OSEventFreeList;
    if (OSEventFreeList ! = (OS_EVENT *) 0) {
        OSEventFreeList = (OS_EVENT *) OSEventFreeList->OSEventPtr;
    }
    OS_EXIT_CRITICAL ();
    if (pevent ! = (OS_EVENT *) 0) {
        pevent->OSEventType = OS_EVENT_TYPE_SEM;
        pevent->OSEventCnt = cnt;
        OSEventWaitListInit (pevent);
    }
    return (pevent);
}
```

　　(2) 等待一个信号量函数 OSSemPend()

OSSemPend()主要完成如下操作：

① 检查等待的事件类型是不是信号量；

② 若事件控制块中有信号量，将其减 1，并返回继续前行，因已经等到/获得了信号量；

③ 若事件控制块中无信号量，设置任务状态为等待信号量状态，设置等待时间，设置任务等待表中的对应位为 1；

④ 调用调度器，进行任务切换，将 CPU 使用权交其他任务，因任务已处于等待状态；

⑤ 从其他任务返回时若仍还未等到信号量，则调用超时函数使其就绪。

　　等待一个信号量函数代码如下：

```
void OSSemPend (OS_EVENT *pevent, INT16U timeout, INT8U *err)
{
    OS_ENTER_CRITICAL ();
    if (pevent->OSEventType ! = OS_EVENT_TYPE_SEM) {
        OS_EXIT_CRITICAL ();
        *err = OS_ERR_EVENT_TYPE;
    }
    if (pevent->OSEventCnt > 0) {
        pevent->OSEventCnt--;
        OS_EXIT_CRITICAL ();
        *err = OS_NO_ERR;
    } else if (OSIntNesting > 0) {
```

```
            OS_EXIT_CRITICAL();
            *err = OS_ERR_PEND_ISR;
        } else {
            OSTCBCur->OSTCBStat      |= OS_STAT_SEM;
            OSTCBCur->OSTCBDly   = timeout;
            OSEventTaskWait(pevent);
            OS_EXIT_CRITICAL();
            OSSched();
            OS_ENTER_CRITICAL();
            if (OSTCBCur->OSTCBStat & OS_STAT_SEM) {
                OSEventTO(pevent);
                OS_EXIT_CRITICAL();
                *err = OS_TIMEOUT;
            } else {
                OSTCBCur->OSTCBEventPtr = (OS_EVENT *) 0;
                OS_EXIT_CRITICAL();
                *err = OS_NO_ERR;
            }
        }
    }
```

（3）发送一个信号量函数 OSSemPost()

OSSemPost()主要完成如下操作：

① 检查事件控制块类型是否为信号量；

② 若事件控制块中有任务在等待信号量，使其就绪，调用调度器进行任务切换；

③ 若事件控制块中没有任务在等待信号量，将信号量变量加 1，即将信号量放到控制块中。

发送一个信号量函数代码如下：

```
    INT8U OSSemPost (OS_EVENT *pevent)
    {
        OS_ENTER_CRITICAL();
        if (pevent->OSEventType != OS_EVENT_TYPE_SEM) {
            OS_EXIT_CRITICAL();
            return (OS_ERR_EVENT_TYPE);
        }
        if (pevent->OSEventGrp) {
            OSEventTaskRdy(pevent, (void *) 0, OS_STAT_SEM);
            OS_EXIT_CRITICAL();
            OSSched();
            return (OS_NO_ERR);
        } else {
            if (pevent->OSEventCnt < 65535) {
                pevent->OSEventCnt++;
                OS_EXIT_CRITICAL();
                return (OS_NO_ERR);
            } else {
                OS_EXIT_CRITICAL();
                return (OS_SEM_OVF);
```

```
            }
        }
    }
```

5.7.4　消息邮箱

消息邮箱是 μC/OS-II 中另一种通信机制,可以使一个任务或者中断服务子程序向另一个任务发送一个指针型的变量。指针指向一个包含了"消息"的特定数据(类型)。

使用消息邮箱之前,必须先调用 OSMboxCreate()函数来建立该消息邮箱,并且要指定指针的初始值。一般情况下,这个初始值是 NULL,但也可以初始化一个消息邮箱,使其在最开始就包含一条消息。

为了在 μC/OS-II 中使用消息邮箱,必须将 OS_CFG.H 中的 OS_MBOX_EN 常数置为 1。

μC/OS-II 提供了 5 个对邮箱操作的函数:OSMboxCreate(),OSMboxPend(),OSMboxPost(),OSMboxAccept()和 OSMboxQuery()。

(1) 建立一个邮箱的函数 OSMboxCreate()

OSMboxCreate()函数的源代码,基本上和函数 OSSemCreate()相似。不同之处在于此处事件控制块的类型被设置成 OS_EVENT_TYPE_MBOX,以及使用.OSEventPtr 域来容纳消息指针,而不是使用.OSEventCnt 域。

邮箱一旦建立,是不能被删除的。例如,如果有任务正在等待一个邮箱的信息,这时删除该邮箱,将有可能产生灾难性的后果。

建立一个邮箱的函数 OSMboxCreate()代码如下:

```
OS_EVENT *OSMboxCreate (void *msg)
{
    OS_EVENT *pevent;
    OS_ENTER_CRITICAL();
    pevent = OSEventFreeList;
    if (OSEventFreeList != (OS_EVENT *)0) {
        OSEventFreeList = (OS_EVENT *)OSEventFreeList->OSEventPtr;
    }
    OS_EXIT_CRITICAL();
    if (pevent != (OS_EVENT *)0) {
        pevent->OSEventType = OS_EVENT_TYPE_MBOX;
        pevent->OSEventPtr = msg;
        OSEventWaitListInit(pevent);
    }
    return (pevent);
}
```

(2) 等待一个邮箱中消息的函数 OSMboxPend()

OSMboxPend()函数的源代码和 OSSemPend()也很相似,因此在这里只讲述其中的不同之处。OSMboxPend()首先检查该事件控制块是否是由 OSMboxCreate()函数建立的。当.OSEventPtr 域是一个非 NULL 的指针时,说明该邮箱中有可用的消息。这种情况下,OSMboxPend()函数将该域的值复制到局部变量 msg 中,然后将.OSEventPtr 置为 NULL。这正是我们所期望的,也是执行 OSMboxPend()函数最佳的路径。

如果此时邮箱中没有消息是可用的(.OSEventPtr 域是 NULL 指针)，OSMboxPend()函数检查它的调用者是否是中断服务子程序。与 OSSemPend()函数一样，不能在中断服务子程序中调用 OSMboxPend()，因为中断服务子程序是不能等待的。这里的代码同样是为了以防万一。但是，如果邮箱中有可用的消息，即使从中断服务子程序中调用 OSMboxPend()函数，也一样是成功的。

如果邮箱中没有可用的消息，OSMboxPend()的调用任务就被挂起，直到邮箱中有了消息或者等待超时。

(3) 发送一个消息到邮箱中的函数 OSMboxPost()

OSMboxPost()与 OSSemPend()很相似，主要完成如下操作：

① 检查事件控制块及消息参数指针是否非空及其类型是否为消息邮箱；

② 检查是否有任务在等待该消息邮箱中的消息；

③ 若有任务在等待该消息邮箱中的消息，则将其从事件控制块等待列表中删除，置于就绪态，执行任务调度；

④ 若无任务在等待该消息邮箱中的消息，检查消息邮箱中是否有消息，若有返回消息邮箱满，若无则向消息邮箱发送消息。

5.7.5　消息队列

消息邮箱中每次只能存放一条消息(一个指向特定数据结构的指针)，在某些场合下不够用。消息队列是另一种通信机制，它每次可以存放 n 条消息(n 个指针，每个指针指向一个数据结构/类型)。

在使用一个消息队列之前，必须先建立该消息队列。这可以通过调用 OSQCreate()函数，并定义消息队列中的单元数(消息数)来完成。

μC/OS-II 提供了 7 个对消息队列进行操作的函数：

OSQCreate()：建立消息队列；

OSQPost()：向消息队列发消息；

OSQPend()：等待/请求消息队中的消息；

OSQDel()：删除消息队列；

OSQAccept()：无等待地从消息队列中获得消息；

OSQFlush()：清空消息队列；

OSQQuery()：获取消息队列的状态。

5.8　μC/OS-II 的内存管理

操作系统中的存储管理方式很多，有固定分区存储管理、可变分区存储管理、页式存储管理、段式存储管理、段页式存储管理及虚拟存储管理。在实时操作系统中，通常仅使用简单的存储管理。μC/OS-II 采取的是固定分区存储管理方式，把连续的内存划分为很多不同大小的分区，每个分区中又包含有整数个大小相同的内存块，如图 5.24 所示。

用户的应用程序可以从不同的内存分区中得到不同大小的内存块，特定的内存块在释放时必须重新放回它以前所属于的内存分区。采用这样的内存管理算法，内存碎片问题得到了较好解决。

μC/OS-II 中的内存管理属可选项，由 OS_CFGH 文件中的开关量 OS_MEM_EN 决定，若 OS_MEM_EN = 0，将不使用 μC/OS-II 中的内存管理技术，内存分配交由编译器负责。下面对 μC/OS-II 中所用的内存管理技术做一简单介绍。

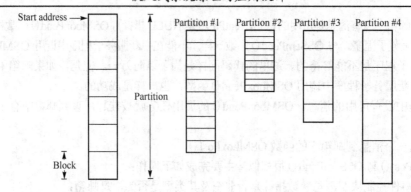

图 5.24　μC/OS-II 的内存分区

（1）内存控制块数据结构

为了便于内存的管理，在 μC/OS-II 中使用内存控制块数据结构来跟踪每一个内存分区，系统中的每个内存分区都有它自己的内存控制块。

内存控制块数据结构的定义如下：

```
typedef struct {
void     *OSMemAddr;              // 指向内存分区起始地址的指针，它在调用 OSMemCreate () 时被初始化，
                                  // 在此之后就不能更改
         void   *OSMemFreeList;   // 指向下一个空闲内存控制块或者下一个空闲内存块的指针
         INT32U   OSMemBlkSize;   // 内存分区中内存块的大小，在用户建立该内存分区时指定
         INT32U   OSMemNBlks;     // 内存分区中总的内存块数量，在用户建立该内存分区时指定
         INT32U   OSMemNFree;     // 内存分区中当前可以得到的空闲内存块数量
} OS_MEM;
```

（2）空闲内存控制块链表

若在 OS_CFG.H 文件中将开关量 OS_MEM_EN 置为 1，μC/OS-II 启动时 OSInit () 将调用 OSMemInit () 对内存管理器进行初始化，产生一个空闲内存控制块链表，如图 5.25 所示。

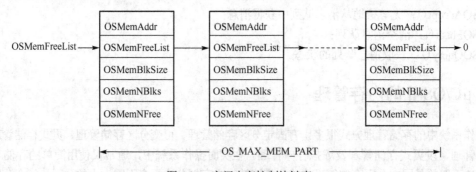

图 5.25　空闲内存控制块链表

（3）建立一个内存分区 OSMemCreate ()

在使用一个内存分区之前，必须先建立该内存分区。这个操作可以通过调用 OSMemCreate () 函数来完成。下面代码说明了如何建立一个含有 100 个内存块、每块 32 字节的内存分区。

```
OS_MEM *CommTxBuf;
INT8U     CommTxPart[100][32];
void main (void)
```

```
    {
        INT8U err;
        ...
        OSInit();
        ...
        CommTxBuf = OSMemCreate(CommTxPart, 100, 32, &err);
        ...
        OSStart();
    }
```

该函数共有 4 个参数：内存分区的起始地址、分区内的内存块总块数、每个内存块的字节数和一个指向错误信息代码的指针。如果 OSMemCreate() 操作失败，它将返回一个 NULL 指针。否则，它将返回一个指向内存控制块的指针。对内存管理的其他操作函数，如 OSMemGet()、OSMemPut() 与 OSMemQuery() 等，都要通过该指针进行。

（4）分配一个内存块 OSMemGet()

应用程序可以调用 OSMemGet() 函数从已经建立的内存分区中申请一个内存块。该函数的唯一参数是指向特定内存分区的指针，该指针在建立内存分区时由 OSMemCreate() 函数返回。显然，应用程序必须知道内存块的大小，并且在使用时不能超过该容量。例如，如果一个内存分区内的内存块为 32 字节，那么应用程序最多只能使用该内存块中的 32 字节。当应用程序不再使用这个内存块后，必须及时把它释放，重新放入相应的内存分区中。

（5）释放一个内存块 OSMemPut()

当用户应用程序不再使用一个内存块时，必须及时地把它释放并放回到相应的内存分区中，这个操作由 OSMemPut() 函数完成。必须注意的是，OSMemPut() 并不知道一个内存块是属于哪个内存分区的。例如，用户任务从一个包含 32 字节内存块的分区中分配了一个内存块，用完后，把它返还给了一个包含 120 字节内存块的内存分区。当用户应用程序下一次申请 120 字节分区中的一个内存块时，它会只得到 32 字节的可用空间，其他 88 字节属于其他的任务，也就有可能使系统崩溃。

（6）查询一个内存分区的状态 OSMemQuery()

在 μC/OS-II 中，可以使用 OSMemQuery() 函数来查询一个特定内存分区的有关消息。通过该函数可以知道特定内存分区中内存块的大小、可用内存块数和正在使用的内存块数等信息。所有这些信息都放在 OS_MEM_DATA 的数据结构中。

5.9　μC/OS-II 的移植

所谓移植，是指修改或补充操作系统中与处理器类型相关的部分代码，使其能够在该类处理器平台上运行。本节讲授 μC/OS-II 在 ARM7TDMI 上的移植。

从图 5.1 μC/OS-II 体系结构中可看出，μC/OS-II 操作系统代码可分为与处理器类型无关、与处理器类型有关、与应用相关和应用程序四个部分。移植时只需修改或补充与处理器类型有关的代码，即修改或补充 OS_CPU.H、OS_CPU_A.ASM 及 OS_CPU_C.C 文件的内容。

1. OS_CPU.H 文件

OS_CPU.H 包括了用 #defines 定义的与处理器相关的常量、宏和类型定义。具体来讲有系统数据类型定义，堆栈增长方向定义，关中断和开中断宏定义，系统软中断宏定义等。

OS_CPU.H 文件的内容如下：

```
/*OS_CPU.H*/
typedef unsigned char    BOOLEAN;
typedef unsigned char    INT8U;              /*无符号 8 位整数     */
typedef signed    char   INT8S;              /*有符号 8 位整数     */
typedef unsigned  int     INT16U;            /*无符号 16 位整数    */
typedef signed    int     INT16S;            /*有符号 16 位整数    */
typedef unsigned  long   INT32U;             /*无符号 32 位整数    */
typedef signed    long   INT32S;             /*有符号 32 位整数    */
typedef float            FP32;               /*单精度浮点数       */
typedef double           FP64;               /*双精度浮点数       */
typedef unsigned  int     OS_STK;            /*堆栈入口宽度为 16 位*/
#define  OS_ENTER_CRITICAL()                 /*禁止中断宏   */
#define  OS_EXIT_CRITICAL()                  /*允许中断宏   */
#define  OS_STK_GROWTH        1              /*定义堆栈的增长方向：1 = 向下，0 = 向上*/
#define  OS_TASK_SW()                        /*任务切换宏*/
```

向 ARM7TDMI 移植时，OS_CPU.H 文件修改(黑体字部分)如下：

```
/*OS_CPU.H*/
typedef unsigned char    BOOLEAN;
typedef unsigned char    INT8U;              /*无符号 8 位整数     */
typedef signed    char   INT8S;              /*有符号 8 位整数     */
typedef unsigned  short   INT16U;            /*无符号 16 位整数    */
typedef signed    short   INT16S;            /*有符号 16 位整数    */
typedef unsigned  long   INT32U;             /*无符号 32 位整数    */
typedef signed    long   INT32S;             /*有符号 32 位整数    */
typedef float            FP32;               /*单精度浮点数       */
typedef double           FP64;               /*双精度浮点数       */
typedef unsigned  int     OS_STK;            /*堆栈入口宽度为 32 位*/
#define  OS_ENTER_CRITICAL()  ARMDisableInt() /*禁止中断宏*/
#define  OS_EXIT_CRITICAL()   ARMEnableInt()  /*允许中断宏 */
#define  OS_STK_GROWTH        1              /*定义堆栈的增长方向：1 = 向下，0 = 向上*/
#define  OS_TASK_SW()  OSCtxSw()             /*任务切换宏*/
```

开/关中断宏的汇编实现如下：

```
.GLOBAL   ARMDisableInt
ARMDisableInt:
        STMDB   sp!, {r0,lr}
        MRS r0, CPSR
        ORR r0, r0, #NoInt
        MSR CPSR_cxsf, r0
        LDMIA   sp!, {r0,pc}


.GLOBAL   ARMEnableInt
ARMEnableInt:
        STMDB   sp!, {r0,lr}
        MRS r0, CPSR
        BIC   r0, r0, #NoInt
```

```
MSR CPSR_cxsf, r0
LDMIA     sp!, {r0,pc}
```

任务切换宏 OSCtxSw 的汇编实现参见后面部分。

2. OS_CPU_A.ASM 文件

在该汇编文件中，需要编写 4 个汇编语言函数：运行优先级最高的就绪任务函数 OSStartHighRdy()，任务级的任务切换函数 OSCtxSw()，中断级的任务切换函数 OSIntCtxSw() 和时钟节拍中断函数 OSTickISR()。

（1）OSStartHighRdy() 函数

OSStartHighRdy() 在 OSStart() 中被调用，OSStart() 为启动 uCOS-II 的函数，已在 5.4 节中介绍过。OSStartHighRdy() 的示意性代码如下：

```
void OSStartHighRdy (void)
{
    调用用户定义的 OSTaskSwHook();
    获得将要运行任务的堆栈指针：
    Stack pointer = OSTCBHighRdy->OSTCBStkPtr;
    OSRunning = TRUE;
    从堆栈中恢复任务的所有寄存器值；
    执行中断返回指令；
}
```

向 ARM7TDMI 上移植时，OSStartHighRdy 的汇编实现如下：

```
.GLOBAL   OSStartHighRdy
OSStartHighRdy：
    BL    OSTaskSwHook                ; 用户定义的勾子函数
    MOVR0,#1
    LDR  R1, = OSRunning
    STRB       R0,[R1]                ; 设置多任务启动标志 OSRunning 为 TRUE
    LDR        r4, _OSTCBCur          ; 得到当前任务 TCB 地址
    LDR        r5, _OSTCBHighRdy      ; 得到最高优先级任务 TCB 地址
    LDR        r5, [r5]               ; 获得堆栈指针
    LDR        sp, [r5]               ; 转移到新的堆栈中
    STR        r5, [r4]               ; 设置新的当前任务 TCB 地址
    LDMFD      sp!, {r4}              ; 堆栈中第一个寄存器 SPSR 出栈
    MSR        SPSR, r4               ; SPSR，CPSR 只能通过 MSR 指令赋值
    LDMFD      sp!, {r4}              ; 从栈顶获得新的状态 CPSR
    MSR        CPSR, r4               ; CPSR 处于 SVC32Mode 摸式
    LDMFD      sp!, {r0-r12, lr, pc } ; 运行新的任务
```

（2）OSCtxSw() 函数

OSCtxSw() 在调度器 OSSched () 中被调用（参见 5.2.2 节），实现任务级任务切换，其示意性代码如下：

```
void OSCtxSw(void)
{
    保存处理器寄存器；
```

将当前任务的堆栈指针保存到当前任务的 OS_TCB 中:

OSTCBCur->OSTCBStkPtr = Stack pointer;

调用用户定义的 OSTaskSwHook();

OSTCBCur = OSTCBHighRdy;

OSPrioCur = OSPrioHighRdy;

得到需要恢复的任务的堆栈指针:

Stack pointer = OSTCBHighRdy->OSTCBStkPtr;

将所有处理器寄存器从新任务的堆栈中恢复出来;

执行中断返回指令;

}

向 ARM7TDMI 上移植时,OSCtxSw 的汇编实现如下:

```
OSCtxSw:
    STMFD    sp!, {lr}                ; 保存当前 pc
    STMFD    sp!, {lr}                ; 保存返回地址 lr
    STMFD    sp!, {r0-r12}            ; 保存寄存器 r0-r12
    MRS      r4, CPSR                 ; 将 CPSR 传送到 r4
    STMFD    sp!, {r4}                ; 保存当前的 CPSR
    MRS      r4, SPSR                 ; SPSR 传送到 r4
    STMFD    sp!, {r4}                ; 保存 SPSR
# OSPrioCur = OSPrioHighRdy
    LDR      r4, addr_OSPrioCur       ; R4←当前任务的优先级存放地址
    LDR      r5, addr_OSPrioHighRdy   ; R5←优先级最高就绪任务的优先级存放地址
    LDRB     r6, [r5]                 ; R6←OSPrioHighRdy
    STRB     r6, [r4]                 ; OSPrioCur←OSPrioHighRdy
    LDR      r4, addr_OSTCBCur        ; 获取当前任务的 TCB 地址
    LDR      r5, [r4]                 ; R5←控制块中的第一个成员,即 R5←OSTCBStkPtr
    STR      sp, [r5]                 ; *OSTCBStkPtr← SP,即将 SP 保存到当前任务的控制块中
    LDR      r6, addr_OSTCBHighRdy    ; 获取最高优先级任务 TCB 指针
    LDR      r6, [r6]                 ; 将 TCB 中第一个成员 OSTCBStkPtr 取出送 r6
    LDR      sp, [r6]                 ; 获取到新任务堆栈指针并送 SP,即 SP←*OSTCBStkPtr
# OSTCBCur = OSTCBHighRdy
    STR      r6, [r4]                 ; 设置新的当前任务 TCB 地址
# 将新任务的寄存器值从堆栈中恢复
    LDMFD    sp!, {r4}                ; SPSR 出栈
    MSR      SPSR, r4                 ; 恢复 SPSR
    LDMFD    sp!, {r4}                ; CPSR 出栈
    MSR      CPSR, r4                 ; 恢复 CPSR
    LDMFD    sp!, {r0-r12, lr, pc}    ; 返回到新任务的上下文
```

任务切换前、后的上下文分别如图 5.26、图 5.27 所示。图 5.26 中,左边部分表示的为低优先级任务,也是当前正在运行的任务,其正占据着 CPU,其上下文在 CPU 内。右面部分表示的为高优先级任务,也是即将要运行(调度)的任务,其上下文还在内存中。图 5.27 是切换后的上下文,低优先级任务(当前任务)让出了 CPU,高优先级任务则进入了 CPU。

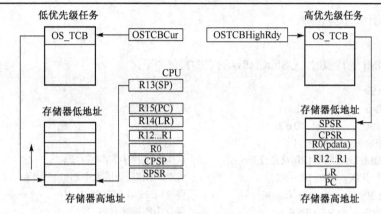

图 5.26　任务切换前的上下文

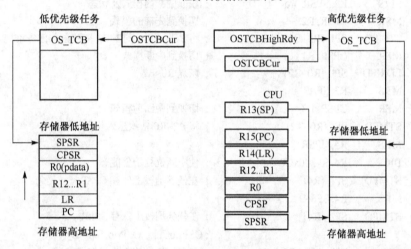

图 5.27　任务切换后的上下文

（3）OSIntCtxSw（）

OSIntCtxSw（）在退出中断服务函数 OSIntExit（）中调用，实现中断级任务切换。由于是在中断中调用，所以处理器的寄存器入栈工作已经做完，但进入中断时的堆栈保护寄存器的个数和任务级任务切换时的入栈寄存器个数不相等，因此需要调整栈指针，然后保存当前任务 SP，载入最高优先级就绪任务的 SP，恢复最高优先级就绪任务的环境变量，实施中断返回。这样就完成了中断级任务切换。OSIntCtxSw（）函数的示意性代码如下所示：

```
void OSIntCtxSw（void）
{
    调整堆栈指针来去掉在调用 OSIntExit（），OSIntCtxSw（）过程中压入堆栈的多余内容；
    将当前任务堆栈指针保存到当前任务的 OS_TCB 中：
        OSTCBCur->OSTCBStkPtr = 堆栈指针；
    调用用户定义的 OSTaskSwHook（）；
    OSTCBCur = OSTCBHighRdy；
    OSPrioCur = OSPrioHighRdy；
    得到需要恢复的任务的堆栈指针：
        堆栈指针 = OSTCBHighRdy->OSTCBStkPtr；
    将所有处理器寄存器从新任务的堆栈中恢复出来；
```

```
            执行中断返回指令;
      }
```

向 ARM7TDMI 上移植时，OSIntCtxSw 的汇编实现如下：

```
OSIntCtxSw
        MRS      r1, CPSR                    ; 得到当前 CPSR
        ORR      r1, r1, #0xC0
        MSR      CPSR, r1                    ; 关闭 IRQ, FIQ.
        LDMFD    SP!, {R0~R12, LR_irq}       ; 从中断堆栈中恢复寄存器
        STMFD    SP!, {R0~R2}                ; 将 R0~R2 重新压入中断堆栈中保护
        SUBS     R0, R14_irq, #4             ; 将 R14_irq-4 保存到 R0 中
        MRS      R1, CPSR                    ; 保存中断模式状态
        MRS      R2, SPSR_irq                ; 获取中断前模式及状态
        MSR      CPSR, R2                    ; 切换到先前的模式
        STMFD    SP!, {R3~R12, R0, R0}       ; 将 PC、LR、R12~R3 依次压入任务堆栈
        MSR      CPSR, R1                    ; 切换到中断模式
        LDMFD    SP!, {R0~R2}                ; 恢复 R0~R2
        MRS      R3, SPSR_irq
        MSR      CPSR, R3                    ; 切换到中断前模式
        STMFD    SP! {R0~R2}                 ; 将 R2~R0 依次压入任务堆栈
        MRS      R4, CPSR
        BIC      R4, R4, #0xC0               ; 使中断位处于使能态
        STMFD    SP!, {R4}                   ; 在任务堆栈上保存 CPSR
        MRS      R4, SPSR
        STMFD    SP!, {R4}                   ; 在任务堆栈上保存 SPSR
                                             ; OSPrioCur = OSPrioHighRdy
        LDR      R4, addr_OSPrioCur          ; 得到被抢占的任务优先级指针
        LDR      R5, addr_OSPrioHighRdy;
        LDRB     R6, [R5]
        STRB     R6, [R4]                    ; OSPrioCur = OSPrioHighRdy
                                             ; 得到被占先的任务 TCB
        LDR      R4, addr_OSTCBCur
        LDR      R5, [R4]
        STR      SP, [R5]                    ; 保存 sp 在被占先的任务的 TCB
                                             ; 代码获取新任务 TCB 地址
        LDR      R6, addr_OSTCBHighRdy
        LDR      R6, [R6]
        LDR      SP, [R6]                    ; 得到新任务堆栈指针
        STR      R6, [R4];   OSTCBCur = OSTCBHighRdy, 设置新的当前任务的 TCB 地址
        LDMFD    SP!, {R4}                   ; 将新任务的 SPSR 从任务堆栈中推出
        MSR      SPSR, R4
        LDMFD    SP!, {R4}                   ; 将新任务的 CPSR 从任务堆栈中推出
        BIC      R4, R4, #0xC0               ; 新任务允许中断
        MSR      CPSR, R4
        LDMFD    SP!, {R0-R12, LR, PC}       ; 将其他寄存器从堆栈中推出
```

（4）OSTickISR（）

OSTickISR（）为系统时钟节拍中断服务函数。时钟节拍中断是一个周期性中断，为内核提供工作时钟。其周期的大小决定了内核所能给应用系统提供的最小时间间隔，一般只限于 ms 级（跟 MCU 有关），对于要求更加苛刻的任务需要用户自己建立中断来解决。

OSTickISR（）函数的具体操作是：保存寄存器（如果硬件自动完成就可以省略），调用 OSIntEnter（），调用 OSTimeTick（），调用 OSIntExit（），恢复寄存器，实施中断返回。用户必须在开始多任务调度后（即调用 OSStart（）后）允许时钟节拍中断，其示意性代码如下：

```
void OSTickISR（void）
{
        保存处理器寄存器;
        调用 OSIntEnter（）或者直接将 OSIntNesting 加 1;
        调用 OSTimedTick（）;
        调用 OSIntExit（）;
        恢复处理器寄存器;
        执行中断返回指令;
}
```

向 ARM7TDMI 上移植时，OSTickISR 的汇编实现如下：

```
_OS_CPU_Tick_ISR
        STMFD SP!,{R0-R12, LR}        ; 保护现场，将 r0~r12，lr 压入中断堆栈空间

        BL        OSIntEnter          ; 进入中断，屏蔽中断
        BL        OSTimeTick          ; 调用系统时钟中断服务程序
        BL        OSIntExit           ; 退出中断服务程序，判断是否需要进行任务切换
        LDMFD SP!, {R0-R12, LR}^      ; 恢复现场，将 r0~r12，lr 推出中断堆栈空间，
                                      ; 同时将 SPSR_irq 复制给 CPSR，LR_irq 复制给 LR
        SUB       PC, LR,#4
```

3. OS_CPU_C.C 文件

这个源文件中有 6 个函数需要移植，即 OSTaskStkInit（）、OSTaskCreatHook（）、OSTaskDelHook（）、OATaskSwHook（）、OSTaskStatHook（）和 OSTASKTickHook（）。后面 5 个函数又称为钩子函数，主要用来扩展μC/OS-II 功能，可以为空函数。故唯一必须移植的函数是 OSTaskStkInit（）。

OSTaskStkInit（）函数在任务创建时被调用，OSTaskCreate（）通过调用它来初始化任务的堆栈结构。OSTaskStkInit（）源码已在 5.2.3 节做了介绍，此处不再重复。

5.10　本章小结

本章讲授了 uCOS-II 的任务管理、初始化与启动、时钟与中断、同步与通信及移植等内容。

μCOS-II 是一款源码开放、可移植、可裁剪、可剥夺、多任务、硬实时的嵌入式操作系统。

μC/OS-II 最多可支持 64 个任务，每个任务有唯一的优先级，空闲任务的优先级最低，其次是统计任务，用户任务的优先级由用户决定。任务由任务代码+控制块+堆栈组成。

μC/OS-II 的调度由调度器 OSSched（）完成，OSSched（）通过就绪表找到处于就绪态的优先级最高

的任务，然后借助优先级映射表计算出其优先级，若其不是当前任务，就获取其控制块指针，调用任务切换宏进行任务切换。

μC/OS-II 中创建一个任务所需的操作是：编写任务代码、创建并初始化任务的控制块及任务的堆栈。μC/OS-II 提供了创建并初始化控制块的函数 OS_TCBInit()、初始化堆栈的函数 OSTaskStkInit() 及任务创建的函数 OSTaskCreate()，用户根据具体任务需求编写好任务代码后，即可调用 OSTaskCreate() 或 OSTaskCreateExt() 来创建任务，其会调用 OS_TCBInit() 及 OSTaskStkInit() 初始化任务控制块及任务堆栈，从而完成任务的创建。

μC/OS-II 运行环境的初始化由初始化函数 OSInit() 完成。OSInit() 主要做以下 5 件事情：初始化全局变量；初始化就绪表；建立空闲数据缓冲池（空任务控制块、空事件控制块、信号量集、空消息队列控制块、空存储器管理控制块）；建立空闲任务 OSTaskIdle()；建立统计任务 OSTaskStat()（可选）。

μC/OS-II 的启动是通过调用函数 OSStart() 实现的。在初始化完成后，μC/OS-II 必须建立至少一个用户任务，然后调用 OSStart() 完成启动操作。OSStart() 主要做三件事：从任务就绪表中找出优先级最高的任务；获取其任务控制块指针；调用 OSStartHighRdy() 启动它。

μC/OS-II 的中断过程是：CPU 响应中断后，在中断向量指引下跳转到中断服务子程序。中断服务子程序保存 CPU 寄存器，给变量 OSIntNesting 加 1（记录中断嵌套的层数），运行用户中断事务处理代码（此部分应尽量短，大部分工作留给任务去做），若有必要，则调用系统服务函数向等待队列中的任务发送消息邮箱、消息队列或信号量，给变量 OSIntNesting 减 1。此后，若中断处理程序没有唤醒优先级更高的任务，恢复 CPU 寄存器，执行中断返回指令返回到被中断的任务，否则进行任务切换，切换到被中断唤醒的优先级更高的任务。

时钟节拍中断是 μC/OS-II 中的周期性中断，时钟节拍中断事务处理函数 OSTimeTick() 主要做两件事：给计数器 OSTime 加 1；遍历任务控制块链表中的所有任务控制块，把其中用来存放任务延时时限的变量 OSTCBDly 减 1，并将其中已经到了延时时限的非挂起任务推入就绪态，最后进行上下文切换。

μC/OS-II 把信号量、消息邮箱、消息队列等用来通信的工具称为事件，并提供一个称为事件控制块的数据结构来管理这些事件。

μC/OS-II 采取固定分区存储管理方式，把连续的内存划分为许多不同大小的分区，每个分区中又包含有整数个大小相同的内存块。

μC/OS-II 代码可分为与处理器类型无关、与处理器类型有关、与应用相关和应用程序四个部分，移植时只需修改或补充与处理器类型有关的代码，即修改或补充 OS_CPU.H、OS_CPU_A.ASM 及 OS_CPU_C.C 文件的内容。

习题与思考题

5.1　硬实时系统与软实时系统的区别是什么？

5.2　什么是可剥夺内核？什么是不可剥夺内核？

5.3　简述 μC/OS-II 中任务的存储结构。

5.4　简述 μC/OS-II 中任务的调度过程。

5.5　μC/OS-II 中是如何创建任务的？

5.6　μC/OS-II 初始化时需完成哪些操作？

5.7　μC/OS-II 中任务级任务切换与中断级任务切换有何不同？

5.8　两名工程师就 μC/OS-II 任务就绪表占用内存空间问题各自发表了观点：A 工程师认为占 8 字节，B 工程师认为占 9 字节，你认为哪个工程师的观点正确？

5.9　如果需要对 μC/OS-II 的任务管理数进行扩充，你认为应当如何进行？

5.10　请说明 μC/OS-II 的任务就绪表和事件控制表的异同。

5.11　在 μC/OS-II 环境中，当用户建立一个新任务时，至少要向任务创建函数 OSTaskCreate() 传递哪几个参数？

5.12　创建一个 μC/OS-II 用户任务时，先创建该任务的私有堆栈，还是先创建该任务的 TCB？

5.13　为什么 μC/OS-II 启动前必须至少创建一个用户任务？

5.14　简述 μC/OS-II 的中断过程。

5.15　μC/OS-II 如何处理时钟节拍中断？

5.16　试述 μC/OS-II 中信号量与消息邮箱的异同。

5.15　移植 μC/OS-II 需要做哪些工作？

第6章 嵌入式系统架构

前面几章讲授了 ARM 架构与嵌入式操作系统，这些是设计嵌入式系统的基础。有了前面的基础，本章开始探讨嵌入式系统设计。为使问题变得易于理解，本书通过一个典型嵌入式系统实例的设计来阐明嵌入式系统的组成原理及设计方法。但由于嵌入式系统中的微处理器通常有数百条引脚及数百个寄存器，一个典型嵌入式系统实例仍然不易被掌握。故本书采取自顶向下的方式分析研究这个典型嵌入式系统实例：先分析研究组成原理及架构，再进入内部探索其细节。掌握了架构，好比登上了山顶，可一览众山小；进入内部，可看清其细节。本章主要探索嵌入式系统架构，细节则放在第 7 章。

本章的主要内容有：
- S3C44B0X 的功能模块与总线结构
- 设备控制器结构
- S3C44B0X 设备控制器设备侧接口
- S3C44B0X 设备控制器寄存器
- 嵌入式系统硬件结构
- 嵌入式系统软件结构

6.1 S3C44B0X 处理器

6.1.1 功能模块与总线结构

S3C44B0X 是三星公司的一款基于 ARM7TDMI 内核，主频率为 60 MHz 的通用处理器。如图 6.1 所示，片上集成了如下功能模块：
- 8 KB cache；
- 存储器控制器；
- 1 个 LCD 控制器；
- 2 个 UART 控制器；
- 1 个 IIC 接口控制器；
- 1 个 IIS 接口控制器；
- 1 个 SIO 接口控制器；
- 8 路 10 bit ADC；
- 5 路 PWM 定时器&1 路内部定时器；
- GPIO 控制器，提供 71 个 I/O 端口；
- 中断控制器，提供 8 个外部中断接口；
- 2 路 ZDMA、2 路外围 BDMA；
- 1 个看门狗定时器；
- 1 个电源管理单元；
- TAP 控制器，提供 JTAG 接口；
- 实时时钟。

从图 6.1 可见，S3C44B0X 内部有两条总线：一条系统总线，一条外围总线。外围总线为低速总线，系统总线为高速总线，所以外围总线不能直接与系统总线相连，而是通过一总线桥接器挂接到系统总线上。高速设备的控制器，如存储器控制器、LCD 控制器、中断控制器、ZDMA 控制器、电源管理单元及处理器核 ARM7TDMI 均挂接在系统总线上。低速设备的控制器，如 GPIO 控制器、IIC 控制器、UART 控制器、IIS 控制器、SIO 控制器、PWM 控制器、实时时钟、看门狗定时器与 ADC 则挂接在外围总线上。

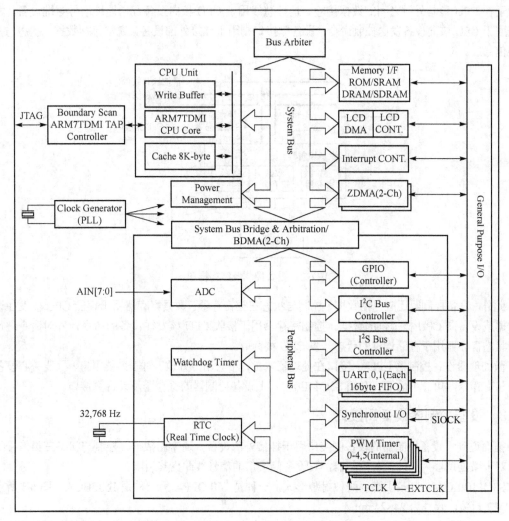

图 6.1　S3C44B0X 片上功能模块与总线结构框图

6.1.2　设备控制器

从图 6.1 可见，S3C44B0X 片内集成了存储器控制器、LCD 控制器与 IIC 控制器等许多设备控制器，分别挂在系统总线与外围总线上，这些设备控制器有何作用？它们是如何组成的？

嵌入式系统中的外部设备与 CPU 核之间有数据交换，需要连接起来。通过什么方式将它们连接起来呢？若把每个外部设备都直接与 CPU 核互连，则嵌入式系统的结构将会如蜘蛛网一般，非常复杂，难以实现。故通常采取总线方式互连，即将 CPU 核与外部设备都挂接到一组总线上，通过总线来进行信息交换，这样可以使系统的结构变得较为简单。但嵌入式系统中的外部设备种类繁多，信号类型、信号幅度与速度等千差万别，不可能将它们直接挂接在同一组总线上。所以，设备控制器的作用便是屏蔽各种设备的差别，使各种不同的设备都能够通过其控制器挂接到同一组总线上，与 CPU 核进行通信。即微处理器上的设备控制器是用来挂接外部设备的、可把其看成 CPU 核与外部设备间的一个桥接器。

作为 CPU 核与外部设备间的桥接器，设备控制器应有两个接口：CPU 侧接口与设备侧接口。CPU 侧接口用于挂接总线，与 CPU 核相连，故应包括数据、地址与控制三组总线，如图 6.2 所示。数据总线用于在 CPU 核与外设之间的数据传输。地址总线用于 CPU 核向设备发送地址信号寻址设备。控制总线用于 CPU 核向设备发送控制命令。设备侧接口则用于挂接外部设备，通常包括数据、状态与控制三类信号线。

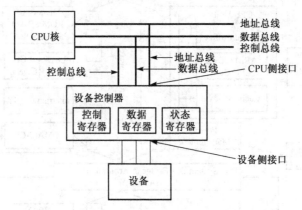

图 6.2　设备控制器结构框图

此外，设备控制器还应包括数据、控制与状态三类寄存器。数据寄存器用于存储 CPU 核发往设备的数据或设备向 CPU 核提供的数据。控制寄存器用于接收 CPU 核发往设备的命令，并对命令进行译码。状态寄存器用于存储设备的状态，供 CPU 核读取。

微处理器设备控制器 CPU 侧接口在处理器内部，不对用户开放。对于系统用户，只要关心设备侧接口与寄存器即可。下面简要介绍 S3C44B0X 片上设备控制器的寄存器及设备侧接口。

6.1.3　设备控制器设备侧接口

前面说到，设备控制器的设备侧接口用于挂接外部设备，通常由数据、控制与状态三类信号线组成。对于微处理器片上的设备控制器，其设备侧接口的信号线即指其引脚。

S3C44B0X 有 160 条引脚，两种封装形式，一种是 160-QFP，另一种是 160FBGA，图 6.3 所示为160-QFP 封装，尺寸为 24×24 mm。

160 根引脚中，除了电源、地引脚外，几乎均为用于外部设备的数据、控制与状态信号线。为节省篇幅，本书不逐一介绍每一根引脚，只将具相同信号的引脚放在一起进行说明。引脚信号说明如表 6.1 所示。

从表 6.1 中可见，存储器/总线控制器设备侧接口包括数据线 DATD[31:0]，地址线 ADDR[24:0]及控制线 OM[1:0]、nWE、nOE、nXBREQ 等。这些信号线用于扩展外部总线，即电路板上的总线，又称板级总线。虽然微处理器片上集成了不少设备控制器，但仍不可能满足用户需求，用户通常会在片外增加一些设备控制器，这些设备控制器需要挂接点，板级总线提供了这样的挂接点。

LCD 控制器的设备侧接口由数据线 VD[7:0]，控制线 VFRAME、VM、VLINE 及 VCLK 组成。

UART 控制器设备侧接口由数据线 RxD[1:0]、TxD[1:0]，控制线 nCTS[1:0]、nRTS[1:0]组成。

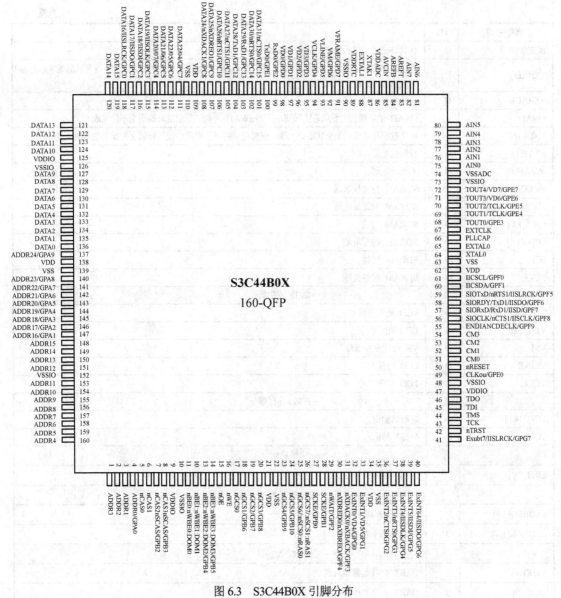

图 6.3　S3C44B0X 引脚分布

表 6.1　S3C44B0X 引脚信号描述

信号/引脚	I/O	描述
存储器/总线控制器		
OM[1:0]	I	设置 S3C44B0X 为测试模式和确定 nGCS0 的总线宽度，逻辑电平在复位期间由这些引脚的上拉或下拉电阻确定。 00:8-bit　01:16-bit　10:32-bit　11:测试模式
ADDR[24:0]	O	地址总线，输出相应 Bank 的存储器地址
DATA[31:0]	I/O	数据总线，宽度可编程为 8/16/32 位
nGCS[7:0]	O	片选(选择 Bank)，其被激活时，存储器地址在相应 Bank 的地址区域
nWE	O	写允许信号，指示当前的总线周期为写周期
nWBE[3:0]	O	写字节允许信号
nBE[3:0]	O	高字节使能信号(用于 SRAM)

信号/引脚	I/O	描述
nOE	O	读允许信号，指示当前的总线周期为读周期
nXBREQ	I	总线控制请求信号，允许另一个总线控制器请求控制本地总线，若 nXBREQ 信号被激活表示已经得到总线控制权
nXBACK	O	总线应答信号
nWAIT	I	nWAIT 请求延长当前的总线周期，只要 nWAIT 为低，当前的总线周期不能完成
ENDIAN	I	确定数据存储格式是小端还是大端，逻辑电平在复位期间由该引脚的上拉或下拉电阻确定
nRAS[1:0]	O	行地址选通
nCAS[3:0]	O	列地址选通
nSRAS	O	SDRAM 行地址选通
nSCAS	O	SDRAM 列地址选通
nSCS[1:0]	O	SDRAM 片选
DQM[3:0]	O	SDRAM 数据屏蔽
SCLK	O	SDRAM 时钟
SCKE	O	SDRAM 时钟使能
LCD 控制器		
VD[7:0]	O	LCD 数据总线
VFRAME	O	LCD 帧信号
VM	O	VM 极性变换信号
VLINE	O	LCD 行信号
VCLK	O	LCD 时钟信号
PWM 定器器		
TOUT[4:0]	O	定时器输出
TCLK	I	外部时钟输入
中断控制器		
EINT[7:0]	I	外部中断请求
DMA 控制器		
nXDREQ[1:0]	I	外部 DMA 请求
nXDACK[1:0]	O	外部 DMA 应答
UART 控制器		
RxD[1:0]	I	UART 接收数据输入线
TxD[1:0]	O	UART 发送数据输出线
nCTS[1:0]	I	UART 清除发送输入信号
nRTS[1:0]	O	UART 请求发送输出信号
IIC 总线控制器		
IICSDA	I/O	IIC 总线数据线
IICSCL	I/O	IIC 总线时钟线
IIS-BUS 控制器		
IISLRCK	I/O	IIS 总线通道时钟选择信号线
IISDO	O	IIS 总线串行数据输出数据线
IISDI	I	IIS 总线串行数据输入数据线
IISCLK	I/O	IIS 总线串行时钟
CODECLK	O	编解码系统时钟

（续表）

信号/引脚	I/O	描述
SIO 控制器		
SIORXD	I	SIO 接收数据输入线
SIOTXD	O	SIO 发送数据输出线
SIOCK	I/O	SIO 时钟
SIORDY	I/O	当 SIO 的 DMA 操作完成时的握手信号
ADC		
AIN[7:0]	AI	ADC 输入
AREFT	AI	ADC 顶参考电压
AREFB	AI	ADC 底参考电压
AVCOM	AI	ADC 公共参考电压
GPIO 控制器		
P[70:0]	I/O	通用 I/O 口（一些口只有输出模式）
复位与时钟		
nRESET	ST	复位信号，在电源打开稳定时，必须保持低电平至少 4 个 MCLK 周期
OM[3:2]	I	确定时钟模式 00 = 晶振(XTAL0,EXTAL0)，PLL 打开 01 = 外部时钟，PLL 打开 10,11 = 芯片测试模式
EXTCLK	I	当 OM[3:2] = 01 时为外部时钟输入线，不用时必须接高电平(3.3 V)
XTAL0	AI	系统时钟内部振荡电路的晶振输入线，不用时必须接高电平(3.3 V)
EXTAL0	AO	系统时钟内部振荡电路的晶振输出线，它是 XTAL0 的反转输出信号，不用时必须接高电平
XTAL1	AI	实时时钟 RTC 的 32 kHz 晶振输入脚
EXTAL1	AO	实时时钟 RTC 的 32 kHz 晶振输出脚，它是 XTAL1 的反转输出脚
CLKout	O	Fout 或 Fpllo 时钟
TAP 控制器		
nTRST	I	TAP 控制器复位信号，启动时复位 TAP 控制器，若使用 debugger，必须连接一个 10 kΩ上拉电阻
TMS	I	TAP 控制器模式选择信号，控制 TAP 控制器的状态次序，必须连接一个 10 kΩ上拉电阻
TCK	I	TAP 控制器时钟信号，提供 JTAG 逻辑的时钟信号源，必须连接一个 10 kΩ上拉电阻
TDI	I	TAP 控制器数据输入信号，测试指令和数据的串行输入脚，必须连接一个 10 kΩ上拉电阻
TDO	O	TAP 控制器数据输出信号，测试指令和数据的串行输出脚
电源		
VDD	P	S3C44B0X 内核逻辑电压(2.5 V)
VSS	P	S3C44B0X 内核逻辑地
VDDIO	P	S3C44B0X I/O 口电源 (3.3 V)
VSSIO	P	S3C44B0X I/O 口地
RTCVDD	P	RTC 电源 (2.5 V 或 3.0 V，不支持 3.3 V)
VDDADC	P	ADC 电源(2.5 V)
VSSADC	P	ADC 地

IIC 总线控制器设备侧接口由数据线 IICSDA，时钟(控制)线 IICSCL 组成。

其他设备控制器的设备侧接口线读者可自己判读，此处不再赘述，下面将会看到，外部设备正是通过这些接口线挂接上系统的。

6.1.4 设备控制器寄存器

控制器的寄存器有控制寄存器、状态寄存器与数据寄存器三类。其中，控制寄存器用于接收 CPU 核的命令，对命令进行译码，产生设备控制信号；状态寄存器用于存储设备的状态，供 CPU 核查询；数据寄存器用于存储 CPU 核写往设备的数据或设备向 CPU 核提供的数据。S3C44B0X 片上集成的设备控制器的寄存器如表 6.2 所示，表中仅给出了寄存器名称、小端模式下的地址、读/写属性与功能，寄存器中位段的定义及功能等详细细节请参考第 7 章内容。

表 6.2 设备控制器寄存器

寄存器名称	地址(L. Endian)	读/写属性	功能
CPU WRAPPER			
SYSCFG	0x01c00000	R/W	System Configuration
NCACHBE0	0x01c00004		Non Cacheable Area 0
NCACHBE1	0x01c00008		Non Cacheable Area 1
SBUSCON	0x01c40000		System Bus Control
存储器/总线控制器			
BWSCON	0x01c80000	R/W	Bus Width & Wait Status Control
BANKCON0	0x01c80004		Boot ROM Control
BANKCON1	0x01c80008		BANK1 Control
BANKCON2	0x01c8000c		BANK2 Control
BANKCON3	0x01c80010		BANK3 Control
BANKCON4	0x01c80014		BANK4 Control
BANKCON5	0x01c80018		BANK5 Control
BANKCON6	0x01c8001c		BANK6 Control
BANKCON7	0x01c80020		BANK7 Control
REFRESH	0x01c80024		DRAM/SDRAM Refresh Control
BANKSIZE	0x01c80028		Flexible Bank Size
MRSRB6	0x01c8002c		Mode register set for SDRAM
MRSRB7	0x01c80030		Mode register set for SDRAM
UART 控制器			
ULCON0	0x01d00000	R/W	UART 0 Line Control
ULCON1	0x01d04000		UART 1 Line Control
UCON0	0x01d00004		UART 0 Control
UCON1	0x01d04004		UART 1 Control
UFCON0	0x01d00008		UART 0 FIFO Control
UFCON1	0x01d04008		UART 1 FIFO Control
UMCON0	0x01d0000c		UART 0 Modem Control
UMCON1	0x01d0400c		UART 1 Modem Contro
UTRSTAT0	0x01d00010	R	UART 0 Tx/Rx Status
UTRSTAT1	0x01d04010		UART 1 Tx/Rx Status
UERSTAT0	0x01d00014		UART 0 Rx Error Status
UERSTAT1	0x01d04014		UART 1 Rx Error Status
UFSTAT0	0x01d00018		UART 0 FIFO Status
UFSTAT1	0x01d04018		UART 1 FIFO Status
UMSTAT0	0x01d0001c		UART 0 Modem Status
UMSTAT1	0x01d0401c		UART 1 Modem Status
UTXH0	0x01d00020	W	UART 0 Transmission Hold
UTXH1	0x01d04020		UART 1 Transmission Hold

（续表）

寄存器名称	地址（L. Endian）	读/写属性	功能
URXH0	0x01d00024	R	UART 0 Receive Buffer
URXH1	0x01d04024		UART 1 Receive Buffer
UBRDIV0	0x01d00028	R/W	UART 0 Baud Rate Divisor
UBRDIV1	0x01d04028		UART 1 Baud Rate Divisor
SIO 控制器			
SIOCON	0x01d14000	R/W	SIO Control
SIODAT	0x01d14004		SIO Data
SBRDR	0x01d14008		SIO Baud Rate Prescaler
ITVCNT	0x01d1400c		SIO Interval Counter
DCNTZ	0x01d14010		SIO DMA Count Zero
IIS 总线控制器			
IISCON	0x01d18000	R/W	IIS Control
IISMOD	0x01d18004		IIS Mode
IISPSR	0x01d18008		IIS Prescaler
IISFIFCON	0x01d1800c		IIS FIFO Control
IISFIF	0x01d18010		IIS FIFO Entry
GPIO 控制器			
PCONA	0x01d20000	R/W	Port A Control
PDATA	0x01d20004		Port A Data
PCONB	0x01d20008		Port B Control
PDATB	0x01d2000c		Port B Data
PCONC	0x01d20010		Port C Control
PDATC	0x01d20014		Port C Data
PUPC	0x01d20018		Pull-up Control C
PCOND	0x01d2001c		Port D Control
PDATD	0x01d20020		Port D Data
PUPD	0x01d20024		Pull-up Control D
PCONE	0x01d20028		Port E Control
PDATE	0x01d2002c		Port E Data
PUPE	0x01d20030		Pull-up Control E
PCONF	0x01d20034		Port F Control
PDATF	0x01d20038		Port F Data
PUPF	0x01d2003c		Pull-up Control F
PCONG	0x01d20040		Port G Control
PDATG	0x01d20044		Port G Data
PUPG	0x01d20048		Pull-up Control G
SPUCR	0x01d2004c		Special Pull-up
EXTINT	0x01d20050		External Interrupt Control
EXTINPND	0x01d20054		External Interrupt Pending

（续表）

寄存器名称	地址(L. Endian)	读/写属性	功能
		看门狗定时器	
WTCON	0x01d30000		Watchdog Timer Mode
WTDAT	0x01d30004	R/W	Watchdog Timer Data
WTCNT	0x01d30008		Watchdog Timer Count
		ADC	
ADCCON	0x01d40000		ADC Control
ADCPSR	0x01d40004	R/W	ADC Prescaler
ADCDAT	0x01d40008	R	Digitized 10 bit Data
		PWM 定时器	
TCFG0	0x01d50000		Timer Configuration
TCFG1	0x01d50004		Timer Configuration
TCON	0x01d50008	R/W	Timer Control
TCNTB0	0x01d5000c		Timer Count Buffer 0
TCMPB0	0x01d50010		Timer Compare Buffer 0
TCNTO0	0x01d50014	R	Timer Count Observation 0
TCNTB1	0x01d50018	R/W	Timer Count Buffer 1
TCMPB1	0x01d5001c		Timer Compare Buffer 1
TCNTO1	0x01d50020	R	Timer Count Observation 1
TCNTB2	0x01d50024	R/W	Timer Count Buffer 2
TCMPB2	0x01d50028		Timer Compare Buffer 2
TCNTO2	0x01d5002c	R	Timer Count Observation 2
TCNTB3	0x01d50030	R/W	Timer Count Buffer 3
TCMPB3	0x01d50034		Timer Compare Buffer 3
TCNTO3	0x01d50038	R	Timer Count Observation 3
TCNTB4	0x01d5003c	R/W	Timer Count Buffer 4
TCMPB4	0x01d50040		Timer Compare Buffer 4
TCNTO4	0x01d50044	R	Timer Count Observation 4
TCNTB5	0x01d50048	R/W	Timer Count Buffer 5
TCNTO5	0x01d5004c	R	Timer Count Observation 5
		IIC 总线控制器	
IICCON	0x01d60000		IIC Control
IICSTAT	0x01d60004	R/W	IIC Status
IICADD	0x01d60008		IIC Address
IICDS	0x01d6000c		IIC Data Shift
		RTC	
RTCCON	0x01d70040		RTC Control
RTCALM	0x01d70050		RTC Alarm
ALMSEC	0x01d70054		Alarm Second
ALMMIN	0x01d70058		Alarm Minute
ALMHOUR	0x01d7005c	R/W	Alarm Hour
ALMDAY	0x01d70060		Alarm Day
ALMMON	0x01d70064		Alarm Month
ALMYEAR	0x01d70068		Alarm Year
RTCRST	0x01d7006c		RTC Round Reset

（续表）

寄存器名称	地址（L. Endian）	读/写属性	功能
BCDSEC	0x01d70070		BCD Second
BCDMIN	0x01d70074		BCD Minute
BCDHOUR	0x01d70078		BCD Hour
BCDDAY	0x01d7007c	R/W	BCD Day
BCDDATE	0x01d70080		BCD Date
BCDMON	0x01d70084		BCD Month
BCDYEAR	0x01d70088		BCD Year
TICINT	0x01D7008C		Tick time count
时钟与电源管理			
PLLCON	0x01d80000		PLL Control
CLKCON	0x01d80004	R/W	Clock Control
CLKSLOW	0x01d80008		Slow clock Control
LOCKTIME	0x01d8000c		PLL lock time Counter
中断控制器			
INTCON	0x01e00000	R/W	Interrupt Control
INTPND	0x01e00004	R	Interrupt Request Status
INTMOD	0x01e00008		Interrupt Mode Control
INTMSK	0x01e0000c		Interrupt Mask Control
I_PSLV	0x01e00010	R/W	IRQ Interrupt Previous Slave
I_PMST	0x01e00014		IRQ Interrupt Priority Master
I_CSLV	0x01e00018		IRQ Interrupt Current Slave
I_CMST	0x01e0001c	R	IRQ Interrupt Current Master
I_ISPR	0x01e00020		IRQ Interrupt Pending Status
I_ISPC	0x01e00024	W	IRQ Interrupt Pending Clear
F_ISPR	0x01e00038	R	FIQ Interrupt Pending
F_ISPC	0x01e0003c	W	FIQ Interrupt Pending Clear
LCD 控制器			
LCDCON1	0x01f00000		LCD Control 1
LCDCON2	0x01f00004		LCD Control 2
LCDCON3	0x01f00040		LCD Control 3
LCDSADDR1	0x01f00008		Frame Upper Buffer Start Address 1
LCDSADDR2	0x01f0000c		Frame Lower Buffer Start Address 2
LCDSADDR3	0x01f00010		Virtual Screen Address
REDLUT	0x01f00014		RED Lookup Table
GREENLUT	0x01f00018		GREEN Lookup Table
BLUELUT	0x01f0001c	R/W	BLUE Lookup Table
DP1_2	0x01f00020		Dithering Pattern duty 1/2
DP4_7	0x01f00024		Dithering Pattern duty 4/7
DP3_5	0x01f00028		Dithering Pattern duty 3/5
DP2_3	0x01f0002c		Dithering Pattern duty 2/3
DP5_7	0x01f00030		Dithering Pattern duty 5/7
DP3_4	0x01f00034		Dithering Pattern duty 3/4
DP4_5	0x01f00038		Dithering Pattern duty 4/5
DP6_7	0x01f0003c		Dithering Pattern duty 6/7
DITHMODE	0x01f00044		Dithering Mode

（续表）

寄存器名称	地址（L. Endian）	读/写属性	功能
DMA 控制器			
ZDCON0	0x01e80000	R/W	ZDMA0 Control
ZDISRC0	0x01e80004		ZDMA 0 Initial Source Address
ZDIDES0	0x01e80008		ZDMA 0 Initial Destination Address
ZDICNT0	0x01e8000c		ZDMA 0 Initial Transfer Count
ZDCSRC0	0x01e80010	R	ZDMA 0 Current Source Address
ZDCDES0	0x01e80014		ZDMA 0 Current Destination Address
ZDCCNT0	0x01e80018		ZDMA 0 Current Transfer Count
ZDCON1	0x01e80020	R/W	ZDMA 1 Control
ZDISRC1	0x01e80024		ZDMA 1 Initial Source Address
ZDIDES1	0x01e80028		ZDMA 1 Initial Destination Address
ZDICNT1	0x01e8002c		ZDMA 1 Initial Transfer Count
ZDCSRC1	0x01e80030	R	ZDMA 1 Current Source Address
ZDCDES1	0x01e80034		ZDMA 1 Current Destination Address
ZDCCNT1	0x01e80038		ZDMA 1 Current Transfer Count
BDCON0	0x01f80000	R/W	BDMA 0 Control
BDISRC0	0x01f80004		BDMA 0 Initial Source Address
BDIDES0	0x01f80008		BDMA 0 Initial Destination Address
BDICNT0	0x01f8000c		BDMA 0 Initial Transfer Count
BDCSRC0	0x01f80010	R	BDMA 0 Current Source Address
BDCDES0	0x01f80014		BDMA 0 Current Destination Address
BDCCNT0	0x01f80018		BDMA 0 Current Transfer Count
BDCON1	0x01f80020	R/W	BDMA 1 Control
BDISRC1	0x01f80024		BDMA 1 Initial Source Address
BDIDES1	0x01f80028		BDMA 1 Initial Destination Address
BDICNT1	0x01f8002c		BDMA 1 Initial Transfer Count
BDCSRC1	0x01f80030	R	BDMA 1 Current Source Address
BDCDES1	0x01f80034		BDMA 1 Current Destination Address
BDCCNT1	0x01f80038		BDMA 1 Current Transfer Count

从表 6.2 可见，每一个设备控制器都包括许多寄存器，如存储器/总线控制器包括 13 个寄存器，UART 控制器包括 22 个寄存器，IIC 总线控制器包括 4 个寄存器。

在UART 控制器的 22 个寄存器中，有控制寄存器 ULCON0、ULCON1、UCON0、UCON1、UFCON0、UFCON1、UMCON0、UMCON1，状态寄存器 UTRSTAT0、UTRSTAT1、UERSTAT0 UERSTAT1、UFSTAT0、UFSTAT1、UMSTAT0、UMSTAT1，数据寄存器 UTXH0、UTXH1、URXH0、URXH1。

在 IIC 总线控制器的寄存器中，有控制寄存器 IICCON、状态寄存器 IICSTAT、地址寄存器 IICADD 及数据寄存器 IICDS。

其他设备控制器的寄存器读者可自行阅读，此处不再赘述，第 7 章将会详细介绍这些寄存器。

6.2 嵌入式系统硬件结构

6.2.1 单总线结构

嵌入式系统硬件由微处理器、总线、控制器与设备组成。最简单的结构是如图 6.4 所示的单总线结构，存储器、LCD 与键盘等设备都通过其控制器挂接到一组总线上与 CPU 核进行通信。

图 6.4　嵌入式系统硬件结构

总线可分为地址总线、数据总线与控制总线三类。其中，用于完成地址信号传送功能的称为地址总线，完成数据传送的称为数据总线，完成控制信号传送的称为控制总线。地址、数据与控制总线通常需要配合起来使用，因此称它们为一组总线，嵌入式系统中只含一组总线的称为单总线结构，含一组以上的称为多总线结构。

设备控制器屏蔽了各种设备的差别，使各种各样的设备，无论其电压幅度、电流大小及速度等电气特征如何不同，都能挂接到同一组总线上正常工作。

设备通常称为 I/O 设备，故设备控制器也称为 I/O 控制器。I/O 设备种类很多，有键盘、鼠标、LCD、USB 接口、串口等，各种 I/O 设备总是通过各自的控制器挂接到总线上。

嵌入式系统中，I/O 设备除了如上所述通过其控制器挂接到总线上外，还可挂接到处理器的 I/O 口上。

图 6.4 所示的单总线结构过于简单，通常用于揭示嵌入式系统硬件结构原理，实际嵌入式系统的硬件结构远比单总线复杂，是一种多总线结构。

6.2.2　多总线结构

包含一组以上总线的嵌入式系统硬件结构称为多组总线结构，简称多总线结构。实际的嵌入式系统硬件结构往往为多总线结构。多总线的具体结构形式主要取决于所用微处理器的总线结构与外设情况。

为便于阐明嵌入式系统硬件结构，同时也不失一般性，选择三星公司的 S3C44B0X 为嵌入式微处理器，并假设嵌入式系统具有下列外设：

- 1 个复位开关；
- 1 个 RS-232 串口；
- 2 MB Flash；
- 8 MB SDRAM；
- 4 KB EEPROM；
- LCD 及 TSP 触摸屏；
- 4×4 小键盘；
- USB 接口；
- 10 M 以太网接口；
- Microphone 输入口；
- IIS 音频信号输出口，可接双声道 Speaker；
- 2 个 LED；
- 1 个 20 针 JTAG 接口；
- 1 个 8 段数码管；
- 电源由 DC 5V 提供或由 USB 接口提供。

这样一个嵌入式系统硬件应采取怎样的结构呢？为便于说明问题，根据图 6.1 重新画出 S3C44B0X 的总线结构图，如图 6.5 所示。

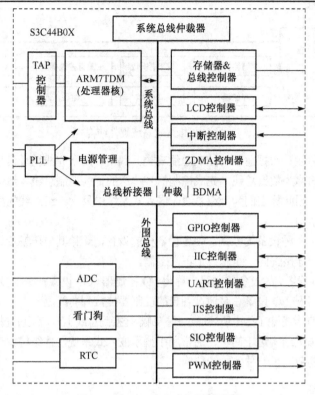

图 6.5   S3C44B0X 内部总线结构

从图 6.5 可见，S3C44B0X 内部有系统总线与外围总线共两条总线。嵌入式系统中除了微处理器外，还有大量外部设备，这些外部设备与微处理器内核要互连起来以便进行通信，所以微处理器内部的总线并不是嵌入式系统的全部总线，在微处理器外部的电路板上应该至少还有一组总线。电路板上的总线称为外部总线或板级总线，其由微处理器的地址总线、数据总线及一些控制线构成。

介绍完总线、外设，现在该讨论外设与微处理器核的互连了。在多总线结构中，外设与微处理器核的互连与单总线结构的情况类似，外设均需通过其控制器才能挂接到总线上。所以，若微处理器片上已提供有外设的控制器，则只需将外设直接挂接到其控制器上即可。若微处理器片上没有外设的控制器，则设计者需要在板上提供一个控制器，外设才有挂接点。板上控制器则可以挂接在板级总线上，也可以挂接在 I/O 口上。

在本例中，微处理器片上提供有存储器控制器、LCD 控制器、IIC 控制器、UART 控制器、IIS 控制器与 TAP 控制器等。所以 Flash 与 SDRAM 可直接挂到存储器控制器上，LCD 挂接到 LCD 控制器上，EEPROM 挂接到 IIC 控制器上，音频编码器挂接到 IIS 控制器上，RS-232 串口挂接到 UART 控制器上，JATG 接口挂接到 TAP 控制器上。对于 8 段数码管、以太网接口、USB 接口及 4×4 键盘等外设，由于 S3C44B0X 处理器片上无相应控制器，需在板上提供相应控制器来挂接，板上控制器则可挂接到外部总线或 GPIO 上，本例中将它们挂接到外部总线上。本例的嵌入式系统的硬件结构如图 6.6 所示。

很显然，图 6.6 为一种多总线结构，共有三组总线：系统总线、外围总线与外部总线。其中，系统总线与外围总线为微处理器内部总线，外部总线为板级总线。

在同样外设下，若微处理选择基于 ARM9 核的 S3C2410 处理器，则其总线结构与此类似，只是 S3C2410 片上有 USB 接口控制器，USB 接口可直接挂接，不需用户在板上提供控制器。但若处理器选用基于 ARM11 核的 6410 或基于 ARM Cotex-A8 核的 SPC110，则总线结构会与此有很大的不同，因在 6410 或 SPC110 中采用的是一种多重总线结构。尽管如些，本节介绍的嵌入式系统单级或多级总线结构仍然是理解其他复杂结构的基础，因无论总线结构多么复杂，外设总是通过控制器挂接到总线或 I/O 上的。

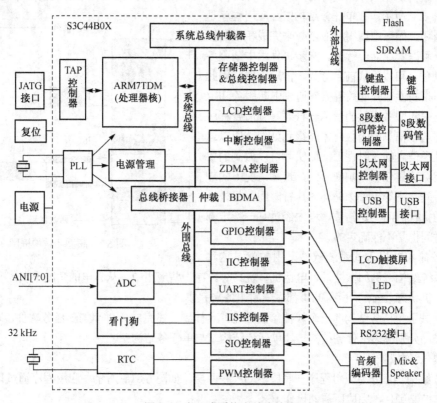

图 6.6　嵌入式系统多总线结构

6.3　嵌入式系统软件结构

嵌入式系统软件包括系统软件与应用软件两部分，系统软件主要是指操作系统，应用软件则是指针对某一具体应用的软件。其实并非所有的嵌入式系统软件都包括操作系统，有相当多的嵌入式系统，如空调、微波炉等，由于对实时性要求不高，且需要处理的事务较简单，并不需要操作系统。只是像平板电脑、手机这样的嵌入式系统，因为需要处理的事务繁杂或是对实时性有严格要求，才需要操作系统，准确地说，才需要操作系统内核。所以可以根据嵌入式系统中是否带有操作系统内核把其分为有核系统与无核系统。有核系统与无核系统的软件结构是不同的，从层次上看，无核系统是两层，有核系统则是三层；从组成结构上看，无核系统软件采取单任务结构，有核系统则采取多任务结构。

本节主要探讨嵌入式系统软件的单任务结构与多任务结构，为阐述方便，先虚构一个需求，设嵌入式系统同时需要做如下 4 项：

（1）LCD 上滚动显示 "Hello World"，显示位置每次不同；

（2）8 段数码管上按序显示 0、1、…、E、F，到 F 后又从 0 开始显示，如此重复；

（3）LED 不断闪烁，每秒闪烁 1 次；

（4）当按小键盘时，被按下的键出现在超级终端上。

完成上述 4 项的单任务结构与多任务结构软件是一个什么样的结构呢？

6.3.1　单任务结构

单任务结构是无操作系统时的嵌入式软件结构,又称无核结构、前后台结构或超循环(Super-Loops)结构,如图 6.7 所示。在单任务结构中,应用程序是一个无限循环,循环中调用相应函数来完成相应的操作,这部分可以看成后台行为。异步事件由中断服务程序 ISR 处理,可以看成前台行为,前后台结构因此得名。时间相关性很强的关键操作通过中断服务 ISR 来保证。但中断服务提供的信息一直要等到后台程序运行到处理这个信息的函数时才能得到处理,所以这种系统在处理信息的及时性上,比实际可以做到的要差。这个指标称做任务级响应时间,最坏情况下的任务级响应时间几乎等于整个循环的执行时间。另外,因为循环的执行时间不是常数,程序经过某一特定部分的准确时间也是不能确定的。

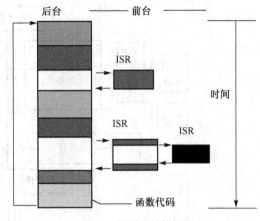

图 6.7　超循环结构框图

很多较简单的嵌入式系统软件采用的就是这种前、后台系统结构,例如微波炉、电话机、玩具等。在一些应用中,从省电的角度出发,平时让微处理器处在停机状态(Halt),所有的事都靠中断服务来完成。

上面是关于单任务结构的一个较抽象的描述,具体到上述完成 4 件事的单任务软件,可有下面 3 种实现方式,分别称为单任务结构一、单任务结构二与单任务结构三。

(1) 单任务结构一

单任务结构一可分为应用程序与底层驱动程序两层,如图 6.8(a)所示,应用程序通过调用底层驱动程序操作控制硬件,完成所需的操作。

底层驱动程序是对设备控制器寄存器进行初始化、读、写及中断处理的底层程序,第 7 章的主要内容就是编写底层驱动程序。应用程序什么样?应用程序应该由一系列函数组成,每个函数完成一件事,且这些函数应该置于一无限循环中。具体到本例,应用程序应该由完成上述 4 件事的 4 个函数组成,设它们分别叫 ProcessLED、ProcessKey()、ProcessLCD、Process8LED()。其中,ProcessLED()让 LED 闪烁,ProcessKey()读出被按下的键并在超级终端上显示,ProcessLCD()在 LCD 上滚动显示字符,Process8LED()使 8 段数码管循环显示十六进制字符。4 个函数 ProcessLED、ProcessKey()、ProcessLCD 与 Process8LED()放入一无限循环中,如图 6.8(b)所示。

上述 4 个函数中,ProcessLED()与 ProcessKey()为中断级函数(前台函数),ProcessLCD()与 Process8LED()为任务级函数(后台函数)。任务级与中断级的主要区别是,前者总是处于可运行状态,每次循环到它时,它都可执行;后者只有当发生了中断,在中断处理程序中将一个标志变量置位时,才处于可运行的状态,然后轮到它运行时才能执行,否则,即使轮到它运行,它也不能执行。如让 LED 闪烁的函数只有当标志变量 LEDInt=1 时,才会被执行,否则,即使循环到它的位置,轮到它运行,它也不会被执行。

事件处理函数的代码结构如图 6.9 所示,其功能的实现均通过调用相应的驱动程序来完成。让 LED 闪烁的驱动是 LEDdrive(),读键盘的驱动是 ReadKey(),让 8LED 显示的驱动是 8LEDdrive(),让 LCD 显示字符的驱动是 LCDdrive()。

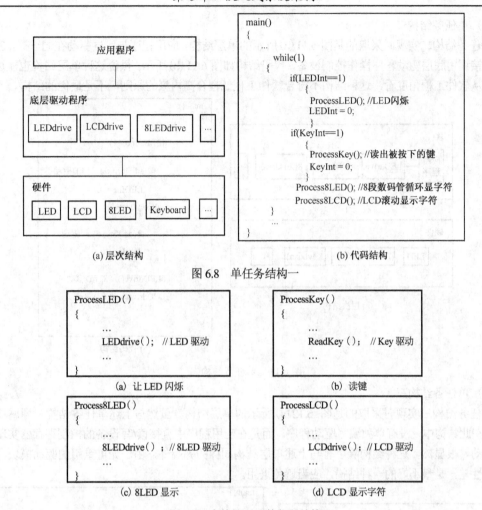

(a) 层次结构   (b) 代码结构

图 6.8   单任务结构一

```
ProcessLED()
{
    …
    LEDdrive();  // LED 驱动
    …
}
```

(a) 让 LED 闪烁

```
ProcessKey()
{
    …
    ReadKey();  // Key 驱动
    …
}
```

(b) 读键

```
Process8LED()
{
    …
    8LEDdrive();  // 8LED 驱动
    …
}
```

(c) 8LED 显示

```
ProcessLCD()
{
    …
    LCDdrive();  // LCD 驱动
    …
}
```

(d) LCD 显示字符

图 6.9   事件处理函数代码结构

设置标志变量的中断处理程序的结构如图 6.10 所示,其中图 6.10(a) 为定时器 1 的中断处理程序,图 6.10(b) 为键盘中断处理程序。中断处理程序中除了常规的保护现场与恢复现场的语句外,必须设置中断标志变量。定时器 1 的中断标志变量为 LEDInt,键盘的中断标志变量为 KeyInt。

当发生定时器 1 中断时,CPU 响应中断(设中断是打开的),转去运行中断处理程序 timer1_Int()。timer1_Int() 将中断标志变量 LEDInt 置 1。这样,ProcessLED() 函数就处于可运行状态了,但还是不能马上运行,需等待到循环到它时才可运行。发生键盘中断(键盘被按下)时也是如此。故这种结构的实时性不好,LED 闪烁的时间不可能刚好是 1 s。

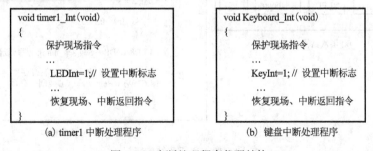

(a) timer1 中断处理程序   (b) 键盘中断处理程序

图 6.10   中断处理程序代码结构

（2）单任务结构二

单任务结构二实现时采取的是图 6.11（a）所示的单层结构，应用程序与底层驱动在同一层，应用程序中直接调用底层驱动程序操作控制设备，代码结构如图 6.11（b）所示。虽说这种单层结构也能达到目的，但从软件工程角度看，这种结构不符合软件工程低耦合高内聚的原则，不是最优的结构。

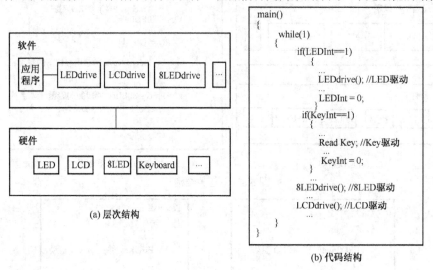

图 6.11　单任务结构二

（3）单任务结构三

单任务结构三实现时采取的是图 6.12（a）所示的单层结构。虽然与上述单任务结构二同属单层结构，但在此结构中，没有单独编写驱动程序，而是在应用程序中直接读/写设备的控制寄存器实现对设备的驱动。很显然，这种结构除了有与上述单层结构同样的弊端外，由于无可重用的驱动模块，代码可移植性差，是最不好的一种结构，应当避免采用。

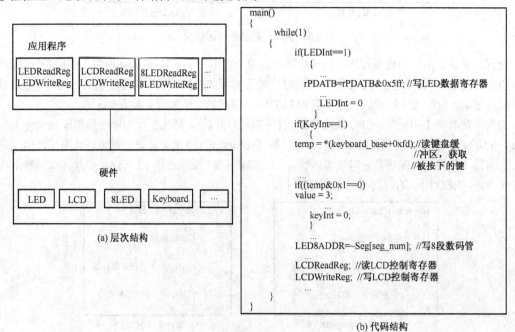

图 6.12　单任务结构三

6.3.2 多任务结构

嵌入式系统有操作系统时的软件结构为多任务结构。多任务结构软件可分为三层，如图 6.13（a）所示，应用程序在最上层，中间是操作系统，最下层是底层驱动程序。应用程序通过操作系统调用底层驱动程序，操作系统提供一个对设备驱动的统一接口，以方便应用程序调用。例如在应用程序中可通过操作系统提供的 API 函数 read（）读硬盘、读 USB、读串口等。

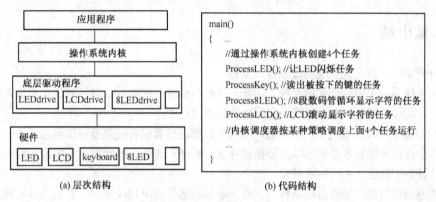

图 6.13   多任务结构

要完成上面所述的 4 件事，用户需首先编写 4 个任务/线程代码，设它们的名字也分别叫 ProcessLED（）、ProcessKey（）、ProcessLCD（）、Process8LED（）。其中，ProcessLED（）让 LED 闪烁，ProcessKey（）读出被按下的键并在超级终端上显示，ProcessLCD（）在 LCD 上滚动显示字符，Process8LED（）使 8 段数码管循环显示十六进制字符。

此处的 4 个任务/线程名称虽与单任务结构中的 4 个函数相同，但代码结构是不同的。如图 6.14 所示，每个任务/线程都是一个无限循环，循环中除了调用底层驱动程完成相应的操作外，还要调用一个延迟函数 TimeDly（）睡眠一段时间，以让出 CPU，使其他任务/线程获得运行机会。

```
ProcessLEDInt( )
{       …
        for(;;) {
        …
        LEDdrive( );   // LED 驱动
        TimeDly(time1);
        …
        }
}
```
(a) 使 LED 闪烁的任务代码结构

```
ProcessKeyInt( )
{       …
        for(;;) {
        …
        Read Key ( );    // Key 驱动
        TimeDly(time2);
        …
        }
}
```
(b) 读出被按下的键的任务代码结构

```
ProcessLCD( )
{       …
        for(;;) {
        …
        LCDdrive( );   // LCD 驱动
        TimeDly(time3);
        …
        }
}
```
(c) LCD 移动显示字符的任务代码结构

```
Process8LED( )
{       …
        for(;;) {
        …
        8LEDdrive( )  ; // 8LED 驱动
        TimeDly(time4);
        …
        }
}
```
(d) 让 8 段数码管显示字符的任务代码结构

图 6.14   多任务结构中的任务/线程代码结构

　　用户编写好 4 个任务/线程代码后，便可请操作系统内核创建相应的 4 个任务/线程，如图 6.13（b）所示。任务/线程一创建就处于就绪态，交由操作系统内核中的调度器调度。调度器按某种策略选择一个最值得运行的任务去使用 CPU，获得 CPU 使用权的任务当完成其操作或等待 I/O 时必须让出 CPU 以使其他任务有机会运行。

　　微观上看，系统内只有一个任务在运行（单 CPU 情形），宏观上看，系统内有多个任务在运行，因此把有操作系统的软件结构称为多任务结构。

6.4　本章小结

　　本章分析研究了嵌入式系统组成原理、架构。

　　嵌入式系统是一个专用计算机系统，由硬件系统与软件系统组成，硬件系统包括嵌入式微处理器及外围设备，软件系统包括操作系统、应用软件与驱动程序。

　　设备控制器是嵌入式系统中的桥接器，所有外设都通过其设备控制器挂接到总线上。嵌入式微处理器上通常会提供一些设备控制器以方便挂接外设。若嵌入式微处理器没有集成设备控制器，用户需要自行设计设备控制器，才能挂接外设。

　　嵌入式系统硬件结构采取总线结构。只有一条总线的称为单总线结构，否则为多总线结构。单总线结构往往只能用于阐明嵌入式系统的组成原理，一个实际的嵌入式系统通常为多总线结构。基于 S3C44B0X 微处理器设计的嵌入式系统有三组总线：一组系统总线，一组外围总线，一组板级总线。

　　嵌入式系统软件可分为有核软件与无核软件两类。前者指带有操作系统内核的软件，后者指不带操作系统的软件。有核软件为三层结构，上层为应用程序，中间为操作系统，下层为底层驱动程序。应用程序通过操作系统提供的接口调用底层驱动程序操作控制硬件，以完成所需的操作。无核软件为两层结构，上层为应用程序，下层为底层驱动程序。应用程序直接调用底层驱动程序完成所需的操作。

　　无核软件结构又称为单任务结构、大循环结构。有核软件结构则称为多任务结构。

　　底层驱动程序是嵌入式系统软件中最底层、最基础的程序，无论是无核系统还是有核系统都绕不开它，第 7 章将会着重讲授底层驱动程序的设计。

习题与思考题

　　6.1　S3C44B0X 片上有哪些控制器？它们分别挂接到什么总线上？

　　6.2　设备控制器用于将设备挂接至 CPU 核上，通常由 CPU 核侧接口、寄存器与设备侧接口三部分组成。CPU 核侧接口对用户是隐藏的，寄存器与设备侧接口对用户是可见的。试述 S3C44B0X 上的设备控制器包括了哪些寄存器？其设备侧接口提供了哪些引脚？

　　6.3　分别说明图 6.5 所示的多总线结构嵌入式系统实例中的外部设备都是如何挂接到总线上的。

　　6.4　单任务结构软件的实时性为何不好？

　　6.5　单任务结构软件与多任务结构软件的主要区别是什么？

第7章 嵌入式系统硬件与底层驱动程序设计

第6章研究了嵌入式系统的组成原理及架构，为便于说明问题，给出了满足一设定目标的典型嵌入式系统实例的架构，包括硬件结构与软件结构。第6章是站在高处看嵌入式系统，虽然可以一览众山小，但毕竟看不清细节。本章将进入嵌入式系统内部，看个究竟。为达此目标，本章将第6章给出的嵌入式系统实例划分为模块，逐一分析研究每个模块的工作原理，给出其硬件与底层驱动程序的参考设计。

本章的主要内容有：

- 功能模块划分
- 电源电路模块
- 复位电路模块
- JATG 接口模块
- 时钟与电源管理模块
- 存储器模块
- RS-232 与 UART 接口模块
- LED 与 GPIO 模块
- 中断控制器模块
- 定时器模块
- 键盘模块
- 8 段数码管模块
- EEPROM 与 IIC 总线接口模块
- LCD 模块
- A/D 转换与触摸屏模块
- 以太网接口模块
- USB 接口模块
- IIS 接口模块

7.1 功能模块划分

典型嵌入式系统的硬件结构是如图 6.5 所示的多总线结构。可以看出，此结构是相当复杂的，为使问题变得简单，本节将其划分为一个个的模块，随后逐一分析研究每个模块的工作原理，给出其硬件与底层驱动程序的参考设计。

为简化叙述，以下将图 6.5 所示的典型嵌入式系统多总线结构实例简称为设计实例或实例。

实例可划分为下列模块：

电源电路模块。电源电路模块提供嵌入式系统所需的各种电源，由 5 V 直流电源/USB 接口、线性调节器 IC 与退偶电容组成。

复位电路模块。复位电路模块由一个机械开关及滤波电路组成，用于产生系统复位脉冲。

JATG 接口模块。JATG 接口模块包括 TAP 控制器及一个 20 针的 JATG 连接器，用于提供 JATG 接口。

时钟与电源管理模块。时钟与电源管理模块包括晶体、锁相环 PLL 及电源管理单元，用于提供系统工作时钟，并进行电源管理。

存储器模块。存储器模块包括存储器控制器、SDRAM 与 Flash，用于管理存储器与外部总线。

RS-232 接口模块。RS-232 接口模块包括 UART 控制器与 RS-232 接口连接器 DB-9，用于提供一个简单的三线 RS-232 接口。

USB 接口模块。USB 接口模块包括 USB 控制器芯片 USBN9603 与 USB 接口连接器，用于提供一个 USB 接口。

以太网接口模块。以太网接口模块包括一个以太网控制器芯片 DM9000 与以太网接口连接器 RJ-45，用于提供以太网接口。

8 段数码管模块。8 段数码管模块包括 8 段数码管控制器与一个 8 段数码管，用于显示十六进制字符 0~F 及小数点。

键盘模块。键盘模块包括键盘控制器与键盘。

LCD 模块。LCD 模块包括 LCD 控制器与 LCD 屏。

ADC 与触摸屏模块。ADC 与触摸屏模块包括模数转换器 ADC 与触摸屏。触摸屏的触点坐标为模拟量，需转换成数字量以进行处理，故将此两部分归为一个模块进行讲授。

LED 与 GPIO 模块。LED 与 GPIO 模块包括发光二极管 LED 与 GPIO 控制器。因 LED 通常挂在 I/O 口上，故将 LED 与 GPIO 放在一起进行介绍。

EEPROM 与 IIC 模块。EEPROM 与 IIC 模块包含 EEPROM 与 IIC 控制器，因 EEPROM 带有 IIC 总线，可直接挂接到 IIC 控制器上，故将其放在一起进行介绍。

定时器模块。定时器模块包括 PWM 定时器、看门狗定时器与实时时钟。这三个功能模块虽相互独立，但由于其组成、工作原理与功能均相似，故将它们归为一个模块进行介绍。

中断控制器模块。中断控制器模块仅包括中断控制器。

IIS 总线接口模块。IIS 总线接口模块包括 IIS 总线控制器、IIS 总线协议与音频编解码器。

7.2　电源电路模块

电源电路模块负责向嵌入式系统提供动力，是嵌入式系统的心脏。嵌入式系统的电源通常由锂电池、稳压电源或 USB 接口提供。实例要求既可由 5 V 直流电源供电，也可由 USB 接口供电。

实例中的处理器 S3C44B0X 内核需要+2.5 V 电压，I/O 接口需要+3.3 V 电压，外围芯片需+3.3 V 或+5 V 电压。因此需用 DC-DC 稳压器将 5 V 直流输入转换成+2.5 V 和+3.3 V。

DC-DC 稳压器有线性稳压器与开关稳压器两种类型。线性稳压器的特点是噪声小，元件数量少，价格不高，但不能输出比输入高的电压，效率低；开关稳压器的特点是效率高，可从任意输入电压产生任意输出电压，但噪声大，元件数量多。嵌入式系统中通常使用线性稳压器。

实例中的电源电路如图 7.1 所示。图中 U21 为 LM1117-3.3 线性稳压器，用于输出 3.3 V 的电压，U20 为 LM1117-2.5 线性稳压器，用于输出 2.5 V 的电压。电容用于电源退耦。

在电源设计中，应注意下列问题：

(1) 电源线与地线尽量粗，最好用平面；

(2) 地线与电源线组成的回路面积应尽量小；

(3) 电源线与地线间加退耦电容；

(4) 模拟与数字部分要独立供电；

(5) 数字地与模拟地分开。

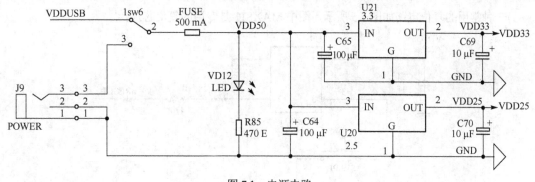

图 7.1　电源电路

7.3　复位电路模块

复位电路的作用是产生复位脉冲,使系统复位。PC 与大部分嵌入式系统上均有一个复位按键,按下时系统便会重新启动(复位)。

产生复位脉冲的基本电路如图 7.2 所示,由一个 3.3 V 电源 VDD、电阻 R3、电容 C8 及按键开关 RESETKEY 组成。开关未按下时,VDD 对电容 C8 充电,RESET 为高电平;当开关按下时,C8 对地放电,RESET 电平被拉低,因此产生一个复位脉冲。

由于机械开关开合时易产生接触噪声,图 7.2 所示电路产生的复位信号 RESET 不是理想的脉冲信号,需要进行滤波处理。图 7.3 是加了滤波电路后的复位电路,R4 与 C9 组成一个低通电路,可以滤除 RESET 中的高频成分(噪声)。

图 7.2　基本复位电路　　　　　　　　　　图 7.3　带 RC 滤波的复位电路

图 7.4 是复位电路的另一种实现,与图 7.3 所示电路的不同在于,此处是用反相施密特触发器 74HC14 来对脉冲波形进行整形滤波。另外,还增加了一个二级管 1N4148,其作用是钳制 74HC14 输入端电平不超过 VDD33。

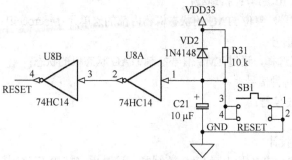

图 7.4　基于施密特触发器滤波的复位电路

另一种常用的复位电路如图 7.5 所示，图中 MAX811 是专用的复位芯片。

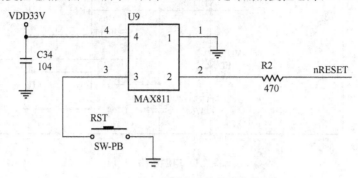

图 7.5　基于专用芯片的复位电路

7.4　JTAG 接口模块

JTAG（Joint Test Action Group，联合测试行动小组）是一种国际标准测试协议（IEEE1149.1 标准），主要用于芯片内部测试、系统仿真与调试及 bootloader 的下载。JTAG 技术是一种嵌入式调试技术，它在芯片内部封装了专门的测试电路 TAP（Test Access Port，测试访问口），通过专用的 JTAG 测试工具对内部节点进行测试。

目前 JTAG 有 14 针和 20 针两种接口，如图 7.6 所示。

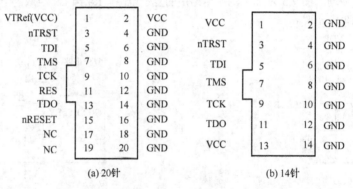

图 7.6　JATG 接口模块

（1）JTAG 接口引脚定义

VCC（1、13）：接电源引脚；

GND（2、4、6、8、10、14）：接地线；

nTRST（3）：复位信号，复位 JTAG 的状态机和内部的宏单元（Macrocell）；

TDI（5）：数据输入信号；

TMS（7）：测试模式选择，通过 TMS 信号控制 JTAG 状态机的状态；

TCK（9）：JTAG 的时钟信号；

TDO（11）：数据输出信号；

NC（12）：未连接。

（2）JTAG 接口电路设计

如图 6.5 所示，S3C44B0X 片上有 TAP 控制器，这是用来挂接 JTAG 接口的控制器，其设备侧接口提供有 TMI、TMS、TCK、TMO 及 nREST 共 4 条引脚，只需将 JATG 连接器挂接上去即可，如图 7.7 所示。

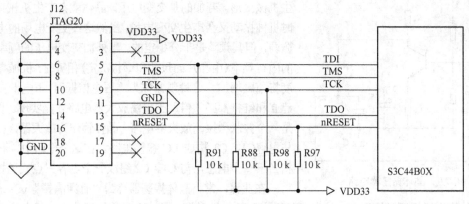

图 7.7　JATG 接口电路设计

7.5　时钟与电源管理模块

时钟与电源管理模块包括时钟产生电路与电源管理模块两部分。时钟产生电路用于向 CPU 和外设提供工作时钟，电源管理模块负责电源的管理，即功耗管理。由于电源的管理是通过控制时钟来实现的，故将电源管理与时钟放在一起进行介绍。

7.5.1　时钟产生电路

处理器工作需要一个时钟信号，这个时钟信号通常由一个外接的晶体或晶体振荡器与处理器内部的时钟产生电路共同产生。外接晶体或晶体振荡器主要用于提供一个低频时钟信号，时钟产生电路将这个低频时钟信号转变成能满足处理器工作需要的高频信号，并进行必要的逻辑控制。

S3C44B0X 处理器的时钟产生电路如图 7.8 所示，由时钟源电路、振荡放大器 OSC（Oscillation Amplifier）、锁相环 PLL 与时钟控制逻辑组成。

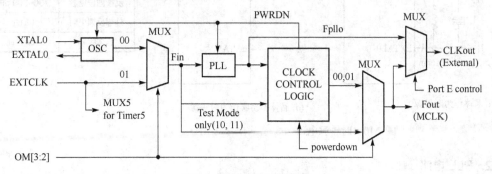

图 7.8　时钟产生电路框图

1. 时钟源电路

时钟源电路负责提供一个时钟源。时钟源可以是一晶体，也可以是一晶体振荡器，由 S3C44B0X 的两根引脚 OM[3:2]的电平决定。当 OM[3:2] = 01（即 OM3 接地、OM2 接 3.3 V）时，选择晶体振荡器为时钟源；当 OM[3:2] = 00 时，选择晶体作时钟源。

晶体振荡器由一块石英晶体与一振荡放大器(Oscillation Amplifier)组成，如图7.9所示。石英晶体

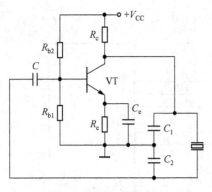

图 7.9　晶体振荡器电路

具有压电效应，若在晶片的两个电极上加一电压，会使晶体产生机械变形。若加的是交变电压，晶体就会产生机械振动，同时机械振动又会产生交变电场，虽然这种交变电场的电压极其微弱，但其频率是十分稳定的。当外加交变电压的频率与晶片的固有频率(由晶片的尺寸和形状决定)相等时，机械振动的幅度将急剧增加，这种现象称为"压电谐振"。压电谐振状态的建立和维持都必须借助于振荡放大器电路才能实现。图7.9中是一个并联型振荡放大器电路，晶体管作为放大器，石英晶体与电容C1、C2构成LC振荡电路。在这个电路中，石英晶体相当于一个电感，与C1、C2组成一个电容三点式谐振电路。

在业界，常将晶体振荡器称为"有源晶振"(Oscillator)，而将晶体称为"无源晶振"(Crystal)。有源晶振有4只引脚，是一个完整的振荡器，其中除了石英晶体外，还有晶体管和阻容元件，因此体积较大。无源晶振是只有2个引脚的无极性元件，需要借助处理器内部的振荡放大器电路(OSC)才能产生振荡信号，自身无法振荡起来。所以，"无源晶振"这个说法并不准确，应该称为"晶体"。

选择晶体作时钟源的电路如图7.10(a)所示。晶振芯片通过引脚XTAL0与EXTAL0连接到处理器内部的振荡放大器OSC，经OSC放大后再接至锁相环PLL电路。引脚EXTCLK可接VDD或外部时钟，晶振频率及并联电阻与电容的参数如表7.1所示。

选择晶体振荡器作时钟源的电路如图7.10(b)所示，引脚XTAL0接VDD，EXTAL0悬空，EXTCLK接晶体振荡器的输出。

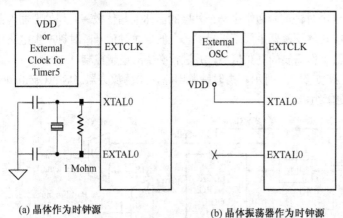

(a) 晶体作为时钟源　　　　　　　　(b) 晶体振荡器作为时钟源

图 7.10　时钟源电路

表 7.1　时钟源电路元件参数

反馈滤波电容	700~800 pF
外部反馈电阻	1 MΩ
晶体频率	6~20 MHz

2. PLL 电路

PLL(锁相环)电路是一种用于使输出信号在相位上与一个参考输入信号同步并能使频率升高的电路。PLL如图7.11所示，由分频器组、PFD、PUMP、VCO及Loop Filter组成。

(1)分频器组

分频器组包括P分频器、M分频器与S分频器。P分频器对来自振荡放大器OSC的频率做分频，即Fin/p，得到参考频率Fref；M分频器对来自压控振荡器VCO的频率进行分频，得到频率Fvco；S分

频器对来自压控振荡器 VCO 的频率进行分频，得到输出频率 Fpllo。输出频率与三个分频器的关系如下式所示

$$Fpllo = (m \times Fin) / (p \times 2^s)$$
$$m = (MDIV + 8), p = (PDIV + 2), s = SDIV$$

式中 MDIV 为 M 分频器值，由寄存器 PLLCON[19:12]中的数值决定；PDIV 为 P 分频器值，由寄存器 PLLCON[9:2]决定；SDIV 为 S 分频器值，由寄存器 PLLCON[1:0]决定。

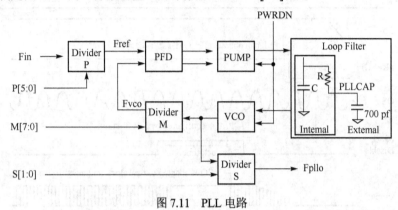

图 7.11　PLL 电路

例如，若 Fin = 14.318 MHz , MDIV = 59, PDIV = 6 , SDIV = 1，则 Fpllo = 60 MHz。

（2）PFD

PFD（Phase Difference Detector）为相位差检测器，其监测 Fref 与 Fvco 之间的相位差，输出一个正比于差 Fref-Fvco 的控制信号。

（3）PUMP

PUMP（Charge Pump）为充电泵，其将相位差检测器 PFD 的输出控制信号作输入，产生一个与此控制信号成正比的充电电压 $V_充$。

（4）Loop Filter

Loop Filter 为回环滤波器，滤除 $V_充$ 中的高频部分，产生一个较平滑的 $V_{充滤}$。

（5）VCO

VCO（Voltage Controlled Oscillator）为电压控制振荡器，将回环滤波器的输出作输入，产生一个与 $V_{充滤}$ 成比例的输出频率 fvco。fvco 经 S 分频后得到输出频率 Fpllo。

综上所述，PLL 电路的工作过程为：fvco 经 M 分频后得到 Fvco，用 Fvco 去与 Fref 做比较，若 Fvco 小于 Fref，将产生一个正向控制信号，经 PUMP、Loop Filter 与 VCO 后，使得 Fvco 增大，不断向 Fref 逼近，直至等于 Fref 时才停止增加；若 Fvco 小于 Fref，将产生一个负向的控制信号，经 PUMP、Loop Filter 与 VCO 后，使得 Fvco 减小，不断向 Fref 逼近，直至等于 Fref 时才停止减小。

3. 时钟控制逻辑

时钟控制逻辑主要用于选择系统的工作时钟。在系统上电复位、从停止或空闲模式唤醒及 PLL 的参数更改时，PLL 的输出是不稳定的，不能作为系统时钟，需要锁时（Lock Time）一段时间，待稳定后才能使用。在 PLL 锁时期间，只能选择 OSC 的输出作为系统的工作时钟。

时钟控制逻辑的工作具体体现在如下三方面：

（1）重启或唤醒时自动插入锁时时间。PLL 输出稳定需要一定时间，通常长于 208 μs。系统重启、从 STOP 或 SL_IDLE 模式唤醒时，时钟控制逻辑将自动插入一段锁时时间，长度由下式计算：

$$t\_lock = (1/\,Fin) \times n, \ (n = LTIMECNT \ value)$$

式中，t_lock 为锁时长度，Fin 为 OSC 的输出，n 为锁时寄存器中的值。

（2）选择上电重启或复位时系统的工作频率。如图 7.12 所示，系统一上电，晶振（OSC）便开始工作，PLL 根据默认配置也开始工作，但输出不稳定，故时钟控制逻辑将 OSC 的输出 Fin（不是 Fpllo）直接作为系统工作的时钟，待软件重新配置 PLLCON，且 PLL 锁时结束后，时钟控制逻辑才将 PLL 的输出 Fpllo 作为系统的工作时钟。

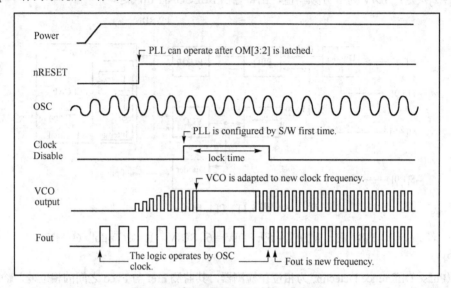

图 7.12　系统上电或复位时的工作频率

（3）PLL 参数更改时自动插入锁时时间。正常操作期间，若重设 P、M、S 分频值改变频率，时钟控制逻辑将自动插入一段锁时时间，锁时期间，禁止 PLL 提供信号，如图 7.13 所示。

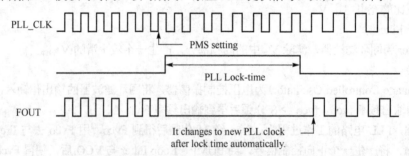

图 7.13　分频值重置时自动插入锁时

7.5.2　电源管理

电源管理模块由一组控制寄存器组成，通过向 CPU 和外设提供不同频率的时钟信号以达到电源管理目的。有 5 种电源管理模式：正常模式、低速模式、空闲模式、停止模式、SL_IDLE 模式。

（1）正常模式（Normal）

正常模式下，对全部外设（UART、DMA、定时器等）与基本模块（CPU 核、总线控制器、存储器控制器、中断控制器和电源模块）提供时钟信号，但也可以通过软件选择性地停止部分外设的时钟信号以减少功耗。

（2）空闲模式（IDLE）

空闲模式下，CPU 时钟被停止，只对总线控制器、存储控制器、中断控制器和电源管理模块提供时钟信号。

EINT[7:0]、RTC 或其他中断可使系统退出空闲模式。

（3）停止模式（STOP）

在停止模式下，所有模块，包括 PLL 和 OSC 都停止。

进入停止模式时，时钟控制逻辑须从 Fout 输出 16 个 Fin-clock（而不是 Fpllo-clock）后方能进入停止模式，如图 7.14 所示。也就是说，进入停止模式需要一定时间，有一定延迟。但从低速（SLOW）模式进入停止模式时例外，因在低速模式下，时钟频率比 Fin 低。

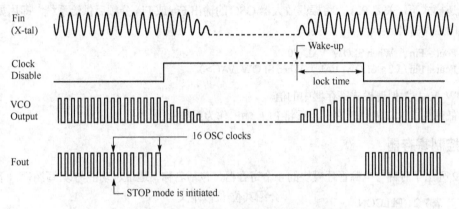

图 7.14　进入与退出停止模式的时钟频率

退出停止模式时，不能直接返回到正常模式，必须经过一个中间模式 THAW，如图 7.15 所示。外部中断与 RTC 中断可使系统退出停止模式。

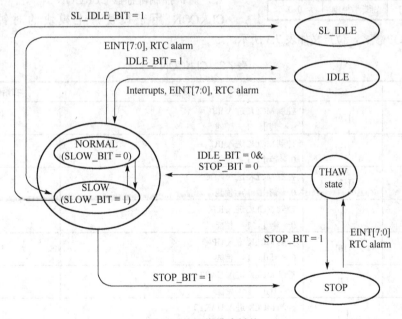

图 7.15　工作模式转换

（4）SL_IDLE 模式（S_LCD Mode）

在 SL_IDLE 模式下，除对 LCD 提供时钟外，其他所有模块的时钟都被停止，因此功耗比空闲模式 IDLE 低。

欲进入 SL_IDLE 模式，必先进入 SLOW 模式，关闭 PLL，写 0x46 进入 CLKCON 寄存器；

欲退出 SL_IDLE 模式，必须用外部中断或 RTC 告警中断唤醒，然后系统自动变为 SLOW 模式，待 PLL 锁时结束后，禁止 SLOW 模式，清除 SL_IDLE 位即可返回正常模式。在 PLL 关闭与锁时期间，使用的是 SLOW 模式的时钟信号。

在 SL_IDLE 模式期间，DRAM 必须处于自刷新模式（Self-Refresh Mode）以保持所存储的数据有效。

（5）低速模式 SLOW

在低速模式下，关闭 PLL，将振荡放大器 OSC 的输出 Fin 或 Fin 分频后供给系统，即用如下频率作为系统的工作时钟：

$$Fout = Fin，\quad When\ SLOW\_VAL = 0$$
$$Fout = Fin / (2 \times SLOW\_VAL)，When\ SLOW\_VAL > 0$$

式中 SLOW_VAL 为低速模式寄存器中的值。

退出低速模式时，需打开 PLL，重将 PLL 输出作为系统时钟。

7.5.3　控制寄存器

表 6.2 列出了时钟与电源管理模块的 4 个寄存器，包括名称、地址、功能与读/写属性。下面逐一介绍其位/位段定义。

（1）锁相环控制寄存器 PLLCON

PLLCON 用于设置 M、P 与 S 分频值，位定义如表 7.2 所示。

表 7.2　PLLCON

符号	位	描述	初始化值
MDIV	[19:12]	主除数控制	038
PDIV	[9:4]	预除数控制	0x08
SDIV	[1:0]	后除数控制	0x0

（2）时钟控制寄存器 CLKCON

CLKCON 用于设置片上模块的时钟与 IDLE、SL_IDLE、STOP 模式，位定义如表 7.3 所示。

表 7.3　CLKCON

符号	位	描述	初始化值
IIS	[14]	控制 MCLK 进入 IIS 0 = 禁止，1 = 使能	1
IIC	[13]	控制 MCLK 进入 IIC 0 = 禁止，1 = 使能	1
ADC	[12]	控制 MCLK 进入 ADC 0 = 禁止，1 = 使能	1
RTC	[11]	控制 MCLK 进入 RTC 0 = 禁止，1 = 使能	1
GPIO	[10]	控制 MCLK 进入 GPIO 0 = 禁止，1 = 使能	1
UART1	[9]	控制 MCLK 进入 UART1 0 = 禁止，1 = 使能	1
UART0	[8]	控制 MCLK 进入 UART0 0 = 禁止，1 = 使能	1
BDMA0,1	[7]	控制 MCLK 进入 BDMA 0 = 禁止，1 = 使能	1

（续表）

符号	位	描述	初始化值
LCDC	[6]	控制 MCLK 进入 LCDC 0 = 禁止，1 = 使能	1
SIO	[5]	控制 MCLK 进入 SIO 0 = 禁止，1 = 使能	1
ZDMA0,1	[4]	控制 MCLK 进入 ZDMA 0 = 禁止，1 = 使能	1
PWMTIMER	[3]	控制 MCLK 进入 PWMTIMER 0 = 禁止，1 = 使能	1
IDLE BIT	[2]	进入 IDLE 模式 0 = 不进入，1 = 进入	0
SL_IDLE	[1]	进入 SL_IDLE 模式 0 = 不进入，1 = 进入	0
STOP BIT	[0]	进入 STOP 模式 0 = 不进入，1 = 进入	0

（3）低速模式寄存器 CLKSLOW

CLKSLOW 的定义如表 7.4 所示。

表 7.4　CLKSLOW

符号	位	描述	初始值
PLL_OFF	[5]	0 = PLL 打开，仅当 SLOW_BIT = 1 时才能打开 PLL； 1 = PLL 关闭，仅当 SLOW_BIT = 1 时才能关闭 PLL	0x0
SLOW_BIT	[4]	0：Fout = Fpllo（PLL 输出）； 1：Fout = Fin/(2xSLOW_VAL)（SLOW_VAL>0） Fout = Fin（SLOW_VAL = 0）	0
SLOW_VAL	[3:0]	SLOW_BIT = 1 时低速时钟的除数值	9

7.5.4　驱动程序

时钟产生电路的驱动程序主要是初始化程序，主要功能是设置锁相环的锁时时间、输出频率（系统时钟频率）及控制进入各个模块的时钟，如下所示：

```
ldr    r0, = LOCKTIME          ; PLL 锁时寄存器地址 LOCKTIME 进 r0
ldr    r1, = 0xfff             ; PLL 锁时时间 0xfff 进 r1
str    r1,[r0]                 ; 锁时时间 0xfff 装入锁时寄存器

ldr    r0, = PLLCON            ; PLL 控制寄存器地址 PLLCON 进 r0
ldr    r1, = ((M_DIV<<12)+(P_DIV<<4)+S_DIV)  ; M、P 与 S 分频值进 r1
str    r1,[r0]                 ; M、P 与 S 分频值进 PLL 控制寄存器（设置输出频率）

ldr    r0, = CLKCON            ; 时钟控制寄存器地址 CLKCON 进 r0
ldr    r1, = 0x7ff8            ; 时钟控制寄存器初始化值 0x7ff8 进 r1
str    r1,[r0]                 ; 初始化值 0x7ff8 进时钟控制寄存器（对所有模块均提供时钟）
```

7.5.5　时钟电路电磁兼容设计

时钟是最大的噪声源，在设计 PCB 时，应特别注意时钟电路的电磁兼容问题。

图 7.16 中的晶振应紧邻处理器放置，不能置于板子边缘，晶振下面应大面积设地，不能放置其他器件、也不能布线。

　　时钟信号线不能靠近板子边缘布放，也不要靠近敏感信号线或器件布放，有条件时应在其两边布防护线或将其布放在中间层。

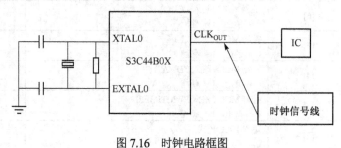

图 7.16　时钟电路框图

7.6　存储器模块

　　存储器是嵌入式系统中的一个重要组成部分，其作用仅次于微处理器。

　　存储器可分为随机访问存储器 RAM 与只读存储器 ROM 两类。RAM 是易失性存储器，不能长期保存数据，掉电后数据即失去，主要用于存储运行中的程序指令及数据，即作内存用。ROM 是非易失性存储器，能长期保存数据，掉电后数据仍能保持，主要用于存储启动代码、操作系统及一些系统参数。

　　本节从组成 RAM 与 ROM 的基本单元电路入手，分析嵌入式系统中常用的 SDRAM 与 Flash 的结构、性能特点，介绍实例中用到的 SDARM 与 Flash 芯片，讲授 S3C44B0X 的地址空间划分与实例的地址空间规划、存储器硬件设计与驱动程序设计。

7.6.1　RAM

　　RAM 的种类较多，根据是否需刷新可分为 SRAM 与 DRAM 两类。这两类 RAM 存储 1 bit 的基本单元电路不同，使得它们在速度、成本、集成度与工艺等方面存在显著不同。下面从基本单元电路入手介绍。

　　SRAM 存储 1 bit 的基本单元电路如图 7.17(a) 所示，由 6 个晶体管组成。DRAM 存储 1 bit 的基本单元电路如图 7.17(b) 所示，由 1 个晶体管和 1 个电容组成。

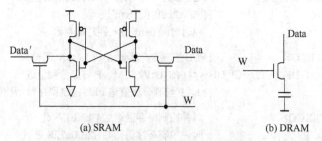

图 7.17　RAM 存储 1 bit 的基本单元电路

　　SRAM 存储 1 bit 需 6 个晶体管，DRAM 只需 1 个，所以前者集成度低，成本高；后者集成度高，成本低。在相同的硅片面积上，前者能存储的数据少（容量小），后者能存储的数据多（容量大）。

　　SRAM 中无电容；DRAM 中有 1 个电容，用电容上的电荷量来表示"1"与"0"。电容会泄放电荷，电荷在电容上不能长期保存，必须在其泄漏掉以前进行再次充电，即"刷新"。一般每隔十几微秒就需要刷新一次，刷新期间是不能读/写的，故 SRAM 速度高，DRAM 速度低。

　　由于电容在集成电路工艺上不容易实现，且会引起信号延迟，故处理器芯片上的 RAM、Cash 及寄存器都是 SRAM。DRAM 不集成在处理器芯片上，而是单独成片，如 PC 中的内存条及嵌入式系统中的内存均为 DRAM。

　　DRAM 有很多改进型，现在常用的是 SDRAM，其是在 DRAM 基础上发展而来的。基本 DRAM 的结构如图 7.18 所示。存储器读取时，地址总线在行和列间切换（由于输入/输出引脚数量有限，采用地址引脚复用方式可减少对引脚的需求），使用行地址选择信号 ras，将地址数据中的行地址部分锁存到行地址缓冲器内；同样，使用列地址选择信号 cas，将地址数据中的列地址部分锁存到列地址缓冲器内。在将行地址锁存到行地址缓冲器后，行地址译码器激活一整行的数据位。在将列地址锁存到列地址缓冲器后，列地址译码器激活一列。于是选中行列交叉处的一个字，将其内容传到感应放大器（Sense Amplifier）。感应放大器的功能是检测对应于引用字的位的电平，并将其电平放大后锁存到输出缓冲器中。一旦数据进入输出缓冲器，就可以发出读信号 rd，通过数据总线读取该数据。存储器写入时，首先使用数据总线写入信号 wr，将字写入输入缓冲器中，然后分别在 ras 和 cas 信号的控制下，将行和列地址先后锁存到行和列地址缓冲器中，选中需写入的单元，将数据存入其中。

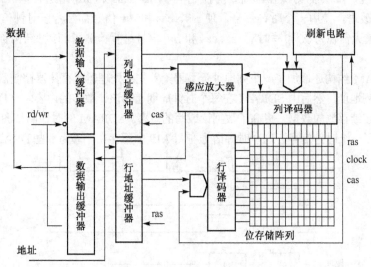

图 7.18　基本 DRAM 的结构

　　图 7.18 还给出了刷新电路。由于电容放电，DRAM 的内容必须周期性读取/写入，这项工作由刷新电路完成。刷新电路可以设计在 DRAM 的内部或外部，由一个外部时钟驱动。每隔一段时间，刷新电路通过行译码器选择一行数据位，自动对该行上的电容进行充电。在存储器读/写操作期间（即 ras 或 cas 信号有效时），刷新电路不能工作。

　　在基本 DRAM 中，处理器或存储器控制器对 DRAM 的控制是异步的，每读取或存储一个字，都需要分别检测 ras、cas 和 rd/wr 信号，检测这些信号需要时间，且每次只能读或写一个字，故基本结构的 DRAM 读/写速度很慢。

　　快速页模式 DRAM（FPM DRAM）对基本 DRAM 结构的接口进行了改进。在 FPM DRAM 中，存储器位阵上的每行被看做一页。一页包含多个字，每个字由不同的列地址来定位。只要某页的地址被锁存到行地址锁存器中，FPM DRAM 中的感应放大器就会放大整页的信号，然后使能对应的列地址，则可以读取（或写入）该页上的每个字。FPM DRAM 的时序如图 7.19 所示，在选定某页（行）后，该页中的 3 个字可以被连续读取。与基本 DRAM 相比，FPM DRAM 消除了同页中每个字的读取或写入所需的额外周期。

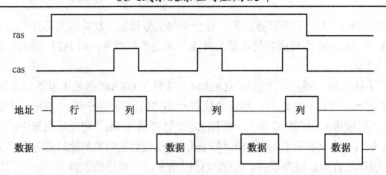

图 7.19　快速页模式 DRAM(FPM DRAM)时序图

在 FPM DRAM 中,只需检测 ras 信号一次便可读取或存储一页(行)数据,免除了读或写每个字时对 ras 信号的检测,速度有所提高,但仍需在读取或存储每个字时检测 cas 和 rd/wr 信号,仍不能令人满意。

在基本 DRAM 与 FPM DRAM 中,处理器或存储器控制器对 DRAM 或 FPM DRAM 的控制是异步的。也就是说,每次读/写操作都需要对控制信号 ras、cas 和 rd/wr 进行检测。如果对 DRAM 接口进行同步化改进,使用一个时钟信号,使 ras、cas 和 r/w 信号都参考该时钟信号以适当顺序设置为有效,这样就无需在每次读/写时对 ras、cas 和 r/w 信号进行检测了。这种结构称为同步 DRAM,即 SDRAM。

另外,SDRAM 结构还增加了一个列地址计数器,首先由处理器或存储器控制器为该计数器写入一个有效的起始列地址,然后由 SDRAM 在每个时钟周期递增该计数器的内容。这样,SDRAM 一次便可读或写一堆连续存放的数据,提高了数据读或写的效率。SDRAM 的时序图如图 7.20 所示。注意此时序图中增加了一个时钟信号,这个时钟信号在图 7.19 中不存在,因为那些 DRAM 是异步的。

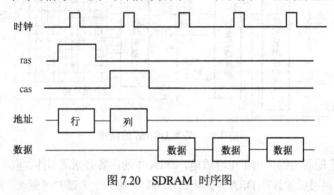

图 7.20　SDRAM 时序图

7.6.2　ROM

ROM 是 Read-Only Memory 的缩写,直译为"只读存储器",其实应称为"非易失性存储器",在嵌入式系统中主要用于永久保存启动代码、操作系统及一些参数。ROM 工作时只能读,不能写。对 ROM 的写称为"编程"(Programmed),最早的 ROM 只能在工厂编程,称为掩膜编程 ROM(Mask-programmed ROM),后来出现一次可编程的 ROM(OTP ROM, One-time Programmable ROM),用户可编程一次,再后来出现可擦除可编程的 ROM(EPROM, Erasable Programmable ROM),可用紫外线多次反复擦除,但擦除时间较长,需十几分钟到半小时,再后来出现了电可擦除可编程的 ROM(EEPROM, Electrically Erasable Programmable ROM),擦除时间大大缩短,但一次只能擦除一个字,效率不高。现在广泛使用的是快闪存储器(Flash),其是 EEPROM 的改进,提高了擦除效率,可一次擦除"一块",一块通常包含几千字,因此写入速度大大提高。

EPROM 中，存储 1 bit 的基本单元电路为一个浮栅 MOS 晶体管。后来出现的 EEPROM 与 Flash 存储 1 bit 的基本单元电路也都是一个浮栅 MOS 晶体管。所以，浮栅 MOS 晶体管是 ROM 的基础，下面对一次可编程 ROM 及浮栅 MOS 晶体管存储数据的基本原理做进一步介绍。

一次可编程 ROM 的基本结构可用图 7.21 进行说明。图 7.21 所示为一个 8×4 的 ROM，有 8 个字，每字 4 bits。3 根地址线 A0、A1 与 A2 经一 3×8 译码器产生 8 个地址，可选择 8 个字。垂直线为数据线，有 4 根数据线，Q3~Q0。

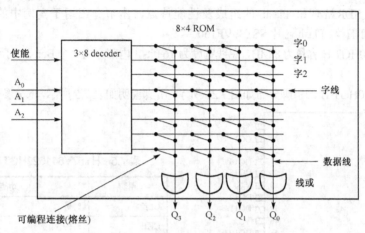

图 7.21　一次可编程 ROM 内部结构示意图

设欲将数据 1010 写入字 2，则只需要输入地址 010，选中字 2，然后用强电流将字 2 线与 Q2 和 Q0 线间的连接熔丝烧断，这样字 2 就被编程为 1010 了。由于熔丝烧断后不能再恢复，故只能编程一次，称为一次可编程 ROM。

EPROM 中存储 1 bit 的基本电路如图 7.22 所示，是一个浮栅 MOS 晶体管。晶体管源、漏极有电极连接，而栅极没有电极连接，周围被绝缘体包围，如图 7.22（a）所示，故称为浮栅 MOS 晶体管。

编程时，EPROM 编程器使用高于正常电压的电压值（通常为 12~25 V），将源、漏之间沟道内的电子经绝缘体拉至栅极，对应逻辑"0"，如图 7.22（b）所示。当高电压拆除后，电子无法逃逸，栅极保持高电位，编程完成。

要擦除所编程的内容，必须使栅极上的电子逃逸。最初是用紫外线照射，一般需 5~30 分钟才能完全擦除，如图 7.22（c）所示。为了让紫外光可以照射到芯片内部栅极上的电子，EPROM 芯片在其封装上有一个小石英窗口，如图 7.22（d）所示。EPROM 一般可擦除和重复编程数千次，数据可保存 10 年以上。

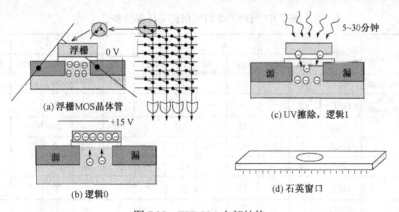

图 7.22　EPROM 内部结构

EPROM 的读取远比写入快，因读取不需要擦除。

EEPROM 与 Flash 存储 1 bit 的基本电路与 EPROM 类似，均是基于浮栅 MOS 晶体管，不同的是 EEPROM 与 Flash 可用电来擦除，速度快，只需几秒即可擦除，因此写入速度或者说编程速度比 EPROM 大大提高。

7.6.3 存储器芯片

上面介绍了 SDRAM 和 Flash 的组成及性能特点，本节介绍用于实例中的 SDRAM 芯片 HY57V641620HGT-H 与 Flash 芯片 SST39VF160。

HY57V641620HGT-H 容量为 8 MB，总线宽度为 16 bits，内部分为 4 个 Bank，可用 4 Banks × 1M × 16 Bit 描述。

HY57V641620HGT-H 的引脚分布如图 7.23 所示，引脚说明如表 7.5 所示，部分参数如表 7.6 所示。

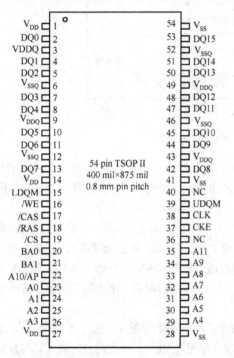

图 7.23 HY57V641620HGT-H 引脚分布

表 7.5 HY57V641620HGT 引脚描述

引脚	功能
CLK	时钟
CKE	时钟使能
CS	片选
BA0,BA1	Bank 地址
A0 ~ A11	地址
RAS, CAS, WE	行地址选通，列地址选通，写使能
LDQM, UDQM	数据输入/输出屏蔽
DQ0 ~ DQ15	数据输入/输出
VDD/VSS	电源/地
VDDQ/VSSQ	数据输出电源/地
NC	未连接

表 7.6 HY57V641620HGT-H 部分参数

parameter		Symbol	-7		-K		-H		-8		-P		-S		Uni
			Min	Max	Min	Max	Min	Max	Min	Max	Min	Max	Min	Max	t
RAS Cycle Time	operation	tRC	63	—	65	—	65	—	68	—	70	—	70	—	ns
	Auto Refresh	tRRC	63	—	65	—	65	—	68	—	70	—	70	—	ns
RAS to CAS Delay		tRCD	20	—	15	—	20	—	20	—	20	—	20	—	ns
RAS Active Time		tRAS	42	120k	45	120k	45	120k	48	100k	50	120k	50	120k	ns
RAS Precharge Time		tRP	20	—	15	—	20	—	20	—	20	—	20	—	ns
RAS to RAS Bank Active Delay		tRRP	14	—	15	—	15	—	16	—	20	—	20	—	ns
CAS to CAS Delay		tCCD	1	—	1	—	1	—	1	—	1	—	1	—	CLK

Flash 芯片 SST39VF160 引脚分布如图 7.24 所示,引脚描述如表 7.7 所示,部分参数如表 7.8 所示。

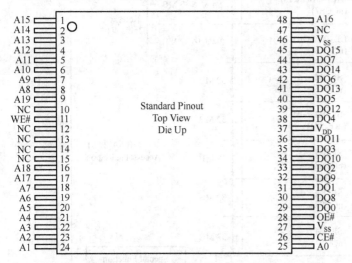

图 7.24　SST39VF160 引脚分布

表 7.7　SST39VF160 引脚信号描述

引脚符号	功能
A19-A0	地址输入
DQ15-DQ0	数据 I/O
CE#	片选
OE#	输出使能
WE#	写使能
VDD	电源
VSS	地
NC	浮空脚

表 7.8　SST39VF160 参数

Symbol	Parameter	SST39LF160-55		SST39VF160-70		SST39VF160-90		Units
		Min	Max	Min	Max	Min	Max	
T_{RC}	Read Cycle Time	55		70		90		ns
T_{CE}	Chip Enable Access Time		55		70		90	ns
T_{AA}	Address Access Time		55		70		90	ns
T_{OE}	Output Enable Access Time		30		35		45	ns
T_{CLZ}^1	CE# Low to Active Output	0		0		0		ns
T_{OLZ}^1	OE# Low to Active Output	0		0		0		ns
T_{CHZ}^1	CE# High to High-Z Output		15		20		30	ns
T_{OHZ}^1	OE# High to High-Z Output		15		20		30	ns
T_{OH}^1	Output Hold from Address Change	0		0		0		ns

7.6.4　存储空间规划

在设计嵌入式系统的存储器时,需要根据所选处理器的地址空间结构,对整个系统的存储空间进行规划。

1. S3C44B0X 地址空间结构

如图 7.25 所示,S3C44B0X 将地址空间划分为 8 个 Bank,编号 Bank0~Bank7,每个 Bank 32 MB,总容量为 256 MB。Bank0 地址范围为 0x0~0x02000000,分为两部分,最低 28 MB(地址 0x0~0x01BFFFFF)可用于 SRAM 与 ROM,最高 4 MB(地址 0x01c00000~0x01FFFFFF)用于特殊功能寄存器。Bank1~Bank5 大小固定为 32 MB,可用于 SRAM 与 ROM。Bank6、Bank7 大小可变,可用于 SRAM、ROM、DRAM 与 SDRAM。

2. 设计实例地址空间规划

设计实例有一个 2 MB 的 Flash、8 MB 的 SDARM 及 8 段数码管、键盘、以太网接口、USB 接口、LCD 等外设,如何为它们安排地址空间呢?

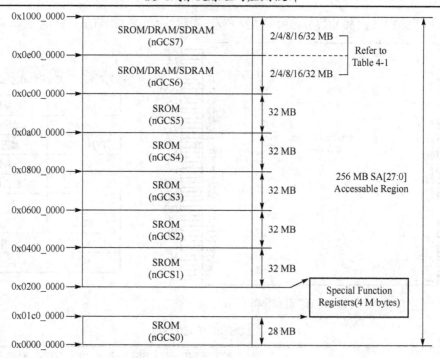

图 7.25 S3C44B0X 地址空间结构

2 MB 的 Flash 芯片 SST39VF160 必须映射到 Bank0，因 Flash 中固化有启动代码。那么，如何将 Flash 映射到 Bank0 呢？从表 6.1 知，S3C44B0X 有 8 根片选引脚 nGCS0~nGCS7，这些引脚就是用来映射外部设备到相应 Bank 的。只需将 nGCS0 连接 Flash 芯片的片选，Flash 就被映射到了 Bank0，其地址范围为 0x0~0x01BFFFFF。对于 2 MB 的 Flash，地址范围为 0x0~0x1FFFFF。

8 MB 的 SDRAM 芯片 HY57V641620 可映射到 Bank6 或 Bank7，现将其映射至 Bank6。用 nGCS6 连接其片选即可实现此映射。

8 段数码管、键盘、以太网接口、USB 接口、LCD 等外设可映射到 Bank1~Bank5。现将 8 段数码管、以太网接口、USB 接口、LCD 映射到 Bank1，将键盘映射到 Bank3。

将 nGCS3 连接键盘的片选即可实现将其映射到 Bank3。Bank1 只有一根片选 nGCS1，怎么实现将 8 段数码管、以太网接口、USB 接口与 LCD 映射到 Bank1 呢？用一个 3-8 译码器可解决此问题，如图 7.26 所示，3 根地址线 A18、A19、A20 接 3-8 译码器 74LV138 的输入，Bank1 的片选 nGCS1 接 74LV138 的片选。这样，便可得到 8 个输出 CS1~CS8，最多可寻址 8 个外设。

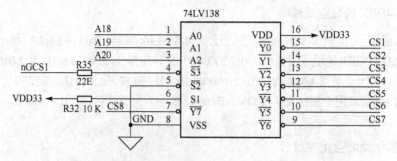

图 7.26 用 3-8 译码器扩展 S3C44B0X 片选

RAM、ROM 及外设地址空间的规划及地址范围如表 7.9 所示。

表 7.9 设计实例地址空间规划

外设	片选	BANK	地址范围
FLASH	nGCS0	BANK0	0x0000_0000~0x01BF_FFFF
SDRAM	nGCS6	BANK6	0x0C00_0000~0x0DF_FFFF
USB	CS1	BANK1	0x0200_0000~0x0203_FFFF
8-SEG	CS6	BANK1	0x0214_0000~0x0217_FFFF
ETHERNET	CS7	BANK1	0x0218_0000~0x021B_FFFF
LCD	CS8	BANK1	0x021C_0000~0x021F_FFFF
KEYBOARD	nGCS3	BANK3	0x0600_0000~0x07FF_FFFF

7.6.5 存储器电路设计

规划好地址空间后，即可进行存储器的电路设计了。如图 6.5 所示，由于 S3C44B0X 片上有存储器控制器，故存储器电路设计较为容易，只需将存储器挂接到存储器控制器设备侧接口上即可。

1. SDRAM 电路设计

SDRAM 芯片 HY57V641620 的地址线 A(11.0) 与 S3C44B0X 的地址总线 A(12.1) 连接，这是由于 HY57V641620 总线宽度是 16 bits，按半字读取，故不用 S3C44B0X 的地址线 A0。

根据 S3C44B0X 的数据手册，对于 4Bank×1M×16 的 HY57V641620，应将 S3C44B0X 的地址线 A21、A22 分别与 HY57V641620 的 Bank 线 BA0、BA1 相接。

S3C44B0X 的数据总线 D(15.0) 与 HY57V641620 的数据总线对应相接。

S3C44B0X 的控制总线包括行地址选通 nSRAS、列地址选通 nSCAS、Bank 选择 nGSn、输出使能 nOE、数据屏蔽 DQM0、DQM1。由于 HY57V641620 映射到 S3C44B0X 的 Bank6，故需要将 S3C44B0X 的片选线 nSCS6 与 HY57V641620 的片选线 nCS 相接，其他控制线只要对应相接即可。电路连接如图 7.27 所示。

2. Flash 电路设计

Flash 芯片 SST39VF160 数据线有 16 根 D(15.0)，只需将其与 S3C44B0X 的对应数据线相接即可。

Flash 芯片 SST39VF160 地址线有 20 根 A(19.0)，由于其数据总线宽度为 2 字节，故需将其地址 A(19.0) 与 S3C44B0X 的地址 A(20.1) 对应相接。

Flash 芯片 SST39VF160 的控制总线只有片选、输出使能与写使能，由于 Flash 映射到 S3C44B0X 的 Bank0，需要用 S3C44B0X 的 nGCS0 接 SST39VF160 的片选 nCE，其他对应相接即可。SST39VF160 与 S3C44B0X 电路连接如图 7.28 所示。

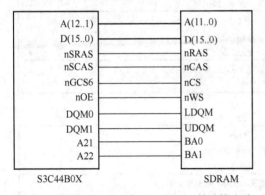

图 7.27 HY57V641620 与 S3C44B0X 的连接电路

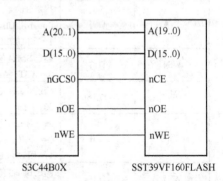

图 7.28 SST39VF160 与 S3C44B0X 连接电路

7.6.6　SDRAM 驱动程序设计

SDRAM 的驱动程序有初始化程序、读及写程序。初始化程序较为复杂，读及写程序较简单，此处只给出初始化程序。初始化程序涉及对存储器控制器的寄存器的设置，下面先介绍寄存器，再介绍初始化程序。

1．存储器控制器寄存器

S3C44B0X 的存储器控制器有 13 个寄存器，表 6.2 列出了 13 个寄存器的名称、地址、功能及读/写属性，下面逐一介绍这些寄存器的位/位段定义，并根据所用存储器芯片的参数对寄存器的位/位段进行设置。

（1）总线宽度与等待状态控制寄存器 BWSCON

BWSCON 主要用来设置外接存储器的总线宽度和等待状态，其位定义如表 7.10 所示。

表 7.10　BWSCON 位定义

位名称	位	描述
ST7	[31]	确定 Bank7 上的 SRAM 是否用 UB/LB 0 = 不用 UB/LB（Pin[14:11] 作为 nWBE[3:0]） 1 = 用 UB/LB（Pin[14:11] 作为 nBE[3:0]）
WS7	[30]	确定 Bank7 的 WAIT 状态(不支持 DRAM 和 SDRAM) 0 = WAIT 禁止　　　1 = WAIT 使能
DW7	[29:28]	确定 Bank 7 数据总线宽度 00 = 8-bit　　　01 = 16-bit　　　10 = 32-bit
ST6	[27]	确定 Bank6 上的 SRAM 是否用 UB/LB 0 = 不用 UB/LB（Pin[14:11] 作为 nWBE[3:0]） 1 = 用 UB/LB（Pin[14:11] 作为 nBE[3:0]）
WS6	[26]	确定 Bank6 的 WAIT 状态(不支持 DRAM 和 SDRAM) 0 = WAIT 禁止　　　1 = WAIT 使能
DW6	[25:24]	确定 Bank 6 数据总线宽度 00 = 8-bit　　　01 = 16-bit　　　10 = 32-bit
ST5	[23]	确定 Bank5 上的 SRAM 是否用 UB/LB 0 = 不用 UB/LB（Pin[14:11] 作为 nWBE[3:0]） 1 = 用 UB/LB（Pin[14:11] 作为 nBE[3:0]）
WS5	[22]	确定 Bank5 的 WAIT 状态(不支持 DRAM 和 SDRAM) 0 = WAIT 禁止　　　1 = WAIT 使能
DW5	[21:20]	确定 Bank 5 数据总线宽度 00 = 8-bit　　　01 = 16-bit　　　10 = 32-bit
ST4	[19]	确定 Bank4 上的 SRAM 是否用 UB/LB 0 = 不用 UB/LB（Pin[14:11] 作为 nWBE[3:0]） 1 = 用 UB/LB（Pin[14:11] 作为 nBE[3:0]）
WS4	[18]	确定 Bank4 的 WAIT 状态(不支持 DRAM 和 SDRAM) 0 = WAIT 禁止　　　1 = WAIT 使能
DW4	[17:16]	确定 Bank4 数据总线宽度 00 = 8-bit　　　01 = 16-bit　　　10 = 32-bit
ST3	[15]	确定 Bank3 上的 SRAM 是否用 UB/LB 0 = 不用 UB/LB（Pin[14:11] 作为 nWBE[3:0]） 1 = 用 UB/LB（Pin[14:11] 作为 nBE[3:0]）
WS3	[14]	确定 Bank3 的 WAIT 状态(不支持 DRAM 和 SDRAM) 0 = WAIT 禁止　　　1 = WAIT 使能

（续表）

位名称	位	描述
DW3	[13:12]	确定 Bank 3 数据总线宽度 00 = 8-bit　　　01 = 16-bit　　　10 = 32-bit
ST2	[11]	确定 Bank2 上的 SRAM 是否用 UB/LB 0 = 不用 UB/LB（Pin[14:11] 作为 nWBE[3:0]） 1 = 用 UB/LB（Pin[14:11] 作为 nBE[3:0]）
WS2	[10]	确定 Bank2 的 WAIT 状态(不支持 DRAM 和 SDRAM) 0 = WAIT 禁止　　　1 = WAIT 使能
DW2	[9:8]	确定 Bank 2 数据总线宽度 00 = 8-bit　　　01 = 16-bit,　　　10 = 32-bit
ST1	[7]	确定 Bank1 上的 SRAM 是否用 UB/LB 0 = 不用 UB/LB（Pin[14:11] 作为 nWBE[3:0]） 1 = 用 UB/LB（Pin[14:11] 作为 nBE[3:0]）
WS1	[6]	确定 Bank1 的 WAIT 状态(不支持 DRAM 和 SDRAM) 0 = WAIT 禁止　　　1 = WAIT 使能
DW1	[5:4]	确定 Bank 1 数据总线宽度 00 = 8-bit　　　01 = 16-bit　　　10 = 32-bit
DW0	[2:1]	指示 Bank0 的数据总线宽度(只读)，由引脚 OM[1:0]电平决定 00 = 8-bit　　　01 = 16-bit　　　10 = 32-bit
ENDIAN	[0]	指示存储模式(只读)，由引脚 ENDIAN 电平决定 0 = 小端模式 (Little endian)　　　1 = 大端模式 (Big endian)

实例中将 Flash 映射到 Bank0、SDRAM 映射到 Bank6、键盘映射到 Bank3、其他外设全映射到 Bank1。Flash 与 SDRAM 数据总线宽度为 16 bit，键盘与其他外设均为字符型设备，数据总线宽度为 8 bit。所以应设置 DW6 = 01，DW3 = 00，DW1 = 00，DW0 = 01。此处需注意 DW0 为只读，不能写，是状态位。这是因为往往将 Flash 映射到 Bank0，而 Flash 存储的是启动程序，是上电时首先运行的程序，故其总线宽度不能由软件(即寄存器的设置)控制，应由硬件控制，本例中由引脚 OM[1:0]的电平控制。

Bank7、Bank5、Bank4 与 Bank2 在本例中未被使用，总线宽度可以任意设置，本例中将它们设置成跟 Bank6 一样。

BWSCON 的设置如图 7.29 所示。

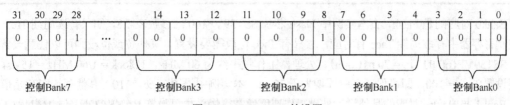

图 7.29　BWSCON 的设置

BWSCON 设置值的十六进制表示为 0x11110102。

为方便将上面设置的控制数据写入 BWSCON 寄存器，通常先用宏定义将符号 BWSCON 与寄存器地址绑定起来，即：

　　　#define　BWSCON　(＊(volatile unsigned ＊)0x1c80000)

然后即可用赋值语句将控制数据写入该寄存器，如下所示：

　　　BWSCON = 0x11110102

(2) Bank 控制寄存器

S3C44B0X 有 8 个 Bank 控制寄存器，每个寄存器控制一个 Bank，其中 Bank0~Bank5 使用方式相似，其控制寄存器 BANKCON0~BANKCON5 结构是相同的。而 Bank6 与 Bank7 使用方式不同于其他 6 个寄存器，可以作为 FP/EDO/SDRAM 等类型存储器的映射空间，且大小可变，故其控制寄存器不同于其他 5 个寄存器。所以将 BANKCON0~BANKCON5 放在一起介绍，BANKCON6 与 BANKCON7 单独介绍。

BANKCON0~BANKCON5 的位定义如表 7.11 所示。如何对其进行设置呢？要根据其所对应的存储器或外设来进行设置。

表 7.11　BANKCON0~BANKCON5 位定义

位名称	位	描述
Tacs	[14:13]	在 nGCSn 有效之前地址建立时间 00 = 0 clock　　　　　　　　01 = 1 clock 10 = 2 clocks　　　　　　　11 = 4 clocks
Tcos	[12:11]	nOE 有效前片选 nGCS 建立时间 00 = 0 clock　　　　　　　　01 = 1 clock 10 = 2 clocks　　　　　　　11 = 4 clocks
Tacc	[10:8]	存取周期 000 = 1 clock　　001 = 2 clocks　010 = 3 clocks　011 = 4 clocks 100 = 6 clocks　　101 = 8 clocks　110 = 10 clocks　111 = 14 clocks
Toch	[7:6]	nOE 无效后片选 nGCSC 保持时间 00 = 0 clock　　　　　　　　01 = 1 clock 10 = 2 clocks　　　　　　　11 = 4 clocks
Tcah	[5:4]	nGCSn 无效后地址保持时间 00 = 0 clock　　　　　　　　01 = 1 clock 10 = 2 clocks　　　　　　　11 = 4 clocks
Tpac	[3:2]	页模式存取周期 00 = 2 clocks　　　　　　　01 = 3 clocks 10 = 4 clocks　　　　　　　11 = 6 clocks
PMC	[1:0]	页模式配置 00 = normal (1 data)　　　　01 = 4 data 10 = 8 data　　　　　　　　11 = 16 data

Bank0 对应的是 Flash，查本实例中 Flash 芯片 SST39VF160 的参数表 7.8，知只有读周期 Trc 一项与控制寄存器中存取周期 Tacc 有对应，故只有 Tacc 位段需要设置，其他位或位段则可以任意设置。

SST39VF160 的 Trc = 70 ns(mini)，处理器工作频率约为 60 MHz，1Clock = 1/60 MHz = 15 ns，故只要设置 Tacc = 100，即可保证存取周期大于 70 ns。本实例中设置 Tacc = 110，其他项均取初始值。

Bank1 与 Bank3 对应的是外设，外设工作速度通常很慢，故可设置 BANKCON1 与 BANKCON3 中的所有时间值为最大值。

Bank2 与 Bank5 在本例中未使用，可任意设置，本例中将其设置成与 Bank1 与 Bank3 的相同。

① BANKCON0 的设置。

根据上面分析，BANKCON0 的设置如图 7.30 所示。

31	30	29	28		14	13	12	11	10	9	8	7	6	5	4	3	2	1	0
0	0	0	0	…	0	0	0	0	0	1	1	0	0	0	0	0	0	1	0

图 7.30　BANKCON0 的设置

　　寄存器 BANKCON0 各位段都有一个符号，可用伪操作指令将各位段的设置值赋给其所对应的符号，如下所示：

```
.equ  B0_Tacs,  0x0      /*0clk, Initial value
.equ  B0_Tcos,  0x0      /*0clk , Initial value
.equ  B0_Tacc,  0x6      /*10clk
.equ  B0_Toch,  0x0      /*0clk , Initial value
.equ  B0_Tah,   0x0      /*0clk , Initial value
.equ  B0_Tpac,  0x0      /*0clk , Initial value
.equ  B0_PMC,   0x0      /*normal (1 data)
```

　　用宏定义将寄存器 BANKCON0 的地址 0x1c80004 与符号 BANKCON0 绑定起来：

```
#define BANKCON0    (*(volatile unsigned *)0x1c80004)
```

　　这样，便可通过如下两种方式将设置值写进 BANKCON0 的对应位段：

```
BANKCON0 = 0x0600
```

或

```
BANKCON0 = ((B0_Tacs<<13)+(B0_Tcos<<11)+(B0_Tacc<<8)+(B0_Tcoh<<6)+(B0_Tah<<4)+(B0_
Tacp<<2)+(B0_PMC))
```

　　后一种方式看似复杂，但便于修改，便于程序的移植。
　　② BANKCON1 的设置。
　　根据上面所做的分析，BANKCON1 的各位段可取最大值，其设置如图 7.31 所示。

31	30	29	28		14	13	12	11	10	9	8	7	6	5	4	3	2	1	0
				...	1	1	1	1	1	1	1	1	1	1	1	1	1	0	0

图 7.31　BANKCON1 的设置

BANKCON1 各位段变量的赋值如下：

```
.equ  B1_Tacs  ,0x3     /*4clk          */
.equ  B1_Tcos  ,0x3     /*4clk          */
.equ  B1_Tacc  ,0x7     /*14clk         */
.equ  B1_Tcoh  ,0x3     /*4clk          */
.equ  B1_Tah   ,0x3     /*4clk          */
.equ  B1_Tac   ,0x3     /*6clk          */
.equ  B1_PMC   ,0x0     /*normal        */
```

　　用宏定义将寄存器 BANKCON1 的地址 0x1c80008 与符号 BANKCON1 绑定起来：

```
#define BANKCON1    (*(volatile unsigned *)0x1c80008)
```

这样，便可通过如下两种方式将设置值写进 BANKCON1 的对应位段。

```
BANKCON1 = 0x7FFC 或
BANKCON1 = ((B1_Tacs<<13)+(B1_Tcos<<11)+(B1_Tacc<<8)+(B1_Tcoh<<6)+(B1_Tah<<4)+(B1_
Tacp<<2)+(B1_PMC))
```

BANKCON2~BANKCON5 的设置与 BANKCON1 相同，此处不再赘述。
　　(3) BANKCON6 和 BANKCON7
　　BANKCON6 与 BANKCON7 控制寄存器各位段的定义如表 7.12 所示。

表 7.12　BANKCON6~BANKCON7

位名称	位	描述			
MT	[16:15]	确定存储器类型 00 = ROM or SRAM 10 = EDO DRAM		01 = FP DRAM 11 = Sync. DRAM	
存储器类型 = ROM or SRAM [MT = 00] (15-bit)					
Tacs	[14:13]	在 nGCS 有效之前地址建立时间 00 = 0 clock	01 = 1 clock	10 = 2 clocks	11 = 4 clocks
Tcos	[12:11]	nOE 有效前片选 nGCS 建立时间 00 = 0 clock	01 = 1 clock	10 = 2 clocks	11 = 4 clocks
Tacc	[10:8]	存取周期 000 = 1 clock　001 = 2 clocks 100 = 6 clocks　101 = 8 clocks		010 = 3 clocks 110 = 10 clocks	011 = 4 clocks 111 = 14 clocks
Toch	[7:6]	nOE 无效后片选 nGCS 保持时间 00 = 0 clock	01 = 1 clock	10 = 2 clocks	11 = 4 clocks
Tcah	[5:4]	nGCSn 无效后地址保持时间 00 = 0 clock	01 = 1 clock	10 = 2 clocks	11 = 4 clocks
Tpac	[3:2]	页模式存取周期 00 = 2 clocks	01 = 3 clocks	10 = 4 clocks	11 = 6 clocks
PMC	[1:0]	页模式配置 00 = normal (1 data) 10 = 8 数据连续存取		01 = 4 数据连续存取 11 = 16 数据连续存取	
存储器类型 = FP DRAM [MT = 01] or EDO DRAM [MT = 10] (6-bit)					
Trcd	[5:4]	RAS 到 CAS 延迟 00 = 1 clock	01 = 2 clocks	10 = 3 clocks	11 = 4 clocks
Tcas	[3]	CAS 脉冲 0 = 1 clock	1 = 2 clocks		
Tcp	[2]	CAS 预充电时间 0 = 1 clock	1 = 2 clocks		
CAN	[1:0]	列地址数 00 = 8-bit	01 = 9-bit	10 = 10-bit	11 = 11-bit
存储器类型 = SDRAM [MT = 11] (4-bit)					
Trcd	[3:2]	RAS 到 CAS 延迟 00 = 2 clocks	01 = 3 clocks	10 = 4 clocks	
SCAN	[1:0]	列地址数 00 = 8-bit	01 = 9-bit	10 = 10-bit	

　　本实列中，Bank7 没有使用，Bank6 对应 SDRAM 芯片 HY57V641620，故 BANKCON6 位段的设置应根据 HY57V641620 的参数表 7.6 进行。查表 7.6 知 HY57V641620 的 RAS 到 CAS 延迟 Trcd = 20 ns，列地址数为 8。所以 BANKCON6 中相关位段设置为：MT = 11（HY57V641620 类型为 SDRAM），Trcd = 00（2clock = 2×15 ns>20 ns），Scan = 00（列地址数为 8），其他位段可以任意设置。于是 BANKCON6 的设置如图 7.32 所示。

31	30	29	28		16	15	14	13	12	11	10	9	8	7	6	5	4	3	2	1	0
				...	1	1	0	0	0	0	0	0	0	0	0	0	0	0	0	0	0

图 7.32　BANKCON6 的设置

　　BANKCON6 各位段变量的赋值如下：

```
.equ  B6_MT      ,0x3    /* SDRAM  */
.equ  B6_Trcd    ,0x0    /* 2clk   */
.equ  B6_SCAN    ,0x0    /* 8bit   */

BANKCON6 = ((B6_MT<<15)+(B6_Trcd<<2)+(B6_SCAN))
```

BANKCON7 各位段变量的赋值可照 BANKCON6 进行。

（4）刷新控制寄存器 REFRESH

刷新控制寄存器 REFRESH 主要用于设置 DRAM/SDRAM 的刷新时间，其位段的定义如表 7.13 所示。

表 7.13　REFRESH 位定义

位名称	位	描述
REFEN	[23]	DRAM/SDRAM 刷新使能 0 = 禁止　　　　1 = 使能（自刷新或 CBR/自动刷新）
TREFMD	[22]	DRAM/SDRAM 刷新模式 0 = CBR/自动刷新　　　　　　1 = 自刷新 自刷新时，DRAM/SDRAM 控制线需要适当电平驱动
Trp	[21:20]	DRAM/SDRAM RAS 预充电时间 DRAM： 00 = 1.5 clocks　01 = 2.5 clocks　10 = 3.5 clocks　11 = 4.5 clocks SDRAM： 00 = 2 clocks　01 = 3 clocks　10 = 4 clocks　11 = 不支持
Trc	[19:18]	SDRAM RC 最短时间 00 = 4 clocks　　01 = 5 clocks　　10 = 6 clocks　　11 = 7 clocks
Tchr	[17:16]	DRAM 的 CAS 保持时间 00 = 1 clock　　　01 = 2 clocks　　10 = 3 clocks　　11 = 4 clocks
Reserved	[15:11]	保留未用
Refreshcounter	[10:0]	DRAM/SDRAM 刷新计数值 刷新周期 = $(2^{11}$刷新计数值+1)/MCLKE) 例如刷新周期为 15.6 μs，MCLK 为 60 MHz，刷新计数值计算如下： 刷新计数值 = $2^{11} + 1 - 60 \times 15.6 = 1113$

REFRESH 中位的设置应根据 HY57V641620 的参数表 7.6 进行。查表 7.6 知 HY57V641620 的 RAS 预充电时间 tRP = 20 ns，RC 最短时间 tRC = 65 ns。所以 REFRESH 中的 REFEN = 1（刷新使能），TREFMD = 0（刷新模式为自动刷新），Trp = 00（预充电时间为 2×15 ns>20 ns），Trc = 01（RC 最短时间为 5×15 ns>65 ns），RefreshCounter = 1113。

REFRESH 位段的设置如图 7.33 所示。

31	30		23	22	21	20		19	18	17	16	15		11	10		0
			1	0	0	0		0	1	1	0	0 0 0 0 0			1 1 1 0 0 0 1		

图 7.33　REFRESH 的设置

REFRESH 位段变量的赋值如下：

```
    equ REFEN    ,0x1          /* Refresh enable  */
    .equ TREFMD ,0x0           /*Auto refresh     */
    .equ  Trp    ,0x0          /* 2clk      */
    .equ  Trc    ,0x1          /* 5clk          */
    .equ  Tchr   ,0x2          /* 3clk      */
    .equ  REFCNT ,1113         /* period = 15.6 us, MCLK = 60 Mhz    /*
```

（5）Bank 大小控制寄存器 BANKSIZE

BANKSIZE 用于设置 Bank6 与 Bank7 的大小，其位定义如表 7.14 所示。

表 7.14　BANKSIZE 位定义

位名称	位	描述
SCLKEN	[4]	SCLK 仅在 SDRAM 被操作时产生，该特征用于减小功耗，建议将该位设置为 1。 0 = 普通 SCLK　　　　　　1 = 低功耗 SCLK
Reserved	[3]	未用
BK76MAP	[2:0]	确定 BANK6/7 存储空间大小 000 = 32M/32M　　　　100 = 2M/2M　　　　101 = 4M/4M 110 = 8M/8M　　　　111 = 16M/16M

本实例中，Bank7 未用，映射至 Bank6 的 SDRAM 大小为 8 MB，故 BANKSIZE 可如下设置：

SCLKEN = 1
BK76MAP = 000

（6）模式控制寄存器 MRSR

模式控制寄存器 MRSR 用于设置 Bank6 与 Bank7 的模式，其位定义如表 7.15 所示。除了 CAS 延迟时间，其他都可取推荐值。根据 SDRAM 的参数表 7.6，CAS 延迟时间至少应为 2 clocks，故 CL = 010。于是有：

MRSR6 = 0x20

表 7.15　MRSR 位定义

位名称	位	描述
Reserved	[11:10]	not use
WBL	[9]	写触发脉冲长度，0 为推荐值
TM	[8:7]	确定测试模式 00 = 测试模式　　01, 10, 11 = 保留
CL	[6:4]	确定 CAS 延迟 000 = 1 clock　　　010 = 2 clocks 011 = 3 clocks　其他 = 保留
BT	[3]	确定突发类型 0 = 连续（推荐）　　　1 = 未用
BL	[2:0]	确定突发长度 000 = 1　其他 = 未用

2. SDRAM 初始化程序

SDRAM 驱动程序的完整代码如下：

```
ldr r0, = SMRDATA        ; 将存放初始化值的内存区的起始地址送 r0
ldmia r0, {r1-r13}       ; 将初始化值送寄存器 r1~r13 中
ldr r0, = 0x01c80000     ; 寄存器 BWSCON（13 个存储器控制寄存器中的第一个）地址送 r0
stmia r0, {r1-r13}       ; 将暂存在 r1~r13 中的初始化值分别送 BWSCON~ MRSRB7 中
SMRDATA:
.long   0x11110102       ; BWSCON 的初始化值
.long   0x600            ; BANKCON0 的初始化值
.long   0x700            ; BANKCON1 的初始化值
.long   0x700            ; BANKCON2 的初始化值
.long   0x700            ; BANKCON3 的初始化值
.long   0x700            ; BANKCON4 的初始化值
.long   0x700            ; BANKCON5 的初始化值
```

```
.long   0x1002a                ; BANKCON6 的初始化值
.long   0x1002a                ; BANKCON7 的初始化值
.long   0x960000 + 953         ; REFRESH 的初始化值
.long   0x0                    ; BANKSIZE 的初始化值
.long   0x20                   ; MRSRB6 的初始化值
.long   0x20                   ; MRSRB7 的初始化值
```

7.6.7　Flash 驱动程序

Flash 驱动程序包括读、写与擦除程序。无初始化程序，初始化是由硬件完成的。由于 Flash 通常用于存储启动代码、操作系统等一些重要数据，必须对其施加某种程度的保护，以免误操作破坏这些重要数据。下面以 SST39VF160 为例介绍 Flash 驱动程序的编写。

1．写操作

SST39VF160 每次写入一个字，写之前，若扇区中有数据，必须先进行擦除。写操作由 3 步组成：

（1）写入"数据保护"的 3 字节。

将 0xAA、0x55 与 0xA0 分别写入地址 0x5555H、0x2AAAH 与 0x5555H 中。

（2）给出写入地址和数据。

（3）等待内部写入处理。

2．扇区(2K Word)擦除操作

SST39VF160 扇区擦除由如下 6 字节指令组成：

```
AAh@5555h;      // 将 AAh 写入地址 0x5555h
55h@2AAAh;      // 将 55h 写入地址 0x2AAAh
80h@5555h;      // 将 80h 写入地址 0x5555h
AAh@5555h;      // 将 AAh 写入地址 0x5555h
55h@2AAAh;      // 将 55h 写入地址 0x2AAAh
30h@SAn;        // 将 30h 写入地址 0xSAn，0xSAn 为待擦除扇区的地址，
                //30h 为扇区擦除命令
```

3．块(32K Word)擦除操作

SST39VF160 块擦除保护由如下 6 字节指令组成：

```
AAh@5555h;      // 将 AAh 写入地址 0x5555h
55h@2AAA;       // 将 55h 写入地址 0x2AAAh
80h@5555h;      // 将 80h 写入地址 0x5555h
AAh@5555h;      // 将 AAh 写入地址 0x5555h
55h@2AAAh;      // 将 55h 写入地址 0x2AAAh
50h@BAx;        // 将 50h 写入地址 0xBAx，0xBAx 为待擦除块的地址
                // 50h 为块擦除命令
```

4．片擦除操作

SST39VF160 片擦除保护由下列 6 字节指令组成：

```
AAh@5555h;      // 将 AAh 写入地址 0x5555h
55h@2AAA;       // 将 55h 写入地址 0x2AAAh
80h@5555h;      // 将 80h 写入地址 0x5555h
```

```
AAh@5555h;      // 将 AAh 写入地址 0x5555h
55h@2AAAh;      // 将 55h 写入地址 0x2AAAh
10h@5555h;      // 将 10h 写入地址 0x5555h，10h 为片擦除命令
```

Flash 写入与擦除需要时间，后续操作需要等待前面的写入与擦除完成后方可进行，怎么知道其内部的写入与擦除是否结束了呢？SST39VF160 提供了两种检测内部操作是否完成的方法：

(1) DQ7 数据轮询(Data Polling bit)法

在内部写入或擦除过程中，读 DQ7 得到的是 "0"，写入或擦除结束时读 DQ7 得到的是 "1"。据此可知内部写入或擦除是否结束。

(2) DQ6 比特翻转法(Toggle bit)法

在内部写入或擦除过程中，任何对 DQ6 连续的读操作都会产生一个不断翻转的 1 和 0。

在内部写入或擦除完成时，DQ6 将停止翻转。据此可知内部写入或擦除是否结束。

5. SST39VF160 驱动程序

```c
/*扇区擦除程序，参数 SAaddr 为扇区地址*/
void SST39VF160_SectorErase(INT32U SAaddr)
{
    Writeflash(0x5555,0xAA);
    Writeflash(0x2AAA,0x55);
    Writeflash(0x5555,0x80);
    Writeflash(0x5555,0xAA);
    Writeflash(0x2AAA,0x55);
    Writeflash(SAaddr,0x30);
    Waitfor_endofprg();
}
/*写操作，参数 addr 为地址，dat 为数据*/
#define Writeflash(addr,dat)    *((volatile unsigned int*) addr<<1)) = (unsigned int) dat;
int SST39VF160_WordProg(unsigned long addr,unsigned int dat)
{
    Writeflash(0x5555,0xAA);
    Writeflash(0x2AAA,0x55);
    Writeflash(0x5555,0xA0);
    Writeflash(addr,dat);
    Waitfor_endofprg();
}
/*检测内部写入操作是否完成的程序*/
void Waitfor_endofprg(void)
{
    volatile unsigned int old_Status, now_Status;
    Old_Status = *((volatile unsigned int *) 0x00
    while()
    {
    new_Status = *((volatile unsigned int *) 0x00);
    if((old_Status&0x40) == (new_Status&0x40))
    break;
    else
```

```
            Old_Status = new_Status ;
        }
    }
```

7.7　RS-232 接口模块

RS-232 接口不仅是 PC 上常用的串行通信接口，在嵌入式系统中也很常用。在嵌入式系统的开发阶段，往往需要一个 RS-232 接口，以便与 PC 连接起来进行调试；在嵌入系统的成品中，若需要用户进行参数设置，往往也会提供 RS-232 接口。

在设计嵌入式系统时，处理器芯片上提供的是 UART 接口，而非 RS-232 接口，因此需要将 UART 接口转换成 RS-232 接口。UART 与 RS-232 的差别主要是逻辑电平不同，UART 到 RS-232 的转换只需进行电平转换即可。

本节首先介绍 RS-232 接口与 UART 接口，然后介绍 RS-232 接口的硬件设计，最后介绍 RS-232 接口驱动程序设计。

7.7.1　RS-232 接口介绍

RS-232 的全称为 EIA-RS-232C（Electronic Industry Association Recommended Standard），是美国电子工业协会 EIA 制定的一种用于数据终端设备 DTE（Data Terminal Equipment）和数据通信设备 DCE（Data Communication Equipment）之间进行串行二进制数据交换的接口标准。标准对接口的机械特性、电气特性、信号功能等进行了规范。

PC 上的 COM1 及 COM2 即 RS-232C 接口。

（1）RS-232C 接口机械规范

机械规范规定了接口的机械外形、尺寸、引脚形状、间距等。如图 7.34 所示，RS-232 有 25 芯与 9 芯两种接口规范。

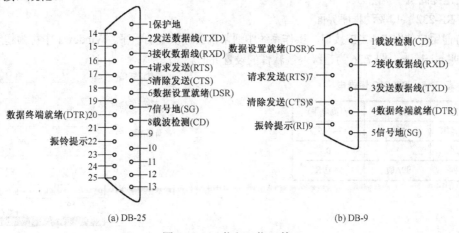

(a) DB-25　　　　　　　　　　　　(b) DB-9

图 7.34　25 芯和 9 芯 D 接口

计算机间利用 RS-232C 接口进行通信时，有简单连接和完全连接两种连接方式。简单连接又称三线连接，即只连接发送数据线、接收数据线和信号地，如图 7.35（a）所示。完全连接方式如图 7.35（b）所示，比简单连接方式多了许多控制信号。

在波特率不高于 9600 b/s 的情况下进行串口通信时，通信线路的长度通常要求小于 15 m，否则可能出现数据丢失现象。

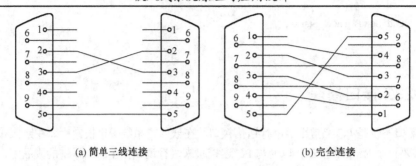

(a) 简单三线连接　　　　　　　　(b) 完全连接

图 7.35　串口通信连接方式

（2）RS-232 接口信号功能规范

CD：载波检测。主要用于 MODEM 通知计算机其处于在线状态，即 MODEM 检测到拨号音。

RXD：接收数据线。用于接收外部设备送来的数据。

TXD：发送数据线。用于将计算机的数据发送给外部设备。

DTR：数据终端就绪。当此引脚为高电平时，通知 MODEM 可以进行数据传输，计算机已经准备好。

SG：信号地。

DSR：数据设备就绪。此引脚为高电平时，通知计算机 MODEM 已经准备好，可以进行数据通信。

RTS：请求发送。此引脚由计算机来控制，用以通知 MODEM 马上传送数据至计算机，否则，MODEM 将收到的数据暂时放入缓冲区中。

CTS：清除发送。此引脚由 MODEM 控制，用以通知计算机将要传送的数据送至 MODEM。

RI：振铃提示。MODEM 通知计算机有呼叫进来，是否接听呼叫由计算机决定。

（3）RS-232 接口电气规范

接口电气规范是指对接口逻辑电平的规定，RS-232 逻辑电平规定如表 7.16，逻辑"1"电平为 −25 ~−3 V，逻辑"0"电平为+3 ~+25 V。不同于 TTL 电平，RS-232 电平范围要大得多，这样设计的目的主要是提高抗干扰能力。

（4）RS-232 接口驱动程序界面

为方便用户使用 RS-232 接口，操作系统中通常都会提供驱动程序。Windows 中称为超级终端，Linux 中叫 minicom。图 7.36 为超级终端软件的设置界面。

表 7.16　RS-232 逻辑电平

状态	L(低电平)	H(高电平)
电压范围	−15~−3 V	+3~+15 V
逻辑	1	0
名称	SPACE	MARK

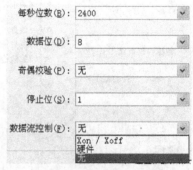

图 7.36　超级终端软件界面

7.7.2　UART 接口介绍

UART（Universal Asynchronous Receiver Transmitter）称为通用异步收发器，又称为异步通信接口适配器 ACIA（Asynchronous Communication Interface Adapter）。UART 由数据接收器 RX、数据发送器 TX、控制单元及波特率发生器组成，如图 7.37 所示。

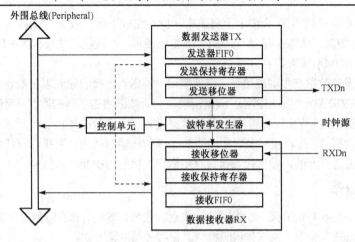

图 7.37　UART 结构

数据发送器由发送 FIFO、发送保持寄存器(发送缓冲寄存器)与发送移位寄存器组成。发送移位寄存器可以并行装载数据，然后在串行时钟脉冲的控制下将数据一位一位按顺序移出；数据接收器由接收 FIFO、接收保持寄存器(接收缓冲寄存器)与接收移位寄存器组成。接收移位寄存器接收串行比特流，移入接收保持寄存器，然后由处理器读取。所以，UART 实际上是额外增加了一些功能的并-串行转换器。

UART 是处理器芯片上提供的串行通信接口，故逻辑电平为 LVTTL，其规定如下：

（1）输出

逻辑 0：0 ~0.4 V

逻辑 1：2.4 ~3.3 V

如图 7.38(a)所示。

（2）输入

逻辑 0：0 ~0.8 V

逻辑 1：2 ~3.3 V

如图 7.38(b)所示。

S3C44B0X UART 接口能提供如下操作：

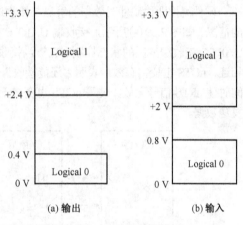

图 7.38　UART 逻辑电平

1. 数据发送操作

UART 将数据组成帧进行发送，帧格式可编程控制。一帧包括 1 个起始位，5~8 个数据位，1 个可选奇偶校检位，1~2 个停止位。帧格式由线控制寄存器 ULCONn 设置。发送器也可以发送断点条件(Break Condition)。所谓断点条件就是在超过一帧的时间里连续发送逻辑 0。

用户需要将待发送的数据写入发送保持寄存器 TXUHXn(发送缓冲寄存器)，然后 UART 会自动将发送保持寄存器中的数据送往发送移位寄存器，在时钟脉冲驱动下，数据便从移位寄存器中一位一位地通过发送引脚 TxDn 送出。当发送保持寄存器中的数据发送完毕时，UART 将在接收/发送状态寄存器 UTRSTATn 中给出指示。若发送模式设置为中断或 BDMA，则还将产生一个中断或 BDMA 请求信号。

2. 数据接收操作

与发送操作一样，数据接收也以帧为单位，帧格式可编程控制。一帧包括 1 个起始位，5~8 个数据位，1 个可选奇偶校检位，1~2 个停止位。

接收移位寄存器从接收引脚 RxDn 上将数据一位一位收下来，收下一帧后送入接收保持寄存器RXUHn，并通过接收/发送状态寄存器 UTRSTATn 给出指示。若接收模式设置为中断或 BDMA，则还将产生一个中断或 BDMA 请求信号。

数据接收时若发现数据产生溢出错误、奇偶错误、帧错误、接收超时以及断点条件，都会在接收错误状态寄存器 UERSTATn 中给出指示。溢出错误表明新数据覆盖了旧的数据，奇偶错误表明检测到预料之外的奇偶校验结果，帧错误表明接收到的数据没有一个有效的停止位，断点条件表明在超过一帧的时间内连续接收到 0，接收超时表明在连续 3 个帧的传输时间内没有接收到任何数据。若所对应的错误中断请求开关是打开的，发生接收错误时还将产生相应的中断请求信号。

3．误码检测操作

在任何存在着潜在噪声的介质(比如串行线)中进行数据传输时，都有可能出现误码，需进行检测。UART 在传输的数据帧中专用一位来作误码检测，使用奇偶校验方式。

发送方计算待发送字符的奇偶性，并据此对校验位进行设置，校验位作为待发送字符的一部分一同被发送；接收方对收到的字符再次进行奇偶计算，并和接收到的校验位进行比较，相符则传输正确，否则传输出错。

4．数据流控制操作

UART 对数据流的控制有两种方式：硬件流控与软件流控。

硬件流控即由硬件对数据的发送与接收进行控制，只适用于 UART 与 UART 直接相连(无 Moden)的情况。如图 7.39(a)所示，接收端 UART B 的 nRTS 与发送端 UART A 的 nCTS 直接连接，由接收端UART B 接收缓冲区的状态控制 nRTS，当接收端还有多余空间时使 nRTS 信号有效，由于 nRTS 与 nCTS相连，nCTS 也变得有效，表明"还能接收"，于是发送端 UART A 便开始发送数据。当接收端没有空间时使 nRTS 信号无效，使得 nCTS 也变得无效，表明"不能再接收"，于是发送端 UART A 只得停止发送数据。

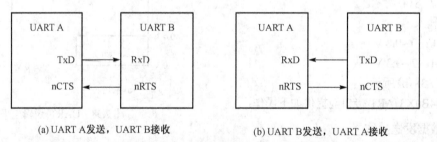

(a) UART A 发送，UART B 接收　　(b) UART B 发送，UART A 接收

图 7.39　UART 数据流控制

软件流控即通过软件控制 nRTS 和 nCTS 信号，从而控制数据的传输。下面分接收操作与发送操作进行介绍。

（1）接收操作

① 选择接收模式(中断或 BDMA)。

② 检查 UFSTATn 寄存器中接收计数器的值。如果其小于 15，设置 UMCONn[0]位为 1，使 nRTS有效；如果它等于或大于 15，置该位为 0，使 nRTS 无效。

③ 重复②。

（2）发送操作

① 选择发送模式(中断或 BDMA)。

② 检查 UMSTATn[0]的值，若为 1，表明 nCTS 有效，则往 Tx 缓冲器或 TxFIFO 寄存器写数据。

在嵌入式系统中，通常既不用硬件流控，也不用软件流控，即不使用 nRTS 与 nCTS 控制信号，只使用三线进行通信。

7.7.3　RS-232 接口电路设计

S3C44B0X 片上有 UART 控制器，故 RS-232 接口电路设计较容易，只需将其挂接在 UART 控制器的设备侧接口上即可。从表 6.1 知，每个 UART 控制器的设备侧接口提供有 RxD、TxD、nCTS 与 nRTS 共 4 条引脚，只实现简单通信功能的 RS-232 接口仅需挂接 RxD 与 TxD 两根脚即可。但需要注意的是，UART 接口的逻辑电平为 TTL，与 RS-232 接口的不同，故在挂接 RS-232 接口时，还需进行逻辑电平转换，即进行 TTL 电平与 RS-232 电平之间的转换。

能提供电平转换芯片的半导体公司很多，图 7.40 使用 Maxsm 的 MAX3221 来完成电平转换。MAX3221 的 11 与 9 引脚分别连接到处理器 UART 接口的数据发送引脚 TxDn 与数据接收引脚 RxDn，13 与 8 引脚分别接到 RS-232 连接器的 3（数据接收）与 2（数据发送）引脚即可。

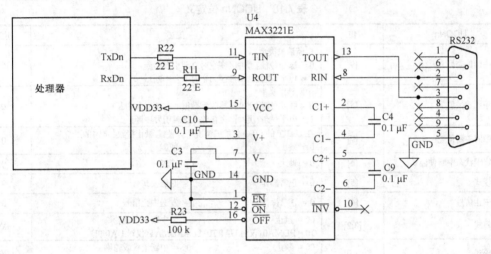

图 7.40　RS-232 接口电路

7.7.4　RS-232 接口驱动程序设计

RS-232 接口与 UART 接口的不同在逻辑电平的规定上，数据传输控制方面的规定是相同的，故 RS-232 驱动程序其实就是 UART 驱动程序。UART 驱动程序主要有初始化程序、发送字符程序与接收字符程序。驱动程序涉及对 UART 寄存器的操作，故下面先介绍 UART 的控制寄存器，再介绍驱动程序。

1．UART 控制器寄存器

表 6.2 列出了 UART 控制器的寄存器，给出了每个寄存器的地址、读/写属性与功能。每个 UART 有 11 个寄存器，下面将逐一介绍这些寄存器位/位段的定义。

（1）线控制寄存器 ULCONn

线控制寄存器主要用于规定数据帧的格式，其位定义如表 7.17 所示。

表 7.17 ULCONn 位定义

ULCONn	位	描述	初始状态
保留	[7]	0	
红外模式	[6]	是否采用红外通信模式 0 = 正常模式　　1 = 红外收发模式	0
奇偶校验模式	[5:3]	奇偶校验设置 0xx = 无奇偶校验　100 = 奇校验　101 = 偶校验　110 = 校验位强制/检测为 1 111 = 校验位强制/检测为 0	000
停止位数量	[2]	每帧中停止位的个数 0 = 每帧一位停止位　　　　　1 = 每帧两位停止位	0
数据位长度	[1:0]	每帧中数据位的个数 00 = 5 位　01 = 6 位　10 = 7 位　11 = 8 位	00

（2）控制寄存器 UCONn

控制寄存器 UCON0、UCON1 主要用于设置接收、发送的中断类型与收发模式，超时与错误中断使能/禁止及中止信号，其位定义如表 7.18 所示。

表 7.18 UCONn 位定义

UCONn	位	描述	初始值
发送中断的类型	[9]	中断请求类型 0 = 脉冲（发送缓冲区变空时立即引发中断） 1 = 电平（在发送缓冲区为空时引发中断）	0
接收中断的类型	[8]	中断请求类型 0 = 脉冲（接收缓冲区接收到数据时立即引发中断） 1 = 电平（接收缓冲区在接收数据时引发中断）	0
接收超时中断使能	[7]	在 UART 的 FIFO 使能的情况下，使能/禁止接收超时中断 0 = 禁止　　　　　　　1 = 使能	0
接收错误状态中断使能	[6]	0 = 禁止　　　　　　　1 = 使能	0
回送模式	[5]	0 = 正常操作　　　　　1 = 回送模式	0
发送中止信号	[4]	0 = 正常操作　　　　　1 = 发送中止信号	0
发送模式	[3:2]	00 = 禁止　　　　　　　　01 = 中断请求或轮询 10 = BDMA0（仅对 UART0）11 = BDMA1（仅对 UART1）	00
接收模式	[1:0]	00 = 禁止　　　　　　　　01 = 中断请求或轮询 10 = BDMA0（仅对 UART0）11 = BDMA1（仅对 UART1）	00

（3）FIFO 控制寄存器 UFCONn

FIFO 控制寄存器 UFCON0、UFCON1 主要用于 FIFO 的触发水平、复位与使能/禁止，其位定义如表 7.19 所示。

表 7.19 UFCONn 位定义

UFCONn	位	描述	初始状态
发送 FIFO 触发水平	[7:6]	决定发送 FIFO 的触发水平 00 = 空　　01 = 4 字节　10 = 8 字节　11 = 12 字节	00
接收 FIFO 触发水平	[5:4]	决定接收 FIFO 的触发水平 00 = 4 字节　01 = 8 字节　10 = 12 字节　11 = 16 字节	00
保留	[3]		0
发送 FIFO 复位	[2]	在复位 FIFO 之后自动清零 0 = 正常　　　1 = 发送 FIFO 复位	0
接收 FIFO 复位	[1]	在复位 FIFO 之后自动清零 0 = 正常　　　1 = 接收 FIFO 复位	0
FIFO 使能	[0]	0 = 禁止 FIFO　1 = 使能 FIFO	0

(4) 模式控制寄存器 UMCONn

模式控制寄存器 UMCON0、UMCON1 主要用于自动流控 AFC 使能/禁止,其位定义如表 7.20 所示。

表 7.20　UMCONn 位定义

UMCONn	位	描述	初始状态
保留	[7:5]	这些位必须为 0	00
AFC(自动流控)	[4]	0 = 禁止　　　1 = 使能	0
保留	[3:1]	这些位必须为 0	00
请求发送	[0]	如果 AFC 使能,这位的值将被忽略,在这种情况下 S3C44B0X 将自动控制 nRTS; 如果 AFC 禁止,必须由软件来控制 nRTS 0 = 高电平(失活 nRTS)　1 = 低电平(激活 nRTS)	0

(5) 发送/接收状态寄存器 UTRSTATn

发送/接收状态寄存器 UTRSTAT0、UTRSTAT1 主要用于指示发送移位寄存器、发送缓冲寄存器与接收缓冲寄存器的状态,其位定义如表 7.21 所示。

表 7.21　UTRSTATn 位定义

UTRSTATn	位	描述	初始状态
发送移位寄存器空	[2]	0 = 非空　　　1 = 发送保持和移位寄存器空	1
发送缓冲寄存器空	[1]	0 = 缓冲寄存器非空　1 = 空	1
接收缓冲器数据准备好	[0]	0 = 空　　1 = 非空	0

(6) 错误状态寄存器 UERSTATn

错误状态寄存器 UERSTAT0、UERSTAT1 主要用于指示接收错误,其位定义如表 7.22 所示。

表 7.22　UERSTATn 位定义

UERSTATn	位	描述	初始状态
中止检测	[3]	0 = 未接收到中止信号　　　1 = 接收到中止信号	0
帧错误	[2]	0 = 没有出现帧错误　　　1 = 出现了帧错误	0
奇偶校验错误	[1]	0 = 没发生奇偶校验错误　　1 = 发生了奇偶校验错误	0
溢出错误	[0]	0 = 没有发生溢出错误　　1 = 发生了溢出错误	0

(7) FIFO 状态寄存器 UFSTATn

FIFO 状态寄存器 UFSTAT0、UFSTAT1 主要用于指示 FIFO 的状态,其位定义如表 7.23 所示。

表 7.23　UFSTATn 位定义

UFSTATn	位	描述	初始状态
保留	[15:10]	0	0
发送 FIFO 满	[9]	0 = 发送 FIFO 大于 0 小于 15 字节 1 = 发送 FIFO 满	0
接收 FIFO 满	[8]	0 = 接收 FIFO 大于 0 小于 15 字节 1 = 接收 FIFO 满	0
发送 FIFO 计数器	[7:4]	发送 FIFO 中的字节数	0
接收 FIFO 计数器	[3:0]	接收 FIFO 中的字节数	0

(8) Modem 状态寄存器 UMSTATn

Modem 状态寄存器主要用于指示 CTS 的状态,其位定义如表 7.24 所示。

表 7.24　UMSTATn 位定义

UMSTATn	位	描述	初始状态
CTS 状态	[4]	0 = 未改变　　　1 = 改变	0
保留	[3:1]		
清除发送	[0]	0 = CTS 信号未激活　　　1 = CTS 信号已激活	0

(9) 发送/接收保持寄存器 UTXHn/URXHn

发送保持寄存器 UTXHn 用于存储待发送的数据，接收保持寄存器 URXHn 用于存储接收到的数据，其位定义分别如表 7.25、表 7.26 所示。

表 7.25　UTXHn 位定义

UTXHn	Bit	Description	Initial State
TXDATAn	[7:0]	UARTn 要发送的数据字节	–

表 7.26　URXHn 位定义

URXHn	位	描述	初始状态
RXDATAn	[7:0]	从 UARTn 接收的数据字节	–

（10）波特率除数寄存器 UBRDIV n

波特率除数寄存器 UBRDIV 0、UBRDIV 1 主要用于设置数据传输的速率，如表 7.27 所示。需要注意的是，此寄存器中放置的不是速率本身，而是一个控制速率的除数值，它们的关系如下所示：

$$UBRDIVn = (round\_off)(MCLK/(bps \times 16)) - 1$$

式中，UBRDIVn 即为此寄存器中放置的除数值，MCLK 为系统时钟，bps 即为波特率。

例 7-1　如果波特率 bps 为 115200，MCLK 为 64 MHz，则

$$UBRDIVn = (int)(64\,000\,000/(115200 \times 16) + 0.5) - 1$$
$$= (int)(34.7 + 0.5) - 1 = 35 - 1 = 34$$

表 7.27　UBRDIVn

UBRDIV n	位	描述	初始状态
UBRDIV	[15:0]	波特率除数值 UBRDIVn > 0	-

2. 驱动程序

本节首先给出上述寄存器的宏定义，然后给出初始化、发送与接收字符程序。

（1）宏定义

```
#define rULCON0      (*(volatile unsigned *)0x1d00000)
#define rULCON1      (*(volatile unsigned *)0x1d04000)
#define rUCON0       (*(volatile unsigned *)0x1d00004)
#define rUCON1       (*(volatile unsigned *)0x1d04004)
#define rUFCON0      (*(volatile unsigned *)0x1d00008)
#define rUFCON1      (*(volatile unsigned *)0x1d04008)
#define rUMCON0      (*(volatile unsigned *)0x1d0000c)
#define rUMCON1      (*(volatile unsigned *)0x1d0400c)
#define rUTRSTAT0    (*(volatile unsigned *)0x1d00010)
```

```
#define rUTRSTAT1        (*(volatile unsigned *)0x1d04010)
#define rUERSTAT0        (*(volatile unsigned *)0x1d00014)
#define rUERSTAT1        (*(volatile unsigned *)0x1d04014)
#define rUFSTAT0         (*(volatile unsigned *)0x1d00018)
#define rUFSTAT1         (*(volatile unsigned *)0x1d04018)
#define rUMSTAT0         (*(volatile unsigned *)0x1d0001c)
#define rUMSTAT1         (*(volatile unsigned *)0x1d0401c)
#define rUBRDIV0         (*(volatile unsigned *)0x1d00028)
#define rUBRDIV1         (*(volatile unsigned *)0x1d04028)
#ifdef __BIG_ENDIAN
#define rUTXH0   (*(volatile unsigned char *)0x1d00023)
#define rUTXH1   (*(volatile unsigned char *)0x1d04023)
#define rURXH0   (*(volatile unsigned char *)0x1d00027)
#define rURXH1   (*(volatile unsigned char *)0x1d04027)
#define WrUTXH0(ch)  (*(volatile unsigned char*)(0x1d00023)) = (unsigned char)(ch)
#define WrUTXH1(ch)  (*(volatile unsigned char*)(0x1d04023)) = (unsigned char)(ch)
#define RdURXH0()    (*(volatile unsigned char *)(0x1d00027))
#define RdURXH1()    (*(volatile unsigned char *)(0x1d04027))
#define UTXH0       (0x1d00020+3)  // byte_access address by BDMA
#define UTXH1       (0x1d04020+3)
#define URXH0       (0x1d00024+3)
#define URXH1       (0x1d04024+3)
#else // Little Endian
#define rUTXH0      (*(volatile unsigned char *)0x1d00020)
#define rUTXH1      (*(volatile unsigned char *)0x1d04020)
#define rURXH0      (*(volatile unsigned char *)0x1d00024)
#define rURXH1      (*(volatile unsigned char *)0x1d04024)
#define WrUTXH0(ch)  (*(volatile unsigned char *)0x1d00020) = (unsigned char)(ch)
#define WrUTXH1(ch)  (*(volatile unsigned char*)0x1d04020) = (unsigned char)(ch)
#define RdURXH0()    (*(volatileunsignedchar*) 0x1d00024)
#define RdURXH1()    (*(volatile unsigned char *)0x1d04024)
#define UTXH0    (0x1d00020)   // byte_access address by BDMA
#define UTXH1    (0x1d04020)
#define URXH0    (0x1d00024)
#define URXH1    (0x1d04024)
#endif
```

(2) 初始化程序

```
static int whichUart = 0;
void Uart_Init(int mclk,int baud)
{    int i;
     if(mclk == 0)
         mclk = MCLK;
     rUFCON0 = 0x0;        // FIFO 禁用
     rUFCON1 = 0x0;
```

```
                rUMCON0 = 0x0;          // AFC 禁用
                rUMCON1 = 0x0;
        // UART0
                rULCON0 = 0x3;          // 正常工作模式，不用奇偶校验，1 个停止位、8 个数据位
                rUCON0 = 0x245;         // 发送中断类型电平，接收中断类型脉冲，接收错误中断打开，
                                        // 超时中断关闭，发送/接收模式为中断或轮询
                rUBRDIV0 = ( (int) (mclk/16./baud + 0.5) −1 );
        // UART1
                rULCON1 = 0x3;
                rUCON1 = 0x245;
                rUBRDIV1 = ( (int) (mclk/16./baud + 0.5) −1 );
                for (i = 0;i<100;i++);
        }
```

(3) 接收一个字符程序

```
        char Uart_Getch (void)
        {       if(whichUart == 0)
                {
                        while (!(rUTRSTAT0 & 0x1));      // 若接收状态寄存器[0] = 1，退出，否则继续等待
                        return RdURXH0 ( );             // 取出接收保持寄存器中的数据
                }
                else
                {
                        while (!(rUTRSTAT1 & 0x1));      // Receive data ready
                        returnrURXH1;
                }
        }
```

(4) 发送一个字符程序

```
        void Uart_SendByte (int data)
        {       if(whichUart == 0)
                {    if(data == '\n')
                {    while (!(rUTRSTAT0 & 0x2));      // 若发送状态寄存器[1] = 1，退出，否则继续等待
                        Delay (10);
                        WrUTXH0 ('\r');                 // 将换行符 "\r" 写入发送保持寄存器
                }
                while (!(rUTRSTAT0 & 0x2));              // 若发送状态寄存器[1] = 1，退出，否则继续等待
                Delay (10);
                WrUTXH0 (data);                         // 将待发送数据 "data" 写入发送保持寄存器
                }
        }
        else
                {
                if(data == '\n')
                {while (!(rUTRSTAT1 & 0x2));
                Delay (10);
                rUTXH1 = '\r';
                }
                while (!(rUTRSTAT1 & 0x2));
```

```
        Delay(10);
        rUTXH1 = data;
    }
```

7.8　LED 与 GPIO 模块

LED 为发光二极管，嵌入式系统中通常都会设计一些 LED，以直观地指示设备的工作状态或用于测试目的。

GPIO(General Purpose Input/Output Ports)为多功能输入/输出口，是为了减小处理器芯片的引脚数而设计的一些特殊引脚，通过控制寄存器的设置，可使一条引脚具多种功能。

LED 通常是通过 GPIO(General Purpose Input/Output Ports)来挂接的，故本节先介绍 S3C44B0X 的 GPIO，然后介绍 GPIO 的初始化程序，最后介绍 LED 的设计。

7.8.1　GPIO 控制寄存器

S3C44B0X 有 71 个多功能的端口(引脚)，分为下列 7 类：

端口 A：10 个(位)

端口 B：11 个(位)

端口 C：16 个(位)

端口 D：8 个(位)

端口 E：9 个(位)

端口 F：9 个(位)

端口 G：8 个(位)

多功能端口的功能通过其控制寄存器设置，每类端口都有一组寄存器。其中，端口 A 与 B 有 2 个寄存器，一为控制寄存器，用于设置端口的功能，另一为数据寄存器，用于向端口输出数据。其他端口除了具有与端口 A、B 同样的寄存器外，还有 1 个上拉电阻控制寄存器，用于设置内部上拉电阻。

GPIO 控制器共有 22 个寄存器，如表 6.2 所示。表 6.2 给出了这些寄存器的名称、地址、读/写属性与功能，下面介绍它们的位/位段定义。

(1) 端口 A 寄存器

端口 A 共有 2 个寄存器：数据寄存器 PDATA 与控制寄存器 PCONA。PCONA 位定义如表 7.28 所示。

(2) 端口 B 寄存器

端口 B 共有 2 个寄存器：数据寄存器 PDATB 与控制寄存器 PCONB。PCONB 位定义如表 7.29 所示。

表 7.28　PCONA 位定义

PCONA	位	描述	初始值
PA9	[9]	0 = Output　1 = ADDR24	1
PA8	[8]	0 = Output　1 = ADDR23	1
PA7	[7]	0 = Output　1 = ADDR22	1
PA6	[6]	0 = Output　1 = ADDR21	1
PA5	[5]	0 = Output　1 = ADDR20	1
PA4	[4]	0 = Output　1 = ADDR19	1
PA3	[3]	0 = Output　1 = ADDR18	1
PA2	[2]	0 = Output　1 = ADDR17	1
PA1	[1]	0 = Output　1 = ADDR16	1
PA0	[0]	0 = Output　1 = ADDR0	1

表 7.29　PCONB 位定义

PCONB	位	描述		初始化值
PB10	[10]	0 = Output	1 = nGCS5	1
PB9	[9]	0 = Output	1 = nGCS4	1
PB8	[8]	0 = Output	1 = nGCS3	1
PB7	[7]	0 = Output	1 = nGCS2	1
PB6	[6]	0 = Output	1 = nGCS1	1
PB5	[5]	0 = Output	1 = nWBE3/nBE3/DQM3	1
PB4	[4]	0 = Output	1 = nWBE2/nBE2/DQM2	1
PB3	[3]	0 = Output	1 = nSRAS/nCAS3	1
PB2	[2]	0 = Output	1 = nSCAS/nCAS2	1
PB1	[1]	0 = Output	1 = SCLK	1
PB0	[0]	0 = Output	1 = SCKE	1

（3）端口 C 寄存器

端口 C 共有 3 个寄存器：数据寄存器 PDATC、上拉电阻控制寄存器 PUPC 与控制寄存器 PCONC。PCONC 位定义如表 7.30 所示。

表 7.30　PCONC 位定义

PCONC	位	描述				初始化值
PC15	[31:30]	00 = Input	01 = Output	10 = DATA31	11 = nCTS0	10
PC14	[29:28]	00 = Input	01 = Output	10 = DATA30	11 = nRTS0	10
PC13	[27:26]	00 = Input	01 = Output	10 = DATA29	11 = RxD1	10
PC12	[25:24]	00 = Input	01 = Output	10 = DATA28	11 = TxD1	10
PC11	[23:22]	00 = Input	01 = Output	10 = DATA27	11 = nCTS1	10
PC10	[21:20]	00 = Input	01 = Output	10 = DATA26	11 = nRTS1	10
PC9	[19:18]	00 = Input	01 = Output	10 = DATA25	11 = nXDREQ1	10
PC8	[17:16]	00 = Input	01 = Output	10 = DATA24	11 = nXDACK1	10
PC7	[15:14]	00 = Input	01 = Output	10 = DATA23	11 = VD4	10
PC6	[13:12]	00 = Input	01 = Output	10 = DATA22	11 = VD5	10
PC5	[11:10]	00 = Input	01 = Output	10 = DATA21	11 = VD6	10
PC4	[9:8]	00 = Input	01 = Output	10 = DATA20	11 = VD7	10
PC3	[7:6]	00 = Input	01 = Output	10 = DATA19	11 = IISCLK	10
PC2	[5:4]	00 = Input	01 = Output	10 = DATA18	11 = IISDI	10
PC1	[3:2]	00 = Input	01 = Output	10 = DATA17	11 = IISDO	10
PC0	[1:0]	00 = Input	01 = Output	10 = DATA16	11 = IISLRCK	10

（4）端口 D 寄存器

端口 D 共有 3 个寄存器：数据寄存器 PDATD、上拉电阻控制寄存器 PUPD 与控制寄存器 PCOND。PCOND 位定义如表 7.31 所示。

表 7.31　PCOND 位定义

PCOND	位	描述				初始化值
PD7	[15:14]	00 = Input	01 = Output	10 = VFRAME	11 = Reserved	0
PD6	[13:12]	00 = Input	01 = Output	10 = VM	11 = Reserved	0
PD5	[11:10]	00 = Input	01 = Output	10 = VLINE	11 = Reserved	0
PD4	[9:8]	00 = Input	01 = Output	10 = VCLK	11 = Reserved	0
PD3	[7:6]	00 = Input	01 = Output	10 = VD3	11 = Reserved	0
PD2	[5:4]	00 = Input	01 = Output	10 = VD2	11 = Reserved	0
PD1	[3:2]	00 = Input	01 = Output	10 = VD1	11 = Reserved	0
PD0	[1:0]	00 = Input	01 = Output	10 = VD0	11 = Reserved	0

（5）端口 E 寄存器

端口 E 共有 3 个寄存器：数据寄存器 PDATE、上拉电阻控制寄存器 PUPE 与控制寄存器 PCONE。PCONE 位定义如表 7.32 所示。

表 7.32　PCONE 位定义

PCONE	位	描述	初始化值
PE8	[17:16]	00 = 保留（ENDIAN）　　01 = Output　　　10 = CODECLK　　11 = 保留 仅在复位周期 PE8 才能用于端序（ENDIAN）控制	0
PE7	[15:14]	00 = Input　　01 = Output　　10 = TOUT4　　11 = VD7	0
PE6	[13:12]	00 = Input　01 = Output　10 = TOUT3　　11 = VD6	0
PE5	[11:10]	00 = Input　01 = Output　10 = TOUT2　　11 = TCLK in	0
PE4	[9:8]	00 = Input　01 = Output　10 = TOUT1　　11 = TCLK in	0
PE3	[7:6]	00 = Input　01 = Output　10 = TOUT0　　11 = Reserved	0
PE2	[5:4]	00 = Input　01 = Output　10 = RxD0　　11 = Reserved	0
PE1	[3:2]	00 = Input　01 = Output　10 = TxD0　　11 = Reserved	0
PE0	[1:0]	00 = Input　01 = Output　10 = Fpllo out　11 = Fout out	0

（6）端口 F 寄存器

端口 F 共有 3 个寄存器：数据寄存器 PDATF、上拉电阻控制寄存器 PUPF 与控制寄存器 PCONF。PCONF 位定义如表 7.33 所示。

表 7.33　PCONF 位定义

PCONF	位	描述	初始化值
PF8	[21:19]	000 = Input　　001 = Output　　010 = nCTS1 011 = SIOCLK　100 = IISCLK　　其他 = 保留	0
PF7	[18:16]	000 = Input　　001 = Output　　010 = RxD 111 = SIORxD　100 = IISDI　　其他 = 保留	0
PF6	[15:13]	000 = Input　　001 = Output　　010 = TxD1 011 = SIORDY　100 = IISDO　　其他 = 保留	0
PF5	[12:10]	000 = Input　　001 = Output　　010 = nRTS1 011 = SIOTxD　100 = IISLRCK　　其他 = 保留	0
PF4	[9:8]	00 = Input　01 = Output　10 = nXBREQ　11 = nXDREQ0	0
PF3	[7:6]	00 = Input　01 = Output　10 = nXBACK　11 = nXDACK0	0
PF2	[5:4]	00 = Input　01 = Output　10 = nWAIT　11 = 保留	0
PF1	[3:2]	00 = Input　01 = Output　10 = IICSDA　11 = 保留	0
PF0	[1:0]	00 = Input　01 = Output　10 = IICSCL　11 = 保留	0

（7）端口 G 寄存器

端口 G 共有 3 个寄存器：数据寄存器 PDATG、上拉电阻控制寄存器 PUPG 与控制寄存器 PCONG。PCONG 位定义如表 7.34 所示。

表 7.34　PCONG 位定义

PCONG	位	描述	初始化值
PG7	[15:14]	00 = Input　　01 = Output　　10 = IISLRCK　11 = EINT7	0
PG6	[13:12]	00 = Input　　01 = Output　　10 = IISDO　　11 = EINT6	0
PG5	[11:10]	00 = Input　01 = Output　10 = IISDI　　11 = EINT5	0
PG4	[9:8]	00 = Input　01 = Output　10 = IISCLK　11 = EINT4	0
PG3	[7:6]	00 = Input　01 = Output　10 = nRTS0　　11 = EINT3	0
PG2	[5:4]	00 = Input　01 = Output　10 = nCTS0　　11 = EINT2	0
PG1	[3:2]	00 = Input　01 = Output　10 = VD5　　11 = EINT1	0
PG0	[1:0]	00 = Input　01 = Output　10 = VD4　　11 = EINT0	0

7.8.2　GPIO 初始化

GPIO 初始化程序用于配置 I/O 口，代码如下：

```
void Gpio_Init(void)
{
    // CAUTION:Follow the configuration order for setting the ports.
    // 1) setting value
    // 2) setting control register
    // 3) configure pull-up resistor.
    // 16 bit data bus configuration
    // PORT A GROUP
    // BIT       9    8    7    6    5    4    3    2    1    0
    //           A24  A23  A22  A21  A20  A19  A18  A17  A16  A0
    //           0    1    1    1    1    1    1    1    1    1
    rPCONA = 0x1ff;
    // PORT B GROUP
    // BIT     10     9     8     7     6     5     4     3       2       1       0
    //         /CS5   /CS4  /CS3  /CS2  /CS1  GPB5  GPB4  /SRAS   /SCAS   SCLK    SCKE
    //         EXT    NIC   USB   IDE   SMC   NC    NC    Sdram   Sdram   Sdram   Sdram
    //         0,     0,    1,    1,    1,    0,    0,    1,      1,      1,      1
    rPDATB = 0x7ff;                       // P9-LED1 P10-LED2
    rPCONB = 0x1cf;
    // PORT C GROUP
    // BUSWIDTH = 16
    // PC15      14      13      12      11      10      9       8
    // I         I       RXD1    TXD1    I       I       I       I
    // NC        NC      Uart1   Uart1   NC      NC      NC      NC
    // 00        00      11      11      00      00      00      00

    // PC7       6       5       4       3       2       1       0
    // I         I       I       I       I       I       I       I
    // NC        NC      NC      NC      IISCLK  IISDI   IISDO   IISLRCK
    // 00        00      00      00      11      11      11      11
    rPDATC = 0xff00;
    rPCONC = 0x0ff0ffff;
    rPUPC  = 0x30ff;        // PULL UP RESISTOR should be enabled to I/O
    // PORT D GROUP
    // PORT D GROUP(I/O OR LCD)
    // BIT7      6       5       4       3       2       1       0
    //   VF      VM      VLINE   VCLK    VD3     VD2     VD1     VD0
    //   00      00      00      00      00      00      00      00
    rPDATD = 0xff;
    rPCOND = 0xaaaa;
    rPUPD = 0x0;
```

```
// These pins must be set only after CPU's internal LCD controller is enable
// PORT E GROUP
// Bit 8        7        6        5        4        3        2        1      0
//    CODECLK LED4    LED5     LED6     LED7     BEEP     RXD0     TXD0
LcdDisp
//    10       01       01       01       01       01       10       10    01
rPDATE    = 0x1ff;
rPCONE    = 0x25529;
rPUPE     = 0x6;
// PORT F GROUP
// Bit8     7        6        5        4        3        2        1        0
// IISCLK  IISDI    IISDO    IISLRCK  Input    Input    Input    IICSDA IICSCL
// 100     100      100      100      00       00       00       10     10
rPDATF = 0x0;
rPCONF = 0x252a;
rPUPF   = 0x0;
// PORT G GROUP
// BIT7     6        5        4        3        2        1        0
//  INT7   INT6     INT5     INT4     INT3     INT2     INT1     INT0
//  S3     S4       S5       S6       NIC      EXT      IDE      USB
//  11     11       11       11       11       11       11       11
rPDATG = 0xff;
rPCONG = 0xffff;
rPUPG   = 0x0;          // should be enabled
rSPUCR = 0x7;           // D15-D0 pull-up disable
/* Non Cache area */
rNCACHBE0 = ((Non_Cache_End>>12)<<16)|(Non_Cache_Start>>12);
/* Low level default */
rEXTINT = 0x0;
}
```

7.8.3　LED 设计

LED 可直接挂接在 GPIO 上，不需要通过控制器。如图 7.41 所示，LED1、LED2 阴极分别挂接到 GPIO B 端口的 PB9 与 PB10，阳极接至 VDD33。这样，当向端口 B 的数据寄存器的 PB9 或 PB10 位写入 0（即使 PB9 或 PB10 的电平为低）时，LED 亮；写入 1 时（即使 PB9 或 PB10 的电平为高）时，LED 灭。

LED 驱动程序很简单，只有端口的初始化程序与点亮/关闭 LED 程序。

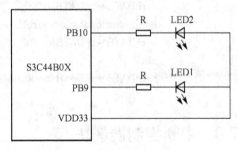

图 7.41　LED 电路

```
#define rPCONB   (*(volatile unsigned *)0x1d20008)  ；0x1d20008 为端口控制寄存器地址
#define rPDATB   (*(volatile unsigned *)0x1d2000c)  ；0x1d2000c 为端口数据寄存器地址
```

初始化程序：

```
LED_Init( ) {
    rPCONB = 0x1FF; 将端口 B 的 PB9 与 PB10 的功能设置为输出, 其他为输入
}
```

点亮/关闭 LED 程序:

```
LEDS_ON( ) {
    rPDATB = 0x1FF    ; LED1/LED2 亮
}
LEDS_OFF( ) {
    rPDATB = 0x7FF    ; LED1/LED2 灭
}
```

点亮/关闭 LED 程序也可采取下面分层结构。

```
void leds_on( )
{
    Led_Display(0x3);
}
void leds_off( )
{
    Led_Display(0x0);
}
void led1_on( )
{
    led_state = led_state | 0x1;
    Led_Display(led_state);
}
void Led_Display(int LedStatus)
{
    led_state = LedStatus;
    if((LedStatus&0x01) == 0x01)
        rPDATB = rPDATB&0x5ff;
    else
        rPDATB = rPDATB|0x200;
    if((LedStatus&0x02) == 0x02)
        rPDATB = rPDATB&0x3ff;
    else
        rPDATB = rPDATB|0x400;
}
```

7.9　中断控制器模块

从 6.1 节可知, 中断控制器有 12 个寄存器, 设备侧接口有 8 根引脚。12 个寄存器负责管理中断源的优先级并对中断源的中断行为实施控制。8 根引脚为多功能引脚, 属 G 口, 需在 G 口的控制寄存器 PCONG 中将其设置为外部中断, 方可挂接外部设备的中断请求线。本节首先介绍外部中断接口设计, 然后介绍中断控制器的功能, 最后以键盘中断为例介绍中断处理程序的编写。

7.9.1　外部中断接口分配

嵌入式系统中有许多外部设备，它们可以离开 CPU 独自工作，但当其准备好数据需要 CPU 来取或处于某个阶段需要与 CPU 交互时，最有效的方式是向 CPU 发送一个中断请求信号。因此，需要将这些外部设备的中断请求线连接至处理器的外部中断接口上。若需要使用中断的外部设备多于处理器的外部中断接口，则还需进行外部中断接口的扩展。

本实例中，S3C44B0X 有 8 个外部中断接口（引脚），最多可接 8 个外部中断源。需要使用中断的外部设备有 USB 接口、以太网接口、键盘与触摸屏。处理器提供的外部中断接口（引脚）足够外设使用，不需进行扩展。我们将外部中断 0（EXINT0）分配给 USB 接口，外部中断 1（EXINT1）分配给键盘，外部中断 2（EXINT2）分配给触摸屏，外部中断 3（EXINT3）分配给以太网接口。为节省篇幅，本节没有给出外部中断接口电路，请读者参考 7.11、7.15、7.16 与 7.17 节中的电路图。

7.9.2　中断控制器的功能

ARM 核有复位、未定义、管理、预取指令中止、预取数据中止、IRQ 与 FIQ 共 7 种异常中断。其中，复位、IRQ 与 FIQ 三种为硬中断。复位中断专用于复位目的，不能做它用，只有 IRQ 与 FIQ 可供外部中断使用。

S3C44B0X 有 30 个中断源，片内 22 个，包括 Timer、UART、RTC 与 ADC 等，片外 8 个，即外部中断 EXINT0~EXINT7。但外部中断 EXINT4/5/6/7 共用一根中断请求线，可看做一个中断源，UART0/1 也共用一根中断请求线，也可看做一个中断源。这样，共需 26 根中断请求线。但 ARM 核仅有 IRQ 与 FIQ 两条线，如何将这 26 根中断请求线接至 ARM 核呢？

S3C44B0X 在 ARM 核外设计了一个中断控制器，如图 7.42 所示。当 30 个中断源中有一个或几个发出中断请求时，中断控制器先进行优先级判断，将优先级最高的中断源的中断请求线拨接至内核的 IRQ 或 FIQ 线上，使其请求信号能传送到 ARM 核。当然，IRQ 与 FIQ 线上还有一个开关，只有此开关合上时，中断请求信号才能传送至 ARM 核。所以中断控制器的功能有两个：一是进行中断优先权的管理；二是实施中断控制，将发出中断请求的优先级最高的中断源的中断请求线拨接至 IRQ 或 FIQ 线上，使其信号可传送至 ARM 核。

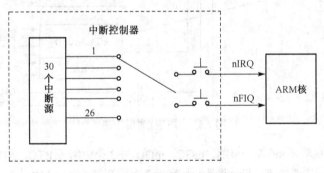

图 7.42　中断控制器结构示意图

1．中断优先级管理

S3C44B0X 有 30 个中断源，26 条中断请求线，每条中断线有 1 个矢量地址，如表 7.35 所示。

表 7.35　中断源矢量地址表

中断源	中断矢量/地址	中断源	中断矢量/地址
EINT0	0x00000020	INT_TIMER1	0x00000064
EINT1	0x00000024	INT_TIMER2	0x00000068
EINT2	0x00000028	INT_TIMER3	0x0000006c
EINT3	0x0000002c	INT_TIMER4	0x00000070
EINT4/5/6/7	0x00000030	INT_TIMER5	0x00000074
INT_TICK	0x00000034	INT_URXD0	0x00000080
INT_ZDMA0	0x00000040	INT_URXD1	0x00000084
INT_ZDMA1	0x00000044	INT_IIC	0x00000088
INT_BDMA0	0x00000048	INT_SIO	0x0000008c
INT_BDMA1	0x0000004c	INT_UTXD0	0x00000090
INT_WDT	0x00000050	INT_UTXD1	0x00000094
INT_UERR0/1	0x00000054	INT_RTC	0x000000a0
INT_TIMER0	0x00000060	INT_ADC	0x000000c0

如何管理这些中断源的优先级？在 IRQ 矢量模式下，S3C44B0X 将 26 个中断源（EINT4/5/6/7 算一个，INT_UERR0/1 算一个）分成 1 个主单元与 4 个从单元，如图 7.43 所示。

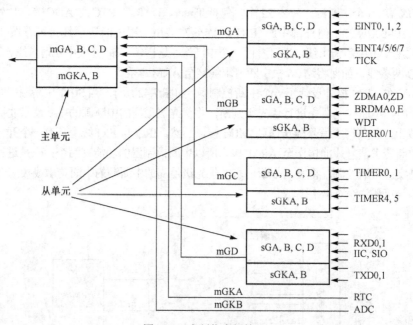

图 7.43　中断优先级管理

主单元管理 4 个从单元 mGA、mGB、mGC、mGD 与 2 个中断源 RTC、ADC 的优先级，4 个从单元的优先级可编程固定或轮流转换，并且总是高于 2 个中断源 RTC、ADC，2 个中断源中 RTC 高于 ADC。每个从单元管理 6 个中断源，前面 4 个中断源的优先级可编程固定或轮流转换，并且总是高于后面 2 个中断源，后面 2 个中断源中，前者优先级高于后者。

为实现上述分组管理目标，S3C44B0X 设计了一组中断优先级管理寄存器，如表 7.36 所示。下面逐一介绍表 7.36 中的 4 个寄存器。

表 7.36　IRQ 矢量模式优先级管理寄存器

寄存器	地址	读/写	功能	复位值
I_PSLV	0x01e00010	R/W	从单元 IRQ 中断控制	0x1b1b1b1b
I_PMST	0x01e00014	R/W	主单元 IRQ 中断控制	0x00001f1b
I_CSLV	0x01e00018	R	从单元当前的 IRQ 中断状态	0x1b1b1b1b
I_CMST	0x01e0001c	R	主单元当前的 IRQ 中断状态	0x0000xx1b

（1）从单元 IRQ 优先级寄存器 I_PSLV

从单元 IRQ 优先级寄存器 I_PSLV（IRQ Priority of Slave Register）用于设置 4 个从单元中各个中断源的优先级，其分为 4 段，每段 8 位，每一段的功能如表 7.37 所示，每一位段的定义如表 7.38 所示。

表 7.37　I_PSLV 位段的功能

I_PSLV	位	描述	复位值
PSLAVE@mGA	[31:24]	设置从单元 mGA 中 sGA、B、C、D 的优先级，必须有不同的优先级	0x1b
PSLAVE@mGB	[23:16]	设置从单元 mGB 中 sGA、B、C、D 的优先级，必须有不同的优先级	0x1b
PSLAVE@mGC	[15:8]	设置从单元 mGC 中 sGA、B、C、D 的优先级，必须有不同的优先级	0x1b
PSLAVE@mGD	[7:0]	设置从单元 mGD 中 sGA、B、C、D 的优先级，必须有不同的优先级	0x1b

表 7.38　I_PSLV 位段的定义

PSLAVE@mGA	位	描述	复位值
sGA（EINT0）	[31:30]	00: 1st 01: 2nd 10: 3rd 11: 4th	00
sGB（EINT1）	[29:28]	00: 1st 01: 2nd 10: 3rd 11: 4th	01
sGC（EINT2）	[27:26]	00: 1st 01: 2nd 10: 3rd 11: 4th	10
sGD（EINT3）	[25:24]	00: 1st 01: 2nd 10: 3rd 11: 4th	11
PSLAVE@mGB			
sGA（INT_ZDMA0）	[23:22]	00: 1st 01: 2nd 10: 3rd 11: 4th	00
sGB（INT_ZDMA1）	[21:20]	00: 1st 01: 2nd 10: 3rd 11: 4th	01
sGC（INT_BDMA0）	[19:18]	00: 1st 01: 2nd 10: 3rd 11: 4th	10
sGD（INT_BDMA1）	[17:16]	00: 1st 01: 2nd 10: 3rd 11: 4th	11
PSLAVE@mGC			
sGA（TIMER0）	[15:14]	00: 1st 01: 2nd 10: 3rd 11: 4th	00
sGB（TIMER1）	[13:12]	00: 1st 01: 2nd 10: 3rd 11: 4th	01
sGC（TIMER2）	[11:10]	00: 1st 01: 2nd 10: 3rd 11: 4th	10
sGD（TIMER3）	[9:8]	00: 1st 01: 2nd 10: 3rd 11: 4th	11
PSLAVE@mGD			
sGA（INT_URXD0）	[7:6]	00: 1st 01: 2nd 10: 3rd 11: 4th	00
sGB（INT_URXD1）	[5:4]	00: 1st 01: 2nd 10: 3rd 11: 4th	01
sGc（INT_IIC）	[3:2]	00: 1st 01: 2nd 10: 3rd 11: 4th	10
sGD（INT_SIO）	[1:0]	00: 1st 01: 2nd 10: 3rd 11: 4th	11

（2）主单元 IRQ 优先级寄存器 I_PMST

主单元 IRQ 优先级寄存器 I_PMST（IRQ Priority of Master Register）用于设置主、从单元的优先级模式及 4 个从单元的优先级。I_PMST 位定义如表 7.39、表 7.40 所示。

表 7.39 I_PMST 位定义

I_PMST	位	描述	复位值
保留	[15:13]		000
M	[12]	主单元优先级模式 0 = 轮换　1 = 固定	1
FxSLV[A:D]	[11:8]	从单元优先级模式 0 = 轮换　1 = 固定	1111
PMASTER	[7:0]	设置 4 个从单元的优先级	0x1b

表 7.40 I_PMST 中 FxSLV 与 PMASTER 位定义

FxSLV	位	描述	复位值
Fx@mGA	[11]	设置从单元 mGA 的优先级模式	1
Fx@mGB	[10]	设置从单元 mGB 的优先级模式	1
Fx@mGC	[9]	设置从单元 mGC 的优先级模式	1
Fx@mGD	[8]	设置从单元 mGD 的优先级模式	1
PMASTER			
mGA	[7:6]	00: 1st 01: 2nd 10: 3rd 11: 4th	00
mGB	[5:4]	00: 1st 01: 2nd 10: 3rd 11: 4th	01
mGC	[3:2]	00: 1st 01: 2nd 10: 3rd 11: 4th	10
mGD	[1:0]	00: 1st 01: 2nd 10: 3rd 11: 4th	11

（3）从单元当前的 IRQ 优先级状态寄存器（I_CSLV）

从单元当前的 IRQ 优先级状态寄存器 I_CSLV（CURRENT IRQ Priority of Slave Register）用于查询当前从单元的 IRQ 优先级设置，其位段功能如表 7.41 所示，位定义如表 7.42 所示。

表 7.41 I_CSLV 位段功能

I_CSLV	位	描述	复位值
CSLAVE@mGA	[31:24]	指示 mGA 中各中断源的当前优先级	0x1b
CSLAVE@mGB	[23:16]	指示 mGB 中各中断源的当前优先级	0x1b
CSLAVE@mGC	[15:8]	指示 mGC 中各中断源的当前优先级	0x1b
CSLAVE@mGD	[7:0]	指示 mGD 中各中断源的当前优先级	0x1b

表 7.42 I_CSLV 位定义

CSLAVE@mGA	位	描述	复位值
sGA (EINT0)	[31:30]	00: 1st 01: 2nd 10: 3rd 11: 4th	00
sGB (EINT1)	[29:28]	00: 1st 01: 2nd 10: 3rd 11: 4th	01
sGC (EINT2)	[27:26]	00: 1st 01: 2nd 10: 3rd 11: 4th	10
sGD (EINT3)	[25:24]	00: 1st 01: 2nd 10: 3rd 11: 4th	11
CSLAVE@mGB			
sGA (INT_ZDMA0)	[23:22]	00: 1st 01: 2nd 10: 3rd 11: 4th	00
sGB (INT_ZDMA1)	[21:20]	00: 1st 01: 2nd 10: 3rd 11: 4th	01
sGC (INT_BDMA0)	[19:18]	00: 1st 01: 2nd 10: 3rd 11: 4th	10
sGD (INT_BDMA1)	[17:16]	00: 1st 01: 2nd 10: 3rd 11: 4th	11
CSLAVE@mGC			
sGA (TIMER0)	[15:14]	00: 1st 01: 2nd 10: 3rd 11: 4th	00
sGB (TIMER1)	[13:12]	00: 1st 01: 2nd 10: 3rd 11: 4th	01
sGC (TIMER2)	[11:10]	00: 1st 01: 2nd 10: 3rd 11: 4th	10
sGD (TIMER3)	[9:8]	00: 1st 01: 2nd 10: 3rd 11: 4th	11
CSLAVE@mGD			
sGA (INT_URXD0)	[7:6]	00: 1st 01: 2nd 10: 3rd 11: 4th	00
sGB (INT_URXD1)	[5:4]	00: 1st 01: 2nd 10: 3rd 11: 4th	01
sGC (INT_IIC)	[3:2]	00: 1st 01: 2nd 10: 3rd 11: 4th	10
sGD (INT_SIO)	[1:0]	00: 1st 01: 2nd 10: 3rd 11: 4th	11

(4) 主单元当前的 IRQ 优先级状态寄存器(I_CMST)

主单元当前的 IRQ 优先级状态寄存器 I_CMST 用于查询主单元当前的优先级设置,其位段功能如表 7.43 所示,位定义如表 7.44 所示。

表 7.43　I_CMST 位段功能

I_CMST	位	描述	复位值
Reserved	[15:14]		00
VECTOR	[13:8]		未知
CMASTER	[7:0]	主单元当前的优先级	00011011

表 7.44　I_CMST 位定义

CMASTER	位	描述	复位值
mGA	[7:6]	00: 1st 01: 2nd 10: 3rd 11: 4th	00
mGB	[5:4]	00: 1st 01: 2nd 10: 3rd 11: 4th	01
mGC	[3:2]	00: 1st 01: 2nd 10: 3rd 11: 4th	10
mGD	[1:0]	00: 1st 01: 2nd 10: 3rd 11: 4th	11

2. 中断控制

中断控制包括 IRQ 与 FIQ 中断的使能/禁止、中断类型设置、中断屏蔽、中断挂起标志设置、中断挂起标志清除等操作。中断控制通过一组寄存器来实现,如表 7.45 所示。

表 7.45　中断控制寄存器列表

寄存器	地址	读/写	功能	复位值
INTCON	0x01e00000	R/W	中断控制	0x7
INTPND	0x01e00004	R	中断挂起状态	
INTMOD	0x01e00008	R/W	中断类型控制	
INTMSK	0x01e0000	R/W	中断屏蔽控制	
I_ISPR	0x01e00020	W	IRQ 中断服务挂起状态	
I_ISPC	0x01e00024	W	IRQ 中断挂起状态清除	
F_ISPC	0x01e0003c	W	FIQ 中断挂起清除	

(1) 中断控制寄存器 INTCON

如图 7.42 所示,ARM 核有 IRQ 与 FIQ 两条中断线,每条线上各有一个开关,只有当开关合上时,中断源发来的中断请求信号才能传进 ARM 核内。那么,通过什么方式控制该开关的开合呢?中断控制寄存器 INTCON(Interrupt Control Register)即主要用于此目的,当 INTCON[0] = 0 时,控制 FIQ 中断线的开关合上,否则断开;当 INTCON[1] = 0 时,控制 IRQ 中断线的开关合上,否则断开。另外,由于 IRQ 中断有矢量与非矢量两种模式,INTCON 也用于设置 IRQ 中断的模式。模式将在 7.9.3 节介绍。

INTCON 的位定义如表 7.46 所示。

表 7.46　INTCON 位定义

INTCON	位	Description	初始状态
保留	[3]	0	0
V	[2]	0 = IRQ 中断矢量模式 1 = IRQ 中断非矢量模式	1
I	[1]	0 = IRQ 中断使能 1 = 保留 注: 用 IRQ 中断前此位必须清零	1
F	[0]	0 = FIQ 中断使能 1 = 保留 注: 用 FIQ 中断前此位必须清零	1

(2) 中断挂起寄存器 INTPND

中断挂起寄存器 INTPND (Interrupt Pending Register) 是一个状态寄存器，用于指示中断源是否发出了中断请求。其共有 26 位，每位对应一个中断源，当某一中断源发出中断请求时，与其对应的位便被置 1。所以，通过读该寄存器的值便可知当前有哪些中断源发出了中断请求。即使中断源被屏蔽了，只要它发出中断请求，与其对应的位也仍然被置位。在中断服务结束时，中断处理程序应该写 1 到中断挂起清除寄存器 I_ISPC/F_ISPC 中去清除 INTPND 中的挂起标志位。INTPND 位定义如表 7.47 所示。

表 7.47　INTPND 位定义

INTPND	位	描述	初始状态
EINT0	[25]	0 = 无请求，1 = 有请求	0
EINT1	[24]	0 = 无请求，1 = 有请求	0
EINT2	[23]	0 = 无请求，1 = 有请求	0
EINT3	[22]	0 = 无请求，1 = 有请求	0
EINT4/5/6/7	[21]	0 = 无请求，1 = 有请求	0
INT_TICK	[20]	0 = 无请求，1 = 有请求	0
INT_ZDMA0	[19]	0 = 无请求，1 = 有请求	0
INT_ZDMA1	[18]	0 = 无请求，1 = 有请求	0
INT_BDMA0	[17]	0 = 无请求，1 = 有请求	0
INT_BDMA1	[16]	0 = 无请求，1 = 有请求	0
INT_WDT	[15]	0 = 无请求，1 = 有请求	0
INT_UERR0/1	[14]	0 = 无请求，1 = 有请求	0
INT_TIMER0	[13]	0 = 无请求，1 = 有请求	0
INT_TIMER1	[12]	0 = 无请求，1 = 有请求	0
INT_TIMER2	[11]	0 = 无请求，1 = 有请求	0
INT_TIMER3	[10]	0 = 无请求，1 = 有请求	0
INT_TIMER4	[9]	0 = 无请求，1 = 有请求	0
INT_TIMER5	[8]	0 = 无请求，1 = 有请求	0
INT_URXD0	[7]	0 = 无请求，1 = 有请求	0
INT_URXD1	[6]	0 = 无请求，1 = 有请求	0
INT_IIC	[5]	0 = 无请求，1 = 有请求	0
INT_SIO	[4]	0 = 无请求，1 = 有请求	0
INT_UTXD0	[3]	0 = 无请求，1 = 有请求	0
INT_UTXD1	[2]	0 = 无请求，1 = 有请求	0
INT_RTC	[1]	0 = 无请求，1 = 有请求	0

(3) 中断类型寄存器 INTMOD

中断类型寄存器 INTMOD (Interrupt Mode Register) 用于设置中断源的中断类型，中断类型有 IRQ 与 FIQ 两种。如表 7.48 所示，INTMOD 有 26 位，每位对应一个中断源。

如图 7.42 所示，中断源发出的中断信号既可通过内核的 IRQ 线传往内核，也可通过 FIQ 线传往内核。那么，通过什么方式控制中断信号的传输路径呢？中断类型寄存器 INTMOD 即用于此目的。当 INTMOD 中的某位 = 0 时，控制该中断源的中断信号走 IRQ 线，称其为 IRQ 中断；当 INTMOD 中的某位 = 1 时，控制该中断源的中断信号走 FIQ 线，称其为 FIQ 中断。

表 7.48　INTMOD 位定义

INTMOD	位	描述	复位值
EINT0	[25]	0 = IRQ 类型，1 = FIQ 类型	0
EINT1	[24]	0 = IRQ 类型，1 = FIQ 类型	0
EINT2	[23]	0 = IRQ 类型，1 = FIQ 类型	0
EINT3	[22]	0 = IRQ 类型，1 = FIQ 类型	0
EINT4/5/6/7	[21]	0 = IRQ 类型，1 = FIQ 类型	0
INT_TICK	[20]	0 = IRQ 类型，1 = FIQ 类型	0
INT_ZDMA0	[19]	0 = IRQ 类型，1 = FIQ 类型	0
INT_ZDMA1	[18]	0 = IRQ 类型，1 = FIQ 类型	0
INT_BDMA0	[17]	0 = IRQ 类型，1 = FIQ 类型	0
INT_BDMA1	[16]	0 = IRQ 类型，1 = FIQ 类型	0
INT_WDT	[15]	0 = IRQ 类型，1 = FIQ 类型	0
INT_UERR0/1	[14]	0 = IRQ 类型，1 = FIQ 类型	0
INT_TIMER0	[13]	0 = IRQ 类型，1 = FIQ 类型	0
INT_TIMER1	[12]	0 = IRQ 类型，1 = FIQ 类型	0
INT_TIMER2	[11]	0 = IRQ 类型，1 = FIQ 类型	0
INT_TIMER3	[10]	0 = IRQ 类型，1 = FIQ 类型	0
INT_TIMER4	[9]	0 = IRQ 类型，1 = FIQ 类型	0
INT_TIMER5	[8]	0 = IRQ 类型，1 = FIQ 类型	0
INT_URXD0	[7]	0 = IRQ 类型，1 = FIQ 类型	0
INT_URXD1	[6]	0 = IRQ 类型，1 = FIQ 类型	0
INT_IIC	[5]	0 = IRQ 类型，1 = FIQ 类型	0
INT_SIO	[4]	0 = IRQ 类型，1 = FIQ 类型	0
INT_UTXD0	[3]	0 = IRQ 类型，1 = FIQ 类型	0
INT_UTXD1	[2]	0 = IRQ 类型，1 = FIQ 类型	0
INT_RTC	[1]	0 = IRQ 类型，1 = FIQ 类型	0
INT_ADC	[0]	0 = IRQ 类型，1 = FIQ 类型	0

（4）中断屏蔽寄存器 INTMSK

中断屏蔽寄存器 INTMSK（Interrupt Mask Register）用于屏蔽中断源的中断请求，当某位为 1 时与其对应的中断源的中断请求信号便不会传到 CPU 核。INTMSK 的位定义如表 7.49 所示。

表 7.49　INTMSK 位定义

INTMSK	位	描述	初始状态
保留	[27]		0
Global	[26]	0 = 未被屏蔽，1 = 被屏蔽	1
EINT0	[25]	0 = 未被屏蔽，1 = 被屏蔽	1
EINT1	[24]	0 = 未被屏蔽，1 = 被屏蔽	1
EINT2	[23]	0 = 未被屏蔽，1 = 被屏蔽	1
EINT3	[22]	0 = 未被屏蔽，1 = 被屏蔽	1
EINT4/5/6/7	[21]	0 = 未被屏蔽，1 = 被屏蔽	1
INT_TICK	[20]	0 = 未被屏蔽，1 = 被屏蔽	1
INT_ZDMA0	[19]	0 = 未被屏蔽，1 = 被屏蔽	1
INT_ZDMA1	[18]	0 = 未被屏蔽，1 = 被屏蔽	1
INT_BDMA0	[17]	0 = 未被屏蔽，1 = 被屏蔽	1
INT_BDMA1	[16]	0 = 未被屏蔽，1 = 被屏蔽	1

（续表）

INTMSK	位	描述	初始状态
INT_WDT	[15]	0 = 未被屏蔽，1 = 被屏蔽	1
INT_UERR0/1	[14]	0 = 未被屏蔽，1 = 被屏蔽	1
INT_TIMER0	[13]	0 = 未被屏蔽，1 = 被屏蔽	1
INT_TIMER1	[12]	0 = 未被屏蔽，1 = 被屏蔽	1
INT_TIMER2	[11]	0 = 未被屏蔽，1 = 被屏蔽	1
INT_TIMER3	[10]	0 = 未被屏蔽，1 = 被屏蔽	1
INT_TIMER4	[9]	0 = 未被屏蔽，1 = 被屏蔽	1
INT_TIMER5	[8]	0 = 未被屏蔽，1 = 被屏蔽	1
INT_URXD0	[7]	0 = 未被屏蔽，1 = 被屏蔽	1
INT_URXD1	[6]	0 = 未被屏蔽，1 = 被屏蔽	1
INT_IIC	[5]	0 = 未被屏蔽，1 = 被屏蔽	1
INT_SIO	[4]	0 = 未被屏蔽，1 = 被屏蔽	1
INT_UTXD0	[3]	0 = 未被屏蔽，1 = 被屏蔽	1
INT_UTXD1	[2]	0 = 未被屏蔽，1 = 被屏蔽	1
INT_RTC	[1]	0 = 未被屏蔽，1 = 被屏蔽	1
INT_ADC	[0]	0 = 未被屏蔽，1 = 被屏蔽	1

（5）中断服务挂起寄存器 I_ISPR

中断服务挂起寄存器 I_ISPR（IRQ Interrupt Service Pending Register）为状态寄存器，用于指示 CPU 当前正在响应哪个中断源的请求，仅有一位为 1，如表 7.50 所示。

表 7.50　I_ISPR 位定义

I_ISPR	位	描述	复位值
EINT0	[25]	0 = 没有响应，1 = 正在响应	0
EINT1	[24]	0 = 没有响应，1 = 正在响应	0
EINT2	[23]	0 = 没有响应，1 = 正在响应	0
EINT3	[22]	0 = 没有响应，1 = 正在响应	0
EINT4/5/6/7	[21]	0 = 没有响应，1 = 正在响应	0
INT_TICK	[20]	0 = 没有响应，1 = 正在响应	0
INT_ZDMA0	[19]	0 = 没有响应，1 = 正在响应	0
INT_ZDMA1	[18]	0 = 没有响应，1 = 正在响应	0
INT_BDMA0	[17]	0 = 没有响应，1 = 正在响应	0
INT_BDMA1	[16]	0 = 没有响应，1 = 正在响应	0
INT_WDT	[15]	0 = 没有响应，1 = 正在响应	0
INT_UERR0/1	[14]	0 = 没有响应，1 = 正在响应	0
INT_TIMER0	[13]	0 = 没有响应，1 = 正在响应	0
INT_TIMER1	[12]	0 = 没有响应，1 = 正在响应	0
INT_TIMER2	[11]	0 = 没有响应，1 = 正在响应	0
INT_TIMER3	[10]	0 = 没有响应，1 = 正在响应	0
INT_TIMER4	[9]	0 = 没有响应，1 = 正在响应	0
INT_TIMER5	[8]	0 = 没有响应，1 = 正在响应	0
INT_URXD0	[7]	0 = 没有响应，1 = 正在响应	0
INT_URXD1	[6]	0 = 没有响应，1 = 正在响应	0
INT_IIC	[5]	0 = 没有响应，1 = 正在响应	0
INT_SIO	[4]	0 = 没有响应，1 = 正在响应	0
INT_UTXD0	[3]	0 = 没有响应，1 = 正在响应	0
INT_UTXD1	[2]	0 = 没有响应，1 = 正在响应	0
INT_RTC	[1]	0 = 没有响应，1 = 正在响应	0
INT_ADC	[0]	0 = 没有响应，1 = 正在响应	0

（6）中断服务挂起清除寄存器 I_ISPC/F_ISPC

中断服务挂起清除寄存器 I_ISPC/F_ISPC（Interrupt Service Pending Clear Register）用于清除中断挂起寄存器 INTPND 与中断服务挂起寄存器 I_ISPC/F_ISPC 中的挂起标志位，因它们是状态寄存器，只读，不能直接清除。在中断服务程序结束时，必须清除挂起标志位，以告知中断控制器。I_ISPC/F_ISPC 在中断服务程序中只能被访问一次。

I_ISPC/F_ISPC 的位定义如表 7.51 所示。

表 7.51　I_ISPC/F_ISPC 位定义

I_ISPC/F_ISPC	位	描述	复位值
EINT0	[25]	0 = 不变，1 = 清除挂起位	0
EINT1	[24]	0 = 不变，1 = 清除挂起位	0
EINT2	[23]	0 = 不变，1 = 清除挂起位	0
EINT3	[22]	0 = 不变，1 = 清除挂起位	0
EINT4/5/6/7	[21]	0 = 不变，1 = 清除挂起位	0
INT_TICK	[20]	0 = 不变，1 = 清除挂起位	0
INT_ZDMA0	[19]	0 = 不变，1 = 清除挂起位	0
INT_ZDMA1	[18]	0 = 不变，1 = 清除挂起位	0
INT_BDMA0	[17]	0 = 不变，1 = 清除挂起位	0
INT_BDMA1	[16]	0 = 不变，1 = 清除挂起位	0
INT_WDT	[15]	0 = 不变，1 = 清除挂起位	0
INT_UERR0/1	[14]	0 = 不变，1 = 清除挂起位	0
INT_TIMER0	[13]	0 = 不变，1 = 清除挂起位	0
INT_TIMER1	[12]	0 = 不变，1 = 清除挂起位	0
INT_TIMER2	[11]	0 = 不变，1 = 清除挂起位	0
INT_TIMER3	[10]	0 = 不变，1 = 清除挂起位	0
INT_TIMER4	[9]	0 = 不变，1 = 清除挂起位	0
INT_TIMER5	[8]	0 = 不变，1 = 清除挂起位	0
INT_URXD0	[7]	0 = 不变，1 = 清除挂起位	0
INT_URXD1	[6]	0 = 不变，1 = 清除挂起位	0
INT_IIC	[5]	0 = 不变，1 = 清除挂起位	0
INT_SIO	[4]	0 = 不变，1 = 清除挂起位	0
INT_UTXD0	[3]	0 = 不变，1 = 清除挂起位	0
INT_UTXD1	[2]	0 = 不变，1 = 清除挂起位	0
INT_RTC	[1]	0 = 不变，1 = 清除挂起位	0
INT_ADC	[0]	0 = 不变，1 = 清除挂起位	0

7.9.3　IRQ 中断模式

为减小 IRQ 中断延迟时间，S3C44B0X 在 IRQ 中断中增加了一种响应中断的新机制，称为矢量模式，原来的中断响应机制则称为非矢量模式，两种模式下的执行路径不同。

非矢量模式：在该模式下，当中断源发出中断请求并得到 CPU 核响应时，CPU 核将取地址 0x18 处的指令来执行（因为 IRQ 中断的矢量地址为 0x18）。此处存放的是一条跳转指令，跳转到 IRQ 中断总服务程序入口处。IRQ 中断总服务程序先找到申请服务的中断源，然后再跳转到该中断源的中断处理程序处执行。

　　矢量模式：在该模式下，当中断源发出中断请求并得到 CPU 核响应时，CPU 核也将取地址 0x18 处的指令来执行，但当 CPU 核从 0x18 取指时，中断控制器会在数据总线上放置另外一条跳转指令，一条跳转到发出中断请求的中断源的矢量地址处的指令，从此便可跳转到该中断源的中断处理程序处执行。也就是说，CPU 核在 0x18 处取到的不是存放在该位置处的跳转指令，而是另一条跳转到发出中断请求的中断源的中断向量处的指令。

　　下面以 EINT1 中断为例说明矢量模式与非矢量模式的差别：

　　S3C44B0X 中 30 个中断源的中断矢量地址如表 7.35 所示，从表中可知 EINT1 的矢量地址为 0x24，则当 EINT1 发出中断请求时，在两种模式下的执行路径可用图 7.44 进行说明。当外部中断 EINT1 发出中断请求并得到 CPU 核响应时，无论是在矢量模式下还是在非矢量模式下，CPU 核均会到地址 0x18 处来取指执行。

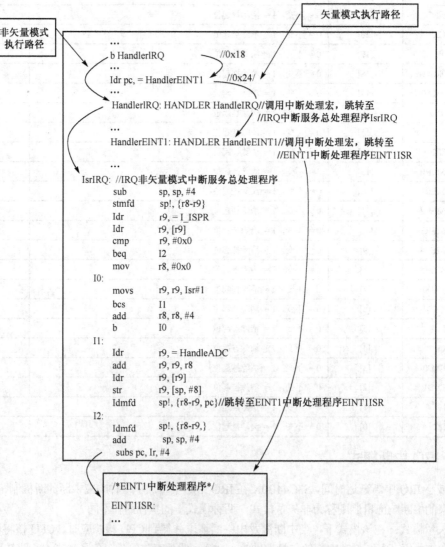

图 7.44　IRQ 中断矢量模式与非矢量模式执行路径

在非矢量模式下，取到的是存放在 0x18 处的指令 b HandlerIRQ，执行后将跳转至标号地址 HandlerIRQ 处，取此处的指令 HANDLER HandleIRQ 来执行。此为宏调用，其定义如图 7.45 所示。执行宏调用后将跳转到 IRQ 中断非矢量模式总服务程序 IsrIRQ 处，执行标号 IsrIRQ~I2 间的指令。此段指令的功能是找出 CPU 核当前正在响应的中断源（此处为 EINT1），然后跳转至 EINT1 中断处理程序 EINT1_ISR 处执行。

在矢量模式下，取到的不是存放在 0x18 处的指令 b HandlerIRQ，而是另一条跳转到 EINT1 矢量地址 0x24 处的指令，取此处的指令 ldr pc, = HandlerEINT1 执行后，跳转至标号地址 HandlerEINT1 处，取此处的指令 HANDLER HandleEINT1 来执行。此为宏调用，执行宏调用后将跳转到 EINT1 中断处理程序 EINT1_ISR 处执行。

```
.macro HANDLER HandleLabel
    sub       sp,sp,#4
    stmfd     sp!,{r0}
    ldr       r0, = \HandleLabel
    ldr       r0,[r0]
    str       r0,[sp,#4]
    ldmfd     sp!,{r0,pc}
.endm
```

图 7.45 中断处理宏定义

综上所述，在非矢量模式下，走的是图 7.44 左边箭头所示的路径，需要执行 IRQ 中断非矢量模式的总处理程序 IsrIRQ；而在矢量模式下，走的是右边箭头所示的路径，不需执行 IsrIRQ 程序，矢量模式比非矢量模式快速。

7.9.4 中断处理程序

中断处理程序是中断发生时，CPU 跳转去执行的程序。在无操作系统的单任务系统中，中断处理程序包括中断控制器初始化、设备初始化、设备读、设备写及其他的控制操作程序。中断控制器初始化程序需设置中断类型、中断模式、清中断挂起标志、清中断屏蔽及将中断处理程序入口地址放入预先指定的地址中等操作。设备初始化、读、写等控制操作程序与具体设备有关，不同的设备的初始化、读、写等控制操作不同。下面以键盘中断为例介绍中断处理程序的设计。本例中分配给键盘的中断为 EINT1。

（1）中断控制器初始化程序

```
void init_Eint(void)
{
    rI_ISPC = 0x3fffff;          // 清 INTPND 与 I_ISPR 中的挂起标志
    rINTMOD = 0x0;               // 设置中断类型为 IRQ，即让中断信号通过 IRQ 线传送至 ARM 核
    rINTCON = 0x1;               //IRQ 使能、矢量模式，即将 IRQ 线上的开关合上以使中断信号通过
    rINTMSK = ~(BIT_GLOBAL|BIT_EINT1);   // 清除中断屏蔽
    pISR_EINT1 = (int)KeyIsr;    // 将键盘中断处理程序入口地址放入指定的地址中
    rPCONG = 0xffff;             // 将 GPIO 的 G 口功能设置为外部中断 EINT0~7
    rPUPG = 0x0;                 //G 口上拉电阻使能
    rEXTINT = rEXTINT|0x22220020;   // 设置 EINT1 的触发方式
}
```

（2）键盘中断处理程序

键盘中断处理程序的主要任务是将被按下的键读出，此外还应该包括有保护现场与恢复现场的功能。所以，中断处理程序通常是用汇编语言编写的。

```
FIQ_ISR:
    stmdb  sp!, {r0-r7}      ; r0-r7 进栈，保护现场
    key_read                 ; 键盘扫描子程序，读出被按下的键
    ldmia sp!, {r0-r7}       ; r0-r7 出栈，恢复现场
    subs   pc, r14, #4       ; 中断返回
```

　　读出被按下的键的键盘扫描子程序 key_read 用汇编语言编写不是一件容易的事，用 C 语言来实现则较为简单，故此处介绍如何用 C 语言来编写中断处理程序。

　　C 语言中无保护现场与恢复现场的指令，如何用 C 语言来写中断处理程序呢？由于保护现场与恢复现场的工作在不同的中断中几乎都是相同的，故可以让编译器来添加此部分代码。可用如下的属性声明告诉编译器，该函数不是一个普通的 C 函数，而是一个中断处理函数，编译时需要添加保护现场与恢复现场的代码。

```
void KeyIsr(void) __attribute__ ((interrupt ("IRQ")));      // 声明函数是一个中断处理函数
void KeyIsr(void)
{
    …
    rI_ISPC  = BIT_EINT1;                                    // 清挂起位
    key_read();                                              // 读键
    …
}
key_read()
{
    …; // 完整源代码请参考 7.11 节键盘模块部分
}
```

7.10　定时器模块

　　定时器一般用于定时，定时时间到时产生一中断信号告诉 CPU。嵌入式微处理器上通常集成有普通定时器、PWM 定时器、看门狗定时器与实时时钟。PWM 定时器可输出脉宽可调的时钟信号，用于控制步进电机。看门狗定时器当定时时间到时可产生一复位信号，常做监控用。实时时钟能周期性地产生中断信号，常做计时用。

　　本节介绍 S3C44B0X 中的 PWM 定时器、看门狗定时器与实时时钟。

7.10.1　PWM 定时器

　　S3C44B0X 处理器有 6 个 16 位定时器，其中定时器 0、1、2、3 与 4 为 PWM 定时器，有脉宽调制输出，定时器 5 无脉宽调制输出。定时器 0 有一死区(Dead-zone)发生器，可用于大电流器件。定时器 0 和 1 共用一个 8 位预分频器，定时器 2 和 3，4 和 5 共用另外 2 个 8 位预分频器。定时器 0、1、2 与 3 有时钟除法器 1/2、1/4、1/8、1/16、1/32；4 与 5 有时钟除法器 1/2、1/4、1/8、1/16。

1. PWM 定时器工作原理

　　S3C44B0X 定时器的工作原理如图 7.46 所示，系统时钟 MCLK 经一 8 位预分频器及一时钟除法器分频后，得到的时钟信号作为定时器的工作时钟，驱动倒数计数器 TCNTn 工作，TCNTn 每个时钟脉冲减一个数，TCNTn 中的数减到与比较寄存器 TCMPn 中的值相同时，时钟输出信号 TOUTn 改变极性，TCNTn 中的数减到 0 时，便向 CPU 发出一个中断信号。

　　图 7.46 中计数缓冲寄存器 TCNTBn 和比较缓冲寄存器 TCMPBn 用于手动装载或自动重载 TCNTn 与 TCMPn，若设置定时器的工作为自动重载方式，则当 TCNTn 中的数倒数到 0 时，控制逻辑便会自

动将 TCNTBn 和 TCMPBn 中的数据分别载入 TCNTn 和 TCMPn 中，然后开始新一轮计数。定时器工作的第一个数必须通过手动方式(即通过程序)装入 TCNTn 和 TCMPn 中。

计数的快慢由定时器的工作时钟决定。定时器工作时钟则由系统时钟经预分频器、除法器后获得。分频值、除数值由配置寄存器 TCFG0、TCFG1 设置。故通过修改寄存器 TCFG0、TCFG1 中的值可改变定时器的计数频率。

定时器输出脉冲的宽度，即占空比可通过修改比较寄存器 TCMPn 中的值获得。

定时器可工作于自动重载的连续工作模式或单次触发模式。

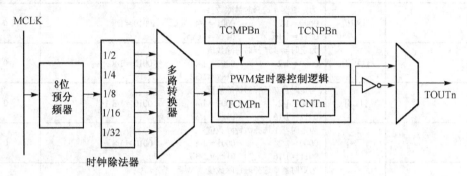

图 7.46 PWM 定时器框图

2. 定时器控制寄存器

PWM 定时器的寄存器共有 20 个，如表 6.2 所示。表中 TCFG0 用于配置预分频值；TCFG1 用于配置 DMA 模式及选择图 7.46 中的时钟除法器；TCON 用于配置定时器工作方式，包括手动装载、自动装载、启动、停止等；TCNTBn 为计数缓冲寄存器，用于存储下一阶段的计数起始值，在定时器配置为自动重载情况下，当倒数到 0 时，该数值会自动装入计数器中，开始新一轮计数；TCMPBn 为比较缓冲寄存器，用于存储下一阶段的比较值，在定时器配置为自动重载情况下，当倒数到 0 时，该数值会自动装入比较器中，更新下一轮计数的比较值；TCNTOn 为计数观察寄存器，状态寄存器，用于指示当前的计数值。

下面分别介绍这些寄存器的位/位段定义。

(1) 定时器配置寄存器 TCFG0

TCFG0 的位定义如表 7.52 所示。

表 7.52 TCFG0 位定义

TCFG0	位	描述	复位值
死区长度	[31:24]	确定死区时间长度	0
预分频器 2	[23:16]	定时器 4 与 5 的预分频值	0
预分频器 1	[15:8]	定时器 2 与 3 的预分频值	0
预分频器 0	[7:0]	定时器 0 与 1 的预分频值	0

(2) 定时器配置寄存器 TCFG1

TCFG1 的位定义如表 7.53 所示。

(3) 定时器控制寄存器 TCON

TCON 的位定义如表 7.54 所示。

表 7.53 TCFG1 位定义

TCFG1	位	描述			复位值
DMA	[27:24]	选择使用 DMA 的定时器 0000 = 未选 0001 = Timer 00010 = Timer1 0011 = Timer2 0100 = Timer3 0101 = Timer4 0110 = Timer5 0111 = 保留			0
MUX 5	[23:20]	为定时器 5 选择时钟除数值 0000 = 1/2 0001 = 1/4 0010 = 1/8 0011 = 1/16 01xx = EXTCLK			0
MUX 4	[19:16]	为定时器 4 选择时钟除数值 0000 = 1/2 0001 = 1/4 0010 = 1/8 0011 = 1/16 01xx = TCLK			0
MUX 3	[15:12]	为定时器 3 选择时钟除数值 0000 = 1/2 0001 = 1/4 0010 = 1/8 0011 = 1/16 01xx = 1/32			0
MUX 2	[11:8]	为定时器 2 选择时钟除数值 0000 = 1/2 0001 = 1/4 0010 = 1/8 0011 = 1/16 01xx = 1/32			0
MUX 1	[7:4]	为定时器 1 选择时钟除数值 0000 = 1/2 0001 = 1/4 0010 = 1/8 0011 = 1/16 01xx = 1/32			0
MUX 0	[3:0]	为定时器 0 选择时钟除数值 0000 = 1/2 0001 = 1/4 0010 = 1/8 0011 = 1/16 01xx = 1/32			0

表 7.54 TCON 位定义

TCON	位	描述		复位值
Timer 5 自动重载开关	[26]	0 = 单次触发	1 = 自动重载	0
Timer 5 手动更新	[25]	0 = 无操作	1 = 更新 TCNTB5	0
Timer 5 启动/停止	[24]	0 = 停止	1 = 启动	0
Timer 4 自动重载开关	[23]	0 = 单次触发	1 = 自动重载	0
Timer 4 输出反转开关	[22]	0 = 反转关闭	1 = 反转打开	0
Timer 4 手动更新	[21]	0 = 无操作	1 = 更新 TCNTB4, TCMPB4	0
Timer 4 启动/停止	[20]	0 = 停止	1 = 启动	0
Timer 3 自动重载开关	[19]	0 = 单次触发	1 = 自动重载	0
Timer 3 输出反转开关	[18]	0 = 反转关闭	1 = 反转打开	0
Timer 3 手动更新	[17]	0 = 无操作	1 = 更新 TCNTB3, TCMPB3	0
Timer 3 启动/停止	[16]	0 = 停止	1 = 启动	0
Timer 2 自动重载开关	[15]	0 = 单次触发	1 = 自动重载	0
Timer 2 输出反转开关	[14]	0 = 反转关闭	1 = 反转打开	0
Timer 2 手动更新	[13]	0 = 无操作	1 = 更新 TCNTB2, TCMPB2	0
Timer 2 启动/停止	[12]	0 = 停止	1 = 启动	0
Timer 1 自动重载开关	[11]	0 = 单次触发	1 = 自动重载	0
Timer 1 输出反转开关	[10]	0 = 反转关闭	1 = 反转打开	0
Timer 1 手动更新	[9]	0 = 无操作	1 = 更新 TCNTB1, TCMPB1	0
Timer 1 启动/停止	[8]	0 = 停止	1 = 启动	0
死区使能	[4]	0 = 禁止	1 = 使能	0
Timer 0 自动重载开关	[3]	0 = 单次触发	1 = 自动重载	0
Timer 0 输出反转开关	[2]	0 = 反转关闭	1 = 反转打开	0
Timer 0 手动更新	[1]	0 = 无操作	1 = 更新 TCNTB0, TCMPB0	0
Timer 0 启动/停止	[0]	0 = 停止	1 = 启动	0

3. 定时器驱动程序

定时器驱动程序主要是初始化程序与中断处理程序。下面以定时器 0(Timer0)为例介绍定时器初始化程序与中断处理程序。

(1) 初始化程序 timer_init( )

```
void timer_init(void)
{
    rINTMOD = 0x0;          // 设置中断类型(本例设为 IRQ)
    rINTCON = 0x1;          // 设置 IRQ 中断的模式(本例设为矢量)
    rINTMSK = ~(BIT_GLOBAL|BIT_TIMER0);   // 屏蔽 timer0 中断(还没准备好响应中断)
    pISR_TIMER0 = (unsigned) timer_Int;        // 将中断处理程序入口地址放入指定位置
    rTCFG0 = 255;           // 设置 timer0 预分频值
    rTCFG1 = 0x1;           // 设置 timer0 请求方式及除数值(本例请求设为中断，除数值为 1/4)
    rTCNTB0 = 655352;       // 设置 timer0 计数起始值
    rTCMPB0 = 128002;       // 设置 timer0 比较值
    rTCON = 0x6;            // 设置 timer0 one-shot,inverter,update,stop.
    rTCON = 0x19;           // 00011001, start timer0
}
```

(2) 中断处理程序

```
void timer_Int(void)
{
    rI_ISPC = BIT_TIMER0; // clear pending_bit
    Uart_Printf("*");
}
```

上述中断处理程序仅做简单演示用。

7.10.2　看门狗定时器

看门狗定时器是一种特殊的定时器，必须在其定时(计数)终了前对其进行复位(重新装入计数/定时值，也称"喂狗")，否则其在计数终了时将产生一个复位信号使系统重启。

在嵌入式系统中，看门狗定时器常做监控用。在程序中的适当位置放置一条"喂狗"语句，若程序出错(如进入死循环或跑飞)，"喂狗"语句便得不到执行，看门狗"饥饿"时将产生复位信号使系统重启动，避免系统进入一个不想要的无穷循环或等待一个永远不会到达的输入事件。

S3C44B0X 的看门狗定时器除用做监控外，还可作为一个普通的 16 位定时器使用，即像普通定时器那样产生中断信号而不是复位信号。

(1) 工作原理

S3C44B0X 看门狗定时器的工作原理如图 7.47 所示，系统时钟 MCLK 经一 8 位预分频及一除数因子分频后作为看门狗定时器的工作时钟，在此时钟驱动下，倒数计数器进行倒数计数，每一脉冲减一个数，减到 0 时便产生一中断信号或复位信号。

控制寄存器 WTCON 用于设置预分频值、除数因子、中断使能/禁止及复位信号使能/禁止。

看门狗定时器的时钟周期可用下式计算：

$$t\_watchdog = 1/(\,MCLK\,/\,(Prescaler\ value + 1)\,/\,Division\_factor\,)$$

看门狗定时器使能后，WTDAT 不能自动装入 WTCNT 中，故必须向 WTCNT 中写入初始值才能工作。

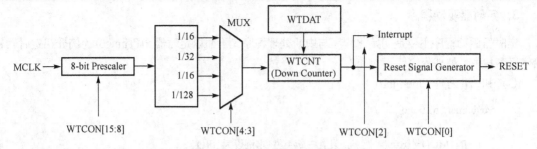

图 7.47　看门狗定时器结构框图

（2）看门狗定时器控制寄存器

看门狗定时器有 3 个寄存器，如表 6.2 所示。其中，WTCON 为控制寄存器，其位定义见表 7.55。WTDAT 为数据寄存器，存储下一轮计数起始值，若看门狗定时器做普通定时器用时，则当计时终了时，此值可自动装入计数寄存器 WTCNT 中，以开始新一轮计数。WTCNT 为计数寄存器，其内容为看门狗当前的计数值。

表 7.55　WTCON 位定义

WTCON	位	描述	复位值
预分频值	[15:8]	范围 0～(2^8-1)	0x80
保留	[7:6]	普通工作模式时为 00	00
看门狗使能/禁止	[5]	0 = 禁止看门狗定时器　　1 = 使能看门狗定时器	1
时钟选择	[4:3]	决定时钟除数值 00 = 1/16　01 = 1/32　10 = 1/64　11 = 1/128	00
中断使能/禁止	[2]	0 = 禁止中断　　1 = 使能中断	0
保留	[1]	普通工作模式时为 0	0
复位使能/禁止	[0]	1 = 计时终了时产生复位信号　0 = 禁止复位	1

（3）看门狗定时器驱动程序

```
volatile int isWdtInt;
void Wdt_Int(void) __attribute__ ((interrupt ("IRQ")));
/***************************************
 *      Watch-dog timer test           *
 ***************************************/
void Test_WDTimer(void)
{
    Uart_Printf("<---- WatchDog Timer Test ---->\n");
    rINTMSK = ~(BIT_GLOBAL|BIT_WDT);
    pISR_WDT = (unsigned) Wdt_Int;
    isWdtInt = 0;
    rWTCON = ((MCLK/1000000-1)<<8)|(3<<3)|(1<<2); // t_watchdog = 1/66/128,interrupt enable
    rWTDAT = 8448/4;
    rWTCNT = 8448/4;
    rWTCON = rWTCON|(1<<5);    // 1/40/128,interrupt
    while(isWdtInt! = 10);
    rWTCON = ((MCLK/1000000-1)<<8)|(3<<3)|(1);  //    1/66/128, reset enable
```

```
        Uart_Printf("\nI will restart after 2 sec!!!\n");
        rWTCNT = 8448*2;
        rWTCON = rWTCON|(1<<5);      // 1/40/128,interrupt
        while(1);
        rINTMSK| = BIT_GLOBAL;
    }
    void Wdt_Int(void)
    {
        rI_ISPC = BIT_WDT;
        Uart_Printf("%d ",++isWdtInt);
    }
```

7.10.3　实时时钟

实时时钟 RTC(Real Time Clock)是一种能提供日历时间及数据存储等功能的专用集成电路，常用做计算机系统的时钟信号源和参数设置存储电路。

S3C44B0X 内部有一 RTC，仅需接一 32.768 kHz 晶体即能工作，可通过备用电池供电，具有定时报警和产生节拍中断等功能。RTC 的寄存器保存了一些表示时间的 8 位 BCD 码数据，包括年、月、日、时、分和秒。

如图 7.48 所示，32.768 kHz 的晶振信号经时钟除法器后得到两个时钟信号，频率分别为 128 Hz 和 1 Hz。128 Hz 的时钟信号供给节拍中断产生电路，1 Hz 的则供给报警中断产生电路。

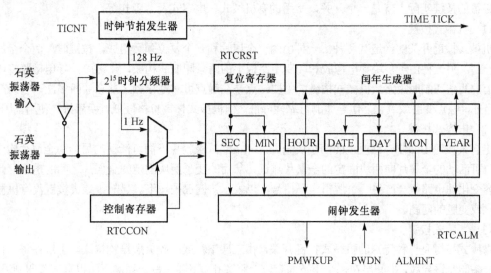

图 7.48　时实时钟结构框图

节拍中断产生电路由寄存器 TICNT 控制，TICNT 有两个位域，一个是节拍中断开关，另一个是计数值，用于设置节拍中断的间隔。

节拍中断间隔时间 =（n+1）/ 128 s，其中，n 为节拍时间计数值(1~127)。

由此推算出 S3C44B0X 节拍发生器的最长中断请求间隔时间是 1 s，最短中断请求间隔时间是 7.8125 ms。

节拍中断产生电路本质上是一个倒数计数器，在 128 Hz 时钟信号驱动下，进行倒数计数，数到零时便产生一节拍中断信号。

时钟节拍中断常被操作系统用来定时，两个时钟节拍之间的时间间隔被定义成操作系统计时的基本单位。

能被操作系统用来定时的定时器不只 RTC，PWM 定时器也可被操作系统用于定时。

报警中断产生电路由设置告警时间的年、月、天、小时、分与秒寄存器和设置复位边界的复位寄存器组成。在 1 Hz 时钟信号的驱动下，报警中断产生电路进行计时，当计时时间与设置的报警时间相同时，便产生告警中断 PMWKUP 或 ALMINT。

7.11 键盘模块

在嵌入式系统中，键盘常用来输入数字型数据或者选择设备的操作模式。根据键盘与微处理器的连接方式，可将键盘分为独立式和矩阵式两种。独立式键盘由若干独立的按键组成，每个按键的一端与微控制器的一个 I/O 口相连，有多少个键就需要多少个 I/O 口，占用 I/O 口资源较多，一个 N 行 M 列的键盘需要 N × M 个 I/O 口，仅适用于按键较少的场合。矩阵键盘每个按键占据行列的一个交点，N 行 M 列键盘需要的 I/O 口数仅是 N+M。键盘除了可挂接到 I/O 口上外，也可挂接到总线上。

矩阵键盘需要较少的 I/O 口，是常用的一种键盘，本实例中使用的正是矩阵式键盘，通过其控制器挂接到总线上，没有使用 I/O 口。

本节的内容有常用键盘的种类、键盘按键的识别方法、按键读取控制方式、键盘电路及键盘驱动程序。

1. 常用键盘的种类

键盘的按键实际上就是一个开关，常用的有机械式、电容式及薄膜式等。

（1）机械式按键

机械式按键开关的构造有两种。一种由两个金属片和一个复位弹簧组成，按键时，两个金属片被压在一起。另一种由一小块导电橡胶和印制电路板上的两条印制线构成，压键时，导电橡胶将印制电路板上的两条印制线短路。机械式按键的主要缺点是在触点可靠地接触之前会通断多次，容易产生抖动。另外，触点变脏或氧化，使导通的可靠性降低。但机械式按键价格较低，手感好，使用范围较广。

（2）电容式按键

电容式按键出印制电路板上的两小块金属片和在泡沫橡胶片下面可活动的另一块金属片构成。压键时，可活动的金属片向两块固定的金属片靠近，从而改变了两块固定的金属片之间的电容，此时检测电容变化的电路就会产生一个逻辑电平信号，以表示该键已被按下。显然，该类按键没有机械触点被氧化或变脏的问题。

（3）薄膜式按键

薄膜式按键是一种特殊的机械式按键开关，由三层塑料或橡胶夹层结构构成。上层在每一行键下面有一条印制银导线，中间层在每个键下面有一个小圆孔，下层在每一列键下面也有一条印制银导线。压键时将上面一层的印制银导线压过中层的小孔与下面一层的印制银导线接触。薄膜式按键可以做成很薄的密封形式。

2. 键盘按键识别方法

根据识键方法的不同，矩阵键盘又分为非编码键盘和编码键盘两种。编码键盘主要用硬件来实现键的扫描和识别，非编码键盘则主要用软件来实现键的扫描和识别。扫描方法可分为行扫描、列扫描和反转扫描 3 种。

　　下面用图 7.49 所示电路来说明按键识别方法。在图 7.49 所示电路中，使用了 8 根 I/O 线，其中 4 根为行线，4 根为列线。按键设置在行、列交叉点上，行、列分别连接到按键开关的两端。列线通过上拉电阻接到+V_{dd} 上，平时无按键动作时，列线处于高电平状态，而当有键按下时，列线电平状态将由通过此按键的行线电平决定：行线电平如果为低，列线电平为低，行线电平如果为高，则列线电平也为高。通过这一点即可知道键盘是否被按下了，具体是哪个键被按下，则还要使用下面介绍的扫描方法。

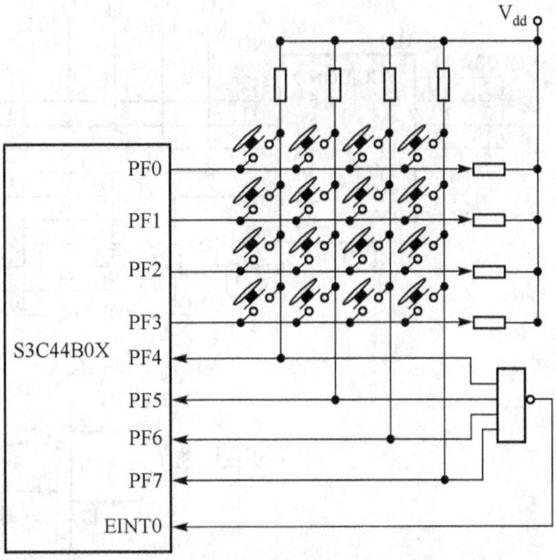

图 7.49　矩阵键盘挂接到 I/O 口上

　　(1) 行扫描法：使用行扫描法识键时，是先使某一行线为低电平，而其余行接高电平，然后读取列值，如果列值中有某位为低电平，则表明行列交点处的键被按下，否则扫描下一行，直到扫描完全部的行线为止。

　　(2) 列扫描法：列扫描法识键与行扫描法类似，是先使某一列线为低电平，而其余列接高电平，然后读取行值，如果行值中有某位为低电平，则表明行列交点处的键被按下；否则扫描下一列，直到扫描完全部的列线为止。

　　(3) 反转法：使用反转法识键时，是先将所有行扫描线输出低电平，读列值，若列值有一位是低，则表明有键按下。然后所有列扫描线输出低电平，读行值。根据读到的值组合就可以识别被按下的键码。

3. 键盘按键读取控制方式

　　按键读取控制方式是指读取键值的方式，通常有查询、定时扫描与中断三种方式。查询方式是通过软件不断查询是否有键被按下，有则读取，无则再查询。这种方式一直占用 CPU 时间，效率低。定时扫描方式是由内部定时器周期性地产生中断信号，CPU 响应中断后对键盘进行扫描，读取键值。中断控制方式是将键盘行或列线接至处理器的外部中断引脚，当键被按下时，即向 CPU 产生一中断信号，CPU 响应中断后对键盘进行扫描，读取键值。这种方式消耗的 CPU 资源最少，是使用得最多的一种控制方式。

4. 键盘电路设计

　　矩阵式键盘电路的实现有两种方式：一种是将键盘挂到 I/O 口上，另一种是将键盘挂到总线上。图 7.49 所示为第一种方式，将键盘的行、列线都挂到处理器的 I/O 口上，一个 4×4 键盘共需 8 个 I/O 口 (PF0~PF7)。本实例通过第二种方式来实现，即将键盘通过一个控制器挂到总线上，结构框图如图 6.5 所示，具体电路如图 7.50 所示。

　　图 7.50(a) 为键盘控制器与中断接口电路，图 7.50(b) 为键盘，键盘控制器由 2 个锁存器 74HC541 与 74HC17 及 1 个与门芯片 74HC08 组成。键盘的行线 Xn 通过控制器挂到了 S3C44B0X 的地址线 A1~A4 上，键盘的列线 Yn 通过控制器挂到了 S3C44B0X 的数据线 D0~D3 上。列线 Yn 同时通过与门 74HC08 提供中断信号。

　　按键识别方法采用行扫描法，按键读取控制方式采用中断方式。

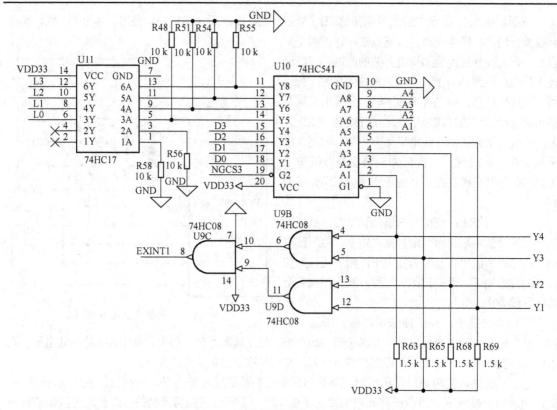

(a) 键盘控制器与中断电路

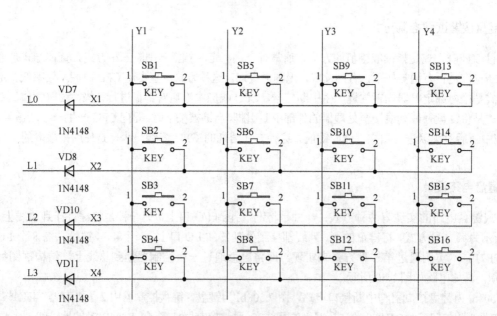

(b) 键盘

图 7.50　矩阵键盘电路

　　键盘的列线通过一上拉电阻接至 3.3 V 电源上，无键按下时，列线为高电平，S3C44B0X 的数据线 D0~D3 输入全为 1。当有键被按下时，列线电平由行线电平决定，行线为高，列线为高，行线为低，列线为低。为识别出被按下的键，可先让第一行为低电平，即让地址线 A1 为 0，其余地址线为 1，从数据线 D0~D3 上读入数据，若被按下的键是在第一行，则 D0~D3 中有一位为 0。故只要判别出为 0 的位，即可识别出被按下的键。若被按下的键不在第一行，则 D0~D3 全为 1。然后依次让第二行(A2)、第三行(A3)与第四行(A4)为低电平，即可识别出被按下的键。

如图 7.50(a)所示，4 根列线通过 74HC08 的 3 个与门 U9B、U9C 与 U9D 两两相与后接至 S3C44B0X 的外部中断 EXINT1 引脚上。非扫描期间，行线均处于低电平状态，故当有键被按下时，与此键对应的列线电平将被拉低，与门 U9C 的输出电平将由高变低，产生一脉冲信号，通过 EXINT1 向 S3C44B0X 内核发出中断请求。内核响应后，即跳转去运行中断处理程序，在中断处理程序中即可用上述行扫描法识别出被按下的键。

S3C44B0X 的片选线 NGCS3 接至锁存器 74HC541 的输出使能端 G2，因此键盘被映射至 S3C44B0X 的 Bank3，地址范围为 0X06000000~0X08000000。

5. 键盘驱动程序设计

键盘驱动程序包括初始化程序、中断处理程序及按键识别程序三部分。

(1) 初始化程序

```
#define KEY_VALUE_MASK0x0f
volatile UCHAR *keyboard_base = (UCHAR *)0x06000000
void init_keyboard()
{
    rINTMOD = 0x0;                            // 设置中断类型(IRQ)
    rINTCON = 0x1;                            // 使能 IRQ，设置其模式为矢量
    rINTMSK = ~(BIT_GLOBAL|BIT_EINT1);        // 取消屏蔽，开中断
    pISR_EINT1 = (int)KeyboardInt;            // 将中断处理程序入口地址放入指定位置
    rPCONG  = 0xffff;                         // 将 GPIO 的 G 口功能设为外部中断
    rPUPG   = 0x0;                            // 拉电阻使能
    rEXTINT = rEXTINT|0x20;                   // EINT1 设为边缘触发
    rI_ISPC = BIT_EINT1;                      // 清中断服务挂起位
}
```

(2) 中断处理程序

```
void KeyboardInt(void)
{
    int value;
    rI_ISPC = BIT_EINT1;                      // 清中断服务挂起位
    value = key_read();                       // 读被按下的键
    if(value > -1)
    {
        Uart_Printf("Key is:%x \r",value);    // 将读出的键输出到显示器
    }
}
```

(3) 按键识别程序

```
inline int key_read()
{
```

```
int value;
char temp;
/*使第一行行线为低电平，扫描第一行*/
temp = *(keyboard_base+0xfd);
/* not 0xF mean key down */
if((temp & KEY_VALUE_MASK) ! = KEY_VALUE_MASK)
{
        if( (temp&0x1) == 0 )
            value = 3;
        else if( (temp&0x2) == 0 )
            value = 2;
        else if( (temp&0x4) == 0 )
            value = 1;
        else if( (temp&0x8) == 0 )
            value = 0;
        while((temp & KEY_VALUE_MASK) ! = KEY_VALUE_MASK) //   release
        temp = *(keyboard_base+0xfb);
        return value;
}
/*使第二行行线为低电平，扫描第二行*/
temp = *(keyboard_base+0xfb);
/* not 0xF mean key down */
if((temp & KEY_VALUE_MASK) ! = KEY_VALUE_MASK)
{
        if( (temp&0x1) == 0 )
            value = 7;
        else if( (temp&0x2) == 0 )
            value = 6;
        else if( (temp&0x4) == 0 )
            value = 5;
        else if( (temp&0x8) == 0 )
            value = 4;
        while((temp & KEY_VALUE_MASK) ! = KEY_VALUE_MASK) // release
        temp = *(keyboard_base+0xfb);
        return value;
}
/*使第三行行线为低电平，扫描第三行*/
temp = *(keyboard_base+0xf7);
/* not 0xF mean key down */
if((temp & KEY_VALUE_MASK) ! = KEY_VALUE_MASK)
{
        if( (temp&0x1) == 0 )
            value = 0xb;
        else if( (temp&0x2) == 0 )
            value = 0xa;
        else if( (temp&0x4) == 0 )
            value = 9;
```

```
        else if((temp&0x8)==0)
            value = 8;
        while((temp & KEY_VALUE_MASK)!=KEY_VALUE_MASK) // release
        temp = *(keyboard_base+0xfb);
        return value;
    }
    /*使第四行行线为低电平，扫描第四行*/
    temp = *(keyboard_base+0xef);
    /* not 0xF mean key down */
    if((temp & KEY_VALUE_MASK)!=KEY_VALUE_MASK)
    {
        if((temp&0x1)==0)
            value = 0xf;
        else if((temp&0x2)==0)
            value = 0xe;
        else if((temp&0x4)==0)
            value = 0xd;
        else if((temp&0x8)==0)
            value = 0xc;
        while((temp & KEY_VALUE_MASK)!=KEY_VALUE_MASK) // release
        temp = *(keyboard_base+0xfb);
        return value;
    }
    return -1;
}
```

7.12　8 段数码管模块

数码管具有显示清晰、亮度高、电压低、寿命长等特点，嵌入式系统中常用它来显示数字或符号。

数码管由数个长条形的发光二极管排列成"日"字形构成。按段数可分为七段数码管和八段数码管，后者比前者多一个用于显示小数点的发光二极管。按照显示"8"的个数，数码管可分为 1 位、2 位与 4 位等，图 7.51 所示为 1 位 8 段数码管。按发光二极管单元连接方式可分为共阳极数码管与共阴极数码管。共阳极数码管将所有发光二极管的阳极接到一起形成公共阳极，应用时应将公共阳极接到+5 V 或+3.3 V 上，如图 7.52（a）所示，当某一字段发光二极管的阴极为低电平时，相应字段就点亮，当某一字段的阴极为高电平时，相应字段就不亮。共阴数码管将所有发光二极管的阴极接到一起形成公共阴极，应用时应将公共阴极接到地线 GND 上，如图 7.52（b）所示，当某一字段发光二极管的阳极为高电平时，相应字段就点亮，当某一字段的阳极为低电平时，相应字段就不亮。

（1）电路设计

8 段数码管作为嵌入式系统的 I/O 设备，可通过两种方式连接到处理器上，一种是挂接到 I/O 口上，另一种是挂接到总线上，如图 6.5 所示。本实例中将 8 段数码管通过一控制器挂接到外部总线上。

本实例中 8 段数码管的控制器由 1 个 3-8 译码器 74LV138 和 1 个锁存器 74LS573 组成，如图 7.53 所示。数据总线只用到 D0 ~ D7，地址总线只用到 A18、A19、A20、nGCS1。地址总线经 3-8 译码器 74LV138 产生片选信号 CS6，作为锁存器 74LS573 的片选。

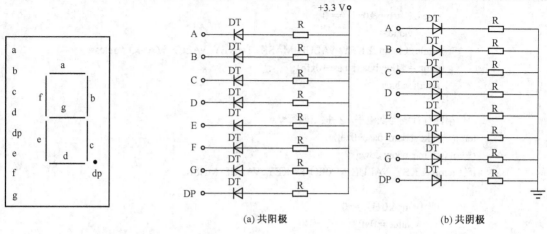

图 7.51   8 段数码管

图 7.52   共阳极与共阴极数码管

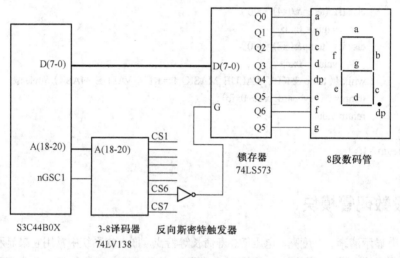

图 7.53   8 段数码管电路框图

（2）地址计算

由于 nGSC1 接 3-8 译码器的片选，8 段数码管被映射至 S3C44B0X 的 Bank1，基地址为 0x02000000。

3-8 译码器的输出 CS6 的地址为 101，所以，8 段数码管的地址范围为 0x02140000~0x0217FFFF。具体计算参见图 7.54。

	A_{20}	$A_{19}A_{18}A_{17}A_{16}$	$A_{15}A_{14}A_{13}A_{12}$	$A_{11}A_{10}A_9A_8$	$A_7A_6A_5A_4$	$A_3A_2A_1A_0$
0x02000000	0	0	0	0	0	0
0x02140000	1	0 1 0	0	0	0	0
0x0217FFFF	1	0 1 1 1	F	F	F	F
地址范围：		0x02140000		~	0x0217FFFF	

图 7.54   地址计算

（3）驱动程序

```
#define SEGMENT_A          0x80
#define SEGMENT_B          0x40
#define SEGMENT_C          0x20
#define SEGMENT_D          0x08
#define SEGMENT_E          0x04
#define SEGMENT_F          0x02
#define SEGMENT_G          0x01
#define SEGMENT_P          0x10
#define DIGIT_F  (SEGMENT_A | SEGMENT_G | SEGMENT_E | SEGMENT_F)
#define DIGIT_E  (SEGMENT_A | SEGMENT_G | SEGMENT_E | SEGMENT_F | SEGMENT_D)
#define DIGIT_D  (SEGMENT_B | SEGMENT_C | SEGMENT_D | SEGMENT_F | SEGMENT_E)
#define DIGIT_C  (SEGMENT_A | SEGMENT_D | SEGMENT_E | SEGMENT_G)
#define DIGIT_B  (SEGMENT_C | SEGMENT_D | SEGMENT_F | SEGMENT_E | SEGMENT_G)
#define DIGIT_A  (SEGMENT_A | SEGMENT_B | SEGMENT_C | SEGMENT_F | SEGMENT_E | SEGMENT_G)
#define DIGIT_9  (SEGMENT_A | SEGMENT_B | SEGMENT_C | SEGMENT_F | SEGMENT_G)
#define DIGIT_8  (SEGMENT_A | SEGMENT_B | SEGMENT_C | SEGMENT_D | SEGMENT_F | SEGMENT_E
| SEGMENT_G)
#define DIGIT_7  (SEGMENT_A | SEGMENT_B | SEGMENT_C)
#define DIGIT_6  (SEGMENT_A | SEGMENT_C | SEGMENT_D | SEGMENT_F | SEGMENT_E | SEGMENT_G)
#define DIGIT_5  (SEGMENT_A | SEGMENT_C | SEGMENT_D | SEGMENT_F | SEGMENT_G)
#define DIGIT_4  (SEGMENT_B | SEGMENT_C | SEGMENT_F | SEGMENT_G)
#define DIGIT_3  (SEGMENT_A | SEGMENT_B | SEGMENT_C | SEGMENT_D | SEGMENT_F)
#define DIGIT_2  (SEGMENT_A | SEGMENT_B | SEGMENT_D | SEGMENT_E | SEGMENT_F)
#define DIGIT_1  (SEGMENT_B | SEGMENT_C)
#define DIGIT_0  (SEGMENT_A | SEGMENT_B | SEGMENT_C | SEGMENT_D | SEGMENT_E | SEGMENT_G)
/* 8led control register address */
#define        LED8ADDR       (*(volatile unsigned char *)(0x2140000))
/*--- global variables ---*/
/* Digit Symbol table*/
int Symbol[] = { DIGIT_0, DIGIT_1, DIGIT_2, DIGIT_3, DIGIT_4, DIGIT_5, DIGIT_6, DIGIT_7, DIGIT_8,
DIGIT_9, DIGIT_A, DIGIT_B, DIGIT_C, DIGIT_D, DIGIT_E, DIGIT_F};
void Digit_Led_Symbol(int value)
{
    /* symbol display */
    if((value >= 0) && (value < 16))
        LED8ADDR = ~Symbol[value];
}
```

7.13　EEPROM 与 IIC 总线接口模块

EEPROM 是电可擦除可编程的非易失性存储器，主要用于存储系统参数或代码。EEPROM 芯片通常都具有 IIC 接口，电路设计时只需将其挂接到微处理器的 IIC 控制器上即可，如图 6.5 所示。本节首先介绍 IIC 接口总线协议，然后介绍本设计实例中的 EEPROM 芯片 AT24LC04，最后介绍电路与驱动设计。

7.13.1　IIC 总线接口协议

IIC 总线（Inter Integrated Circuit BUS，内部集成电路总线）是由 Philips 公司推出的二线制串行扩展总线，主要用于微控制器与其他 IC 之间的互连。

如图 7.55 所示，IIC 总线是具备总线仲裁和高低速设备同步等功能的高性能多主机总线，只需一条串行数据线 SDA 和一条串行时钟线 SCL 连接设备，即可在设备间进行数据传送。SDA 和 SCL 都是双向的。每个器件都有一个唯一的地址以供识别，而且各器件都可以作为发送器或接收器。其数据传输速率在标准模式下可达 100 Kb/s，快速模式下可达 400 Kb/s，高速模式下可达 3.4 Mb/s。连接到同一条 IIC 总线的 IC 数量只受总线最大电容 400 pF 的限制。IIC 总线通信时具有主发送模式、主接收模式、从发送模式与从接收模式。下面介绍传输过程、信号及数据格式。

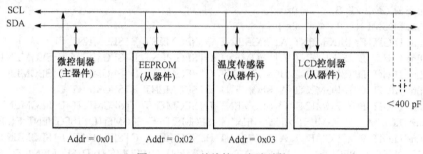

图 7.55　IIC 总线接口电路结构

（1）IIC 总线的启动和停止信号

当 IIC 接口处于从模式时，要想传输数据，必须检测 SDA 线上的启动信号。启动信号由主器件产生，如图 7.56 所示，在 SCL 信号为高时，SDA 电平由高变低，即产生一个启动信号。IIC 总线产生启动信号后，这条总线就被发出启动信号的主器件占用了，变成"忙"状态。停止信号也由主器件产生，在 SCL 信号为高时，SDA 电平由低变高，便产生停止信号。停止信号的作用是停止与某个从器件之间的数据传输。IIC 总线产生停止信号几个时钟周期后，总线就被释放，变成"闲"状态。

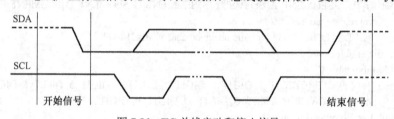

图 7.56　IIC 总线启动和停止信号

主器件产生一个启动信号后，它还会立即送出一个从地址，用来通知将与它进行数据通信的从器件。

（2）数据传输格式

SDA 线上传输的每字节长度都是 8 位，每次传输中字节的数量是没有限制的。如图 7.57 所示，在起始位后面的第一个字节是地址域，1 字节的地址包括 7 位的地址信息和 1 位的传输方向指示位，指示位为"0"表示马上要进行写操作，为"1"表示马上要进行读操作。每个传输的字节后面都有一个应答（ACK）位。数据的 MSB（字节的高位）首先发送。

图 7.57　IIC 总线数据传输格式

（3）应答信号

为了完成 1 字节的传输操作，接收器应该在接收完 1 字节之后发送 ACK 位到发送器，告诉发送器已经收到了这个字节。如图 7.58 所示，ACK 脉冲信号在 SCL 线上第 9 个时钟处发出（前面 8 个时钟完成 1 字节的数据传输，SCL 上的时钟都是由主器件产生的）。当发送器要接收 ACK 脉冲时，应该释放 SDA 信号线，即将 SDA 置高。接收器在接收完前面 8 位数据后，将 SDA 拉低。发送器探测到 SDA 为低，就认为接收器成功接收了前面的 8 位数据。

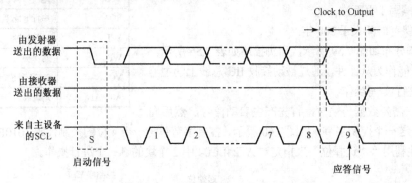

图 7.58　IIC 总线的应答信号 ACK

（4）总线竞争的仲裁

IIC 总线上可以挂接多个器件，有时会发生两个或多个主器件同时想占用总线的情况。IIC 总线具有多主控能力，可对发生在 SDA 线上的总线竞争进行仲裁，其仲裁原则是：当多个主器件同时想占用总线时，如果某个主器件发送高电平，而另一个主器件发送低电平，则发送电平与此时 SDA 总线电平不符的那个器件将自动关闭其输出级。

总线竞争的仲裁是在两个层次上进行的。首先是地址位的比较，如果主器件寻址同一个从器件，则进入数据位的比较，从而确保了竞争仲裁的可靠性。由于是利用 IIC 总线上的信息进行仲裁，所以不会造成信息的丢失。

（5）IIC 总线的数据传输过程

IIC 总线的数据传输由如下过程组成：

① 开始：主设备产生启动信号，表明数据传输开始。

② 地址：主设备发送地址信息，包含 7 位的从设备地址和 1 位的数据方向指示位（读或写位，表示数据流的方向）。

③ 数据：根据指示位，数据在主设备和从设备之间进行传输。数据一般以 8 位传输，最重要的位放在前面；具体能传输多少量的数据并没有限制。接收器产生 1 位的 ACK（应答信号）表明收到了每个字节。传输过程可以被中止和重新开始。

④ 停止：主设备产生停止信号，结束数据传输。

7.13.2　AT24LC04

AT24LC04 是一个 4 K（512 × 8）的电可擦除的 PROM，主要特征如下：

● 单电源供电，最低到 2.5 V；

● 低功耗 CMOS 工艺；

● 由 2 个 256 B 的存储块组成；

● 2 线串行接口总线与 IIC 总线兼容；

● 施密特触发器、滤波器输入从而抑制噪声；

● 传输速度 400 kHz 兼容；

- 实时写入(自动擦除);
- 页写入模式,具有 16 字节的页写入缓冲区;
- 对整个存储器提供硬件写保护;
- ESD 保护大于 4000 V;
- 允许擦写 1 百万次;
- 数据保存时间大于 200 年。

表 7.56　AT24LC04 引脚描述

引脚名称	功能
VSS	地
SDA	串行地址/数据 I/O
SCL	串行时钟
WP	写保护
VCC	2.5 V 到 5.5 V 的供电电源
A0, A1, A2	地址线

芯片引脚分布如图 7.59 所示,引脚描述如表 7.56 所示。AT24LC04 只能作为从器件,通过被动接收 IIC 总线上的主器件的命令来进行读/写操作。

主器件在需要数据传输时,首先产生启动信号,然后向 AT24LC04 发送一个控制字节,如图 7.60 所示。控制字节包含一个 4 位的控制代码 1010B 和 1 位块选择位。主器件利用"块选择位"来指定对 AT24LC04 中 2 个块的哪一个进行操作。

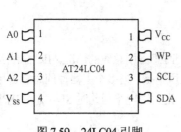

图 7.59　24LC04 引脚

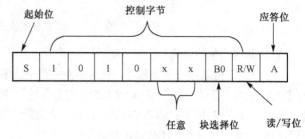

图 7.60　控制字节的构成

7.13.3　IIC 总线控制器

S3C44B0X 处理器片上有一个 IIC 总线控制器,支持主设备发送、主设备接收、从设备发送与从设备接收四种模式。

在发送模式下,数据被发送之后,IIC 总线接口会等待直到 IICDS(IIC 数据寄存器)被程序写入新的数据。在新的数据被写入前,SCL 线都被拉低。新的数据写入之后,SCL 线被释放。S3C44B0X 利用中断来判断当前数据字节是否已经完全送出。CPU 接收到中断请求后,在中断处理程序中将下一个新的数据写入 IICDS 中,如此循环。

在接收模式下,数据被接收后,IIC 总线接口等待直到 IICDS 寄存器被程序读出。在数据被读出之前,SCL 线保持低电平。新的数据被读出之后,SCL 线才被释放。S3C44B0X 也利用中断判断是否接收到了新数据。CPU 收到中断请求之后,处理程序将从 IICDS 中读取数据。

7.13.4　IIC 接口电路

S3C44B0X 的 IIC 控制器设备侧接口提供两条用于挂接外部 IC 的引脚 IICSCL 与 IICSDA,故需将 EEPROM 芯片 AT24LC04 的 SCL 与 SDA 分别与 IICSCL 与 IICSDA 相连,地址线 A0、A1 与 A2 接地,如图 7.61 所示。

根据 AT24LC04 的控制字,AT24LC04 的地址可用下式计算:

　　1010A2A1A0

由于 A0、A1 与 A2 接地,故可得 AT24LC04 的地址为 1010000 或 0xa0。

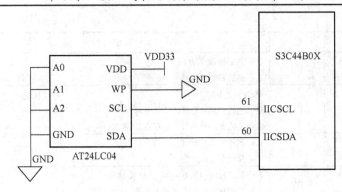

图 7.61 IIC 接口电路

7.13.5 IIC 总线控制寄存器

（1）IIC 总线控制寄存器 IICCON

IICCON（IIC-Bus Control Register）位定义见表 7.57。

表 7.57 IICCON 位定义

IICCON	位	描述	复位值
ACK 使能	[7]	IIC 使能/禁止位 0 = 禁止产生 ACK 信号 1 = 使能产生 ACK 信号 在发送模式下，IICSDA 在 ACK 期间被释放 在接收模式下，IICSDA 在 ACK 期间被拉低	0
Tx 时钟源选择	[6]	0 = IICCLK = $f_{PCLK}/16$ 1 = IICCLK = $f_{PCLK}/512$	0
Tx/Rx 中断使能	[5]	0 = 禁止 Tx/Rx 中断 1 = 使能 Tx/Rx 中断	0
中断挂起（Pending）位	[4]	写 0 = 清除中断挂起并重新启动写操作 读 1 = 中断挂起（发生了中断请求）	0
发送时钟频率	[3:0]	设置 IIC 总线发送时钟预分频值 Tx 时钟频率 = IICCLK/(IICCON[3:0]+1)	未定义

（2）IIC 总线控制与状态寄存器 IICSTAT

IICSTAT（IIC-Bus Control/Status Register）位定义见表 7.58。

表 7.58 IICSTAT 位定义

IICSTAT	位	描述	复位值
模式选择	[7:6]	IIC 总线主/从 Tx/Rx 模式选择 00 = 从接收模式　　　01 = 从发送模式 10 = 主接收模式　　　11 = 主发送模式	0
忙信号状态/ 启动/停止条件	[5]	0 = 读）IIC 总线不忙 　　写）产生 IIC 总线停止信号 1 = 读）IIC 总线忙 　　写）产生 IIC 总线启动信号	0
串行输出使能/禁止	[4]	0 = 禁止 Tx/Rx 1 = 使能 Tx/Rx	0

(续表)

IICSTAT	位	描述	复位值
仲裁状态标志	[3]	0 = 总线仲裁成功 1 = 总线仲裁不成功	0
从设备地址状态标志	[2]	作为从设备时, 0 = 当检测到启动或停止信号时 1 = 接收到的从地址与保存在 IICADD 中的匹配	0
零地址状态标志	[1]	0 = 当检测到启动或停止信号时 1 = 接收到从地址为 0	0
应答位状态标志	[0]	0 = 最后接收位为 0(接收到 ACK 信号) 1 = 最后接收位为 1(没有接收到 ACK 信号)	0

(3) IIC 总线地址寄存器 IICADD

IICADD(IIC-Bus Address Register)位定义见表 7.59。

表 7.59　IICADD 位定义

IICADD	位	描述	复位值
从地址	[7:0]	7 位[7:1]从设备地址 IICSTAT 中串行输出使能时,IICADD 写使能。在任何时候都可以对 IICADD 的值进行读操作	xxxxxx

(4) IIC 移位数据寄存器 IICDS

IICDS(IIC-Bus Transmit/Receive Data Shift Register)位定义见表 7.60。

表 7.60　IICDS 位定义

IICDS	位	描述	复位值
数据移位	[7:0]	IIC 总线发送/接收操作的 8 bit 数据移位寄存器。IICSTAT 中串行输出使能时,IICDS 写使能。任何时候都可以对 IICDS 的值进行读操作	xxxxxxx

7.13.6　驱动程序设计

EEPROM 作为 IIC 从设备与 S3C44B0X 连接,S3C44B0X 作为主设备进行数据读/写。驱动程序主要有 IIC 初始化程序、EEPROM 读函数、EEPROM 写函数。

(1) IIC 初始化函数

```
#define rPCONF      (*(volatile unsigned int   *)0x01D20034)
#define rPUF        (*(volatile unsigned int   *)0x01D2003C)
#define rIICCON     (*(volatile unsigned int   *)0x01D60000)
#define rIICDS      (*(volatile unsigned int   *)0x01D6000C)
#define rIICSTAT    (*(volatile unsigned int   *)0x01D60004)
void IicInt(void) __attribute__((interrupt ("IRQ")));
int i,GetACK;
void IIC_Init()
{
    rPCONF |= 0xa;          // PF0:IICSCL,PF1:IICSDA
    rPUF |= 0x3;            // 禁止内部上拉
    /* enable interrupt */
    rINTMOD = 0x0;
```

```
        rINTCON = 0x1;
        rINTMSK = ~(BIT_GLOBAL|BIT_IIC);
        pISR_IIC = (unsigned)IicInt;
        /* S3C44B0X slave address */
        rIICADD = 0x10;
        /*Enable ACK,interrupt, IICCLK = MCLK/16, Enable ACK// 64MHz/16/(15+1) = 257kHZ */
        rIICCON = 0xaf;
        /* enbale TX/RX */
        rIICSTAT = 0x10;
    }
```

(2) EEPROM 24LC04B 读/写数据函数

```
    void Wr24C040(U32 slvAddr,U32 addr,U8 data)
    {
        iGetACK = 0;
        /* send control byte */
        rIICDS = slvAddr;                // 0xa0
        rIICSTAT = 0xf0;                 // Master Tx,Start
        while(iGetACK == 0);             // wait ACK
        iGetACK = 0;
        /* send address */
        rIICDS = addr;
        rIICCON = 0xaf;                  // resumes IIC operation
        while(iGetACK == 0);             // wait ACK
        iGetACK = 0;
        /* send data */
        rIICDS = data;
        rIICCON = 0xaf;                  // resumes IIC operation
        while(iGetACK == 0);             // wait ACK
        iGetACK = 0;
        /* end send */
        rIICSTAT = 0xd0;                 // stop Master Tx condition
        rIICCON = 0xaf;                  // resumes IIC operation
        DelayMs(5);                      // wait until stop condtion is in effect
    }
    void Rd24C040(U32 slvAddr,U32 addr,U8 *data)
    {
        char recv_byte;
        iGetACK = 0;
        /* send control byte */
        rIICDS = slvAddr;                // 0xa0
        rIICSTAT = 0xf0;                 // Master Tx,Start
        while(iGetACK == 0);             // wait ACK
        iGetACK = 0;
        /* send address */
        rIICDS = addr;
```

```
    rIICCON = 0xaf;                    // resumes IIC operation
    while (iGetACK == 0);              // wait ACK
    iGetACK = 0;
    /* send control byte */
    rIICDS = slvAddr;                  // 0xa0
    rIICSTAT = 0xb0;                   // Master Rx,Start
    rIICCON = 0xaf;                    // resumes IIC operation
    while (iGetACK == 0);              // wait ACK
    iGetACK = 0;
    /* get data */
    recv_byte = rIICDS;
    rIICCON = 0x2f;
    DelayMs(1);
    /* get data */
    recv_byte = rIICDS;
    /* end receive */
    rIICSTAT = 0x90;                   // stop Master Rx condition
    rIICCON = 0xaf;                    // resumes IIC operation
    DelayMs(5);                        // wait until stop condtion is in effect
    *data = recv_byte;
}
void IicInt(void)
{
    rI_ISPC = BIT_IIC;
    iGetACK = 1;
}
void Test_Iic(void)
{
    unsigned int i,j;
    static U8 data[16];
    iGetACK = 0;
    Uart_Printf("IIC Test using AT24C04...\n");
    Uart_Printf("Write char 0-f into AT24C04\n");
    /* write 0-255 to 24C04 */
    for( i = 0; i<16; i++ )
        Wr24C040(0xa0,(U8)i,i);
    /* clear array */
    for( i = 0; i<16; i++)
        data[i] = 0;
    Uart_Printf("Read 16 bytes from AT24C04\n");
    /* read 16 byte from 24C04 */
    for( i = 0; i<16; i++ )
        Rd24C040(0xa0,(U8)i,&(data[i]));
    /* printf read data */
    for( i = 0; i<16; i++ )
    {
        Uart_Printf("%2x ",data[i]);
```

```
    }
    Uart_Printf("\n");
}
```

7.14 LCD 模块

LCD（Liquid Crystal Display），也称液晶显示器，是一种数字显示技术，可以通过液晶和彩色过滤器过滤光源，在平面面板上产生图像。与传统的阴极射线管（CRT）相比，LCD 占用空间小，低功耗，低辐射，无闪烁，降低视觉疲劳，已成为目前嵌入式系统产品上最常见的显示设备。

7.14.1 LCD 工作原理

液晶材料是一种介于固体和液体之间的有机化合物，常温下以长棒状的分子存在，叫做液晶单元。液晶屏的内部有一个液晶盒，所有液晶单元放在液晶盒中。液晶盒一般置放在两块偏振方向相差 90° 的偏光板之间，如图 7.62 所示。液晶屏幕后面有一个背光，该光源打在第一层偏光板上，然后光线到达液晶单元上。当光线穿过液晶单元时，在自然状态下，由于液晶材料的作用，出射光的方向偏转 90°，与第二块偏振板的方向相同，能够通过第二块偏振板，在第二块偏振板后出现强光，如图 7.62（a）所示。但若在液晶单元上加上电场，液晶材料会使透射光的偏振方向偏转 0° 或其他非 90° 值，透射光的方向便与第二块偏振板垂直或相差一个角度，遮过第二块偏振板的光就弱，如图 7.62（b）所示。如果为液晶盒的每个像素点设置一个开关电路，就做到完全单独地控制一个像素点。用控制电路把显示存储器里的图像数据加载到液晶屏的像素矩阵上，人们就能从液晶屏幕上看到灰度图像或者彩色图像。

液晶屏的显示需要专门的驱动与控制电路。驱动电路用于提供显示屏驱动电流与液晶分子偏置电压。控制逻辑电路用于产生各种时序逻辑信号，如时钟、帧、行信号等。

S3C44B0X 片内的 LCD 控制器带有控制逻辑电路，只需提供驱动电路（电流驱动与偏压）即可。

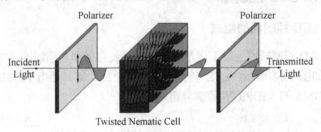

(a) 液晶处于自然状态，第二块偏振后出现强光

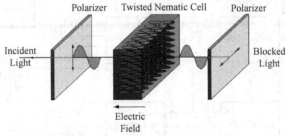

(b) 液晶上加电场，第二块偏振后无光或弱光

图 7.62　液晶显示器的工作原理

7.14.2　液晶显示器驱动电路

本实例中使用的液晶屏为 LRH9J515XA，其驱动偏压为 21.5 V，因此需要一个能够升压的开关电源。电路如图 7.63 所示，由稳压芯片 MAX629 得到 21.5 V 的高压 VEE，再由运放 LM324 组成电压跟随器分别得到 V2、V3、V4 与 V5 偏置电压。

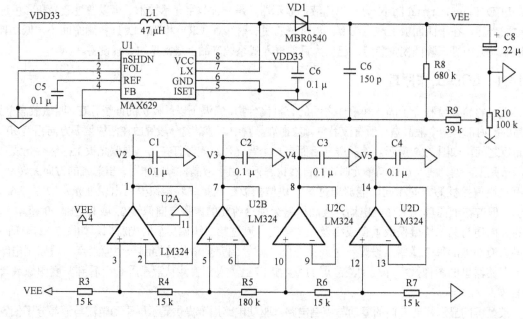

图 7.63　液晶显示器驱动电路

7.14.3　S3C44B0X LCD 控制器

1. S3C44B0X LCD 控制器的组成

S3C44B0X 中，LCD 控制器的主要工作是将定位在系统存储器显示缓冲区中的图像数据传送到外部 LCD 驱动器中。如图 7.64 所示，LCD 控制器由系统总线、寄存器组 REGBANK、时序产生电路 TIMERGEN、LCDCDMA 与 VIDPRCS 等部分组成。

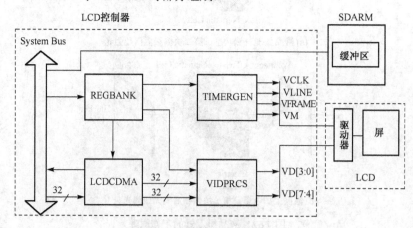

图 7.64　LCD 控制器原理框图

(1) REGBANK 由 18 个寄存器组成，用于设置 LCD 控制器。

(2) LCDCDMA 为专用 DMA，它能自动将存储器中划定的缓冲区内的数据传送到 LCD 驱动器中，无需 CPU 干预。数据一送到 LCD 驱动器中，便会在 LCD 屏上显示出来。在 LCDCDMA 中设有 FIFO，当 FIFO 空或部分空时，LCDCDMA 请求服务，得到存储器控制器中的总线仲裁器批准后，将有 4 个连续字(16 字节)从系统存储器中划定的缓冲区中传送到 FIFO 中。FIFO 大小为 24 字，分为 FIFOL 与 FIFOH，各 12 字，用于支持双扫描显示模式，单扫描显示模式时只用其中之一(12 字)。

(3) VIDPRCS 从 LCDCDMA 接收数据，将其变成一种合适的数据格式，如 4/8 位单扫模式或 4 位双扫模式，再通过 VD[0:7]端口传送到 LCD 驱动器中。

(4) TIMERGEN 产生 VFRAME、VLINE、VCLK 和 VM 等控制信号(控制逻辑)。其中：

VFRAME 为 LCD 控制器和 LCD 驱动器之间的帧同步信号，LCD 控制器在一个完整帧显示完成后立即插入 VFRAME 信号，并开始新一帧的显示。

VLINE 为 LCD 控制器和 LCD 驱动器之间的行同步信号，LCD 驱动器通过它来将水平移位寄存器中的内容显示到 LCD 屏上，LCD 控制器在一整行数据全部传输到 LCD 驱动器后发出 VLINE 信号。

VCLK 为 LCD 控制器与 LCD 驱动器之间的像素时钟信号，LCD 控制器在 VLCK 的上升沿发送数据，在下降沿对数据采样。

VM 为 LCD 驱动器所使用的交流信号，LCD 驱动器用 VM 来改变用于打开或关闭像素的行和列电压的极性，VM 信号可在每一帧被触发，也可在指定 VLINE 信号的可编程数目时触发。

VD[0:3]为 LCD 控制器数据输出端口。

VD[4:7]为 LCD 控制器数据输出端口。

S3C44B0X LCD 控制器具有如下特性：

● 支持彩色/灰度/单色的 LCD 板；
● 支持 3 种显示类型的 LCD 屏：4 位双扫描，4 位单扫描以及 8 位单扫描；
● 支持复合虚拟显示屏(水平/垂直滚动)；
● 用系统存储器作为显示缓冲区存储器；
● 专用的 DMA 支持从系统存储器的视频缓冲区中读取映像数据；
● 支持多种屏幕大小；
● 典型屏幕尺寸 640×480，320×240，160×160；
● 最大虚拟屏尺寸 4096×1024，2048×2048，1024×4096；
● 支持单色、4 级、16 级灰度；
● 支持 STN 型 256 种色彩的 LCD 屏；
● 支持低功耗模式 SL_IDLE。

2. 查找表/颜色索引

使用查找表能够节约帧缓存器，因在帧缓冲器中不存储颜色值，而只存储颜色值的索引或地址，颜色值则存储在另一个称为查找表的存储器中。如图 7.65 所示，帧缓冲器中每像素用 8 位编码，共有 $2^8 = 256$ 种颜色索引或地址，查找表每色用 4 位编码，共有 $2^{3×4} = 4096$ 种颜色。若不使用查找表，每像素用 8 位编码只可得到 256 种颜色(或灰度)，通过查找表后便可得到 4096 种颜色。不过，每一次只能从 4096 种颜色中选择 256 种进行显示。

LCD 控制器中提供了红、绿与蓝 3 个查找表，分别用 3 个寄存器 REDLUT、GREENLUT 与 BLUELUT 来实现。

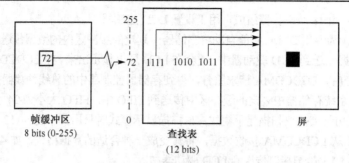

图 7.65　使用查找表显示颜色

3. 灰度显示

S3C44B0X 的 LCD 控制器在灰度显示时，支持每像素 2 位（4 级灰度等级）和每像素 4 位（16 级灰度等级）两种灰度级模式。每像素 2 位的灰度级模式使用了彩色显示中的蓝色查找表寄存器 BLUELUT 作灰度级查找表。如图 7.66 所示，BLUELUT 分为 4 段，灰度级索引 0 由 BULEVAL[3:0]表示，灰度级索引 1 由 BULEVAL[7:4]表示，灰度级索引 2 由 BULEVAL[11:8]表示，灰度级索引 3 由 BULEVAL[15:12]表示。若 BULEVAL[3:0] = 9，灰度级索引 0 的灰度等级为 9，若 BULEVAL[3:0] = 15，则灰度级索引 0 的灰度级为 15。其他灰度级索引的灰度等级也可以此类推。

帧缓冲区中每像素用 2 位编码，共有 $2^2 = 4$ 种灰度等级索引或地址，查找表中每索引用 4 位编码，共有 $2^4 = 16$ 种灰度等级。但每一次只能从 16 个灰度级中选择 4 个进行显示。

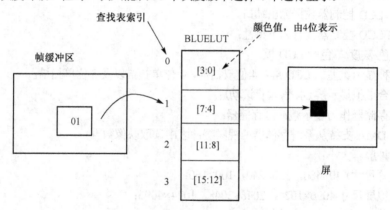

图 7.66　S3C44B0X 的灰度显示

4. 彩色显示

S3C44B0X 中的 LCD 控制器支持每像素 8 位的彩色显示，用抖动算法和帧率控制，彩色显示能产生 256 种颜色。8 位分成三部分，其中 3 位表示红，3 位表示绿，2 位表示蓝。彩色模式中分别用红、绿与蓝三个查找表来产生颜色，每一个查找表用一个寄存器来实现，它们是 REDLUT、GREENLUT 与 BLUELUT。

红色查找表寄存器 REDLUT 分为 8 段，即 REDVAL[31:28], REDLUT[27:24], REDLUT[23:20], REDLUT[19:16], REDLUT[15:12], REDLUT[11:8], REDLUT[7:4]与 REDLUT[3:0]。红色索引值 0 由 REDLUT[3:0]表示，若 REDLUT[3:0] = 0，红色索引 0 的颜色为 0，若 REDLUT[3:0] = 15，则红色索引 0 的颜色值为 15。其他红色索引 1、2、3、4、5、6、7 的颜色以此类推。

绿色查找表寄存器 GREENLUT 也分为 8 段，与红色类似，每种绿色索引的颜色值分别用每段中 4 位来表示。

蓝色查找表寄存器 BLUELUT 只有 16 位，其表示蓝色的方式与灰度显示中的每像素 2 位相同，上面已说明，此处不再赘述。

例 7-2　若帧缓存中的颜色索引为 30，即二进制 000 111 10，则红色索引值为 0，绿色索引值为 7，蓝色索引值为 2，如图 7.67 所示。那么红色由寄存器 REDLUT 中的 REDVAL [3:0]决定，绿色值由寄存器 GREENLUT 中的 GREENVAL[31:28]决定，蓝色由寄存器 BLUELUT 中的 BLUEVAL[11:8]决定。

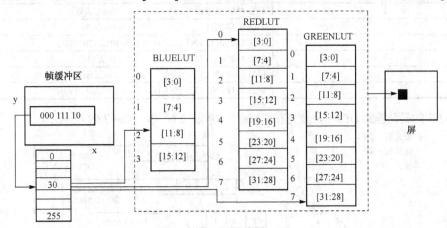

图 7.67　S3C44B0X 的彩色显示

5. 帧率控制 FRC

在阴极射线显像管 CRT 中，通过加在电子枪上的电压来控制像素的灰度级，像素灰度级正比于电子枪上的电压强度。在 STN LCD 中，则是通过帧率来控制像素灰度级，像素灰度级正比于该像素在一定周期内被打开的次数。如在 16 级灰度系统中，若某像素的灰度为 3 级，则该像素在 3 帧中被打开，在 13 帧中被关闭，周期为 16。表 7.61 给出了在 16 级灰度等级中，各级灰度等级所对应的像素打开与关闭次数。如灰度等级 14 对应值为 6/7，意味着在 6 帧中打开，1 帧关闭。灰度等级 9 对应值为 3/5，意味着 3 帧打开，2 帧关闭。

6. 抖动模式

抖动模式用于消除帧率控制中的闪烁噪声，其来源于邻近像素被同时打开或关闭。当第一帧所有像素被打开，第二帧所有像素被关闭时，闪烁噪声最大。

例 7-3　若 Pi 像素有半灰度级，邻近像素 Pi+1、Pi+2 及 Pi+3 也有半灰度级，为减少闪烁噪声，在第 N 帧中，像素 Pi、Pi+1、Pi+2 和 Pi+3 应该是 1、0、1 和 0，在第(N+1)帧中，Pi、Pi+1、Pi+2 和 Pi+3 应该是 0、1、0 和 1，如图 7.68 所示。

表 7.61　灰度等级及其所对应的像素打开与关闭次数

灰度等级	占空比	灰度等级	占空比
15	1	7	1/2
14	6/7	6	3/7
13	4/5	5	2/5
12	3/4	4	1/3
11	5/7	3	1/4
10	2/3	2	1/5
9	3/5	1	1/7
8	4/7	0	0

	Pi	Pi+1	Pi+2	Pi+3
N帧	1	0	1	0
N+1 帧	0	1	0	1

图 7.68　抖动模式

S3C44B0X 的 LCD 控制器提供了如表 7.62 所示的抖动模式。

表 7.62　抖动模式

抖动模式名	位数	推荐模式	
DP1_2	16	1010 0101 1010 0101	(0xA5A5)
DP4_7	28	1011 1010 0101 1101 1010 0110 0101	(0xBA5DA65)
DP3_5	20	1010 0101 1010 0101 1111	(0xA5A5F)
DP2_3	12	1101 0110 1011	(0xD6B)
DP5_7	28	1110 1011 0111 1011 0101 1110 1101	(0xEB7B5ED)
DP3_4	16	0111 1101 1011 1110	(0x7DBE)
DP4_5	20	0111 1110 1011 1101 1111	(0x7EBDF)
DP6_7	28	0111 1111 1101 1111 1011 1111 1110	(0x7FDFBFE)

表 7.62 中的抖动模式 DP3_5，意为在 5 帧中，3 帧开 2 帧关，如图 7.69 所示。

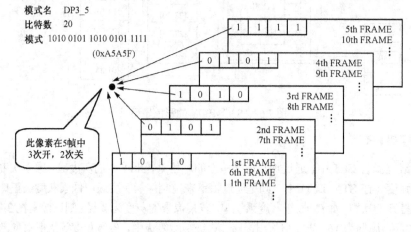

图 7.69　抖动模式 DP3_5

7. 扫描显示模式

S3C44B0X 中的 LCD 控制器支持 4 位单扫描、4 位双扫描及 8 位单扫描的显示模式。

（1）4 位单扫描显示模式

4 位单扫描显示模式中，一次扫描显示一行，使用引脚 VD[3:0]将数据从 LCD 控制器传输到 LCD 驱动器，每次传送 4 位，如图 7.70 所示。

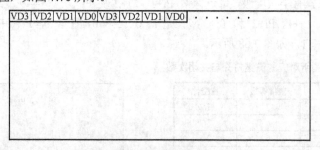

图 7.70　4 位单扫描

（2）4 位双扫描显示模式

4 位双扫描显示模式中，一次扫描显示两行，分别用引脚 VD[3:0]与 VD[7:4]来输出屏上半部第一行数据与屏下半部第一行数据到 LCD 驱动器，如图 7.71 所示。

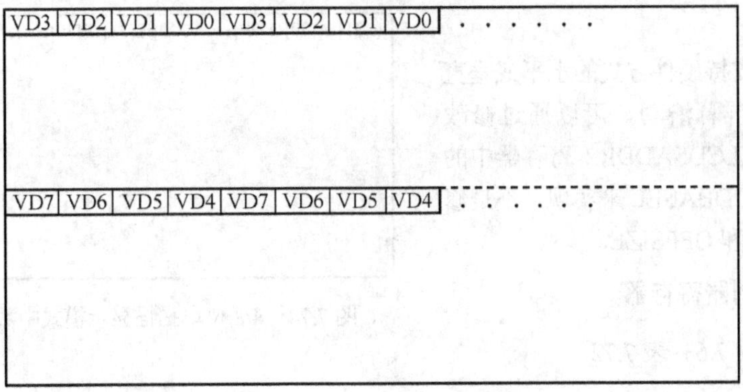

VD3	VD2	VD1	VD0	VD3	VD2	VD1	VD0	･････

VD7	VD6	VD5	VD4	VD7	VD6	VD5	VD4	･････

图 7.71　4 位双单扫描

（3）8 位单扫描显示模式

8 位单扫描显示模式中，一次扫描显示一行，用引脚 VD[7:0]来传输数据进 LCD 驱动器，如图 7.72 所示。

（4）数据存储方式（BSWP = 0）

数据存储方式是指数据在帧缓冲存储器中的存储形式，其与具体使用的扫描显示模式有关。

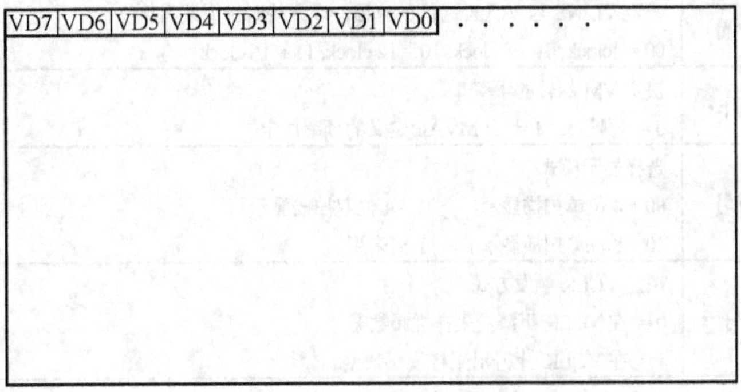

VD7	VD6	VD5	VD4	VD3	VD2	VD1	VD0	･････

图 7.72　8 位单扫描

4 位灰度双扫描显示模式中数据的存储方式如图 7.73 所示。

地址	数据
0000H	A[31:0]
0004H	B[31:0]
...	
1000H	L[31:0]
1004H	M[31:0]
...	

LCD屏

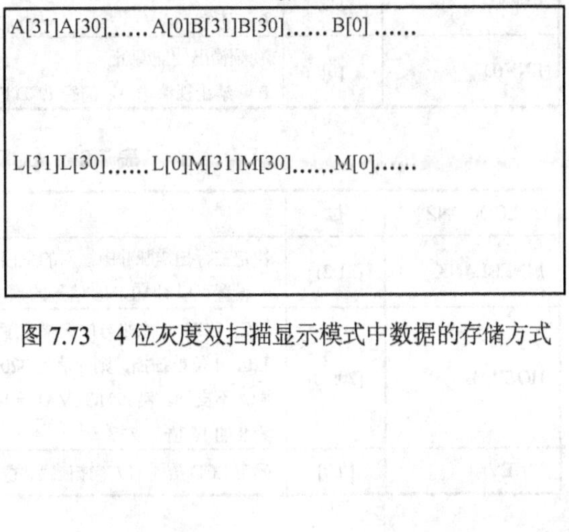

A[31]A[30]......A[0]B[31]B[30]......B[0]......

L[31]L[30]......L[0]M[31]M[30]......M[0]......

图 7.73　4 位灰度双扫描显示模式中数据的存储方式

4 位灰度单扫描与 8 位单扫描显示模式中数据的存储方式如图 7.74 所示。

地址	数据
0000H	A[31:0]
0004H	B[31:0]
0008H	C[31:0]
...	

（5）虚拟显示

S3C44B0X 支持硬件方式的水平或垂直滚动。如果要使屏幕滚动，可以通过修改 LCDSADDR1 和 LCDSADDR2 寄存器中的 LCDBASEU 与 LCDBASEL 来实现，不是修改 PAGEWIDTH 和 OFFSIZE。

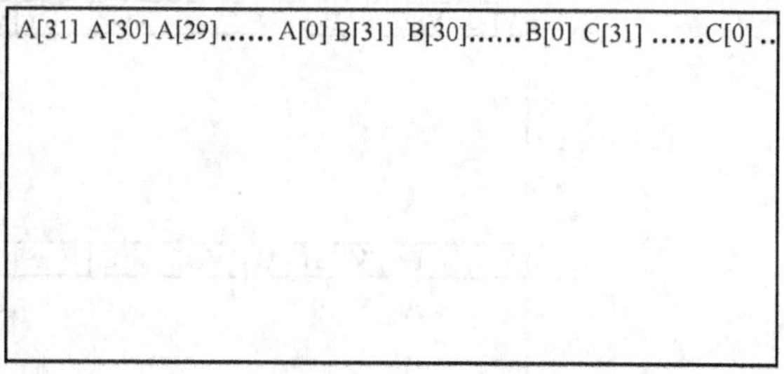

A[31] A[30] A[29]...... A[0] B[31] B[30]...... B[0] C[31] ......C[0] ..

图 7.74　4/8 位单扫描显示模式中数据的存储方式

8. LCD 控制器寄存器

相关说明见表 7.63~表 7.72。

表 7.63　LCDCON1 位定义

LCDCON1	位	描述	复位值
LINECNT（只读）	[31:22]	行计数器状态，从 LINEVAL 倒数到 0	0
CLKVAL	[21:12]	决定 VLCK 的频率。若在 ENVID = 1 时被修改，新的值将在下一帧起作用 VCLK = MCLK / (CLKVAL x 2)	0
WLH	[11:10]	决定 VLINE 脉冲的宽度，以系统时钟周期为单位 00 = 4 clock, 01 = 8 clock, 10 = 12 clock, 11 = 16 clock	0
WDLY	[9:8]	决定 VLINE 与 VCLK 之间的延迟，以系统时钟周期为单位 00 = 4clock, 01 = 8 clock, 10 = 12 clock, 11 = 16 clock	0
MMODE	[7]	决定 VM 翻转的频率 0 = 每帧，　　1 = 由 MVAL 定义的频率决定	0
DISMODE	[6:5]	选择显示模式 00 = 4 位单扫描显示　　01 = 4 位双扫描显示 10 = 8 位单扫描显示　　11 = 未用	0
INVCLK	[4]	决定 VCLK 触发方式 0 = 在 VCLK 下降沿采样视频数据 1 = 在 VCLK 上升沿采样视频数据	-
INVLINE	[3]	决定 VLINE 脉冲的极性 0 = 正常　　　　1 = 反转	-
INVFRAME	[2]	决定 VLFRAME 脉冲的极性 0 = 正常　　　　1 = 反转	0
INVVD	[1]	决定视频数据 VD 的极性 0 = 正常　　　　1 = VD[7:0]反转输出	0
ENVID	[0]	视频输出使能/禁止 0 = 禁止视频输出，清空 LCD FIFO　　1 = 使能视频输出	0

表 7.64　LCDCON2 位定义

LCDCON2	位	描述	复位值
LINEBLANK	[31:21]	决定在行扫描脉冲中插入的空白时间长度，LINEBLANK 以系统时钟周期为单位，这一设置可以对 VLINE 信号的频率进行微调	0
HOZVAL	[20:10]	确定 LCD 屏水平方向扫描宽度(与水平方向像素点数及扫描方式有关，若水平像素 320，4 位单扫描，则此值为 320/4 = 80)。HOZVAL 必须是 8(1 字节)的偶数倍，否则，不支持。例如 HOZVAL = 120 时，为 8 的 15 倍，不支持；HOZVAL = 128 时，为 8 的 16 倍，支持	0
LINEVAL	[9:0]	确定 LCD 屏垂直方向扫描宽度	0

表 7.65　LCDCON3 位定义

LCDCON3	位	描述	复位值
保留	[2:1]	为测试保留	0
ELFREF	[0]	LCD 自刷新模式开关 0 = LCD 自刷新模式关　　　　1 = LCD 自刷新模式开	0

表 7.66　帧缓冲区起始地址寄存器 1 位定义

LCDSADDR1	位	描述	复位值
MODESEL	[28:27]	选择黑白、灰度与彩色模式 00 = 黑白模式　01 = 4 级灰度　10 = 16 级灰度　11 = 彩色	0
LCDBANK	[26:21]	指定视频缓冲区在系统存储器中的 Bank 地址。LCD 的视频缓冲区应按 4 MB 对齐，因为这样的话，LCDBANK 的值在移动可视窗口时不会变化。因此在使用 malloc 函数的时候要注意这一点	0
LCDBASEU	[20:0]	指示在单扫描模式下，帧缓冲区起始地址的 A[21:1]	0

表 7.67　帧缓冲区起始地址寄存器 1 位定义

LCDSADDR2	位	描述	复位值
BSWP	[29]	字节交换控制位 1 = 交换使能　　　　0 = 交换禁止	0
MVAL	[28:21]	当 MMODE = 1 时，这些位决定 VM 信号翻转的频率	0
LCDBASEL	[20:0]	这些位显示缓冲区底部地址计数器的值是 A[21:1] LCD.LCDBASEL = LCDBASEU+ PAGEWIDTH + OFFSIZE) × (LINEVAL +1)	0

表 7.68　帧缓冲区起始地址寄存器 2 位定义

LCDSADDR3	位	描述	复位值
OFFSIZE	[19:9]	虚拟显示屏的偏移大小(以 16 位为单位)，这个值定义了某一行的第一个字与前一行的最后一个字之间的距离	0
PAGEWIDTH	[8:0]	虚拟显示屏的页宽度(以 16 位为单位)，这个值定义了一帧中可视窗口的宽度	0

表 7.69　红色查找表寄存器位定义

REDLUT	位	描述	复位值
REDVAL	[31:0]	定义 8 种红色索引(每索引可以取 16 种颜色值) 000 = REDVAL[3:0]　　　001 = REDVAL[7:4] 010 = REDVAL[11:8]　　　011 = REDVAL[15:12] 100 = REDVAL[19:16]　　101 = REDVAL[23:20] 110 = REDVAL[27:24]　　111 = REDVAL[31:28]	0

表 7.70　绿色查找表寄存器位定义

GREENLUT	位	描述	复位值
GREENVAL	[31:0]	定义 8 种绿色索引(每索引可能取 16 种颜色值) 000 = GREENVAL[3:0]　　　001 = REENVAL[7:4] 010 = GREENVAL[11:8]　　011 = GREENVAL[15:12] 100 = GREENVAL[19:16]　　101 = GREENVAL[23:20] 110 = GREENVAL[27:24]　　111 = GREENVAL[31:28]	0

表 7.71　蓝色查找表寄存器位定义

BULELUT	位	描述	复位值
BLUEVAL	[15:0]	定义 4 种蓝色索引（每种可以取 16 种颜色） 00 = BLUEVAL[3:0]　　　01 = BLUEVAL[7:4] 10 = BLUEVAL[11:8]　　　11 = BLUEVAL[15:12]	0

表 7.72　抖动模式寄存器列表

寄存器名	位	模式值	复位值
DP1_2	[15:0]	1010 0101 1010 0101（0xa5a5）	0xa5a5
DP4_7	[27:0]	1011 1010 0101 1101 1010 0110 0101（0xba5da65）	0xba5da65
DP3_5	[19:0]	1010 0101 1010 0101 1111（0xa5a5f）	0xa5a5f
DP2_3	[11:0]	1101 0110 1011（0xd6b）	0xd6b
DP5_7	[27:0]	1110 1011 0111 0101 1110 1101 （0xeb7b5ed）	0xeb7b5ed
DP3_4	[15:0]	0111 1101 1011 1110（0x7dbe）	0x7dbe
DP4_5	[19:0]	0111 1110 1011 1101 1111（0x7ebdf）	0x7ebdf
DP6_7	[27:0]	0111 1111 1101 1111 1011 1111 1110（0x7fdfbfe）	0x7fdfbfe
DITHMODE	[18:0]	0x12210 or 0x0	0x00000

7.14.4　驱动程序

LCD 的驱动程序最基础的是初始化程序及画一个像素点的程序。能画一个像点，就可以画一条线、一个字符乃至一幅图像，因这些都是由一个个像素点组成的。本节给出初始程序与及画一个像素点的宏。另外，作为画像素点宏的一个应用，本节还给出了画一个 ASCII 字符的程序。

（1）初始化程序

```
void Lcd_Init(void)
{
    rDITHMODE = 0x1223a;        // 抖动模式寄存器设置
    rDP1_2 = 0x5a5a;           // 灰度等级 7 的帧率控制与抖动模式设置
    rDP4_7 = 0x366cd9b;        // 灰度等级 8 的帧率控制与抖动模式设置
    rDP3_5 = 0xda5a7;          // 灰度等级 9 的帧率控制与抖动模式设置
    rDP2_3 = 0xad7;            // 灰度等级 10 的帧率控制与抖动模式设置
    rDP5_7 = 0xfeda5b7;        // 灰度等级 11 的帧率控制与抖动模式设置
    rDP3_4 = 0xebd7;           // 灰度等级 12 的帧率控制与抖动模式设置
    rDP4_5 = 0xebfd7;          // 灰度等级 13 的帧率控制与抖动模式设置
    rDP6_7 = 0x7efdfbf;        // 灰度等级 14 的帧率控制与抖动模式设置
    // LCD 禁能，4 位单扫描，MMODE = 0，WDLY = 4clock，WLH = 4clock，CLKVAL = 12
    rLCDCON1 = (0)|(1<<5)|(MVAL_USED<<7)|(0x0<<8)|(0x0<<10)|(CLKVAL_GREY16<<12);
    // LINEVAL = 240-1，HOZVAL = 320/4-1，LINEBLAN = 10clock
    rLCDCON2 = (LINEVAL)|(HOZVAL<<10)|(10<<21);
    // 16 级灰度，LCDBANK = 0xC300000，LCDBASEU = 0xC300000
    rLCDSADDR1 = (0x2<<27)|(((LCD_ACTIVE_BUFFER>>22)<<21)|M5D(LCD_ACTIVE_BUFFER>>1));
    // LCDBASEL = 0xC300000+320*240/2，MVAL = 13
    rLCDSADDR2 = M5D(((LCD_ACTIVE_BUFFER+(SCR_XSIZE*LCD_YSIZE/2))>>1))|(MVAL<<21);
    // PAGEWIDTH = 320/4，OFFSIZE = 0
    rLCDSADDR3 = (LCD_XSIZE/4)|(((SCR_XSIZE-LCD_XSIZE)/4)<<9);
    //
```

```
      // LCD 启动，4B_SNGL_SCAN,WDLY = 8clk,WLH = 8clk,
          rLCDCON1 = (1)|(1<<5)|(MVAL_USED<<7)|(0x3<<8)|(0x3<<10)|(CLKVAL_GREY16<<12);
      }
```

(2) 画一个像素点的宏

如图 7.64 所示，只要在 SDRAM 中定义一个 LCD 缓冲区，将需要在 LCD 上显示的字符数据放于其中，LCD 控制器中的 LCDCDMA 自会将此字符数据传送至 LCD 屏上显示出来。所以在 LCD 上画一个像素点的操作其实就是将像素点放置到 LCD 缓冲区中，下面给出宏定义。

```
      /*定义 LCD 缓冲区在 SDRAM 中的起始位置*/
      #define LCD_ACTIVE_BUFFER    (0xc300000)
      /*在 LCD 缓冲区中(x,y)处放置一个灰度值为 c 的像素点的宏*/
      #define LCD_Active_PutPixel(x, y, c)    \
          (*(INT32U *) (LCD_ACTIVE_BUFFER + (y) * SCR_XSIZE / 2 + (319 - (x)) / 8 * 4)) =\
          (*(INT32U *) (LCD_ACTIVE_BUFFER + (y) * SCR_XSIZE / 2 + (319 - (x)) / 8 * 4)) & \
          (~(0xf0000000 >> (((319 - (x))%8)*4))) |((c) << (7 - (319 - (x))%8) * 4)
```

(3) 画一个 ASCII 字符的程序

下面代码在 LCD 屏上(usX0, usY0)处画/显示一个颜色值为 ForeColor 的 AscII 字符。其将该字符的数据放置到 LCD 缓冲区中的(usX0, usY0)处，参数*pucChar 为到字库中寻找字符数据的指针。

```
      void Lcd_DspAscII6x8 (INT16U usX0, INT16U usY0,INT8U ForeColor, INT8U* pucChar)
      {
          INT32U i,j;
          INT8U ucTemp;
          while( *pucChar ! = 0 )
          {
            for( i = 0; i < 8; i++ )
            {
                ucTemp = g_auc_Ascii6x8[(*pucChar) * 8 + i];   // 调用 AscII 字库
                for( j = 0; j < 8; j++ )
                {
                    if( (ucTemp & (0x80 >> j)) ! = 0 )
                    {
                        LCD_Active_PutPixel(usX0 + i, usY0 + 8 - j, (INT8U) ForeColor);
                    }
                }
            }
            usX0 + = XWIDTH;
            pucChar++;
          }
      }
```

7.15　A/D 转换与触摸屏模块

A/D 转换即模/数转换，也称 ADC(Analog to Digital Converter)。A/D 转换器有逐次逼近型、积分型、计数型、并行比较型及电压—频率型等，比较常用的是积分型与逐次逼近型。下面简单介绍一下逐次逼近型的工作原理。

逐次逼近型（也称逐位比较式）A/D 转换器结构如图 7.75 所示，主要由逐次逼近寄存器 SAR、D/A 转换器、比较器以及时序和控制逻辑等部分组成。它的实质是逐次把设定的 SAR 寄存器中的数字量经 D/A 转换后得到的电压 Vf 与待转换模拟电压 Vx 进行比较。比较时，先从 SAR 的最高位开始，逐次确定各位的数码应是"1"还是"0"。若最高为"1"时，Vf ≤ Vx，则保留最高位为"1"，否则，让最高位为"0"。以此方式逐次确定余下的位，即可得到输入模拟量的 A/D 转换结果。

逐次逼近 A/D 转换器有如下主要特点：

（1）转换速度较快，在 1~100 μs 以内，分辨率可以达 18 位，特别适用于工业控制系统。

（2）转换时间固定，不随输入信号的变化而变化。

（3）抗干扰能力没有积分型的强。例如，对模拟输入信号采样过程中，若在采样时刻有一个干扰脉冲迭加在模拟信号上，则采样时，包括干扰信号在内，都被采样和转换为数字量，这就会造成较大的误差，所以有必要采取适当的滤波措施。

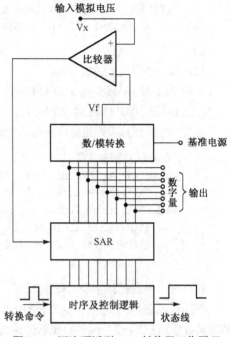

图 7.75　逐次逼近型 A/D 转换器工作原理

7.15.1　S3C44B0X A/D 转换器

S3C44B0X 具有 8 路 10 位模/数转换器（ADC），它是一个逐次逼近型的 ADC，内部结构如图 7.76 所示，包括模拟输入多路复用器、自动调零比较器、时钟产生器、10 位逐次逼近寄存器（SAR）、输出寄存器（ADCDAT）等。转换时，将待测量与内部 DAC（数/模转换器）产生的推测信号进行比较，根据比较结果决定减小或增大推测信号的取值，然后反复逐次逼近式地修改推测信号的值，最终使推测信号与待测量值相等，此时 DAC 输入的数字量就是对应测量信号的转换结果，可从数据寄存器 ADCDAT 中读出。

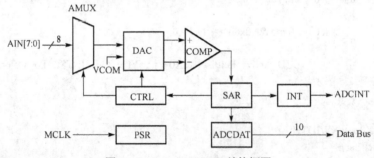

图 7.76　S3C44B0X A/D 结构框图

S3C44B0X A/D 转换器主要参数如下：

分辨率：10 位；

微分线性度误差：±1 LSB；

积分线性度误差：±2 LSB（最大±3 LSB）；

最大转换速率：100 KSPS（Sample Per Second，采样次数/秒）；

输入电压范围：0~2.5 V；

输入带宽：0~100 Hz（不具备采样保持（S/H）电路）。

（1）A/D 转换控制寄存器 ADCCON

ADCCON（A/D Converter Control Register）用于选择 A/D 转换通道、启动方式及指示转换状态标志，位定义如表 7.73 所示。

表 7.73　ADCCON 位定义

ADCCON	位	描述	复位值
FLAG	[6]	ADC 状态标志（只读） 0 = A/D 正在进行　　　1 = A/D 转换结束	0
SLEEP	[5]	系统功耗控制 0 = 正常模式　　　1 = 睡眠模式	1
INPUTSELECT	[4:2]	A/D 通道选择 000 = AIN0　001 = AIN1　010 = AIN2　011 = AIN3 100 = AIN4　101 = AIN5　110 = AIN6　111 = AIN7	000
READ_START	[1]	通过读操作启动 A/D 转换 0 = 禁止通过读操作启动 A/D 转换 1 = 使能通过读操作启动 A/D 转换	0
ENABLE_START	[0]	通过使能操作启动 A/D 转换。如果通过读操作启动 A/D 转换，该位无效 0 = 无操作　　　1 = A/D 转换启动，启动后该位被清零	0

（2）A/D 预分频寄存器 ADCPSR

ADCPSR（Converter Prescaler Register）位定义如表 7.74 所示。

表 7.74　ADCPSR 位定义

ADCPSR	位	描述	复位值
RESCALER	[7:0]	预分频值（0~255） 除数 = 2 ×（预分频值+1） A/D 转换时钟 = 2 ×（预分频值+1）× 16	0

（3）A/D 数据寄存器 ADCDAT

ADCDAT（Converter Data Register）位定义如表 7.75 所示。

表 7.75　ADCDAT 位定义

ADCDAT	位	描述	复位值
ADCDAT	[9:0]	A/D 转换输出数据	—

7.15.2　触摸屏工作原理

触摸屏是一种历史悠久的外部设备，早在 20 世纪 60 年代触摸屏就开始在一些公共场合得到使用，目前已经成为重要的嵌入式输入设备，广泛应用在个人自助存款取款机、PDA、媒体播放器、汽车导航器、智能手机、医疗电子等设备中，使用频度仅次于键盘和鼠标。

触摸屏按其工作原理的不同可分为表面声波屏、电容屏、电阻屏和红外屏几种，常见的是电阻触摸屏。电阻触摸屏结构如图 7.77 所示，由 4 层透明薄膜构成，最下面是玻璃或有机玻璃基层，最上面是一层外表面经过硬化处理从而光滑防刮的塑料层，附着在上下两层内表

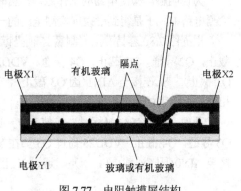

图 7.77　电阻触摸屏结构

面的两层为金属导电层。电极选用导电性极好的材料构成。当用笔或手指触摸屏幕时，两层导电层在触摸点处接触。

触摸层的两个金属导电层分别用来测量 X 轴和 Y 轴方向的坐标。用于 X 坐标测量的导电层从左右两端引出两个电极，记为 X_+ 和 X_-。用于 Y 坐标测量的导电层从上下两端引出两个电极，记为 Y_+ 和 Y_-，如图 7.78 所示。当在一对电极上施加电压时，在该导电层上就会形成均匀连续的电压分布，通过另一对电极可测得触点处电压，从而得到触点坐标。例如，在 X_+ 上施加一电压 V_{in}，则在 X_+ 与 X_- 间形成一均匀电压分布，Y 方向电极对上不加电压，触点 P 的电压值 V_x 可通过 Y_+ 测出，于是触点 P 的坐标 X_i 为：

$$X_i = L_x \times V_x / V_{in}$$

式中，L_x 为两电极 X_+ 与 X_- 之间的间隔，V_{in} 为加在电极 X_+ 上的电压，V_x 为通过电极 Y_+ 测得的电压。

用同样的方法也可以得知触点 P 的 Y 坐标 Y_i。

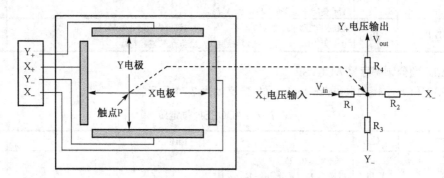

图 7.78   电阻触摸屏触点坐标测量

7.15.3 触摸屏检测电路

本实例中的触摸屏检测电路如图 7.79 所示。PE4~PE7 为 S3C44B0X 的 GPIO 口，Q4 与 Q3 为 P 沟道场效应管，Q2 与 Q1 为 N 沟道场效应管。Q4、Q3、Q2 与 Q1 的栅极分别接 PE4~PE7，受 PE4~PE7 的控制，均工作在开关状态。Q4、Q3、Q2 与 Q1 的漏极通过连接器 J5 中的 TSPX$_+$(15)、TSPX$_-$(18)、TSPY$_+$(17) 与 TSPY$_-$(19) 分别连接到触摸屏的 X_+、X_-、Y_+ 与 Y_- 电极，控制触摸屏。AIN0 与 AIN1 分别连接到 S3C44B0X 的 A/D 转换器的两个输入端。

为说明触屏检测电路的工作原理，忽略图 7.79 中的电阻、电容，用电阻模拟触摸屏，并将其放入检测电路中，于是得到触摸屏检测电路的一个简化原理框图，如图 7.80 所示。

根据图 7.80 容易看出，测量 X 轴坐标时，应使 PE7 = 0，PE6 = 1，PE5 = 1，PE4 = 0，这样，Q1 截止，Q2 导通，Q3 截止，Q4 导通。VDD25 通过 Q4 加在 X_+ 上，X_- 通过 Q2 连接到地，Y_- 断开(因 Q1 截止)，Y_+ 连接至 AIN1(因 Q3 截止)。于是，通过 Y_+ 上测得的电压即可计算出触点的 X 坐标。Y_+ 相当万用电表的一支表笔，触点为笔尖。

同理，测量 Y 轴坐标时，应使 PE7 = 1，PE6 = 0，PE5 = 0，PE4 = 1，这样，Q1 导通，Q2 截止，Q3 导通，Q4 截止。VDD25 通过 Q3 加在 Y_+ 上，Y_- 通过 Q1 连接到地，X_- 断开(因 Q2 截止)，X_+ 连接至 AIN0(因 Q4 截止)。于是，通过 X_+ 上测得的电压即可计算出触点的 Y 坐标。

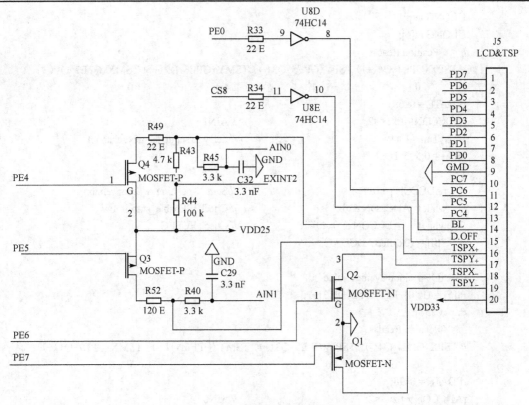

图 7.79　触摸屏检测电路

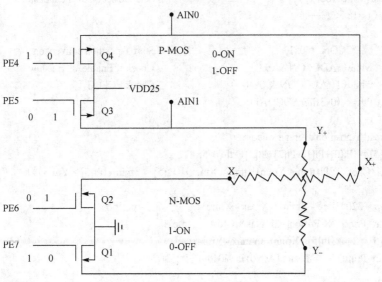

图 7.80　触摸屏检测电路原理框图

7.15.4　驱动程序

```
void TSInt (void)
{
    int    i;
    char fail = 0;
```

```
    ULONG tmp;
    ULONG Pt[6];
    // <X-Position Read>
    // TSPX(GPE4_Q4(+)) TSPY(GPE5_Q3(-)) TSMY(GPE6_Q2(+)) TSMX(GPE7_Q1(-))
    //        0                1               1                0
    rPDATE = 0x68;
    rADCCON = 0x1<<2;                       // AIN1
    DelayTime(1000);                        // delay to set up the next channel
    for( i = 0; i<5; i++ )
    {
        rADCCON |= 0x1;                     // Start X-position A/D conversion
        while( rADCCON & 0x1 );            // Check if Enable_start is low
        while( !(rADCCON & 0x40) );        // Check ECFLG
        Pt[i] = (0x3ff&rADCDAT);
    }
    // read X-position average value
    Pt[5] = (Pt[0]+Pt[1]+Pt[2]+Pt[3]+Pt[4])/5;
    tmp = Pt[5];
    // <Y-Position Read>
    // TSPX(GPE4_Q4(-)) TSPY(GPE5_Q3(+)) TSMY(GPE6_Q2(-)) TSMX(GPE7_Q1(+))
    //        1                0               0                1
    rPDATE = 0x98;
    rADCCON = 0x0<<2;                       // AIN0
    DelayTime(1000);                        // delay to set up the next channel
    for( i = 0; i<5; i++ )
    {
        rADCCON |= 0x1;                     // Start Y-position conversion
        while( rADCCON & 0x1 );            // Check if Enable_start is low
        while( !(rADCCON & 0x40) );        // Check ECFLG
        Pt[i] = (0x3ff&rADCDAT);
    }
    // read Y-position average value
    Pt[5] = (Pt[0]+Pt[1]+Pt[2]+Pt[3]+Pt[4])/5;
    if(!(CheckTSP|(tmp < Xmin)|(tmp > Xmax)|(Pt[5] < Ymin)|(Pt[5] > Ymax)))    // Is valid value?
    {
    tmp = 320*(tmp - Xmin)/(Xmax - Xmin);       // X - position
    Uart_Printf("X-Posion[AIN1] is %04d    ", tmp);
    Pt[5] = 240*(Pt[5] - Xmin)/(Ymax - Ymin);
    Uart_Printf("    Y-Posion[AIN0] is %04d\n", Pt[5]);
    }
if(CheckTSP)
    /*----------- check to ensure Xmax Ymax Xmin Ymin ------------*/
          DesignREC(tmp,Pt[5]);
    rPDATE = 0xb8;                          // should be enabled
    while(!(tmp = rPDATG & 4));            // delay to reset
    rI_ISPC = BIT_EINT2;                    // clear pending_bit
}
```

7.16 以太网接口模块

以太网接口是嵌入式系统中的主要 I/O 接口。在开发阶段用于连接主机，完成调试信息传输和程序映像文件下载。在运行阶段，用于连接本地局域网内的其他嵌入式系统、智能设备与因特网。以太网根据传输速率可分为 10 Mb/s、100 Mb/s 与 1000 Mb/s 三类，传输介质分别为同轴电缆、双绞线与光纤。

7.16.1 以太网 MAC 与 PHY

以太网接口由 TCP/IP 协议模型中的媒体访问控制子层 MAC（Media Access Control）与物理层 PHY（Physical Layer）构成，对应 OSI 7 层参考模型中的数据链路层与物理层，如图 7.81（a）、（b）所示。媒体独立接口 MII（Media Independent Interface）为 MAC 与 PHY 之间的接口，如图 7.81（c）所示，故以太网接口 = MAC+PHY with MII。

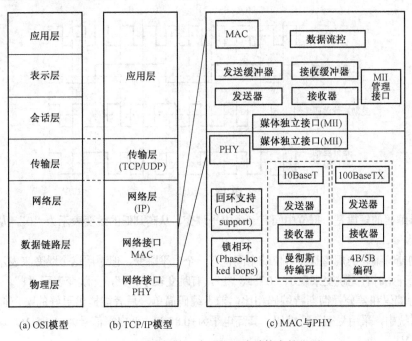

图 7.81 以太网接口在网络层次结构中的位置

MAC 由 IEEE-802.3 以太网标准定义，主要负责控制与连接物理层的物理介质。在发送数据的时候，MAC 协议可以事先判断是否可以发送数据，如果可以发送将给数据加上一些控制信息，最终将数据及控制信息以规定的格式发送到物理层；在接收数据的时候，MAC 协议首先判断输入的信息是否是以太网帧及是否发生传输错误，如果没有错误，则去掉控制信息发送至 LLC 层。

MII 是 IEEE-802.3 定义的以太网行业标准，包括一个数据接口，以及一个 MAC 和 PHY 之间的管理接口（见图 7.81（c））。数据接口包括分别用于发送器和接收器的两条独立信道。每条信道都有自己的数据、时钟和控制信号。MII 数据接口总共需要 16 个信号。管理接口是个双信号接口：一个是时钟信号，另一个是数据信号。通过管理接口，上层能监视和控制 PHY。

PHY 是物理接口收发器，它实现物理层。包括 MII/GMII（介质独立接口）子层、PCS（物理编码子层）、PMA（物理介质附加）子层、PMD（物理介质相关）子层、MDI 子层。PHY 在发送数据的时候，接收 MAC 过来的数据(对 PHY 来说,没有帧的概念,对它来说,都是数据而不管什么地址,数据还是 CRC),每 4 bit 就增加 1 bit 的检错码,然后把并行数据转化为串行流数据,再按照物理层的编码规则把数据编码,再变为模拟信号把数据送出去。收数据时的流程与此相反。

PHY 还有个重要的功能就是实现 CSMA/CD 的部分功能。它可以检测到网络上是否有数据在传送,如果有数据在传送中就等待,一旦检测到网络空闲,再等待一个随机时间后将数据送出去。如果两个碰巧同时送出了数据,那样必将造成冲突,这时候,冲突检测机构可以检测到冲突,然后各等待一个随机的时间重新发送数据。这个随机时间很有讲究的,并不是一个常数,在不同的时刻计算出来的随机时间都是不同的,而且有多重算法来应付出现概率很低的第二次冲突。

1. 传输编码

在 IEEE-802.3 版本的标准中,没有采用直接的二进制编码(即用 0 V 表示"0",用 5 V 表示"1"),而是采用曼彻斯特编码(Manchester Encoding)或者差分曼彻斯特编码(Differential Manchester Encoding),不同编码形式如图 7.82 所示。

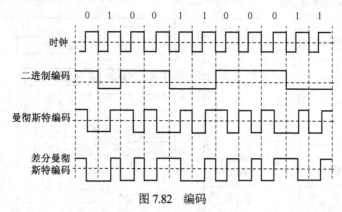

图 7.82　编码

曼彻斯特编码的规律是:每位中间有一个电平跳变,从高到低的跳变表示为"0",从低到高的跳变表示为"1"。

差分曼彻斯特编码的规律是:每位的中间也有一个电平跳变,但不用这个跳变来表示数据,而是利用每个码元开始时有无跳变来表示"0"或"1",有跳变表示"0",无跳变表示"1"。

曼彻斯特编码和差分曼彻斯特编码相比,前者编码简单,后者能提供更好的噪声抑制性能。在 IEEE-802.3 系统中,采用曼彻斯特编码,其高电平为+0.85 V,低电平信号为-0.85 V,这样指令信号电压仍然是 0 V。

2. 802.3Mac 层的帧结构

802.3 Mac 层的以太网的物理传输帧如表 7.76 所示。

表 7.76　802.3 帧的格式

PR	SD	DA	SA	TYPE	DATA	PAD	FCS
56 位	8 位	48 位	48 位	16 位	不超过 1500 字节	可选	32 位

表中各列的意义如下:

PR:同步位,用于收发双方的时钟同步,同时也指明了传输的速率,是 56 位的二进制数 101010101010…,最后 2 位是 10。

SD：分隔位，表示下面跟着的是真正的数据而不是同步时钟，为 8 位的 10101011。

DA：目的地址，以太网的地址为 48 位(6 字节)二进制地址，表明该帧传输给哪个网卡。如果为 FFFFFFFFFFFF，则是广播地址。广播地址的数据可以被任何网卡接收到。通常的以太网卡可以接收 3 种地址的数据，一个是广播地址，一个是多播地址(或者叫组播地址，在嵌入式系统中很少用到)，一个是它自己的地址。但当用于网络分析和监控时，网卡也可以设置为接收任何数据包。任何两个网卡的物理地址都是不一样的，是世界上唯一的，网卡地址由专门机构分配。不同厂家使用不同地址段，同一厂家的任何两个网卡的地址也是唯一的。根据网卡的地址段(网卡地址的前 3 字节)可以知道网卡的生产厂家。

SA：源地址，48 位，表明该帧的数据是哪个网卡发的，即发送端的网卡地址，同样是 6 字节。

TYPE：类型字段，表明该帧的数据是什么类型的数据，不同协议的类型字段不同。如：0800H 表示数据为 IP 包，0806H 表示数据为 ARP 包，814CH 为 SNMP 包，8137H 为 IPX/SPX 包。小于 0600H 的值是用于 IEEE802 的，表示数据包的长度。

DATA：数据段，该段数据不能超过 1500B。因为以太网规定整个传输包的最大长度不能超过 1514 B(14 B 为 DA，SA，TYPE)。

PAD：填充位。由于以太网帧传输的数据包最小不能小于 60 B，除去(DA、SA、TYPE 的 14 B)，还必须传输 46 B 的数据，当数据段的数据不足 46 B 时，后面通常是补 0(也可以补其他值)。

FCS：32 位数据校验位。32 位的 CRC 校验，该校验由网卡自动计算，自动生成，自动校验，自动在数据段后面填入，不需要软件管理。

通常，PR、SD、PAD、FCS 这几个数据段都是网卡(包括物理层和 Mac 层的处理)自动产生的，剩下的 DA、SA、TYPE、DATA 这 4 个段的内容是由上层的软件控制的。

7.16.2 以太网中的 TCP/IP 协议

TCP/IP 是一个分层的协议族，由应用层、传输层、网络层、数据链路层与物理层组成。每一层实现一个明确的功能，对应一个或者几个传输协议。每层相对于它的下层都作为一个独立的数据包来实现。典型的分层和每层上的协议如表 7.77 所示。

表 7.77 TCP/IP 协议族的典型分层和协议

分层	每层上的协议
应用层(Application)	BSD 套接字(BSD Sockets)
传输层(Transport)	TCP、UDP
网络层(Network)	IP、ARP、ICMP、IGMP
数据链路层(Data Link)	IEEE802.3 Ethernet MAC
物理层(Physical)	

(1) ARP(Address Resolation Protocol，地址解析协议)

网络层用 32 位的地址来标识不同的主机(即 IP 地址)，而链路层使用 48 位的物理(MAC)地址来标识不同的以太网或令牌环网接口。只知道目的主机的 IP 地址并不能发送数据帧给它，必须知道目的主机网络接口的物理地址才能发送数据帧。

ARP 的功能就是实现从 IP 地址到对应物理地址的转换。源主机发送一份包含目的主机 IP 地址的 ARP 请求数据帧给网上的每个主机，称做 ARP 广播，目的主机的 ARP 收到这份广播报文后，识别出这是发送端在询问它的 IP 地址，于是发送一个包含目的主机 IP 地址及对应的物理地址的 ARP 回答给源主机。

为了加快 ARP 协议解析的数据，每台主机上都有一个 ARP cache 存放最近的 IP 地址到硬件地址之间的映射记录。其中每一项的生存时间一般为 20 分钟,这样当在 ARP 的生存时间之内连续进行 ARP 解析的时候，不需要反复发送 ARP 请求了。

(2) ICMP(Internet Control Messages Protocol，网络控制报文协议)

ICMP 是网络层的附属协议，网络层用它来与其他主机或路由器交换错误报文和其他重要控制信息。ICMP 报文是在 IP 数据包内部被传输的。在 Linux 或者 Windows 中,两个常用的网络诊断工具 ping 和 traceroute(Windows 下是 Tracert),其实就是 ICMP 协议。

(3) IP(Internet Protocol,网际协议)

IP 是 TCP/IP 协议族中最为核心的协议。所有的 TCP、UDP、ICMP 及 IGMP 数据都以 IP 数据包格式传输(IP 封装在 IP 数据包中)。IP 数据包最长可达 65535 字节,其中报头占 32 位。还包含各 32 位的源 IP 地址和 32 位的目的 IP 地址。

TTL(time-to-live,生存时间字段)指定了 IP 数据包的生存时间(数据包可以经过的最多路由器数)。TTL 的初始值由源主机设置,一旦经过一个处理它的路由器,它的值就减去 1。当该字段的值为 0 时,数据包就被丢弃,并发送 ICMP 报文通知源主机重发。

IP 提供不可靠、无连接的数据包传送服务。不可靠的意思是它不能保证 IP 数据包能成功地到达目的地,如果发生某种错误,IP 有一个简单的错误处理算法:丢弃该数据包,然后发送 ICMP 消息报给信源端。无连接的意思是 IP 并不维护任何关于后续数据包的状态信息,每个数据包的处理是相互独立的。IP 数据包可以不按发送顺序接收,如果一信源向相同的信宿发送两个连续的数据包(先是 A,然后是 B),每个数据包都是独立地进行路由选择,可能选择不同的路线,因此 B 可能在 A 到达之前先到达。

IP 的路由选择:源主机 IP 接收本地 TCP、UDP、ICMP、GMP 的数据,生成 IP 数据包,如果目的主机与源主机在同一个共享网络上,那么 IP 数据包就直接送到目的主机上。否则就把数据包发往一默认的路由器上,由路由器来转发该数据包。最终经过数次转发到达目的主机。IP 路由选择是逐跳(hop-by-hop)进行的。所有的 IP 路由选择只为数据包传输提供下一站路由器的 IP 地址。

(4) TCP(Transfer Control Protocol,传输控制协议)

TCP 协议是一个面向连接的可靠的传输层协议。TCP 为两台主机提供高可靠性的端到端数据通信,它所做的工作包括:

① 发送方把应用程序交给它的数据分成合适的小块,并添加附加信息(TCP 头),包括顺序号,源、目的端口,控制、纠错信息等字段,称为 TCP 数据包。并将 TCP 数据包交给下面的网络层处理。

② 接受方确认接收到的 TCP 数据包,重组并将数据送往高层。

(5) UDP(User Datagram Protocol,用户数据包协议)

UDP 协议是一种无连接不可靠的传输层协议。它只是把应用程序传来的数据加上 UDP 头(包括端口号、段长等字段),作为 UDP 数据包发送出去,但是并不保证它们能到达目的地。因为协议开销少,和 TCP 协议相比,UDP 更适用于应用在低端的嵌入式领域中。很多场合如网络管理 SNMP、域名解析 DNS、简单文件传输协议 TFTP,大都使用 UDP 协议。

(6) 端口

TCP 和 UDP 采用 16 位的端口号来识别上层的 TCP 用户,即上层应用协议,如 FTP 和 TELNET 等。常见的 TCP/IP 服务都用众所周知的 1~255 之间的端口号。例如,FTP 服务的 TCP 端口号都是 21,Telnet 服务的 TCP 端口号都是 23。TFTP(简单文件传输协议)服务的 UDP 端口号都是 69。256~1023 之间的端口号通常都是提供一些特定的 UNIX 服务。TCP/IP 临时端口分配 1024~5000 之间的端口号。

(7) 网络编程接口

BSD 套接字(BSD Sockets)是使用最为广泛的网络程序编程方法,主要用于应用程序的编写,用于网络上主机与主机之间的相互通信。很多操作系统都支持 BSD 套接字编程,例如,UNIX、Linux、VxWorks、Windows 等。Windows 的 Winsock 基本上也来自 BSD Sockets。套接字(Sockets)分为 Stream

Sockets 和 Data Sockets。Stream Sockets 是可靠的双向数据传输，使用 TCP 协议传输数据；Data Sockets 是不可靠连接，使用 UDP 协议传输数据。

下面给出一个使用套接字接口的 UDP 通信的流程。

UDP 服务器端和一个 UDP 客户端通信的程序过程如下：

① 创建一个 Socket：

   sFd = socket(AF_INET, SOCK_DGRAM, 0)

② 把 Socket 和本机的 IP、UDP 口绑定：

   bind (sFd, (struct sockaddr*) & serverAddr, sockAddrSize)

③ 循环等待，接收(recvfrom)或者发送(sendfrom)信息。

④ 关闭 Socket，通信终止：

   close(sFd)

7.16.3　以太网接口电路设计

以太网接口可通过以太网接口控制器挂接到总线或 I/O 上。对于带有以太网控制器的微处理器，实现以太网接口比较容易，对于没有带有以太网控制器的微处理器，需要外接一个以太网控制器芯片，作为以太网接口控制器。S3C44B0X 没有带以太网控制器，需要外接一个以太网控制器芯片，如图 6.5 所示。以太网控制器芯片有 CS8900、RTL8019/8029/8039 与 DM9000 等，本实例中选择 DM9000。

DM9000 是一款集成了 PHY 和 MAC 的快速以太网控制器，内含 4K DWORD 的 SRAM，支持 8 位、16 位和 32 位接口访问。

DM9000 封装为 100LGFP，为节省篇幅，本节主要介绍 DM9000 与微处理器的接口引脚，如表 7.78 所示。

表 7.78　DM9000 与微处理器接口引脚描述

引脚号	引脚名	处理器总线信号	I/O	描述
1	IOR#	nRD	I	处理器读命令
2	IOW#	nWR	I	处理器写命令
3	AEN#	nAEN/nCS	I	地址使能
4	IOWAIT	nWAIT	O	等待命令
14	RST	RESET	I	复位
6,7,8,9,10,11,12,13,89,8 8,87,86,85,84,83,82	SD0~15	SD0~15	I/O	数据总线 0~15
93,94,95, 96,97,98	SA4~9	SA4~9	I	地址总线，用于选择 DM9000 IO 基地址。若 SA9,SA8 连接到 VCC，SA7~SA4 连接到 GND，则 DM9000 地址 = nCS + 0x300
92	CMD	SA2	I	访问类型，高电平访问数据端口，低电平访问地址端口 ADDR_PORT = nCS + 0x300~0x370 DATA_PORT = nCS + 0x300~0x370 + 0x4
91	IO16	nIO16	O	字命令标志，默认低电平有效 当访问外部数据存储器是字或双字宽度时，被置位
100	INT	INT	O	中断请求信号 高电平有效，极性能修改
56,53,52,51 5049,47,46 45,4443,41 40,39,38,37	SD16~31	SD16~SD31	I/O	双字模式下，高 16 位数据引脚
57	IO32#	N/A	O	双字命令标志，默认低电平有效

DM9000 数据宽度可为 8/16/32 bit，由引脚 WAKEUP 与 EEDO 的电平决定，如表 7.79 所示。

据表 7.77，可得 DM9000 与 S3C44B0X 的连接电路如图 7.83 所示。图中 HR911103A 为带隔离变压器的 RJ45 连接器，74LV138 为 3-8 译码器。nGCS1 接 74LV138 的片选 S3，用 74LV138 的输出 Y7（CS7）接 DM9000 的地址使能引脚 AEN，CS7 的地址为 0x02180000，图 7.84 给出了详细计算方法。由于 SA9 与 SA8 连接到 VCC，SA7~SA4 连接到 GND，故 DM9000 的基地址 = 0x2180300。

表 7.79　数据总线宽度

WAKEUP	EEDO	数据宽度
0	0	16-bit
0	1	32-bit
1	0	8-bit
1	1	Reserved

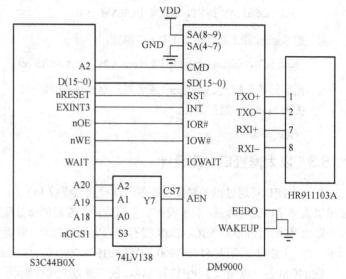

图 7.83　以太网接口电路框图

	A_{20}	$A_{19}A_{18}A_{17}A_{16}$	$A_{15}A_{14}A_{13}A_{12}$	$A_{11}A_{10}A_9A_8$	$A_7A_6A_5A_4$	$A_3A_2A_1$
0x02000000	0	0	0	0	0	0
0x02180000	1	1 0 0 0	0	0	0	0

图 7.84　CS7 基地址计算

7.16.4　以太网接口驱动程序设计

以太网接口驱动程序包括初始化程序、发送数据包程序与接收数据包程序，均需要对 DM9000 的寄存器进行操作。DM9000 的寄存器列表如表 7.80 所示，为节省篇幅，本节只对驱动程序中用到的寄存器做进一步介绍。

表 7.80　DM9000 寄存器列表

寄存器名称	寄存器说明	位置	复位值
NCR	网络控制寄存器（Network Control Register）	00h	00h
NSR	网络状态寄存器（Network Status Register）	01h	00h
TCR	发送控制寄存器（TX Control Register）	02h	00h
TSR I	数据包指针 1 发送状态寄存器 1（TX Status Register I）	03h	00h

（续表）

寄存器名称	寄存器说明	位置	复位值
TSR II	数据包指针 2 发送状态寄存器 2（TX Status Register I）	04h	00h
RCR	接收控制寄存器（RX Control Register）	05h	00h
RSR	接收状态寄存器（RX Status Register）	06h	00h
ROCR	接收溢出计数寄存器（Receive Overflow Counter Register）	07h	00h
BPTR	背压门限寄存器（Back Pressure Threshold Register Back Pressure）	08h	37h
FCTR	流量控制门限寄存器（Flow Control Threshold Register）	09h	38h
FCR	接收流量控制寄存器（Flow Control Register）	0Ah	00h
EPCR	EEPROM & PHY 控制寄存器	0Bh	00h
EPAR	EEPROM & PHY 地址寄存器	0Ch	40h
EPDRL	EEPROM & PHY 低字节数据寄存器	0Dh	XXh
EPDRH	EEPROM & PHY 高字节数据寄存器	0Eh	XXh
WCR	唤醒控制寄存器（Wake Up Control Register）	0Fh	00h
PAR	物理地址寄存器（Physical Address Register MAC）	10h~15h	
MAR	多播地址寄存器（Multicast Address Register）	16h~1Dh	XXh
GPCR	GPIO 控制寄存器（General Purpose Control Register）	1Eh	01h
GPR	GPIO 数据寄存器（General Purpose Register）	1Fh	XXh
TRPAL	发送 SRAM 读指针地址低半字节（TX SRAM Read Pointer Address Low Byte）	22h	00h
TRPAH	发送 SRAM 读指针地址高半字节（TX SRAM Read Pointer Address High Byte）	23h	00h
RWPAL	接收 SRAM 指针地址低半字节（RX SRAM Write Pointer Address Low Byte）	24h	04h
RWPAH	接收 SRAM 指针地址高半字节（RX SRAM Write Pointer Address High Byte）	25h	0Ch
VID	供货商序列号（Vendor ID）	28h~29h	0A46h
PID	产品序列号（Product ID）	2Ah~2Bh	9000h
CHIPR	芯片修订版本（CHIP Revision IC）	2Ch	00h
TCR2	传输控制寄存器 2（TX Control Register 2）	2Dh	00h
ETXCSR	传输前控制、状态寄存器（Early Transmit Control/Status Register）	30h	00h
TCSCR	传输校验和控制寄存器（Transmit Check Sum Control Register）	31h	00h
RCSCSR	接收校验和控制状态寄存器（Receive Check Sum Control Status Register）	32h	00h
MRCMDX	读取位置不变的存储器读取控制寄存器（Memory Data Read Command Without AddressIncrement Register）	F0h	XXh
MRCMD	读取位置改变的存储器读取控制寄存器（Memory Data Read Command With AddressIncrement Register）	F2h	XXh
MRRL	存储器读地址寄存器低半字节（Memory Data Read_ address Register Low Byte）	F4h	00h
MRRH	存储器读地址寄存器高半字节（Memory Data Read_ address Register High Byte）	F5h	00h
MWCMDX	写入位置不变的存储器写入控制寄存器（Memory Data Write Command Without Address Increment Register）	F6h	XXh
MWCMD	写入位置改变的存储器写入控制寄存器（Memory Data Write Command With Address Increment Register）	8h	XXh
MWRL	存储器写地址寄存器低半字节（Memory Data Write_ address Register Low Byte）	FAh	00h
MWRH	存储器写地址寄存器高半字节（Memory Data Write _ address Register High Byte）	FBh	00h
TXPLL	发送数据包长度寄存器低半字节（TX Packet Length Low Byte Register）	FCh	XXh
TXPLH	发送数据包长度寄存器高半字节（TX Packet Length High Byte Register）	FDh	XXh
ISR	中断状态寄存器（Interrupt Status Register）	FEh	00h
IMR	中断屏蔽寄存器（Interrupt Mask Register）	FFh	00h

1. DM9000 的寄存器

表 7.81~表 7.109 对驱动程序中用到的寄存器做进一步介绍。

表 7.81　NCR（00h）网络控制寄存器（Network Control Register）

Bit	名称	默认值	说明
7	EXT_PHY	0,RO 不使用	1 = 选择外部 PHY　　0 = 选择内部 PHY 不受软件复位影响
6	WAKEEN	0,RW/NC	唤醒功能使能 1 = 启动唤醒功能　0 = 不使用唤醒功能
5	RESERVED	0,RO	不使用
4	FCOL	0,RW	1 = 强制冲突模式，用于用户测试
3	FDX	0,RW	全双工模式，内部 PHY 模式下只读，外部 PHY 下可读/写 1 = 全双工模式　　　0 = 半双工模式
2:1	LBK	00,RW	回环模式 00 = 正常模式　　01 = MAC 内部回环模式 10 = 内部 PHY 100M 模式数字回环 11 = 保留
0	RST	0,RW	1 = 软件复位，10 μs 后自动清零

表 7.82　NSR（01H）网络状态寄存器（Network Status Register）

Bit	名称	默认值	说明
7	SPEED	0,RO	媒介速度，在内部 PHY 模式下时 0 = 100 Mb/s　1 = 10 Mb/s 当 LINKST = 0 时，此位不用
6	LINKST	0,RO	连接状态，在内部 PHY 模式下时 0 = 连接失败　　　1 = 已连接
5	WAKEST	0,RW/C1/ NC	唤醒事件状态 读或写 1 将清零该位。不受软件复位影响
4	保留	0,RO	
3	TX2END	0,RW/C1	TX（发送）数据包 2 完成标志。读或写 1 将清零该位 1 = 传输完成　　　0 = 传输未完成
2	TX1END	0,RW/C1	TX（发送）数据包 1 完成标志。读或写 1 将清零该位 1 = 传输完成　　　0 = 传输未完成
1	RXOV	0,RO	RX（接收）内存溢出标志 1 = 数据已溢出　　0 = 数据尚未溢出
0	保留		

表 7.83　TCR（02h）发送控制寄存器（TX Control Register）

Bit	名称	默认值	说明
7	RESERVED	0,RO	不使用
6	TJDIS	0,RW	是否传送 Jabber 封包（> 2048 bytes 封包） 1 = 不传送 Jabber 封包 0 = 可传送 Jabber 封包
5	EXCECM	0,RW	连续碰撞模式控制（若连续接收到"碰撞封包"超过 15 次） 1 = 保持现在传送的封包 0 = 放弃现在传送的封包
4	PAD_DIS2	0,RW	传送 2 封包内容不足 60 bytes 自动填满 1 = 不自动填满　　　0 = 自动填满
3	CRC_DIS2	0,RW	传送 2 封包在最后加上 4 bytes CRC 检查码 1 = 不自动加上 CRC　　0 = 自动加上 CRC
2	PAD_DIS1	0,RW	传送 1 封包内容不足 60 bytes 自动填满 1 = 不自动填满　　　0 = 自动填满
1	CRC_DIS1	0,RW	传送 1 封包在最后加上 4 bytes CRC 检查码 1 = 不自动加上 CRC　　0 = 自动加上 CRC
0	TXREQ	0,RW	传送请求。在传送完成之后，会自动清除为 0 1 = 开始进行传送 0 = 现不进行传送

表 7.84　TSR I (03h) 数据包指针 1 发送状态寄存器 1 (TX Status Register 1)

Bit	名称	默认值	说明
7	TJTO	0,RO	传送 Jabber 封包（> 2048 bytes）超时 0 = Jabber 封包　　　　1 ≤ 2048 bytes 封包
6	LOC	0,RO	载波信息丢失(在内部回环模式无效) 1 = 传送过程中载波信息丢失 0 = 传送过程连接正常
5	NC	0,RO	连接失败（在内部回环模式下无效） 1 = 传送时连接失败　　　　0 = 传送时连接正常
4	LC	0,RO	冲突延迟 1 = 在 64 节的冲突窗后发生冲突　0 = 传送过程中未发生冲突
3	COL	0,RO	数据包冲突 1 = 传送过程中发生中突　0 = 传送过程中无冲突
2	EC	0,RO	额外冲突 1 = 发生了第 16 次冲突(即额外冲突)后，传送被终止 0 = 传送过程中无冲突
1:0	RESERVED	0,RO	不使用

表 7.85　TSR II (04h) 数据包指针 2 发送状态寄存器 2 (TX Status Register 2)

Bit	名称	默认值	说明
7	TJTO	0,RO	传送 Jabber 封包（> 2048 bytes）超时 0 = Jabber 封包　　　　1 = 小于 2048 bytes 封包
6	LOC	0,RO	载波信息丢失(在内部回环模式无效) 1 = 传送过程中载波信息丢失 0 = 传送过程连接正常
5	NC	0,RO	连接失败（在内部回环模式下无效） 1 = 传送时连接失败　　　　0 = 传送时连接正常
4	LC	0,RO	冲突延迟 1 = 在 64 节的冲突窗后发生冲突　0 = 传送过程中未发生冲突
3	COL	0,RO	数据包冲突 1 = 传送过程中发生中突　0 = 传送过程中无冲突
2	EC	0,RO	额外冲突 1 = 发生了第 16 次冲突(即额外冲突)后，传送被终止 0 = 传送过程中无冲突
1:0	RESERVED	0,RO	不使用

表 7.86　RCR (05h) 接收控制寄存器 (RX Control Register)

Bit	名称	默认值	说明
7	RESERVED	0,RO	
6	WTDIS	0,RW	看门狗定时器禁止 1 = 禁止　　　　0 = 使能
5	DIS LONG	0,RW	丢弃长数据包(> 1522 bytes 封包) 1 = 不接收超长封包　　　　0 = 可接收超长封包
4	DIS_CRC	0,RW	不接收 CRC 错误封包 1 = 不接收 CRC 错误封包　　0 = 可接收 CRC 错误封包
3	ALL	0,RW	忽略所有多点传送（Multicast） 1 = 忽略所有多点传送　　0 = 依 MAR 设定接收
2	RUNT	0,RW	忽略不完整的数据包 1 = 忽略不完整的数据包　　0 = 接收不完整的数据包
1	PRMSC	0,RW	混杂模式（Promiscuous Mode） 1 = 接收所有位置封包　　0 = 只接收 PAR，MAR 设定封包
0	RXEN	0,RW	接收使能 1 = 接收封包　　　　0 = 停止接收封包

表 7.87　RSR（06h）接收状态寄存器（RX Status Register）

Bit	名称	默认值	说明
7	RF	0,RO	接收超短封包（＜64 bytes 封包） 1＝接收到超短封包　　0＝无接收到超短封包
6	MF	0,RO	接收 Multicast 封包 1＝收到 Multicast 封包　　0＝无收到 Multicast 封包
5	LCS	0,RO	在接收 64 字节数据之后，接收到碰撞封包（此为错误的状态） 1＝传送过时时收到　　0＝传送过程无收到
4	RWTO	0,RO	接收封包 ＞2048 bytes，启动看门狗 1＝收到>2048 bytes 包　　0＝无收到>2048 bytes 包
3	PLE	0,RO	接收到物理层错误（尚未到达 CRC 检查就错误了） 1＝有错误　　　　　0＝无错误
2	AE	0,RO	接收到对齐（Alignment）错误包 1＝收到对齐错误包　　0＝未收到对齐错误包
1	CE	0,RO	接收 CRC 错误封包 1＝收到 CRC 错误封包　　0＝未收到 CRC 错误封包
0	FOE	0,RO	接收内存溢出 1＝内存已溢出　　　　0＝内存尚未溢出

表 7.88　ROCR（07H）接收溢出计数寄存器（Receive Overflow Counter Register）

Bit	名称	默认值	说明
7	RXFU	0,RO/C	接收溢出计数溢出 1＝计数超过最大值　　0＝计数尚未超过最大值
6:0	ROC	0,RO/C	接收溢出计数器 在每一次接收溢出时会将其值累计增加

表 7.89　BPTR（08h）背压门限寄存器（Back Pressure Threshold Register）

Bit	名称	默认值	说明
7:4	BPHW	3H, RW	背压门限最高值。当接收 SRAM 空闲空间低于该门限值时，MAC 将产生一个拥挤状态。1＝1 KB，默认值为 3H，即 3 KB 空闲空间。不能超过 SRAM 大小
3:0	JPT	7H, RW	J 拥挤状态时间，默认值为 200 μs 0000＝5 μs　　　　0001＝10 μs　　　　0010＝15 μs　　　　0011＝25 μs 0100＝50 μs　　　0101＝100 μs　　　0110＝150 μs　　　0111＝200 μs 1000＝250 μs　　1001＝300 μs　　　1010＝350 μs　　　1011＝400 μs 1100＝450 μs　　1101＝500 μs　　　1110＝550 μs　　　1111＝600 μs

表 7.90　FCTR（09h）溢出控制门限寄存器（Flow Control Threshold Register）

Bit	名称	默认值	说明
7:4	HWOT	3H,RW	接收 FIFO 缓存溢出门限最高值。当接收 SRAM 空闲空间小于该门限值，则发送一个暂停时间（pause_time）为 FFFFH 的暂停包。若该值为 0，则无接收空闲空间。1＝1 KB。默认值为 3H，即 3 KB 空闲空间。不能超过 SRAM 大小
3:0	LWOT	8H,RW	接收 FIFO 缓存溢出门限最低值。当接收 SRAM 空闲空间大于该门限值，则发送一个暂停时间（pause_time）为 0000H 的暂停包。当溢出门限最高值的暂停包发送之后，溢出门限最低值的暂停包才有效。默认值为 8 KB。不要超过 SRAM 大小

表 7.91　FCR（0Ah）接收/发送溢出控制寄存器（RX/TX Flow Control Register）

Bit	名称	默认值	说明
7	TXP0	0,RW	1 = 发送暂停包。发送完成后自动清零，并设置 TX 暂停包时间为 0000H
6	TXPF	0,RW	1 = 发送暂停包。发送完成后自动清零，并设置 TX 暂停包时间为 FFFFH
5	TXPEN	0,RW	强制发送暂停包使能。按溢出门限最高值使能发送暂停包
4	BKPA	0,RW	背压模式。该模式仅在半双工模式下有效。当接收 SRAM 超过 BPHW 并且接收新数据包时，产生一个拥挤状态
3	BKPM	0,RW	背压模式。该模式仅在半双工模式下有效。当接收 SRAM 超过 BPHW 并数据包 DA 匹配时，产生一个拥挤状态
2	RXPS	0,RO/C	接收暂停包状态
1	RXPCS	0,RO	接收暂停包当前状态
0	FLCE	0,RW	溢出控制使能 1 = 设置使能溢出控制模式

表 7.92　PAR（10~15h）物理地址（MAC）寄存器（Physical Address Register）

Bit	名称	默认值	说明
7:0	PAB5	X,RW	MAC 位置 Byte 5 (15h)
7:0	PAB4	X,RW	MAC 位置 Byte 4 (14h)
7:0	PAB3	X,RW	MAC 位置 Byte 3 (13h)
7:0	PAB2	X,RW	MAC 位置 Byte 2 (12h)
7:0	PAB1	X,RW	MAC 位置 Byte 1 (11h)
7:0	PAB0	X,RW	MAC 位置 Byte 0 (10h)

注：在 DM9000A 电源启动时，会自动读取一次 EEPROM，并将最前面 6 个 Byte 值填入 10h~15h。

例如：EEPROM 内的值为 "60 00 90 6e 01 00 …… …… …… …… ."

此时 10h = "00"，11h = "60"，12h = "6e"，13h = "90"，14h = "00"，15h = "01"

表 7.93　MAR（16~1Dh）多点发送地址寄存器（Multicast Address Register）

Bit	名称	默认值	说明
7:0	MAB7	X,RW	Multicast 设置 Byte 7 (1Dh)
7:0	MAB6	X,RW	Multicast 设置 Byte 6 (1Ch)
7:0	MAB5	X,RW	Multicast 设置 Byte 5 (1Bh)
7:0	MAB4	X,RW	Multicast 设置 Byte 4 (1Ah)
7:0	MAB3	X,RW	Multicast 设置 Byte 3 (19h)
7:0	MAB2	X,RW	Multicast 设置 Byte 2 (18h)
7:0	MAB1	X,RW	Multicast 设置 Byte 1 (17h)
7:0	MAB0	X,RW	Multicast 设置 Byte 0 (16h)

注：MAC Multicast 位置 01-00-00-00-00-00 ~ FF-FF-FF-FF-FF-FF 共 137,470,998,445,313 个 MAC

位置（MAC 位置第一个 byte 最小 bit 若为 1 就为 Multicast 位置，所以第一个 byte 为奇数就为 Multicast 位置。这边需要将所要设置的 Multicast 位置进行 CRC-32 运算，并且运算之后转换成 Hash_Table 的方式填入 MAR 中。

表 7.94　GPCR（1Eh）GPIO 控制寄存器（General Purpose Control Register）

Bit	名称	默认值	说明
7:4	RESERVED	0,RO	不使用
6	GEC6	1,RO	GP6 pin25 固定输出端口
5	GEC5	1,RO	GP5 pin26 固定输出端口
4	GEC4	1,RO	GP4 pin27 固定输出端口
3	GEC3	0,RW	GP3 pin28 输出/输入端口设置 1 = 为输出口　0 = 为输入口
2	GEC2	0,RW	GP2 pin29 输出/输入端口设置 1 = 为输出口　0 = 为输入口
1	GEC	1 0,RW	GP1 pin31 输出/输入端口设置 1 = 为输出口　0 = 为输入口
0	RESERVED	1,RO	不使用

表 7.95　GPR（1Fh）GPIO 寄存器（General Purpose Register）

Bit	名称	默认值	说明
7	RESERVED	0,RO	不使用
6	GEPIO6	0,RW	GP6 pin25 输出/输入信息 1 = pin 25 输出高电位 0 = pin 25 输出低电位
5	GEPIO5	0,RW	GP5 pin26 输出/输入信息 1 = pin 26 输出高电位 0 = pin 26 输出低电位
4	GEPIO4	0,RW	GP4 pin27 输出/输入信息 1 = pin 27 输出高电位 0 = pin 27 输出低电位
3	GEPIO3	0,RW	GP3 pin28 输出/输入信息若 GPCR 1Eh bit 3（GEC3）为 1 时 1 = pin 28 输出高电位 0 = pin 28 输出低电位 若 GPCR 1Eh bit 3（GEC3）为 0 时 1 = pin 28 收到高电位 0 = pin 28 收到低电位
2	GEPIO2	0,RW	GP2 pin29 输出/输入信息若 GPCR 1Eh bit 2（GEC2）为 1 时 1 = pin 29 输出高电位 0 = pin 29 输出低电位 若 GPCR 1Eh bit 2（GEC2）为 0 时 1 = pin 29 收到高电位 0 = pin 29 收到低电位
1	GEPIO1	0,RW	GP1 pin31 输出/输入信息若 GPCR 1Eh bit 1（GEC1）为 1 时 1 = pin 31 输出高电位 0 = pin 31 输出低电位 若 GPCR 1Eh bit 1（GEC1）为 0 时 1 = pin 31 收到高电位 0 = pin 31 收到低电位
0	PHYPD	X,RW	内置 PHY 电源开关 1 = 内部 PHY 电源关闭 0 = 内部 PHY 电源开启（PHYPD 可从 EEPROM 中第 7 word bit 8 设置，若未设置默认值为 1）

表 7.96　VID（28~29h）生产厂家序列号（Vendor ID）

Bit	名称	默认值	说明
7:0	VIDL	XXH,RO	厂商 ID 号 Low Byte（28h）
7:0	VIDH	XXH.RO	厂商 ID 号 High Byte（29h）

注：VID 可从 EEPROM 中第 4 word 设置，若未设置默认值为 VIDL = "46"，VIDH = "0A"。

表 7.97　PID（2A~2Bh）产品序列号（Product ID）

Bit	名称	默认值	说明
7:0	PIDL	XXH,RO	产品 ID 号 Low Byte（2Ah）
7:0	PIDH	XXH.RO	产品 ID 号 High Byte（2Bh）

注：VID 可从 EEPROM 中第 5 word 设置，若未设置默认值为 PIDL = "00"，PIDH = "90"。

表 7.98　CHIPR（2Ch）芯片修订版本（CHIP Revision）

Bit	名称	默认值	说明
7:0	CHIPR	18H,RO	IC 版本号

表 7.99　TCR2（2Dh）传输控制寄存器 2（TX Control Register 2）

Bit	名称	Type	说明
7	LED	0,RW	设置 LED 模式 1 = 设置为模式 1　　0 = 设置为模式 0（LED 可从 EEPROM 中第 7 word bit 2 设置，若未设置默认值为 0）
6	RLCP	0,RW	1 = 重新发送有冲突延迟的数据包
5	DTU	0,RW	1 = 禁止重新发送"underruned"数据包
4	ONEPM	0,RW	单包模式 1 = 发送完成前发送一个数据包的命令能被执行 0 = 发送完成前发送两个以上数据包的命令能被执行
3:0	IFGS	0,RO	帧间间隔设置 0XXX = 96 bit 1000 = 64 bit 1001 = 72 bit 1010 = 80 bit 1011 = 88 bit 1100 = 96 bit 1101 = 104 bit 1110 = 112 bit 1111 = 120 bit

表 7.100　SMCR（2FH）特殊模式控制寄存器（Special Mode Control Register）

Bit	名称	默认值	说明
7	SM_EN	0,RW	特殊模式使能
6:3	保留	0,RO	
2	FLC	0,RW	强制冲突延迟
1	FB1	0,RW	强制最长"Back-off"时间
0	FB0	0,RW	强制最短"Back-off"时间

表 7.101　MRCMDX（F0h）读取位置不变的存储器读取控制寄存器

Bit	名称	默认值	说明
7:0	MRCMDX	X,RO	内存读取控制，不移动内存读取位置（MRRL F4h / MRRH F5h）

表 7.102　MRCMD（F2h）读取位置改变的存储器读取控制寄存器

Bit	名称	默认值	说明
7:0	MRCMD	X,RO	内存读取控制，会依 ISR FEh bit 6~7（IOMODE）移动内存读取位置（MRRL F4h /MRRH F5h）。8-bit 累进 1 位置 16-bit 累进 2 位置

表 7.103　MRRL/H（（F4h/F5h）存储器读地址寄存器低/高半字节

Bit	名称	默认值	说明
7:0	MDRAL	00H,R/W	接收内存位置 Low Byte
7:0	MDRAH	00H,R/W	接收内存位置 High Byte

注：若是 IMR FFh bit 7（PAR）设为 1 时，只要接收内存位置大于 3FFFH，会自动将此值变成 0C00H。

表 7.104　MWCMDX（F6h）写入位置不变的存储器写入控制寄存器

Bit	名称	默认值	说明
7:0	MWCMDX	X,WO	内存读取控制，不移动内存读取位置（MWRL FAh / MWRH FBh）

表 7.105　MWCMD（F8h）写入位置改变的存储器写入控制寄存器

Bit	名称	默认值	说明
7:0	MWCMD	X,WO	内存写入控制，会依 ISR FEh bit 6~7（IOMODE）移动内存写入位置（MWRL FAh /MWRH FBh）。8-bit 累进 1 位置 16-bit 累进 2 位置

表 7.106　MWRL/ H（FAh/ FBh）存储器写地址寄存器低半字节

Bit	名称	默认值	说明
7:0	MDRAL	00H,R/W	传送内存位置 Low Byte（FAh）
7:0	MDRAH	00H,R/W	传送内存位置 High Byte（FBh）

注：若是 IMR FFh bit 7（PAR）设为 1 时，只要传送内存位置大于 0BFFH，会自动将此值变成 0000H。

表 7.107　TXPLL/H（FCh/ FDh）发送数据包长度寄存器低/高半字节

Bit	名称	默认值	说明
7:0	TXPLL	X,R/W	传送封包大小 Low Byte（FCh）
7:0	TXPLH	X,R/W	传送封包大小 High Byte（FDh）

表 7.108　ISR（FEh）中断状态寄存器（Interrupt Status Register）

Bit	名称	默认值	说明
7	IOMODE	0, RO	DM9000A 现处于 8/16 工作模式 1= 现在于 8 bit 模式　　0=0 现在于 16 bit 模式
6	RESERVED	0,RO	不使用
5	LNKCHGS	0,RW/C1	连接模式变动中断 1= 有变动中断　　0= 无连接中断
4	UDRUNS	0,RW/C1	快速传送封包模式，有传送失败中断 1= 有传送失败中断　　0= 无传送失败中断
3	ROOS	0,RW/C1	接收内存溢出计量超过最大值信息 1= 有溢出计量超过中断　0= 无溢出计量超过中断
2	ROS	0,RW/C1	接收内存溢出中断信息 1= 有溢出中断　　0= 无溢出中断
1	PTS	0,RW/C1	封包传送中断信息 1= 有传送中断　　0= 无传送中断
0	PRS	0,RW/C1	封包接收中断信息 1= 有接收中断　　0= 无接收中断

表 7.109　IMR（FFh）中断屏蔽寄存器（Interrupt Mask Register）

Bit	名称	默认值	说明
7	PAR	0,RW	启动内存读/写超过范围，自动回复到起始位置 1= 启动自动回复 0= 不启动自动回复（传送内存位置大于 0BFFH，自动将 MWRL FAh = 00h，MWRH FBh = 00h 接收内存位置大于 3FFFH，自动将 MRRL F4h = 00h，MRRH F5h = 0Ch）
6	RESERVED	0,RO	不使用
5	LNKCHGM	0,RW	启动连接模式变动中断 1= 启动　　0= 不启动
4	UDRUNM	0,RW	启动快速传送封包模式，有传送失败中断 1= 启动　　0= 不启动
3	ROOM	0,RW	启动接收内存溢出计量超过最大值中断 1= 启动　　0= 不启动
2	ROM	0,RW	启动接收内存溢出中断 1= 启动　　0= 不启动
1	PTM	0,RW	启动封包传送中断 1= 启动　　0= 不启动
0	PRM	0,RW	启动封包接收中断 1= 启动　　0= 不启动

为方便使用上述寄存器，下面通过宏定义将寄存器名称与其地址(偏移量)绑定起来。

#define NCR	0x00	#define TRPAL	0x22
#define NSR	0x01	#define TRPAH	0x23
#define TCR	0x02	#define RWPAL	0x24
#define TSR1	0x03	#define RWPAH	0x25
#define TSR2	0x04	#define VIDL	0x28
#define RCR	0x05	#define VIDH	0x29
#define RSR	0x06	#define PIDL	0x2A
#define ROCR	0x07	#define PIDH	0x2B
#define BPTR	0x08	#define CHIPR	0x2C
#define FCTR	0x09	#define SMCR	0x2F
#define FCR	0x0A	#define PHY	0x40 /* PHY address 0x01 */
#define EPCR	0x0B	#define MRCMDX	0xF0
#define EPAR	0x0C	#define MRCMD	0xF2
#define EPDRL	0x0D	#define MRRL	0xF4
#define EPDRH	0x0E	#define MRRH	0xF5
#define WCR	0x0F	#define MWCMDX	0xF6
#define PAR	0x10	#define MWCMD	0xF8
#define ISR	0xFE	#define MWRL	0xFA
#define IMR	0xFF	#define MWRH	0xFB
#define MAR	0x16	#define TXPLL	0xFC
#define GPCR	0x1e	#define TXPLH	0xFD
#define GPR	0x1f		

```
/* local MAC Address */
char mac_addr[6] = { 0x00,0x06,0x98,0x01,0x7E,0x8F };
```

2. 读、写寄存器

DM9000 用 CMD 引脚来区分地址端口与数据端口。低电平为地址端口，高电平为数据端口。本实例中用片选信号 CS7 接 DM9000 的 AEN，CS7 的基地址为 0x02180000，故芯片地址端口地址为 0x02180300，数据端口地址为 0x02180304。

定义如下 2 个宏：

```
#define ADDR_PORT (*((volatile unsigned int *) 0x02180300))
#define DATA_PORT (*((volatile unsigned int *) 0x02180304))
//向 DM9000 寄存器写数据
void dm9000_reg_write(unsigned char reg, unsigned char data)
{
    udelay(20);              // 延时 20 μs
    ADDR_PORT = reg;         // 将寄存器地址写到地址端口
    udelay(20);
    DATA_PORT = data;        // 将数据写到数据端口，即写进寄存器
}
// 从 DM9000 寄存器读数据
unsigned int dm9000_reg_read(unsigned char reg)
{
```

```
        udelay(20);                  // 延时 20 μs
        ADDR_PORT = reg;
        udelay(20);
        return DATA_PORT;            // 将数据从寄存器中读出
    }
```

3. 初始化 DM9000 网卡芯片

初始化 DM9000 网卡芯片的过程，实质上就是填写、设置 DM9000 的控制寄存器的过程，这里以程序为例进行说明。

```
// DM9000 初始化
void DM9000_init(void)
{
    dm9000_reg_write(GPCR, 0x01);// 设置 GPCR(1EH) bit[0] = 1，使 GPIO0 为输出
    dm9000_reg_write(GPR, 0x00);// GPR bit[0] = 0，使 GPIO0 输出为低以激活内部 PHY
    udelay(5000);//延时 2 ms 以上等待 PHY 上电
    dm9000_reg_write(NCR, 0x03);// 软件复位，设置 MAC 内部回环模式(looopback)
    udelay(30);// 延时 20 μs 以上等待软件复位完成
    dm9000_reg_write(NCR, 0x00);// 复位完成，设置正常工作模式
    dm9000_reg_write(NCR, 0x03);// 第二次软件复位，以确保软件复位完全成功
    udelay(30);
    dm9000_reg_write(NCR, 0x00);
    /*以上完成了 DM9000 的复位操作*/
    dm9000_reg_write(NSR, 0x2c);// 清除各种状态标志位
    dm9000_reg_write(ISR, 0x3f);// 清除所有中断标志位
    /*以上清除标志位*/
    dm9000_reg_write(RCR, 0x39);// 接收控制 RX 使能，只接收 PAR、MAR 设定包，不接收超时包，
    // 接收所有多播地址，不接收 CRC 错误包，不接收超长包
    dm9000_reg_write(TCR, 0x00);// 发送控制，关闭发送，自动加 CRC，自动填充
    dm9000_reg_write(BPTR, 0x3f);// 背压门限最高值 3 KB，拥挤状态时间 600 μs
    dm9000_reg_write(FCTR, 0x3a);// 接收 FIFO 缓存溢出门限最高值 3 KB，暂停时间
    dm9000_reg_write(FCR, 0x0);// 设置流量控制
    dm9000_reg_write(SMCR, 0x00);// 设置特殊模式
    /*以上是功能控制，具体功能可参考数据手册的介绍*/
    for(i = 0; i<6; i++)
        dm9000_reg_write(PAR + i, mac_addr[i]);// mac_addr[]为 6 字节的 MAC 地址
    /*以上存储 MAC 地址(网卡物理地址)到芯片中去，这里没有用 EEPROM，所以需要自己写进去*/
    dm9000_reg_write(NSR, 0x2c);
    dm9000_reg_write(ISR, 0x3f);
    /*为了保险，上面有清除了一次标志位*/
    dm9000_reg_write(IMR, 0x81);
    /*中断使能(或者说中断屏蔽)，即开启想要的中断，关闭不想要的，这里只开启一个接收中断*/
}
```

4. 发送、接收数据包

DM9000 共有 16 KB(0000h~3FFFh)内存，其中 3 KB(0000h~0BFFh)用于发送，13 KB(0C00h~03FFh)用于接收，如图 7.85 所示。读/写内存由 MWCMD、MRCMD 这两个寄存器来控制。MWRL、MWRH 寄

存器提供现在写入内存的位置，MRRL、MRRH 寄存器提供现在读取内存的位置。内存读取时每次移动量由工作模式决定，8 bit 模式时每次移动一个 Byte，16 bit 模式时每次移动两个 Byte。

（1）发送数据包

内存中默认有 3 KB（0000h~0BFFh）提供给传送功能使用，传送一个数据包流程如下：

① 将要传送数据包的长度，填入到 TXPLL、TXPLH 寄存器；

② 将要传送数据包的数据由 MWCMD 寄存器填入内存中；

③ 由 TCR 寄存器使 DM9000 送出数据包数据；

④ 若内存的写入位置超过 0BFFh 时，自动将下一个位置回复到 0000h。

下面为发送数据包函数。

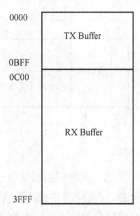

图 7.85　DM9000 内存分布

```
// 参数 datas 为要发送的数据缓冲区（以字节为单位），length 为要发送的数据长度（2 字节）
void sendpacket (unsigned char *datas, unsigned int length)
{
    unsigned int len, i;
    dm9000_reg_write (IMR, 0x80);// 先禁止网卡中断，防止在发送数据时被中断干扰
    len = length;
    dm9000_reg_write (TXPLH, (len>>8) & 0x0ff);
    dm9000_reg_write (TXPLL, len & 0x0ff);
    /*这两句是将要发送数据的长度告诉 DM9000 的寄存器*/
    ADD_PORT = MWCMD;// DMA 指针
    for (i = 0; i<len; i+ = 2) // 16 bit mode
    {
        udelay (20);
        DATA_PORT = datas[i] | (datas[i+1]<<8);
    }
    /*上面是将要发送的数据写到 DM9000 的内部 SRAM 中的写 FIFO 中*/
    /*只需要向这个寄存器中写数据即可，MWCMD 是 DM9000 内部 SRAM 的 DMA 指针，根据处理器模式，写后自动增加*/
    dm9000_reg_write (TCR, 0x01);// 启动发送操作，发送数据到以太网上
    while ((dm9000_reg_read (NSR) & 0x0c) == 0);// 等待数据发送完成
    udelay (20);
    dm9000_reg_write (NSR, 0x2c);
    // 清除状态寄存器，由于发送数据没有设置中断，因此不必处理中断标志位
    dm9000_reg_write (IMR, 0x81);// DM9000 网卡的接收中断使能
}
```

（2）接收数据包

内存中默认有 13 KB（0C00h ~ 03FFh）提供给接收功能使用。

DM9000 从网络中接到一个数据包后，会在数据包前面加上 4 字节存放一些数据包相关信息。其中，第 1 个 Byte 是数据包是否已存放在接收内存的标志，若值为"01h"，表示数据包已存放于接收内存，若为"00h"则 RX RAM 尚未有数据包存放。在读取其他 Byte 之前，必需要确定第 1 个 byte 是否为"01h"。第 2 个 Byte 则为这个数据包的一些相关信息，其格式与 RSR 寄存器的格式相同。第 3、4 个 Byte 是这个数据包的长度大小，如图 7.86 所示。

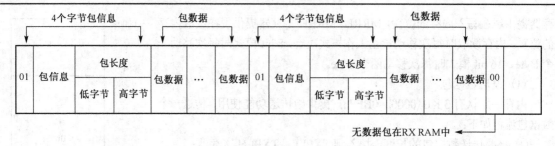

图 7.86　数据包

如果接收到的数据包长度小于 60 字节，则 DM9000 会自动为不足的字节补上 0，使其达到 60 字节。同时，在接收到的数据包后 DM9000 还会自动添加 4 个 CRC 校验字节，可以不予处理。于是，接收到的数据包的最小长度也会是 64 字节。当然，可以根据 TCP/IP 协议从首部字节中提取出有效字节数。

收接一个数据包的流程如下：

检查 MRCMDX 寄存器值是否为 01，若有则有数据包进入需读取；

读取 MRCMD 将前 4 个 Byte 数据包信息读入；

由前 4 个 Byte 数据包信息取得数据包长度（以 Byte 为单位），连续取 MRCMD 将数据包数据移到系统内存之中；

若读取位置超过 3FFFh 时，自动会移到 0C00h。

以下为接收数据包函数。

```
// 参数 datas 为接收到数据的存储位置(以字节为单位)
// 返回值：接收成功返回数据包类型，不成功返回 0
unsigned int receivepacket(unsigned char *datas)
{
    unsigned int i, tem;
    unsigned int status, len;
    unsigned char ready;
    ready = 0;      // 希望读取到 "01H"
    status = 0;     // 数据包状态
    len = 0;        // 数据包长度
    /*以上为有效数据包前的 4 个状态字节*/
    if(dm9000_reg_read(ISR) & 0x01)
    {
        dm9000_reg_write(ISR, 0x01);
    }
    /*清除接收中断标志位*/
    ready = dm9000_reg_read(MRCMDX);         // 第一次读取，一般读取到的是 00H
    if((ready & 0x0ff) != 0x01)
    {
        ready = dm9000_reg_read(MRCMDX);     // 第二次读取，总能获取到数据
        if((ready & 0x01) != 0x01)
        {
            if((ready & 0x01) != 0x00) // 若第二次读取到的不是 01H 或 00H，则表示没有初始化成功
            {
                dm9000_reg_write(IMR, 0x80); // 屏幕网卡中断
                DM9000_init();               // 重新初始化
```

```
                dm9000_reg_write(IMR, 0x81);  // 打开网卡中断
            }
            retrun 0;
        }
    }
/*以上表示若接收到的第一个字节不是"01H",则表示没有数据包,返回0*/
status = dm9000_reg_read(MRCMD);
udelay(20);
len = DATA_PORT;
if(!(status & 0xbf00) && (len < 1522))
{
    for(i = 0; i<len; i+ = 2)// 16 bit mode
    {
        udelay(20);
        tem = DATA_PORT;
        datas[i] = tem & 0x0ff;
        datas[i + 1] = (tem >> 8) & 0x0ff;
    }
}
else
{
    return 0;
}
/*以上接收数据包,注意的地方与发送数据包的地方相同*/
if(len > 1000) return 0;
if((HON(ETHBUF->type) ! = ETHTYPE_ARP) &&
    (HON(ETHBUF->type) ! = ETHTYPE_IP))
{
    return 0;
}
packet_len = len;
/*以上对接收到的数据包做一些必要的限制,去除大数据包,去除非 ARP 或 IP 的数据包*/
return HON(ETHBUF->type); // 返回数据包的类型,这里只选择是 ARP 或 IP 两种类型
}
```

7.17 USB 接口模块

USB(Universal Serial Bus)为通用串行总线,是由 Conpaq、DEC、IBM、Intel、Microsoft、NEC 和 Northern Telecom 等公司为简化 PC 与外设之间的互连而共同研究开发的一种标准接口总线,以支持各种外设与 PC 进行连接。现在生产的 PC 几乎都配备了 USB 接口,Windows、MacOS、Linux 及 FreeBSD 等流行操作系统都增加了对 USB 的支持。

目前在使用的 USB 协议有 USB1.1、USB2.0 与 USB3.0 三种,均后向兼容。USB1.1 支持的数据传输率为 12 Mb/s 和 1.5 Mb/s(用于慢速外设),USB2.0 支持的数据传速率可达 480 Mb/s,USB3.0 则达 4.8 Gb/s,是 USB2.0 的 10 倍。

在普通用户看来,USB 系统就是外设通过一根 USB 电缆和 PC 连接起来。通常把外设称为 USB 设备,把其所连接的 PC 称为 USB 主机。USB 系统非常复杂,本书只能做一个提纲挈领性的介绍。

（1）USB 基础

USB 物理系统由 USB 主机、USB 互连与 USB 设备组成，采用阶梯式星形拓扑结构，如图 7.87 所示。一个 USB 系统中只能有一个主机，主机内设置了一个根集线器，提供了主机上的初始连接点。USB 互连是指根集线器与集线器或功能设备、集线器与集线器或功能设备之间的连接，由一对差分信号线、一条地线及一条电源线组成。功能设备是指如游戏杆、扫描仪与鼠标等具有某种功能的设备。USB 设备包括集线器与功能设备。

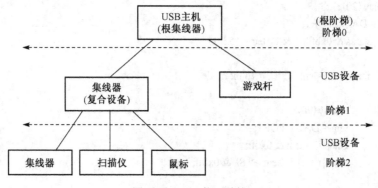

图 7.87　USB 物理结构

从逻辑上看，可以认为 USB 设备是由一些配置、接口和端点组成的，如图 7.88 所示。一个 USB 设备可以包含一个或多个配置，如 USB 设备的低功耗模式和高功耗模式可分别对应一个配置。在使用 USB 设备前，必须为其选择一个合适的配置。USB 设备的每一个配置都必须有一个配置描述符。配置描述符用于说明 USB 设备中各个配置的特性，如配置所含接口的个数等。

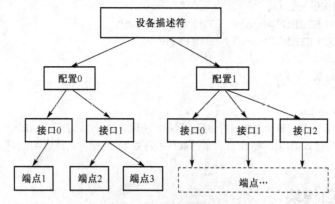

图 7.88　USB 逻辑结构

一个配置可以包含一个或多个接口。如对一个光驱来说，当用于文件传输时使用其大容量存储接口；而当用于播放 CD 时，使用其音频接口。接口可以包含一个或多个可替换设置，用户能够在 USB 处于配置状态时，改变当前所含接口的个数和特性。USB 设备的每个接口都必须有一个接口描述符。接口描述符用于说明 USB 设备中各个接口的特性，如接口所属的设备类及其子类等。

接口是端点的集合，端点是 USB 设备中的实际物理单元，USB 数据传输就是在主机和端点之间进行的。每个端点都是一个简单的连接点，或者支持数据流进设备，或者支持其流出设备，两者不可兼得。但 0 号端点比较特殊，它有数据输入 IN 和数据输出 OUT 两个物理单元，不过其只能支持控制传输，用于初始化接入到集线器的 USB 设备。USB 设备中的每一个端点都有唯一的端点号。

　　主机定时对集线器的状态进行查询，当一个新设备接入集线器时，主机会检测到集线器状态改变，通过默认地址 0 与设备的端点 0 进行通信，发出一系列试图得到描述符的标准请求。根据端点 0 的回答，主机得到所有感兴趣的设备信息，从而知道了设备的情况以及该如何与设备进行通信。主机的操作系统确定对这个设备使用哪种驱动程序，接着为设备分配一个唯一标识的地址，范围从 0~127，其中 0 为所有的设备在没有分配地址时使用的默认地址。这样，配置过程就完成了，以后主机就通过为该设备设置好的地址与设备通信，而不再使用默认地址 0 了。

　　在 USB 系统结构中，可以认为数据传输是在主机软件(USB 系统软件或客户软件)和 USB 设备的各个端点之间直接进行的，它们之间的连接称为管道。管道是在 USB 设备的配置过程中建立的。管道是对主机和 USB 设备间通信流的抽象，表示主机的数据缓冲区和 USB 设备的端点之间存在着逻辑数据传输，而实际的数据传输是由 USB 总线接口层来完成的。

　　管道和 USB 设备中的端点一一对应。一个 USB 设备含有多少个端点，其和主机进行通信时就可以使用多少条管道，且端点的类型决定了管道中数据的传输类型，如中断端点对应中断管道，且该管道只能进行中断传输。不论存在着多少条管道，在各个管道中进行的数据传输都是相互独立的。

　　(2) USB 接口电路

　　S3C44B0X 片上没有 USB 控制器，需外接一个 USB 控制器芯片，典型电路如图 7.89 所示。USB 控制器芯片为 USBN9603。

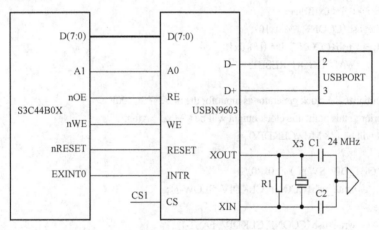

图 7.89　USB 接口电路

　　(3) USB 驱动程序

　　这里的 USB 驱动程序指 USB 芯片的驱动程序，包括芯片初始化、读、写及中断处理程序。

```c
#define USBADDR（* (volatile unsigned char *)(0x06000002)）    // USB board,A1 = 1;
#define USBDATA（* (volatile unsigned char *)(0x06000000)）    // USB board,A1 = 0
/*read USB node data or address register*/
static /*__inline*/ unsigned char read_usb(unsigned char adr)
{
    USBADDR = adr;
    return (USBDATA);
}
/*write to the USB node*/
static /*__inline*/ void write_usb(unsigned char adr, unsigned char dat)
{
```

```c
    USBADDR = adr;
    USBDATA = dat;
}
*------------------------------------------------------------
*                  USBN9604_init()
*   Initializes the USBN9604
*-----------------------------------------------------------*/
void USBN9604_init(void)
{
    volatile unsigned int i;
    PDALT |= 0x02; /* Set the alternate function pins to interrupt[iopd1] from USB INTR pin */
    /* Hardware reset */
    /*Enable pull-up at port E */
    PEALT &= ~0x40;/*This port alternate function is GPIO */
    // for (i = 0; i < 0xffff; i++); // Give the USB some time to reset itself
    PEWPU = 0x40;/* Enable the IOPE6 pull-up in order to output the USB from reset */
    for (i = 0; i < 0x4000; i++); // USB node should have 2^14 cycles of idle run after reset
    // check if chip stabilized if not reset the chip
    for (i = 0; i < 0xffff; i++) {
    write_usb(CCONF, i % 0x10);
    if (read_usb(CCONF) != (i % 0x10))
            WATCHDOG_RESET;
    }
    /*Initialize the clock generator as input for the SCANPSC100F
    * prior to this point, the clock output will be 4 Mhz.   After,
    * it will be (48 MHz/CLKDIV)
    */
    if (GET_DIP_SW1() & 0x80)
            write_usb(CCONF, CLKDIV_SLOW-1);
    else
            write_usb(CCONF, CLKDIV_FAST-1);
    write_7seg(read_usb(CCONF));
    /*Give a software reset, then set ints to active high push pull*/
    write_usb(MCNTRL, SRST);
    /*Wait for end of the initiated reset */
    while(read_usb(MCNTRL) & SRST);
    /*Set Rising Edge interrupt type and internal voltage*/
    write_usb(MCNTRL, INT_H_P | VGE);
    /*mask all USB node events*/
    DISABLE_NODE_INTS
    /*Set up interrupt masks */
    ENABLE_NAK_INTS(NAK_OUT0)                   /*NAK OUT FIFO 0 evnt*/
    ENABLE_TX_INTS(TX_FIFO0|TX_FIFO1|TX_FIFO2|TX_FIFO3)    /*enable TX events*/
    ENABLE_RX_INTS(RX_FIFO0|RX_FIFO1)           /*enable RX   events*/
    ENABLE_ALT_INTS(ALT_SD3|ALT_RESET)          /*ALT events*/
    /*Enable all below interrupts */
```

```
        ENABLE_NODE_INTS(INTR_E|RX_EV|NAK|TX_EV|ALT)
        reset_usb();
        GOTO_STATE(OPR_ST)                          /*Go operational*/
        ATTACH_NODE
        for (i = 0; i < 0xffff; i++);
}
void reset_usb(void)
{
        /*set default address for endpoint 0*/
        SET_EP_ADDRESS(EPC0, 0x0)
        /*set usb default device address (FAR register)*/
        SET_USB_DEVICE_ADDRESS(0x0)
        /*enable USB device address (FAR register)*/
        USB_DEVICE_ADDRESS_ENABLE
        /*enable responce to the default address
        regardless to the value of the EPC0 and FAR registers*/
/*      Reset all endpoints */
/*      for (i = 1; i<MAX_NUM_OF_ENDPOINTS; i++)
        {
                if (uja_dev_endpoints[i] ! = NULL)
                        usb_dev_disable_ep(uja_dev_endpoints[i]);
        }
*/
        FLUSHTX0 // ep0
        FLUSHTX1 // ep1
        FLUSHTX3 // ep5
        FLUSHRX0 // ep0
        FLUSHRX1 // ep2
        /* Global initalizations */
        clear_control_buffer(&control_send_buffer);
        clear_control_buffer(&control_receive_buffer);
        endpoint_status_init();
        direct_send_active = 0;
        wating_rx_data = 0;
/*      Enable the receiver */
        ENABLE_RX0
}
```

7.18　IIS 接口模块

7.18.1　IIS 总线

　　IIS（Inter-IC Sound）总线是飞利浦公司为数字音频设备之间的音频数据传输而制定的一种总线标准，广泛应用于各种多媒体系统中。在 IIS 标准中，既规定了硬件接口规范，也规定了数字音频数据的格式。IIS 有 3 个主要信号：

（1）串行时钟 SCK（Continuous Serial Clock）：对应数字音频的每一位数据，SCK 都有 1 个脉冲。SCK 的频率 ＝2×采样频率×采样位数。

（2）字段（声道）选择 WS（Word Select）：用于切换左右声道的数据。WS 为"1"表示正在传输的是左声道的数据，WS 为"0"表示正在传输的是右声道的数据。WS 的频率 ＝ 采样频率。WS 可以在串行时钟的上升沿或者下降沿发生改变，并且 WS 信号不需要一定是对称的。在从属装置端，WS 在时钟信号的上升沿发生改变。WS 总是在最高位传输前的一个时钟周期发生改变，这样可以使从属装置得到与被传输的串行数据同步的时间，并且使接收端存储当前的命令以及为下次的命令清除空间。

（3）串行数据 SD（Serial Data）：用二进制补码表示的音频数据。IIS 格式的信号无论有多少位有效数据，数据的最高位总是被最先传输（在 WS 变化（也就是一帧开始）后的第 2 个 SCK 脉冲处），因此最高位拥有固定的位置，而最低位的位置则是依赖于数据的有效位数。也就使得接收端与发送端的有效位数可以不同。如果接收端能处理的有效位数少于发送端，可以放弃数据帧中多余的低位数据；如果接收端能处理的有效位数多于发送端，可以自行补足剩余的位（常补足为零）。这种同步机制使得数字音频设备的互连更加方便，而且不会造成数据错位。为了保证数字音频信号的正确传输，发送端和接收端应该采用相同的数据格式和长度。当然，对 IIS 格式来说数据长度可以不同。

在 IIS 系统中，产生 SCK 和 WS 信号的设备称为主设备（Master），否则为从设备。主设备可为发送器、接收器或外部控制器，如图 7.90 所示。当主设备为外部控制器（其产生 SCK 和 WS 信号）时，发送器与接收器两者均为从设备。

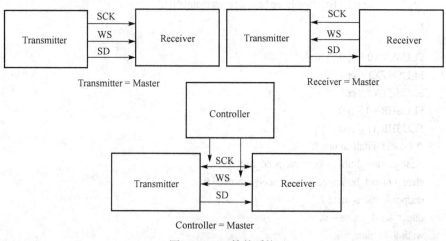

图 7.90　IIS 简单系统

IIS 总线基本时序如图 7.91 所示。

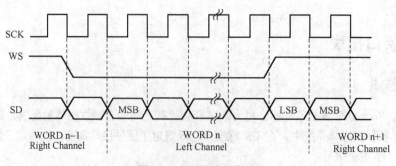

图 7.91　IIS 总线基本时序

7.18.2 S3C44B0X IIS 总线接口

1. S3C44B0X IIS 总线接口的工作方式

S3C44B0X IIS 总线接口是用来连接外部标准编解码器(CODEC)芯片的接口,能连接一个 8/16 位立体声音频 CODEC,支持 IIS 总线数据格式和 MSB-justified 数据格式。该接口对 FIFO 的访问提供 DMA 传输模式,而不是采用中断模式。它可以同时发送数据和接收数据,也可以只发送或只接收数据,有如下 3 种工作方式:

(1) 正常传输方式

在正常传输方式下,对于发送和接收 FIFO,IIS 控制寄存器有一个 FIFO 就绪标志位。当 FIFO 准备发送数据时,如果发送 FIFO 不空,则 FIFO 就绪标志位为"1";如果发送 FIFO 为空,该标志为"0"。在接收数据时,当接收 FIFO 不满时,FIFO 就绪标志位为"1",指示可以接收数据;若接收 FIFO 满,则该标志为"0"。通过 FIFO 就绪标志位,可以确定 CPU 读/写 FIFO 的时间。

(2) DMA 传输方式

在 DMA 传输方式,利用 DMA 控制器来控制发送和接收 FIFO 的数据,由 FIFO 就绪标志来自动请求 DMA 的服务。

(3) 发送和接收方式

在发送和接收方式,IIS 总线接口可以同时发送和接收数据。因只有一个 DMA 通道,若 DMA 用于接收通道读数据,则发送通道的写操作只能由普通模式完成(即 CPU),反之亦然。

2. S3C44B0X IIS 总线接口的内部结构

S3C44B0X IIS 总线接口的内部结构方框图如图 7.92 所示。

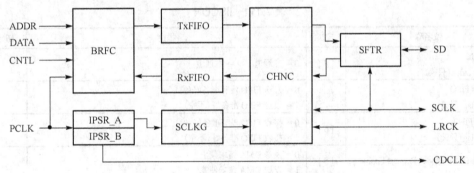

图 7.92 S3C44B0X IIS 总线接口的内部结构

S3C44B0X IIS 总线接口各模块的功能描述如下:

BRFC:表示总线接口、寄存器区和状态机。总线接口逻辑和 FIFO 访问由状态机控制。

IPSR:表示两个 5 位的前置分频器 IPSR_A 和 IPSR_B,一个前置分频器作为 IIS 总线接口的主时钟发生器,另一个前置分频器作为外部 CODEC 的时钟发生器。

TxFIFO 和 RxFIFO:表示两个 64 字节的 FIFO。在发送数据时,数据写到 TxFIFO;在接收数据时,数据从 RxFIFO 读取。

SCLKG:表示主 IISCLK 发生器。在主设模式时,由主时钟产生串行位时钟。

CHNC:表示通道发生器和状态机。通道状态机用于产生和控制 IISCLK 和 IISLRCK。

SFTR:表示 16 位移位寄存器。在发送模式时,并行数据移入 SFTR 并转换成串行数据输出;在接收模式时,串行数据移入 SFTR 并转换成并行数据输出。

3. S3C44B0X IIS 总线接口的数据格式

S3C44B0X 的 IIS 总线接口支持 IIS 总线数据格式和 MSB-justified 数据格式。

（1）IIS 总线数据格式

S3C44B0X IIS 总线有 IISDI（串行数据输入）、IISDO（串行数据输出）、IISLRCK（左/右通道选择）和 IISCLK（串行位时钟）4 条线。其中，IISDI 与 IISDO 对应 IIS 接口标准中的串行数据 SD，IISLRCK 对应字段（声道）选择 WS，IISCLK 对应串行时钟 SCK。串行数据以 2 的补码发送，首先发送 MSB 位。

（2）MSB-justified 数据格式

MSB-justified 数据格式在体系结构上与 IIS 总线数据格式相同，与 IIS 总线格式唯一不同的是，只要 IISLRCK 有变化，MSB-justified 格式要求发送器总是发送下一个字的最高位。IISLRCK 与 CODECLK 的关系如表 7.110 所示，表中 fs 为采样频率。

表 7.110　IISLRCK 与 CODECLK 的关系

IISLRCK (f_s)/(kHz)	8.000	11.025	16.000	22.050	32.000	44.100	48.000	64.000	88.200	96.000
CODECLK/(MHz)					$256f_s$					
	2.0480	2.8224	4.0960	5.6448	8.1920	11.2896	12.2880	16.3840	22.5792	24.5760
					$384f_s$					
	3.0720	4.2336	6.1440	8.4672	12.2880	16.9344	18.4320	24.5760	33.8688	36.8640

4. S3C44B0X IIS 总线接口寄存器

利用 S3C44B0X IIS 总线接口实现音频录放，需要对 S3C44B0X IIS 总线接口的相关寄存器进行正确的配置，可参考表 7.111~表 7.114。

表 7.111　IISCON

位名称	位	描述	初始状态
Left/Right Channel Index（只读）	[8]	0 = 左通道　　1 = 右通道	1
Transmit FIFO Ready Flag（只读）	[7]	0 = 发送 FIFO 没有准备好（空） 1 = 发送 FIFO 准备好（不空）	0
Receive FIFO Ready Flag（只读）	[6]	0 = 接收 FIFO 没有准备好（空） 1 = 接收 FIFO 准备好（不空）	0
Transmit DMA Service Request Enable	[5]	0 = 发送 DMA 请求禁止 1 = 发送 DMA 请求使能	0
Receive DMA Service Request Enable	[4]	0 = 接收 DMA 请求禁止 1 = 接收 DMA 请求使能	0
Transmit Channel Idle Command	[3]	在发送空闲状态，IISLRCK 不激活（暂停发送），该位仅在 IIS 是 Master 时有效 0 = IISLRCK 产生 1 = IISLRCK 不产生	0
Receive Channel Idle Command	[2]	在接收空闲状态，IISLRCLK 不激活（暂停接收），该位仅在 IIS 是 Master 时有效 0 = IISLRCK 产生 1 = IISLRCK 不产生	0
IIS Prescaler Enable	[1]	0 = 预分频器禁止　　1 = 使能预分频器	0
IIS Interface Enable（启动）	[0]	0 = IIS 禁止（停止）　　1 = IIS 使能	0

表 7.112　IISCOM

位名称	位	描述	初始状态
Master/Slave Mode Select	[8]	0 = 主模式(IISLRCK 和 IISCLK 输出) 1 = 从模式(IISLRCK 和 IISCLK 输入)	0
Transmit/ Receive Mode Select	[7:6]	00 = 不传输　　01 = 接收模式 10 = 发送模式　　11 = 发送/接收模式	00
Active Level of Left/Right Channel	[5]	0 = 左通道为低(右通道为高) 1 = 左通道为高(右通道为低)	0
Serial Interface Format	[4]	0 = IIS 格式　　1 = MSB-Justified	0
Serial Data Bit Per Channel	[3]	0 = 8 位　　　1 = 16 位	0
Master Clock (CODECLK) Frequency Select	[2]	0 = 256 fs　　1 = 384 fs　　(fs: 采样频率)	0
Serial Bit Clock Frequency Select	[1:0]	00 = 16 fs　01 = 32 fs　10 = 48 fs　11 = N/A	00

表 7.113　IISPSR

位名称	位	描述	初始状态
Prescaler Value A	[7:4]	预分频器 A 的比例因子 clock_prescaler_A = MCLK/<division factor>	0x0
Prescaler Value B	[3:0]	预分频器 B 的比例因子 clock_prescaler_B = MCLK/<division factor>	0x0

IISPSR [3:0]/[7:4]	比例因子	IISPSR [3:0]/[7:4]	比例因子
0000B	2	1000B	1
0001B	4	1001B	—
0010B	6	1010B	3*
0011B	8	1011B	—
0100B	10	1100B	5*
0101B	12	1101B	—
0110B	14	1110B	7*
0111B	16	1111B	—

表 7.114　IISFCON

位名称	位	描述	初始状态
发送 FIFO 存取模式选择	[11]	0 = 正常存取模式　1 = DMA 存取模式	0
接收 FIFO 存取模式选择	[10]	0 = 正常接收模式　1 = DMA 接收模式	0
发送 FIFO 使能位	[9]	0 = FIFO 禁止　　　1 = FIFO 使能	0
接收 FIFO 使能位	[8]	0 = FIFO 禁止　　　1 = FIFO 使能	0
发送 FIFO 数据计数值(只读)	[7:4]	数据计数值 = 0~8	000
接收 FIFO 数据技术值(只读)	[3:0]	数据计数值 = 0~8	000

7.18.3　IIS 总线接口电路

　　S3C44B0X 的 IIS 总线接口仅是一个音频信号的接口,不具有音频信号的处理功能,音频信号的处理(A/D、D/A 及滤波等)通常由另一独立的 IC 完成。本实例中,选用 Philips 公司的音频编码器 UDA1341TS 来进行音频信号处理。

1. UDA1341TS

UDA1341TS 功能框图如图 7.93 所示，图中同时也给出了引脚分布，引脚功能见表 7.115。从图知其具有 ADC、DAC、DSP、L3 及 IIS 总线接口功能模块，可将立体声模拟信号转化为数字信号，也可将数字信号转换成模拟信号。对模拟信号，具有 PGA、AGC 功能。对于数字信号，具有 DSP 功能。

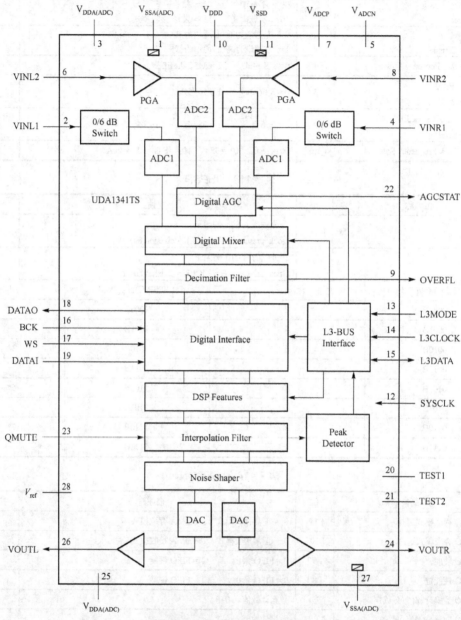

图 7.93　UDA1341TS 功能框图

模拟立体声信号可通过 VINL1 与 VINR1 或 VINL2 与 VINR2 输入通道(引脚)输入芯片进行 A/D 转换，其中输入通道 1 具有固定增益(0/6 dB)，通道 2 具有可编程增益放大 PGA 及数字自动增益控制 AGC 功能。

数字立体声音频信号通过输出通路 VOUTL 与 VOUTR 输出。

L3 总线接口提供了 L3MODE、L3CLOCK 与 L3DATA 三条引脚，用于连接微处理器，以便通过微处理器对其进行控制。

IIS 接口提供 DATAO、BCK、WS 与 DATAI 四条引脚，用于与微处理器的 IIS 接口总线连接，以完成数字音频信号的传送。

UDA1341TS 只能作为从设备使用，其工作时钟通过引脚 SYSCLK 输入。

表 7.115　引脚描述

SYMBOL	PIN	DESCRIPTION
VSSA（ADC）	1	ADC analog ground
VINL1	2	ADC1 input left
VDDA（ADC）	3	ADC analog supply voltage
VINR1	4	ADC1 input right
VADCN	5	ADC negative reference voltage
VINL2	6	ADC2 input left
VADCP	7	ADC positive reference voltage
VINR2	8	ADC2 input right
OVERFL	9	decimation filter overflow output
VDDD	10	digital supply voltage
VSSD	11	digital ground
SYSCLK	12	system clock 256fs, 384fs or 512fs
L3MODE	13	L3-bus mode input
L3CLOCK	14	L3-bus clock input
L3DATA	15	L3-busdata input and output
BCK	16	bit clock input
WS	17	word select input
DATAO	18	data output
DATAI	19	data input
TEST1	20	test control 1（pull-down）
TEST2	21	test control 2（pull-down）
AGCSTAT	22	AGC status
QMUTE	23	quick mute input
VOUTR	24	DAC output right
VDDA（DAC）	25	DAC analog supply voltage
VOUTL	26	DAC output left
VSSA（DAC）	27	DAC analog ground
Vref	28	ADC and DAC reference voltage

2. 接口电路

S3C44B0X 的 IIS 总线接口与 UDA1341TS 芯片的连接电路如图 7.94 所示。

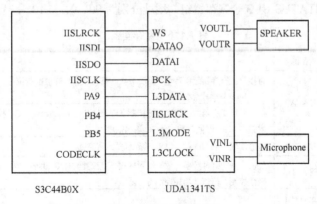

图 7.94　IIS 接口电路

IIS 接口线 IISDI、IISDO、IISLRCK 与 IISCLK 分别与 UDA1341TS 的 DATAO、DATAI、WS 与 BCK 相连。S3C44B0X 的 PE8(CODECLK)、PB4、PB5 与 PA9 分别与 UDA1341TS 芯片 L3 总线的 SYSCLK、L3MODE、L3CLOCK 与 L3DATA 相连。

S3C44B0X 通过 L3 总线对 UDA1341TS 中的数字音频处理参数和系统控制参数进行配置。

7.18.4　驱动程序

驱动程序包括 UDA1341TS 的初始化程序、录音程序、放音程序等。

对 UDA1341TS 的初始化需要设置 UDA1341TS 的寄存器。下面先介绍 UDA1341TS 的寄存器及其访问方式，再介绍驱动程序。

1. UDA1341TS 寄存器

UDA1341TS 的 L3 总线接口主要用于从微处理器访问 UDA1341TS 的寄存器。L3 总线接口有地址与数据传输两种工作模式，地址模式用于选择设备和寄存器组，数据传输模式用于选择寄存器组中的寄存器及传送寄存器的初始化值。

地址模式下 L3 接口中三条信号线 L3MODE、L3CLOCK 与 L3DATA 间的时序关系如图 7.95 所示。

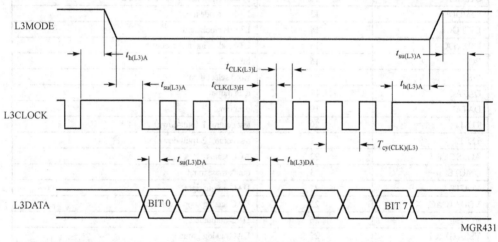

图 7.95　地址模式时序

地址模式用于选择设备和寄存器组，8 位地址信息中，6 位(bit7~bit2)用于表示设备地址 (UDA1341TS 的地址固定为 000101)，2 位(bit1~bit0)用于选择寄存器组。其意义如表 7.116 所示，有 DATA0、DATA1 与 STATUS 共 3 个寄存器组，地址分别为 00、01 与 10。

表 7.116　寄存器组

BIT 1	BIT 0	名称	功能
0	0	DATA0	直接寻址寄存器组：音量、基音放大、高音放大、峰值检测位置、不强调(De-emphasis)、哑音(Mute)与模式(Mode)
			扩展寻址寄存器组：数字混音控制(Digital Mixer Control)、AGC 控制、MIC 敏感控制、输入增益，AGC 时间常数与 AGC 输出幅度
0	1	DATA1	峰值读取(从 UDA1341TS 到微处理器)寄存器组
1	0	STATUS	复位、系统时钟频率、数据输入格式、直流滤波(DC-filter)、输入增益切换、输出增益切换、极性控制、倍速及功耗控制寄存器组
1	1	not used	

数据传输模式下 L3 接口中三条信号线 L3MODE、L3CLOCK 与 L3DATA 间的时序关系如图 7.96 所示。数据传输模式用于选择寄存器组中的寄存器及传输寄存器的初始化值。

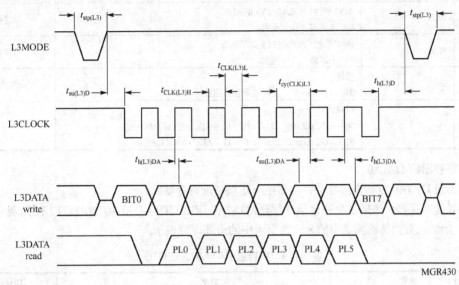

图 7.96　数据传输模式时序

(1) 寄存器组 STATUS

寄存器组 STATUS 中有两个寄存器，称其为 STATUS0 与 STATUS1，如表 7.117 和表 7.118 所示，其地址由数据传输模式中的 8 位数据码中的 bit7 决定，bit7 = 0 时选择的是 STATUS0，bit7 = 1 时选择的是 STATUS1。

表 7.117　寄存器 STATUS0 位定义

位	名称	功能
7	STATUS0	0 = STATUS0　　1 = STATUS1
6	RST	0 = 不复位　　1 = 复位
[5:4]	SC	系统时钟频率 00 = 512 fs　01 = 384 fs　10 = 256 fs　11 = 保留
[3:1]	IF	数据输入格式 000 = 2S-bus　001 = LSB-justified 16 bits　010 = LSB-justified 18 bits 011 = LSB-justified 20 bits 1 0 0 = MSB-justified 1 0 1 = LSB-justified 16 bits input andMSB-justified output 1 1 0 = LSB-justified 18 bits input andMSB-justified output 1 1 1 = LSB-justified 20 bits input and MSB-justified output
0	DC	DC-滤波设置 0 = 非直流滤波　　1 = 直流滤波

表 7.118　寄存器 STATUS1 位定义

位	名称	功能	默认值
7	STATUS0	0 = STATUS0　　　1 = STATUS1	
6	OGS	DAC 增益 0 = 0 dB　　1 = 6 dB	0 dB
5	IGS	ADC 增益 0 = 0 dB　　1 = 6 dB	0 dB

（续表）

位	名称	功能	默认值
4	PAD	ADC 极性（POLARITY OF ADC） 0 = 非逆转　　1 = 逆转	非逆转
3	PDA	DAC 极性（POLARITY OF DAC） 0 = 非逆转　　1 = 逆转	非逆转
2	DS	倍速 0 = 单倍速回放　　1 = 双单倍速回放	单倍速回放
[1:0]	PC	电源管理 00 = ADC off and　DAC off　　01 = ADC off and DAC on 01 = ADC on and　DAC off　　11 = ADC on and DAC on	on

（2）寄存器组 DATA0

寄存器组 DATA0 包括直接寻址寄存器组与扩展寻址寄存器组。

直接寻址寄存器组包括三个寄存器，用符号 DATA0 DIRECT0～DATA0 DIRECT2 表示，见表 7.119～表 7.121，地址由数据传输模式中的 8 位数据码中的最高两位表示。

表 7.119　寄存器 DATA0 DIRECT0

位	名称	功能	默认值
[7:6]	DATA0 DIRECT0	00 = DATA0 DIRECT0 01 = DATA0 DIRECT1 10 = DATA0 DIRECT2	
[5:0]	VC	音量控制 000000 = 0 dB　　000001 = 0 dB　　000010 = −1 dB　　000010 = −1 dB 000011 = −2 dB　000100 = −3 dB　000101 = −4 dB　000110 = −5 dB … 111100 = −59 dB 111101 = −60 dB　　111110 = −∞ dB　　111111 = −∞ dB	0 dB

表 7.120　寄存器 DATA0 DIRECT1

位	名称	功能							默认值
[7:6]	DATA0 DIRECT1	00 = DATA0 DIRECT0 01 = DATA0 DIRECT1 10 = DATA0 DIRECT2							
[5:2]	BB	低音放大							0 dB
		BB5	BB4	BB3	BB2	FLAT (dB)	MIN. (dB)	MAX. (dB)	
		0	0	0	0	0	0	0	
		0	0	0	1	0	2	2	
		0	0	1	0	0	4	4	
		0	0	1	1	0	6	6	
		0	1	0	0	0	8	8	
		0	1	0	1	0	10	10	
		0	1	1	0	0	12	12	
		0	1	1	1	0	14	14	
		1	0	0	0	0	16	16	
		1	0	0	1	0	18	18	
		1	0	1	0	0	18	20	
		1	0	1	1	0	18	22	
		1	1	0	0	0	18	24	
		1	1	0	1	0	18	24	
		1	1	1	0	0	18	24	

（续表）

位	名称	功能					默认值
[1:0]	TR	高音放大					0 dB

高音放大表格：

TR1	TR0	FLAT (dB)	MIN. (dB)	MAX. (dB)
0	0	0	0	0
0	1	0	2	2
1	0	0	4	4
1	1	0	6	6

表 7.121　寄存器 DATA0 DIRECT2

位	名称	功能	默认值
[7:6]	DATA0 DIRECT2	00 = DATA0DIRECT0　01 = DATA0DIRECT1　10 = DATA0 DIRECT2	
5	PP	峰值检测位置 (Peak Detection Position) 0 = before tone features　　1 = after tone features	0 dB
[4:3]	DE	非强调 (De-emphasis) 设置 00 = 强调 (no de-emphasis) 01 = 非强调 (de-emphasis)：32 kHz 10 = 非强调 (de-emphasis)：44.1 kHz 11 = 非强调 (de-emphasis)：48 kHz	强调
2	MT	哑音 (mute) 0 = 非哑音 (no mute)　　1 = 哑音 (mute)	
[1:0]	M	低音与高音滤波处理模式 00 = 平坦 (flat)　　01 = 最小 (minimum) 10 = 最小 (minimum)　11 = 最大 (maximum)	

扩展寻址寄存器组包括 6 个寄存器，用符号 DATA0 EXTENDED0~DATA0 EXTENDED5 表示，见表 7.122。其地址由数据传输模式中的 8 位数据码中的低 3 位决定，地址结构为 11000xxx，其中高 5 位为固定值，低 3 位用于编码扩展寄存器组中的寄存器，共有 5 个寄存器。

表 7.122　扩展寻址寄存器组 DATA0 EXTENDED0~DATA0 EXTENDED5

EA2	EA1	EA0	ED4	ED3	ED2	ED1	ED0	寄存器选择
0	0	0	MA4	MA3	MA2	MA1	MA0	混合增益 (Mixer Gain) (dB) 设置 00000 = 0　　00001 = −1.5　　00010 = −3 … 11101 = −43.5　11110 = −45　　11111 = −∞
0	0	1	MB4	MB3	MB2	MB1	MB0	同上
0	1	0	MS2	MS1	MS0	MM1	MM0	MIC 敏感度设置 (dB) 000 = −3　001 = 0　010 = 3　011 = 9 100 = 15 101 = 21 110 = 27 111 = Not used 混合 (mixer) 模式开关 00 = 差分模式 01 = 输入通道 1 模式 10 = 输入通道 2 模式 11 = 数字混合模式
1	0	0	AG	0	0	IG1	IG0	AGC 控制设置 0 = 禁用 AGC　1 = 使能 AGC 输入通道 2 放大增益设置 (2 bits)
1	0	1	IG6	IG5	IG4	IG3	IG2	输入通道 2 放大增益设置 (5 bits)
1	1	0	AT2	AT1	AT0	AL1	AL0	AGC 时间常数设置 (3 bits) AGC 输出幅度 (2 bits)

(3) 寄存器组 DATA1

寄存器组 DATA1 只有一个寄存器，用于读出回放数据的峰值。

2. UDA1341TS 初始化程序

```
void Init1341 (char mode)  // mode = 0 while play;mode = 1 while record
{
    /* Port Initialize */
    rPCONA = 0x1ff;                     // PA9 (out) :L3D
    rPCONB = 0x7CF;                     // PG5:L3M, PG4:L3C
    rPDATB = L3M|L3C;                   // L3M = H (start condition) ,L3C = H (start condition)
    /* L3 Interface */
    _WrL3Addr (0x14+2);                // status (000101xx+10)
#ifdef FS441KHZ
    _WrL3Data (0x60,0);                // 0,1,10,000,0 : reset,256fs,iis,no DC-filter,
#else
    _WrL3Data (0x40,0);                // 0,1,00,000,0: reset,512fs,iis,no DC-filter,
#endif
    _WrL3Addr (0x14+2);                // status (000101xx+10)
#ifdef FS441KHZ
    _WrL3Data (0x20,0);                // 0,0,10,000,0 :no reset,256fs,iis,no DC-filter,
#else
    _WrL3Data (0x00,0);                // 0,0,00,000,0 no reset,512fs,no DC-filter,iis
#endif
    _WrL3Addr (0x14+2);                // status (000101xx+10)
/*1,0,0,0,0,0,01:OGS = 0,IGS = 0,PDA = No-inverting,DS = Singlespeedplayback,PC = ADCoff   */
_WrL3Data (0x81,0);
    _WrL3Addr (0x14+0);                // DATA0 (000101xx+00)
    _WrL3Data (0x0A,0);                // 00,001010: VC = −9dB
// record
    if (mode)
    {
    _WrL3Addr (0x14+2);    // STATUS (000101xx+10)
/*1,0,1,0,0,0,10: OGS = 0,IGS = 1 (6dB),PAD = NI,PDA = NI,Ds = sngl speed, ADC = on*/
    _WrL3Data (0xa2,0);
    _WrL3Addr (0x14+0);    // DATA0 (000101xx+00)
    _WrL3Data (0xc2,0);     // 11000,010          : DATA0, Extended addr (010)
    _WrL3Data (0x4d,0);     // 010,011,01          : DATA0, MS = 9dB, Ch1 = on Ch2 = off
    }
// record
}
#define L3D (0x200)
#define L3M (0x10)
#define L3C (0x20)
void _WrL3Addr (U8 data)
{
    U32 vPdata = 0x0;                  // L3D = L
    U32 vPdatb = 0x0;                  // L3M = L (in address mode) /L3C = L
```

```
    S32 i,j;
    rPDATB = vPdatb;                    // L3M = L
    rPDATB |= L3C;                      // L3C = H
    for( j = 0; j<4; j++ )              // tsu(L3) > 190 ns
        ;
    // PA9:L3D PG6:L3M PG7:L3C
    for( i = 0; i<8; i++ )
    {
      if( data&0x1 )                    // if data bit is 'H'
      {
          rPDATB = vPdatb;              // L3C = L
          rPDATA = L3D;                 // L3D = H
          for( j = 0; j<4; j++ )        // tcy(L3) > 500 ns
              ;
          rPDATB = L3C;                 // L3C = H
          rPDATA = L3D;                 // L3D = H
          for( j = 0; j<4; j++ )        // tcy(L3) > 500 ns
              ;
      }
      else                              // if data bit is 'L'
      {
          rPDATB = vPdatb;              // L3C = L
          rPDATA = vPdata;              // L3D = L
          for( j = 0; j<4; j++ ) ;      // tcy(L3) > 500 ns
          rPDATB = L3C;                 // L3C = H
          rPDATA = vPdata;              // L3D = L
          for( j = 0; j<4; j++ ) ;      // tcy(L3) > 500 ns
      }
      data >>= 1;
    }
    rPDATB = L3C|L3M;                   // L3M = H,L3C = H
}
void _WrL3Data(U8 data,int halt)
{
    U32 vPdata = 0x0;                   // L3D = L
    U32 vPdatb = 0x0;                   // L3M/L3C = L
    S32 i,j;
    if(halt)
    {
        rPDATB = L3C;                   // L3C = H(while tstp, L3 interface halt condition)
        for( j = 0; j<4; j++ )          // tstp(L3) > 190ns
            ;
    }
    rPDATB = L3C|L3M;                   // L3M = H(in data transfer mode)
    for( j = 0; j<4; j++ )              // tsu(L3)D > 190 ns
        ;
    // PA9:L3MODE PG6:L3DATA PG7:L3CLOCK
```

```c
    for( i = 0; i<8; i++ )
    {
        if( data&0x1 )                      // if data bit is 'H'
        {
            rPDATB = L3M;                   // L3C = L
            rPDATA = L3D;                   // L3D = H
            for( j = 0; j<4; j++ )// tcy(L3) > 500 ns
                ;
            rPDATB = L3C|L3M;               // L3C = H,L3D = H
            rPDATA = L3D;
            for( j = 0; j<4; j++ )          // tcy(L3) > 500 ns
                ;
        }
        else                                // if data bit is 'L'
        {
            rPDATB = L3M;                   // L3C = L
            rPDATA = vPdata;                // L3D = L
            for( j = 0; j<4; j++ )          // tcy(L3) > 500 ns
                ;
            rPDATB = L3C|L3M;               // L3C = H
            rPDATA = vPdata;                // L3D = L
            for( j = 0; j<4; j++ )          // tcy(L3) > 500 ns
                ;
        }
        data >> = 1;
    }
    rPDATB = L3C|L3M;                       // L3M = H,L3C = H
}
void Playwave(int times)
{
    int    sound_len,i;
    unsigned short* pWavFile;
    /* enable interrupt */
    rINTMOD = 0x0;
    rINTCON = 0x1;
    /* execute command "download t.wav 0xc300000" before running */
    pWavFile = (unsigned short*) 0xC300000;
    /* initialize philips UDA1341 chip */
    Init1341(PLAY);
    /* set BDMA interrupt */
    pISR_BDMA0 = (unsigned) BDMA0_Done;
    rINTMSK = ~(BIT_GLOBAL|BIT_BDMA0);
    for(i = times; i ! = 0; i--)
    {
        /* initialize variables */
        iDMADone = 0;
        sound_len = 475136;// 512000;// 155956;
```

```
    rBDISRC0 = (1<<30)+(1<<28)+((int)(pWavFile));        // Half word,increment,Buf
    rBDIDES0 = (1<<30)+(3<<28)+((int)rIISFIF);           // M2IO,Internel peripheral,IISFIF
    /* IIS,Int,auto-reload,enable DMA */
    rBDICNT0 = (1<<30)+(1<<26)+(3<<22)+(0<<21)+(1<<20)+sound_len;
    rBDCON0 = 0x0<<2;
    /* IIS Initialize */
    rIISCON  = 0x22;              // Tx DMA enable,Rx idle,prescaler enable
    rIISMOD  = 0xC9;              // Master,Tx,L-ch = low,iis,16bit ch.,codeclk = 256fs,lrck = 32fs
    rIISPSR  = 0x88;// 0x22;      // Prescaler_A/B enable, value = 3
    rIISFCON = 0xF00;            // Tx/Rx DMA,Tx/Rx FIFO
    rIISCON | = 0x1;             // enable IIS
    while( iDMADone == 0);       // DMA end ?
    rIISCON = 0x0;               // IIS stop
    }
}
void Record_Iis(void)
{
    U32 i;
    /* enable interrupt */
    // rINTMOD = 0x0;
    // rINTCON = 0x1;
    Uart_Printf("  Record test using UDA1341...\n");
    rPCONE = (rPCONE&0xffff)+(2<<16);        // PE:CODECLK
    pISR_BDMA0 = (unsigned)BDMA0_Rec_Done;
    rINTMSK = ~(BIT_GLOBAL|BIT_BDMA0);
    rec_buf = (unsigned char *)0x0C400000;   // for download
    Buf = rec_buf;
    for(i = (U32)rec_buf;i<((U32)rec_buf+REC_LEN);i+ = 4)
    { *((volatile unsigned int*)i) = 0x0;     }
    Init1341(RECORD);
    /****** BDMA0 Initialize ******/
    rBDISRC0 = (1<<30)+(3<<28)+((int)rIISFIF);  // Half word,inc,Buf
    rBDIDES0 = (2<<30)+(1<<28)+((int)rec_buf);  // M2IO,fix,IISFIF
    rBDICNT0 = (1<<30)+(1<<26)+(3<<22)+(1<<21)+(1<<20)+REC_LEN;
    rBDCON0 = 0x0<<2;
    /****** IIS Initialize ******/
    rIISCON = 0x1a;          // Rx DMA enable,Rx idle,prescaler enable
    rIISMOD = 0x49;          // Master,Tx,L-ch = low,iis,16bit ch.,codeclk - 256fs,lrck - 32fs
    rIISPSR = 0x33;          // Prescaler_A/B enable, value = 3
    rIISFCON = 0x500;        // Tx/Rx DMA,Tx/Rx FIFO --> start piling....
    Uart_Printf(" Press any key to start record!\n");
    Uart_Getch();
    Uart_Printf(" Recording...\n");
    rIISCON | = 0x1;          // --- Rx start
    Uart_Printf(" Press any key to stop record!!!\n");
    while(!Uart_GetKey());
    // while(!Rec_Done);
```

```
        rINTMSK |= BIT_BDMA0;
        Rec_Done = 0;
        Delay(10);                  // for end of H/W Rx
        rIISCON = 0x0;              // IIS stop
        rBDICNT0 = 0x0;             // BDMA stop
        Uart_Printf(" End of Record!!!\n");
        Uart_Printf(" Press any key to play recorded data\n");
        Uart_Getch();
        size = *(Buf+0x2c) | *(Buf+0x2d) <<8 | *(Buf+0x2e) <<16 | *(Buf+0x2f) <<24;
        size = (size>>1) <<1;
        Uart_Printf(" sample size = 0x%x\n",size/2);
        // size = REC_LEN*2;
        // Uart_Printf(" size = %d\n",size);
        Init1341(PLAY);
        rBDIDES0 = (1<<30)+(3<<28)+((int)rIISFIF); // M2IO,fix,IISFIF
        rBDISRC0 = (1<<30)+(1<<28)+((int)rec_buf); // Half word,inc,Buf
        rBDICNT0 = (1<<30)+(1<<26)+(3<<22)+(1<<21)+(1<<20)+REC_LEN;
        rBDCON0 = 0x0<<2;
        pISR_BDMA0 = (unsigned)BDMA0_Done;
        rINTMSK = ~(BIT_GLOBAL|BIT_BDMA0);
        /****** IIS Initialize ******/
        rIISCON = 0x26;             // Tx DMA enable,Rx idle,prescaler enable
        rIISMOD = 0x89;             // Master,Tx,L-ch = low,iis,16bit ch.,codeclk = 256fs,lrck = 32fs
        rIISPSR = 0x33;             // Prescaler_A/B enable, value = 3
        rIISFCON = 0xa00;           // Tx/Rx DMA,Tx/Rx FIFO --> start piling....
        Uart_Printf(" Press any key to exit!!!\n");
        rIISCON |= 0x1;             // IIS Start
        while(!Uart_GetKey());
        rIISCON = 0x0;                  // IIS stop
        rBDICNT0 = 0x0;             // BDMA stop
        free(rec_buf);
        Cache_Flush();
        rNCACHBE0 = 0x0;
        size = 0;
        rINTMSK = BIT_GLOBAL;
    }
```

7.19　本章小结

　　本章将一个典型嵌入式系统划分为模块，详细讲授了每一个模块的电路及底层驱动程序设计。

　　电源电路模块负责向嵌入式系统提供动力，是嵌入式系统的心脏。嵌入式系统的电源通常由锂电池、稳压电源或 USB 接口提供。

　　复位电路的作用是产生复位脉冲，使系统复位。复位电路通常由一个机械开关和滤波电路组成，也可由专用集成电路芯片组成。

　　JTAG 是一种国际标准测试协议，主要用于芯片内部测试、系统仿真与调试及 bootloader 的下载。

大多数嵌入式微处理器均在芯片内部封装了 TAP,可通过专用的 JTAG 测试工具对内部节点进行测试。目前 JTAG 有 14 针和 20 针两种接口。

时钟与电源管理模块包括时钟产生电路与电源管理模块两部分。时钟产生电路用于向 CPU 和外设提供工作时钟,电源管理模块负责电源的管理,即功耗管理。时钟产生电路通常由晶体、振荡放大器 OSC、锁相环 PLL 及时钟控制逻辑组成。电源管理是通过控制时钟来实现的,给嵌入式系统上的某模块提供低速时钟或停止时钟,就能达到电源管理的目的。S3C44B0X 有正常、低速、空闲、停止与 SL 空闲共 5 种电源管理模式。

存储器是嵌入式系统中的一个重要组成部分,其作用仅次于微处理器。

存储器可分为易失性存储器 RAM 与非易失性存储器 ROM 两类。RAM 又可再分为静态 SRAM 与动态 DRAM 两类。前者集成度低,成本高、速度快,常集成在微处理器片上作为 RAM、Cache 及寄存器;后者集成度高、成本低、速度慢,不易与微处理器集成在一起,往往单独成片。

S3C44B0X 地址空间划分为 8 个 Bank,每 Bank 大小为 32 MB。设计实例将 Flash 映射至 Bank0,SDRAM 映射至 Bank6,键盘映射至 Bank3,LCD、USB 及以太网等映射至 Bank1。

S3C44B0X 存储器控制器有 13 个寄存器,用于使处理器适应各种存储器。SDRAM 的初始化需要根据其参数对 13 个寄存器进行设置,Flash 的初始化由硬件完成。

RS-232 接口是嵌入式系统中的基本接口,在开发阶段,往往需要一个 RS-232 接口,以便与 PC 连接起来进行调试;在嵌入系统的成品中,若需要用户进行参数设置,往往也会提供 RS-232 接口。

嵌入式处理器芯片上提供的是 UART 接口,其与 RS-232 的逻辑电平不同,需要外接一个电平转换芯片才能将 UART 接口转换成 RS-232 接口。

S3C44B0X 有 71 个多功能端口(引脚),分为 A、B、C、D、E、F 与 G7 类。多功能端口的功能通过其控制寄存器设置,每类端口都有一组寄存器。其中,端口 A 与 B 有 2 个寄存器,一为控制寄存器,用于设置端口的功能,另一为数据寄存器,用于向端口输出数据。其他端口除了具有与端口 A、B 同样的寄存器外,还有 1 个上拉电阻控制寄存器,用于设置内部上拉电阻。

ARM7TDMI 核只有 IRQ 与 FIQ 两条中断请求线,S3C44B0X 有 30 个中断源,考虑中断共享后至少需要 26 条中断请求线,才能将这些中断源的中断请求信号传送到 ARM,如何解决中断请求线不足的问题呢?中断控制器解决了这个问题。中断控制器的功能有两个:一是进行中断优先权的管理;二是实施中断控制,将发出中断请求的优先级最高的中断源的中断请求线拨接至 IRQ 或 FIQ 线上,使其信号可传送至 ARM 核。

中断控制器将 26 个(共享中断线的多个中断源合并为一个中断源)中断源分为 mGA、mGB、mGC 与 mGD 共 4 组,每组含 6 个中断源,可通过寄存器设置组的优先级及组中中断源的优先级,余下的两个中断源的优先级为最低。

当中断源的中断请求信号是通过 IRQ 线传至 ARM 核时,称这种中断的类型为 IRQ 类型;当中断源的中断请求信号是通过 FIQ 线传至 ARM 核时,则称这种中断的类型为 FIQ 类型。中断类型可以通过中断控制器的寄存器进行设置。

IRQ 中断类型有矢量与非矢量两种模式,两种模式下的执行路径不同,前者比后者快速。

S3C44B0X 上集成有 PWM 定时器、看门狗定时器与实时时钟三种定时器,其工作均基于一倒数计数器。PWM 定时器当计数寄存器中的值倒数到与比较寄存器中的相等时将改变输出波形的极性,倒数至 0 时将产生一中断信号,故其可输出脉宽可调的时钟信号来控制步进电机。

看门狗定时器当计数寄存器中的值倒数至 0 时可产生一复位信号,故常做监控用。通过寄存器设置也可让看门狗定时器当计数寄存器中的值倒数至 0 时产生普通中断信号。

实时时钟有单独的晶体与电源,能周期性地产生中断信号,常做操作系统中的时钟源及计时用。

　　在嵌入式系统中，键盘常用来输入数字型数据或者选择设备的操作模式。S3C44B0X 片上无键盘控制器，需要在板上设计一键盘控制器来挂接键盘。

　　IIC 总线是由 Philips 公司推出的二线制串行扩展总线，主要用于微控制器与其他 IC 之间的互连。S3C44B0X 上具有 IIC 控制器，提供了一个 IIC 总线接口。EEPROM 片上通常集成有 IIC 接口，因此可将 EEPROM 芯片直接挂接到 S3C44B0X 的 IIC 控制器上。

　　LCD（液晶显示器）是一种数字显示技术，可以通过液晶和彩色过滤器过滤光源，在平面面板上产生图像。与传统的阴极射线管（CRT）相比，LCD 占用空间小，低功耗，低辐射，无闪烁，降低视觉疲劳，已成为目前嵌入式系统产品上最常见的显示设备。S3C44B0X 集成有 LCD 控制器，可将 LCD 直接挂上。

　　A/D 转换即模/数转换，有逐次逼近型、积分型、计数型、并行比较型及电压－频率型等，比较常用的是积分型与逐次逼近型。S3C44B0X 片上集成的 A/D 为逐次逼近型，8 通道 10 bit。

　　触摸屏已成为嵌入式系统中的常用输入设备。触摸屏按其工作原理的不同可分为表面声波屏、电容屏、电阻屏和红外屏几种，常见的是电阻触摸屏。电阻触摸屏由 4 层透明薄膜构成，最下面是玻璃或有机玻璃基层，最上面是一层外表面经过硬化处理从而光滑防刮的塑料层，附着在上下两层内表面的两层为金属导电层。当用笔或手指触摸屏幕时，两层导电层在触摸点处接触。通过在触摸屏一对电极上加电压，在另一对电极上测触点电压，可测出触点坐标。触点电压是模拟量，需要用 A/D 转换器转换为数字量才方便处理。

　　以太网接口是嵌入式系统中的主要 I/O 接口。在开发阶段用于连接主机，完成调试信息传输和程序映像文件下载。在运行阶段，用于连接本地局域网内的其他嵌入式系统或因特网。

　　以太网接口处于 TCP/IP 协议模型中的网络接口层，由媒体访问控制子层 MAC 与物理子层 PHY 构成，遵守 IEEE802.3 协议。

　　USB 是由 Compaq、DEC、IBM、Intel、Microsoft、NEC 和 Northern Telecom 等公司为简化 PC 与外设之间的互连而共同研究制定的一种标准接口总线。现在生产的 PC 几乎都配备了 USB 接口，Windows、MacOS、Linux 及 FreeBSD 等流行操作系统都增加了对 USB 的支持。

　　目前在使用的 USB 协议有 USB1.1、USB2.0 与 USB3.0 三种，均后向兼容。USB1.1 支持的数据传输率为 12 Mb/s 和 1.5 Mb/s（用于慢速外设），USB2.0 支持的数据传速率可达 480 Mb/s，USB3.0 则达 4.8 Gb/s，是 USB2.0 的 10 倍。

　　在普通用户看来，USB 系统就是外设通过一根 USB 电缆和 PC 连接起来。通常把外设称为 USB 设备，把其所连接的 PC 称为 USB 主机。

　　从物理上看，USB 物理系统由 USB 主机、USB 互连与 USB 设备组成，采用阶梯式星形拓扑结构。一个 USB 系统中只能有一个主机，主机内设置了一个根集线器，提供了主机上的初始连接点。USB 互连是指根集线器与集线器或功能设备、集线器与集线器或功能设备之间的连接，由一对差分信号线、一条地线及一条电源线组成。功能设备是指如游戏杆、扫描仪与鼠标等具有某种功能的设备。USB 设备包括集线器与功能设备。

　　从逻辑上看，USB 系统是由一些配置、接口和端点组成的。一个配置可以包含一个或多个接口。接口是端点的集合，端点是 USB 设备中的实际物理单元，USB 数据传输就是在主机和端点之间进行的。

　　IIS 总线是飞利浦公司为数字音频设备之间的音频数据传输而制定的一种总线标准，广泛应用于各种多媒体系统中。在 IIS 标准中，既规定了硬件接口规范，也规定了数字音频数据的格式。IIS 有 3 个主要信号：串行时钟 SCK、字段（声道）选择 WS（Word Select）与串行数据 SD。

　　S3C44B0X 片上集成有 IIC 控制器，可以挂接一个音频处理芯片，构成一音频处理系统。

习题与思考题

7.1　S3C44B0X 地址空间是如何划分的？总地址空间有多大？设计实例是如何使用该地址空间的？

7.2　S3C44B0X 有多少根地址线？能寻址 256 MB 吗？

7.3　如何设置存储器大小端格式？大小端格式为何由硬件设置？

7.4　Flash 应映射到哪一个 Bank？如何设置 Bank0 数据总线宽度？总线宽度为何由硬件设置？

7.5　SDRAM 可映射到哪些 Bank？设计实例将 SDRAM 映射到哪一个 Bank？如何实现的？

7.6　Bank6/7 有何特点？

7.7　S3C44B0X 存储控制器是通过什么来实现对外部存储器的管理的？

7.8　对 SDRAM 和 Flash 进行写操作时有何不同？

7.9　Flash 为 2 MB，SDRAM 为 8 MB，分别被映射到 Bank0 与 Bank6，分别计算其地址范围。

7.10　USB、8-SEG、Ethernet 与 LCD 都映射到 Bank1，试分别计算它们的地址。

7.11　画出 Flash、SDRAM 与 S3C44B0X 连接的电路原理框图。

7.12　设计实例的地址空间是如何规划的？

7.13　RS-232 为何？其与 RS-422、RS-485 有何不同？

7.14　RS-232 接口硬件如何设计？

7.15　时钟产生电路如何获得所需的时钟信号？

7.16　PLL 起何作用？

7.17　设计时钟电路时应注意些什么问题？

7.18　通过什么方式实现电源管理？

7.19　有几种电源管理模式？各有何特点？

7.20　S3C44B0X 存储器控制器共有 13 个寄存器用于对外部存储器/设备进行管理。试在存储器控制寄存器与其所控制的存储器/设备间画上一条连接线，并简单说明寄存器设置或控制了存储器/设备的哪一项参数；存储器/设备必须映射至某一 Bank，试在存储器/设备与其所映射的 Bank 间也画上一条线。

控制寄存器	存储器与设备	地址空间
BWSCON	Flash	Bank0
BANKCON0		
BANKCON1		Bank1
BANKCON2		Bank2
BANKCON3	USB, LCD etc	
BANKCON4		Bank3
BANKCON5		
BANKCON6		Bank4
BANKCON6	Keyboard	
REFRESH		Bank5
BANKSIZE		
MRSRB6	SDRAM	
MRSRB7		Bank7

7.21　如下图所示将 LED1/2 与 GPIO B 口的 PB8 和 PB9 相连。

(1) 试对 B 口的控制寄存器 PCONB 进行配置（PCONB 的地址为 0x01D20008，PDATB 的地址为 0x1d2000C，设 PB8/9 外的位皆为 1）。

(2) 用参数 LedStatus = 0x0、0x01 和 0x02 分别代入 Led_Display ( )，分析 LED1 与 LED2 必将发生的现象(ON、OFF、不变)。

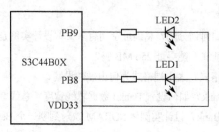

7.22　中断控制器的功能是什么？

7.23　中断控制器的功能是如何实现的？

7.24　PWM 定时器是如何工作的？

7.25　PWM 定时器启动时为何要设置为手动（manual update = 1）而不用自动模式（auto-reload = 1）？

7.26　对定时器 0 中断请求的处理经过了哪些过程？

7.27　RTC 实时时钟是如何工作的？

7.28　RTC 实时时钟有何作用？

7.29　看门狗定时器是如何工作的？

7.30　看门狗定时器起何作用？

7.31　LCD 控制器是如何工作的？

7.32　什么是查找表/颜色索引？

7.33　什么是帧率控制 FRC？

7.34　什么是抖动模式？

7.35　以太网接口处于 TCP/IP 协议的哪一层？

7.36　以太网遵守 IEEE802.3 协议，试述其帧格式与 IP 帧格式的关系。

7.37　音频编码芯片 UDA1341TS 的 L3 接口用于什么目的？

第8章 嵌入式系统应用程序设计

嵌入式系统可看做由硬件、底层驱动程序、操作系统与应用程序4个部分组成。第7章完成了硬件与底层驱动的设计，第5章讲授了操作系统，第6章研究了应用程序的结构，并给出了完成4件事的无核(单任务)及有核(多任务)应用程序结构，本章将给出其具体实现。另外，本章还将讲授嵌入式系统的启动程序 Bootloader 及从高级语言程序产生二进制可执行文件的过程。

本章主要内容有：
- 可执行文件的产生
- 链接与装入程序
- 启动程序 Bootloader
- 单任务应用程序
- 多任务应用程序

8.1 可执行文件的产生

嵌入式应用程序通常用 C 语言及汇编语言编写，它们都属高级语言，需要转化为二进制可执行文件才能运行。从高级语言程序转化为二进制可执行文件的过程通常如图 8.1 所示，包括预处理、编译、汇编与链接4个阶段。

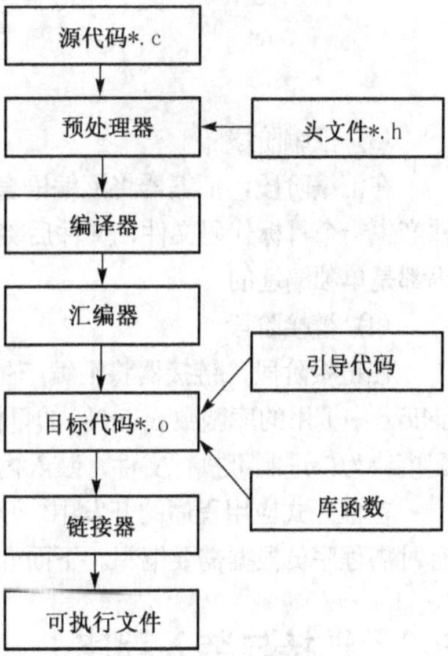

每个阶段执行的主要操作如下：

（1）预处理阶段

在预处理阶段，预处理器将头文件中的库函数的声明包含进来。如在下面 hello.c 例子中，在预处理阶段，预处理器会将头文件 stdio.h 中库函数 printf( )的声明 int printf(const char *fmt, ...)放置在 main( )的前面。

```
/*hello.c*/
#include<stdio.h>
int main( )
{
        printf("Hello! This is our embedded world!\n");
        return 0;
}
```

（2）编译阶段

图 8.1 二进制可执行文件的产生

在编译阶段，编译器将 C 语言程序编译为汇编语言程序。汇编语言程序与处理器架构有关，不同架构处理器的汇编不同，故编译时应根据处理器架构来选择编译器。下面是上述 hello.c 编译为 x86 架构汇编时的部分汇编代码。

```
/*hello.s*/
    .file   "hello.c"
        .section    .rodata
```

```
        .align 4
.LC0:
        .string "Hello! This is our embedded world!"
        .text
.globl main
        .type main, @function
main:
        pushl %ebp
        movl %esp, %ebp
        subl $8, %esp
        andl $-16, %esp
        movl $0, %eax
addl $15, %eax
        addl $15, %eax
        shrl $4, %eax
        sall $4, %eax
        subl %eax, %esp
        subl $12, %esp
        pushl $.LC0
        call puts
        addl $16, %esp
        movl $0, %eax
        leave
        ret
        …
```

（3）汇编阶段

在汇编阶段，汇编器将汇编语言程序汇编为目标代码。嵌入式应用程序工程项目中的每一个源文件产生一个目标代码文件，文件后缀为".o"。目标代码已为二进制代码，但还不能执行，每个目标代码都是单独编址的。

（4）链接阶段

在链接阶段，链接器将汇编产生的每个目标代码（包括程序中调用的库函数的目标代码，如上述 hello.c 中调用的库函数 printf( ) 的目标代码 printf.o 中的代码段及各种数据段链接为一个装配模块。装配模块为二进制可执行文件，装入内存相应位置后便可运行。

在嵌入式应用程序的开发中，预处理器、编译器与汇编器往往用集成开发环境中提供的，链接器有时需程序员根据需要编写。下面介绍几个简单的链接与装入程序。

8.2 链接与装入程序

将目标文件中的各个逻辑段链接起来形成装配模块的工作由链接脚本文件完成，将装配模块装入相应内存区的工作由装入程序完成。本节介绍链接脚本文件与装入程序。应注意链接与装入有动态与静态两类，下面仅介绍静态链接与装入，动态已超出本书范围。

1．程序在 RAM 中时的链接与装入程序

在嵌入式应用程序开发初期，由于 Bug 较多，为方便调试，往往将程序（包括数据）直接装入 RAM

运行，而不是烧写到 Flash 中。此时的链接脚本文件需要将编译产生的代码段.text、可读/写数据段.data、只读数据段.rodata 与未初始化数据段.bss 链接成一个装配模块，起始地址设置在 RAM 中。

本实例中，SDARM 被映射到 Bank6，起始地址为 0x0C000000，故应使用类似图 8.2(a)所示的连接脚本文件。

图 8.2(a)所示链接脚本文件给代码段.text 分配的起始地址为 0x0C000000，可读/写数据段.data 的起始地址紧接.text 段的结束地址，只读数据段.rodata 的起始地址紧接.data 段的结束地址，未初始化数据段.bss 的起始地址紧接.rodata 段的结束地址，链接产生的装配模块如图 8.2(b)所示。

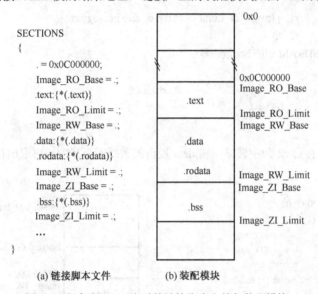

(a) 链接脚本文件　　　　　(b) 装配模块

图 8.2　程序在 RAM 中时的链接脚本文件与装配模块

装入程序的任务是将图 8.2(b)所示的装配模块装入对应的内存中，由于代码与数据地址均是连续的，装入程序只要执行简单的复制操作即可。

2．程序烧进 Flash 后的连接与装入程序

在嵌入式应用程序开发后期或开发完成后都需要将程序烧写到 Flash 中，此后代码有两种运行方式：Flash 中运行与 RAM 中运行。两种运行方式下的链接与装入程序不同，下面分别介绍。

（1）代码在 Flash 中运行

代码在 Flash 中运行时需将可读/写数据段.data 搬迁至 RAM 中，因程序运行时需要对.data 进行写操作，而工作时 Flash 是不允许写的，若.data 仍在 Flash 中，那么将写不了它。此时的链接脚本文件如图 8.3(a)所示，为代码段.text 分配的起始地址为 0x0，只读数据段.rodata 的起始地址紧接.text 段的结束地址，可读/写数据段.data 的起始地址为 0x0C000000，未初始化数据段.bss 的起始地址紧接.data 段的结束地址，链接产生的装配模块如图 8.3(b)所示。

程序烧进 Flash 后，各段在 Flash 中的位置如图 8.4(a)上部所示。故将可读/写数据段.data 复制到 SDRAM 中的装入程序如下：

```
LDR      r0, = Image_RO_Limit      /*将 Flash 中 rodata 段结束地址送 r0*/
LDR      r1, = Image_RW_Base       /*将 SDRAM 中 data 段的起始地址送 r1*/
LDR      r3, = Image_ZI_Base       /*将 SDRAM 中 bess 段的起始地址送 r3

CMP      r0, r1                    /*r0-r1*/
```

```
    BEQ        F1
/*F0 循环将 Flash 中的 data 数据逐一送至 r2 中，再从 r2 送至 SDRAM 中的对应位置*/
F0:
    CMP        r1, r3              /*r1-r3 */
    LDRCC      r2, [r0], #4        /*若 r1<r3,将 Flash 中 data 段的第一个字数据送 r2,r0←r0+4*/
    STRCC      r2, [r1], #4        /*若 r1<r3,r2 送 SDRAM 中 data 段的第一个位置, r1←r1+4*/
    BCC        F0                  /*若 r1<r3,跳转至 F0*/
F1:
    LDR        r1, = Image_ZI_Limit    /*Top of zero init segment*/
    MOV        r2, #0
/*F2 循环将 SDRAM 中的 bss 段清零*/
F2:
    CMP        r3, r1              /*Zero init*/
    STRCC      r2, [r3], #4
    BCC        F2
```

上述代码利用寄存器 r2 为中转站，将.data 段内的数据搬至其中，再取出传送到 SDRAM 中，可用图 8.4 帮助理解。

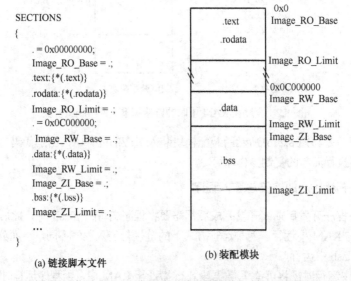

(a) 链接脚本文件　　　　　　　　　(b) 装配模块

图 8.3　代码在 Flash 中运行时的链接脚本文件与装配模块

(2) 代码在 RAM 中运行

代码放在 RAM 运行时，需将烧写在 Flash 中的.text、.rodata 及.data 重新链接，并全部复制到 RAM 中。链接脚本文件如图 8.5(a) 所示，产生的装配模块如图 8.5(b) 所示。

各段烧写在 Flash 中的位置如图 8.6(a) 上部所示，.text 段从 0x0 处开始烧，其次是.data 段与.rodata 段。装入程序需要从 Flash 中将它们复制到 SDRAM 中。

装入程序如下：

```
    LDR    r0, = 0x0
    LDR    r1, = Image_RO_Base
    LDR    r3, = Image_ZI_Limit
```

```
LoopRw:
    cmp      r1, r3
    ldrcc    r2, [r0], #4
    strcc    r2, [r1], #4
    bcc      LoopRw
```

上述装入程序可用图 8.6 帮助理解。

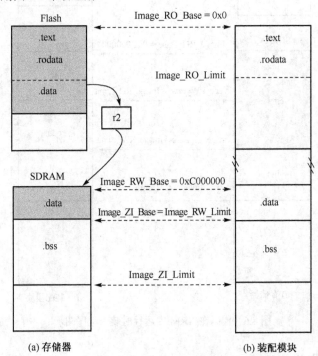

(a) 存储器　　　　　　　　　　　(b) 装配模块

图 8.4　代码在 Flash 中运行时的装入程序图示

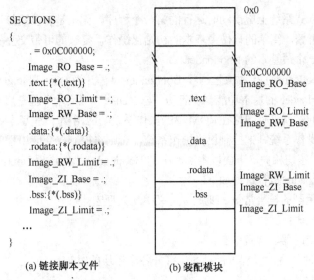

(a) 链接脚本文件　　　　(b) 装配模块

图 8.5　代码在 ARM 中运行时的链接脚本文件与装配模块

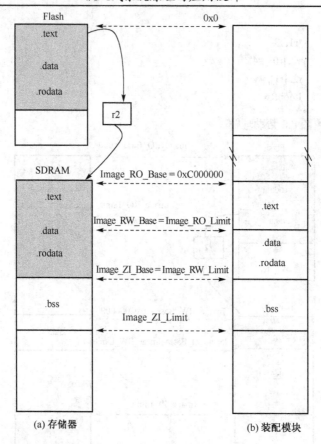

图 8.6　代码在 ARM 中运行时装入程序图示

8.3　启动程序 Bootloader

Bootloader 是嵌入式系统上电启动时运行的第一个程序，无论是有核系统还是无核系统都离不开它。Bootloader 可简可繁，简单的只做最基本的初始化操作，复杂的可带交互界面、串口与网络接口等功能，本节仅介绍一个最基本的 Bootloader。

一个最基本的 Bootloader 应该做哪些事？Bootloader 可拆开为 Boot 和 loader，前者为"启动"，后者为"加载"，故 Bootloader 的基本功能是"启动"与"加载"。"启动"就是启动嵌入式系统，其实是进行初始化操作。"加载"就是将固化在 ROM 中的操作系统与应用程序等代码及系统参数复制到 RAM 中。加载完后，若有操作系统则把控制权交操作系统，否则将控制权交应用程序。

Bootloader 与硬件密切相关，下面以本实例中的 Bootloader 为例讲授 Bootloader 的设计。

本实例中的 Bootloader 执行过程如下：

（1）声明程序中用到的符号常量、变量，定义中断处理宏；

（2）构建中断向量表；

（3）关闭看门狗定时器、屏蔽中断；

（4）设置 PLL 锁时长度，设置时钟频率，打开各个模块的时钟；

（5）初始化 BDMA；

（6）初始化 SDRAM；

（7）初始化堆栈；

（8）将 IRQ 非矢量模式处理程序 IsrIRQ 入口地址放入 HandleIRQ 指向的地址中，为处理 IRQ 非矢量模式中断做准备；

（9）复制可读/写数据段.data 进 SDRAM 中，初始化数据段.bss；

（10）跳转到 C 程序的入口 main( )，将控制权交应用程序。

下面是 Bootloader 的完整代码：

```
#声明与中断控制寄存器相应的符号常量
.equ    INTPND,        0x01e00004
.equ    INTMOD,        0x01e00008
.equ    INTMSK,        0x01e0000c
.equ    I_ISPR,        0x01e00020
.equ    I_CMST,        0x01e0001c
#声明与看门狗定时器寄存器相应的符号常量
.equ    WTCON,         0x01d30000
#声明与时钟控制寄存器相应的符号常量
.equ    PLLCON,        0x01d80000
.equ    CLKCON,        0x01d80004
.equ    LOCKTIME,      0x01d8000c
#声明与存储器控制寄存器相应的符号常量
.equ    REFRESH,       0x01c80024
#声明与 BDMA 控制寄存器相应的符号常量
.equ    BDIDES0,       0x1f80008
.equ    BDIDES1,       0x1f80028
#声明一些与工作模式相关的符号常量
.equ    USERMODE,      0x10
.equ    FIQMODE,       0x11
.equ    IRQMODE,       0x12
.equ    SVCMODE,       0x13
.equ    ABORTMODE,     0x17
.equ    UNDEFMODE,     0x1b
.equ    MODEMASK,      0x1f
.equ    NOINT,         0xc0
.equ    IRQ_MODE,      0x40            /*禁用 IRQ 中断的常量*/
.equ    FIQ_MODE,      0x80            /*禁用 FIQ 中断的常量*/
#下面伪操作定义了一个中断处理宏
.macro HANDLER HandleLabel
    sub     sp,sp,#4
    stmfd   sp!,{r0}
    ldr     r0, = \HandleLabel
    ldr     r0,[r0]
    str     r0,[sp,#4]
    ldmfd   sp!,{r0,pc}
.endm
#下面伪操作声明几个其他文件中用到的变量
```

```
.extern        Image_RO_Limit        /*End of ROM code（= start of ROM data)*/
.extern        Image_RW_Base         /*Base of RAM to initialise*/
.extern        Image_ZI_Base         /*Base and limit of area*/
.extern        Image_ZI_Limit        /*to zero initialise*/
.extern Main                         /*The main entry of mon program*/
.text          ; 此伪操作表示代码段从此开始
ENTRY:
#构建中断向量表，处理器响应中断时才会进入此表中取指执行
b ResetHandler                       /*复位中断向量           */
b HandlerUndef                       /*未定义异常中断向量     */
b HandlerSWI                         /*软中断中断向量*/
b HandlerPabort                      /*预取指令中止异常中断向量*/
b HandlerDabort                      /*取数据中止异常中断向量*/
b .                                  /*保留        */
b HandlerIRQ                         /*IRQ 中断中断向量*/
b HandlerFIQ                         /*FIQ 中断中断向量*/
VECTOR_BRANCH:
ldr pc, = HandlerEINT0               /*外部中断 0 矢量模式中断向量*/
ldr pc, = HandlerEINT1               /*外部中断 1 矢量模式中断向量*/
ldr pc, = HandlerEINT2               /*外部中断 2 矢量模式中断向量*/
ldr pc, = HandlerEINT3               /*外部中断 3 矢量模式中断向量*/
ldr pc, = HandlerEINT4567            /*外部中断 4567 矢量模式中断向量*/
ldr pc, = HandlerTICK                /*TICK 中断矢量模式中断向量*/
b .
b .
ldr pc, = HandlerZDMA0               /*ZDMA0 中断矢量模式中断向量*/
ldr pc, = HandlerZDMA1               /*ZDMA1 中断矢量模式中断向量*/
ldr pc, = HandlerBDMA0               /*BDMA0 中断矢量模式中断向量*/
ldr pc, = HandlerBDMA1               /*BDMA1 中断矢量模式中断向量*/
ldr pc, = HandlerWDT                 /*WDT 中断矢量模式中断向量*/
ldr pc, = HandlerUERR01              /*UERR01 中断矢量模式中断向量*/
b .
b .
ldr pc, = HandlerTIMER0              /*TIMER0 中断矢量模式中断向量*/
ldr pc, = HandlerTIMER1              /*TIMER1 中断矢量模式中断向量*/
ldr pc, = HandlerTIMER2              /*TIMER2 中断矢量模式中断向量*/
ldr pc, = HandlerTIMER3              /*TIMER3 中断矢量模式中断向量*/
ldr pc, = HandlerTIMER4              /*TIMER4 中断矢量模式中断向量*/
ldr pc, = HandlerTIMER5              /*TIMER5 中断矢量模式中断向量*/
b .
b .
ldr pc, = HandlerURXD0               /*URXD0 中断矢量模式中断向量*/
ldr pc, = HandlerURXD1               /*URXD1 中断矢量模式中断向量*/
ldr pc, = HandlerIIC                 /*IIC 中断矢量模式中断向量*/
ldr pc, = HandlerSIO                 /*SIO 中断矢量模式中断向量*/
```

```
        ldr pc, = HandlerUTXD0          /*UTXD0 中断矢量模式中断向量*/
        ldr pc, = HandlerUTXD1          /*UTXD1 中断矢量模式中断向量*/
        b .
        b .
        ldr pc, = HandlerRTC            /*RTC 中断矢量模式中断向量*/
        b .
        b .
        b .
        b .
        b .
        b .
        ldr pc, = HandlerADC            /*ADC 中断矢量模式中断向量*/
        b .
        b .
        b .
        b .
        b .
        b .
@0xe0 = EnterPWDN
        ldr pc, = EnterPWDN
@       .ltorg
        .align
#下面代码为宏调用，处理器响应中断时才会被调用运行
HandlerFIQ:         HANDLER HandleFIQ
HandlerIRQ:         HANDLER HandleIRQ
HandlerUndef:       HANDLER HandleUndef
HandlerSWI:         HANDLER HandleSWI
HandlerDabort:      HANDLER HandleDabort
HandlerPabort:      HANDLER HandlePabort
HandlerADC:         HANDLER HandleADC
HandlerRTC:         HANDLER HandleRTC
HandlerUTXD1:       HANDLER HandleUTXD1
HandlerUTXD0:       HANDLER HandleUTXD0
HandlerSIO:         HANDLER HandleSIO
HandlerIIC:         HANDLER HandleIIC
HandlerURXD1:       HANDLER HandleURXD1
HandlerURXD0:       HANDLER HandleURXD0
HandlerTIMER5:      HANDLER HandleTIMER5
HandlerTIMER4:      HANDLER HandleTIMER4
HandlerTIMER3:      HANDLER HandleTIMER3
HandlerTIMER2:      HANDLER HandleTIMER2
HandlerTIMER1:      HANDLER HandleTIMER1
HandlerTIMER0:      HANDLER HandleTIMER0
```

```
HandlerUERR01: HANDLER HandleUERR01
HandlerWDT:     HANDLER HandleWDT
HandlerBDMA1:  HANDLER HandleBDMA1
HandlerBDMA0:  HANDLER HandleBDMA0
HandlerZDMA1:  HANDLER HandleZDMA1
HandlerZDMA0:  HANDLER HandleZDMA0
HandlerTICK:    HANDLER HandleTICK
HandlerEINT4567:HANDLER HandleEINT4567
HandlerEINT3:   HANDLER HandleEINT3
HandlerEINT2:   HANDLER HandleEINT2
HandlerEINT1:   HANDLER HandleEINT1
HandlerEINT0:   HANDLER HandleEINT0
#****************************************************
```

\#下面代码处理 IRQ 中断的非矢量模式。若将 IRQ 设置为非矢量模式，则当处理器响应 IRQ 中
\#断时便会来运行此段代码。此段代码的功能是从 IRQ 中断服务挂起寄存器 I_ISPR 中将当前正
\#在响应的中断源找出来，然后跳转到其对应的中断服务程序处

```
#****************************************************
IsrIRQ:
    sub      sp,sp,#4
    stmfd    sp!,{r8-r9}
    ldr      r9, = I_ISPR
    ldr      r9,[r9]
    cmp      r9, #0x0
    beq      l2
    mov      r8,#0x0
l0:
    movs     r9,r9,lsr #1
    bcs      l1
    add      r8,r8,#4
    b        l0
l1:
    ldr      r9, = HandleADC
    add      r9,r9,r8
    ldr      r9,[r9]
    str      r9,[sp,#8]
    ldmfd    sp!,{r8-r9,pc}
l2:
    ldmfd    sp!,{r8-r9}
    add      sp,sp,#4
    subs     pc,lr,#4
#****************************************************
```

\#下面为上电启动时执行的代码
```
#****************************************************
ResetHandler:
# 关闭看门狗定时器
```

```
        ldr         r0, = WTCON
        ldr         r1, = 0x0
        str         r1,[r0]
# 屏蔽中断，系统才启动，未准备好，不能响应中断
        ldr         r0, = INTMSK
        ldr         r1, = 0x07ffffff
        str         r1,[r0]
# 设置 PLL 锁时长度
        ldr         r0, = LOCKTIME
        ldr         r1, = 0xfff
        str         r1,[r0]
# 设置时钟频率
.if PLLONSTART
        ldr         r0, = PLLCON
        ldr         r1, = ((M_DIV<<12)+(P_DIV<<4)+S_DIV)
        str         r1,[r0]
.endif
# 打开各个模块的时钟
        ldr         r0, = CLKCON
        ldr         r1, = 0x7ff8
        str         r1,[r0]
# 初始化 BDMA
        ldr         r0, = BDIDES0
        ldr         r1, = 0x40000000
        str         r1,[r0]
        ldr         r0, = BDIDES1
        ldr         r1, = 0x40000000
        str         r1,[r0]
#   初始化存储器 SDRAM
        ldr         r0, = SMRDATA
        ldmia       r0,{r1-r13}
        ldr         r0, = 0x01c80000
        stmia       r0,{r1-r13}
# 初始化堆栈
        ldr         sp, = SVCStack
        bl          InitStacks
# 将 IRQ 非矢量模式处理程序 IsrIRQ 入口地址放入 HandleIRQ 指向的地址中
# 为处理 IRQ 非矢量模式中断做准备
        ldr         r0, = HandleIRQ
        ldr         r1, = IsrIRQ
        str         r1,[r0]
# 复制可读/写数据段.data 进 SDRAM 中，初始化数据段.bss
        LDR         r0, = Image_RO_Limit
        LDR         r1, = Image_RW_Base
        LDR         r3, = Image_ZI_Base
```

```
        CMP         r0, r1
        BEQ         F1
F0:
        CMP         r1, r3
        LDRCC       r2, [r0], #4
        STRCC       r2, [r1], #4
        BCC         F0
F1:
        LDR         r1, = Image_ZI_Limit
        MOV         r2, #0
F2:
        CMP         r3, r1                  /*Zero init*/
        STRCC       r2, [r3], #4
        BCC         F2
```

开中断

```
 MRS r0, CPSR
 BIC  r0, r0, #NOINT
 MSR CPSR_cxsf, r0
```

跳转到 C 程序的入口 main( )，将控制权交应用程序

```
        BL   Main
        B    .
```

初始化堆栈的子程序

```
InitStacks:
        mrs         r0,cpsr
        bic         r0,r0,#MODEMASK
        orr         r1,r0,#UNDEFMODE
        msr         cpsr_cxsf,r1
        ldr         sp, = UndefStack
        orr         r1,r0,#ABORTMODE|NOINT
        msr         cpsr_cxsf,r1
        ldr         sp, = AbortStack
        orr         r1,r0,#IRQMODE|FIQ_MODE
        msr         cpsr_cxsf,r1
        ldr         sp, = IRQStack
        orr         r1,r0,#FIQMODE|IRQ_MODE
        msr         cpsr_cxsf,r1
        ldr         sp, = FIQStack
        bic         r0,r0,#MODEMASK
        orr         r1,r0,#SVCMODE
        msr         cpsr_cxsf,r1
        ldr         sp, = SVCStack
        mov         pc,lr
```

电源管理子程序

```
#void EnterPWDN(int CLKCON);
EnterPWDN:
```

```
        mov        r2,r0
        ldr        r0, = REFRESH
        ldr        r3,[r0]
        mov        r1, r3
        orr        r1, r1, #0x400000
        str        r1, [r0]
        nop
        nop
        nop
        nop
        nop
        nop
        nop
        ldr        r0, = CLKCON
        str        r2,[r0]
        ldr        r0, = 0x10
U0:     subs       r0,r0,#1
        bne        U0
        ldr        r0, = REFRESH
        str        r3,[r0]
        mov        pc,lr
# 下面为存储器控制寄存器的配置参数
        .ltorg
SMRDATA:
.ifeq BUSWIDTH-16
        .long 0x11110102           /*Bank0 = 16bit BootRom（AT29C010A*2）:0x0*/
.else
        .long 0x22222220           /*Bank0 = OM[1:0], Bank1~Bank7 = 32bit        */
.endif
        .long（(B0_Tacs<<13)+(B0_Tcos<<11)+(B0_Tacc<<8)+(B0_Tcoh<<6)+(B0_Tah<<4)+(B0_Tacp<<2)
+(B0_PMC)）    /*GCS0*/
        .long （(B1_Tacs<<13)+(B1_Tcos<<11)+(B1_Tacc<<8)+(B1_Tcoh<<6)+(B1_Tah<<4)+(B1_Tacp<<2)+
(B1_PMC)）     /*GCS1*/
        .long （(B2_Tacs<<13)+(B2_Tcos<<11)+(B2_Tacc<<8)+(B2_Tcoh<<6)+(B2_Tah<<4)+(B2_Tacp<<2)+
(B2_PMC)）     /*GCS2*/
        .long （(B3_Tacs<<13)+(B3_Tcos<<11)+(B3_Tacc<<8)+(B3_Tcoh<<6)+(B3_Tah<<4)+(B3_Tacp<<2)+
(B3_PMC)）     /*GCS3*/
        .long （(B4_Tacs<<13)+(B4_Tcos<<11)+(B4_Tacc<<8)+(B4_Tcoh<<6)+(B4_Tah<<4)+(B4_Tacp<<2)+
(B4_PMC)）     /*GCS4*/
        .long （(B5_Tacs<<13)+(B5_Tcos<<11)+(B5_Tacc<<8)+(B5_Tcoh<<6)+(B5_Tah<<4)+(B5_Tacp<<2)+
(B5_PMC)）     /*GCS5*/
    .ifc "DRAM",BDRAMTYPE
        .long （(B6_MT<<15)+(B6_Trcd<<4)+(B6_Tcas<<3)+(B6_Tcp<<2)+(B6_CAN)） /*GCS6
check the MT value in parameter.a*/
        .long （(B7_MT<<15)+(B7_Trcd<<4)+(B7_Tcas<<3)+(B7_Tcp<<2)+(B7_CAN)）   /*GCS7        */
    .else
        .long （(B6_MT<<15)+(B6_Trcd<<2)+(B6_SCAN)）  /*GCS6*/
```

```
            .long（(B7_MT<<15)+(B7_Trcd<<2)+(B7_SCAN)）  /*GCS7*/
        .endif
            .long （(REFEN<<23)+(TREFMD<<22)+(Trp<<20)+(Trc<<18)+(Tchr<<16)+REFCNT）  /*REFRESH
RFEN = 1, TREFMD = 0, trp = 3clk, trc = 5clk, tchr = 3clk,count = 1019*/
            .long 0x10              /*SCLK power down mode, BANKSIZE 32M/32M*/
            .long 0x20              /*MRSR6 CL = 2clk                       */
            .long 0x20              /*MRSR7                                 */
    # 下面伪操作设置各个工作模式下堆栈的堆顶位置
    .equ UserStack, _ISR_STARTADDRESS-0xf00             /*c7ff000*/
    .equ SVCStack, _ISR_STARTADDRESS-0xf00+256          /*c7ff100*/
    .equ UndefStack, _ISR_STARTADDRESS-0xf00+256*2      /*c7ff200*/
    .equ AbortStack, _ISR_STARTADDRESS-0xf00+256*3      /*c7ff300*/
    .equ IRQStack, _ISR_STARTADDRESS-0xf00+256*4        /*c7ff400*/
    .equ FIQStack, _ISR_STARTADDRESS-0xf00+256*5        /*c7ff500*/
    # 下面伪操作设置了 7 种异常中断处理程序的入口地址
    .equ HandleReset, _ISR_STARTADDRESS
    .equ HandleUndef, _ISR_STARTADDRESS+4
    .equ HandleSWI, _ISR_STARTADDRESS+4*2
    .equ HandlePabort, _ISR_STARTADDRESS+4*3
    .equ HandleDabort, _ISR_STARTADDRESS+4*4
    .equ HandleReserved, _ISR_STARTADDRESS+4*5
    .equ HandleIRQ, _ISR_STARTADDRESS+4*6
    .equ HandleFIQ, _ISR_STARTADDRESS+4*7
    # 下面伪操作设置 26 个中断源(中断线)的中断处理程序入口地址
    .equ   HandleADC,      _ISR_STARTADDRESS+4*8
    .equ   HandleRTC,      _ISR_STARTADDRESS+4*9
    .equ   HandleUTXD1,    _ISR_STARTADDRESS+4*10
    .equ   HandleUTXD0,    _ISR_STARTADDRESS+4*11
    .equ   HandleSIO,      _ISR_STARTADDRESS+4*12
    .equ   HandleIIC,      _ISR_STARTADDRESS+4*13
    .equ   HandleURXD1,    _ISR_STARTADDRESS+4*14
    .equ   HandleURXD0,    _ISR_STARTADDRESS+4*15
    .equ   HandleTIMER5,   _ISR_STARTADDRESS+4*16
    .equ   HandleTIMER4,   _ISR_STARTADDRESS+4*17
    .equ   HandleTIMER3,   _ISR_STARTADDRESS+4*18
    .equ   HandleTIMER2,   _ISR_STARTADDRESS+4*19
    .equ   HandleTIMER1,   _ISR_STARTADDRESS+4*20
    .equ   HandleTIMER0,   _ISR_STARTADDRESS+4*21
    .equ   HandleUERR01,   _ISR_STARTADDRESS+4*22
    .equ   HandleWDT,      _ISR_STARTADDRESS+4*23
    .equ   HandleBDMA1,    _ISR_STARTADDRESS+4*24
    .equ   HandleBDMA0,    _ISR_STARTADDRESS+4*25
    .equ   HandleZDMA1,    _ISR_STARTADDRESS+4*26
    .equ   HandleZDMA0,    _ISR_STARTADDRESS+4*27
    .equ   HandleTICK,     _ISR_STARTADDRESS+4*28
    .equ   HandleEINT4567, _ISR_STARTADDRESS+4*29
    .equ   HandleEINT3,    _ISR_STARTADDRESS+4*30
```

```
       .equ   HandleEINT2,   _ISR_STARTADDRESS+4*31
       .equ   HandleEINT1,   _ISR_STARTADDRESS+4*32
       .equ   HandleEINT0,   _ISR_STARTADDRESS+4*33              /*0xc1(c7)fff84*/
       .end
```

8.4　单任务应用程序

　　单任务结构是无操作系统时的嵌入式软件结构，也称无核结构、前后台结构或超循环结构。在单任务结构中，应用程序是一个无限循环，循环中调用相应函数来完成所需的操作。异步事件由中断服务程序处理，但中断服务程序只处理比较急迫的事或设置一个标志变量，而将耗时的操作放到循环体中来完成，以减小关中断时间。

　　第 6 章虚构了一个需求，并给出了实现此需求的单任务应用程序的结构，如图 6.7 所示。本节将给出其具体实现，其中涉及硬件与底层驱动时，参见第 7 章相关部分，此处不再重复。另外，需要说明的是，此处给出的仅是应用程序的主要部分。

```
int led_int = 0;      /*led 中断标志位*/
int key_int;          /*键盘中断标志位*/
void timer_Int(void) __attribute__((interrupt("IRQ")));/*声明 timer_Int() 为中断处理程序*/
void KeyboardInt(void) __attribute__((interrupt("IRQ")));/*声明 KeyboardInt() 为中断处理程序*/
void init();// 初始化 I/O 口与串口
void timer_init(void);/*定时器 0 初始化程序，参见 7.10.1，需做部分修改*/
void Lcd_Init(void);/*LCD 初始化程序，参见 7.14.4，需做部分修改*/
void ProcessLED();/*LED 处理函数*/
void ProcessKey();/*键盘处理函数*/
void ProcessLCD();/*LCD 移动显示字符函数*/
void Process8LED(); /*8 段数码管循环显示字符*/
/*主函数，Bootloader 完成基本初始化后即跳转到此执行*/
void main(void)
{
    init();// 初始化 I/O 口与串口
    timer_init(void);              // 初始化定时器
    init_keyboard();               // 初始化键盘
    Lcd_Init(void);                // 初化 LCD
    /*大循环，循环中调用相应函数完成所需的操作*/
    while(1)
    {
        if(led_int)
        {
            ProcessLED();  // LED 闪烁
            led_int = 0;
        }
        if(key_int)
        {
            ProcessKey();   // 读出被按下的键
            key_int = 0;
        }
```

```
            ProcessLCD();            // LCD 滚动显示字符
            Process8LED();           // 8 段数码管循环显示字符
    }
}
void ProcessLED()
{
    led1_state = ~led1_state;        // 状态取反
    if(led1_state) led1_on();        // 根据 led1_state 状态决定是点亮还是关闭 led1
    else led1_off();
}
/*点亮 led1 函数*/
void led1_on()
{
    led_state = led_state | 0x1;
    Led_Display(led_state);
}
/*关闭 led1 函数*/
void led1_off()
{
    led_state = led_state & 0xfe;
    Led_Display(led_state);
}
void Led_Display(int LedStatus)
{
    led_state = LedStatus;

    if((LedStatus&0x01) == 0x01)
            rPDATB = rPDATB&0x5ff;
    else
            rPDATB = rPDATB|0x200;

    if((LedStatus&0x02) == 0x02)
            rPDATB = rPDATB&0x3ff;
    else
            rPDATB = rPDATB|0x400;
}
/*timer0 中断处理程序*/
void timer_Int(void)
{
    rI_ISPC = BIT_TIMER0;            // 清除挂起标志位，为处理下次中断做准备
    led_int = 1;                     // 设置中断标志 led_int 有效
}
/*清 LCD 缓冲区*/
void Lcd_Active_Clr(void)
{
    INT32U i;
    INT32U *pDisp = (INT32U *)LCD_ACTIVE_BUFFER;
```

```
        for(i = 0; i < (SCR_XSIZE*SCR_YSIZE/2/4); i++)
        {
                *pDisp++ = WHITE;
        }
}
int x = 1,y = 1;                              // 字符串的显示位置
/*Lcd 滚动显示字符*/
void ProcessLCD()
{
    Lcd_Active_Clr();
    x = x+5;
    if(x == 320) x = 5;
    y = y+5;
    if(y == 240) y = 5;
    Lcd_DspAscII6x8 (x,y,DARKGRAY," Hello World ");  /*源码参见 7.14.4*/
    Delay(500);
}
/*keyboard 中断处理函数*/
void KeyboardInt(void)
{
    rI_ISPC = BIT_EINT1;                     // 清除中断标志位
    rEXTINTPND = 0xf;                        // 清除 EXTINTPND
    key_int = 1;                             // 键盘中断标志有效
}
/*键盘处理函数*/
void ProcessKey()
{
    int value;
    value = key_read();                      /*读键盘值，源码参见 7.11*/
    if(value > -1)
    {
        Uart_Printf("Key is:%x \n",value);   /*串口输出有效字符，在超级终端上显示*/
    }
}
int E_leds = 0;                              /*当前显示字符的十六进制值*/
/*循环显示十六进制字符*/
void Process8LED(void)
{
    E_leds = (E_leds+1)%16;                  /*字符的范围为 0~15，对 16 取模*/
    Digit_Led_Symbol(E_leds);                /*显示字符，代码参见 7.12*/
}
```

8.5　多任务应用程序

　　嵌入式系统使用操作系统核时的软件结构为多任务结构。多任务结构软件可分为三层，应用程序在最上层，中间是操作系统，最下层是底层驱动程序。应用程序通过操作系统调用底层驱动程序完成所需

的操作。第 6 章已给出了完成 4 件事的多任务应用程序结构，如图 6.12 所示，本节将给出其具体实现，操作系统核为第 5 章介绍的 μC/OS-II。另外，需要说明的是，此处给出的仅是应用程序的主要部分。

```c
#define STACKSIZE 128              // 定义堆栈尺寸
unsigned int Stack1[STACKSIZE];    // 任务 1 堆栈
unsigned int Stack2[STACKSIZE];    // 任务 2 堆栈
unsigned int Stack3[STACKSIZE];    // 任务 3 堆栈
unsigned int Stack4[STACKSIZE];    // 任务 4 堆栈
unsigned int StackMain[STACKSIZE]; // 任务 TaskStart 堆栈
extern int key_int; /*键盘中断标志位*/
/*任务 1 代码，让 led1 闪烁*/
void Task1(void *Id)
{
    led2_off();
    while(1)
    {
        led1_on();
        OSTimeDly(1000);
        led1_off();
        OSTimeDly(1000);
    }
}
/*任务 2 代码，读取被按下的键*/
void Task2(void *Id)
{
    int value;
    while(1)
    {
    if(key_int)
    {
        key_int = 0;
            value = key_read();/*读取被按下的键，参见 7.11*/
            if(value > -1)
            {
            OSSemPend(UART_sem, 0, &err);// 申请信号量，参见 5.7.3
                uHALr_printf("Key is:%x \n",value);/*超级终端上显示键*/
                OSSemPost(UART_sem);// 发送信号量，参见 5.7.3
            }
        }
            OSTimeDly(144);
    }
}
/*任务 3 代码，让 8 段数码滚动显示字符*/
void Task3(void *Id)
{
    int i;
    while(1)
```

```
    {
            for(i = 0; i<16; i++)
            {
                    Digit_Led_Symbol(i);// 显示字符 i，参见 7.12
                    OSTimeDly(702);
            }
    }
}
/*任务 4 代码，在 LCD 屏上移动显示字符*/
void Task4(void *Id)
{
    int i;
    while(1)
    {
            ProcessLCD();// LCD 上滚动显示字符，参见上节
            OSTimeDly(2001);
    }
}
/*TaskStart 创建 4 个任务，完后删除自己*/
void TaskStart (void *i)
{
    char Id1 = '1';
    char Id2 = '2';
    char Id3 = '3';
    char Id4 = '4';
    UART_sem = OSSemCreate(1);         // 创建信号量，并初始化为 1
    uHALr_InitTimers();                // enable timer counter interrupt
    OSTaskCreate(Task1, (void *)&Id1, &Stack1[STACKSIZE - 1], 1);// 创建任务 1
    OSTaskCreate(Task2, (void *)&Id2, &Stack2[STACKSIZE - 1], 2);// 创建任务 2
    OSTaskCreate(Task3, (void *)&Id3, &Stack4[STACKSIZE - 1], 3);// 创建任务 3
    OSTaskCreate(Task4, (void *)&Id4, &Stack5[STACKSIZE - 1], 4);// 创建任务 4
    OSTaskDel(OS_PRIO_SELF);           // 删除自己
}
void Main(void)
{
    char Id0 = '4';
    ARMTargetInit();                   // CPU 相关初始化，与开发板有关
    init_keyboard();                   // 键盘相关初始化，参见 7.11
    Lcd_Init();                        // LCD 相关初始化，参见 7.14.4
    /*μC/OS 部分*/
    OSInit();// 初始化 μC/OS-II，参见 5.3
    OSTimeSet(0);
    /*创建第一个用户任务 TaskStart*/
    OSTaskCreate(TaskStart,(void *)0, &StackMain[STACKSIZE - 1], 0);
    /*启动 μC/OS-II，参见 5.4*/
    OSStart();
}
```

8.6　本章小结

本章讲授了二进制可执行文件的产生，链接与装入程序，启动程序 Bootloader 及单任务与多任务应用程序的实现。

高级语言编写的程序通常需经过预处理、编译、汇编与链接 4 个阶段才能产生二进制可执行代码。预处理阶段将头文件中库函数的声明包含进来，编译阶段将 C 语言程序编译为汇编程序，汇编阶段将汇编语言程序汇编为目标代码，链接阶段将目标代码链接成装配模块，装入内存对应位置便可执行。

在嵌入式应用程序开发初期，通常不烧写 Flash，把程序的代码段与各种数据段都放在 RAM 中，在 RAM 中运行程序。在开发后期或开发完成后，需要将程序烧写到 Flash 中，此时有两种执行方式：一种是让代码在 Flash 中运行，但需将.data 复制到 RAM 中，另一种是将整个程序都复制进 RAM 中运行。

Bootloader 是嵌入式系统上电启动时运行的第一个程序，基本功能是"启动"与"加载"。"启动"就是进行初始化操作。"加载"就是将固化在 ROM 中的操作系统与应用程序等代码及系统参数复制到 RAM 中。加载完后，若有操作系统则把控制权交操作系统，否则将控制权交应用程序。Bootloader 与硬件密切相关。

单任务结构是无操作系统时的嵌入式软件结构，也称无核结构、前后台结构或超循环结构。在单任务结构中，应用程序是一个无限循环，循环中调用相应函数来完成所需的操作。异步事件由中断服务程序处理，但中断服务程序只处理比较急迫的事或设置一个标志变量，而将耗时的操作放到循环体中来完成，以减小关中断时间。本章给出了第 6 章提出的单任务应用程序结构的具体实现。

多任务结构为使用操作系统核时的软件结构。多任务结构软件可分为三层，应用程序在最上层，中间是操作系统，最下层是底层驱动程序。第 6 章提出了完成 4 件事的多任务应用程序结构，本章给出了具体实现。

习题与思考题

8.1　从 C 语言程序到二进制可执行程序需经过哪些阶段？每个阶段的功能是什么？

8.2　在本章给出的 Bootloader 中，系统上电或复位启动时代码的执行路径如何？

8.3　若中断类型设置为 IRQ，则在非矢量与矢量模式下的执行路径分别如何？

8.4　连接脚本文件的功能是什么？

8.5　在单任务结构程序与多任务结构程序中都做了 4 件事，为何称前者为单任务而后者为多任务？

参 考 文 献

[1] ARM 公司. ARM Architecture Reference Manual. 2000.

[2] SAMSUNG.公司. S3C44B0X_datasheet.pdf.

[3] 杜春蕾. ARM 体系结构与编程. 北京：清华大学出版社，2003.

[4] 田泽. 嵌入式系统开发与应用教程. 北京：北京航空航天大学出版社，2005.

[5] 胥静. 嵌入式系统设计开发实例详解. 北京：北京航空航天大学出版社，2005.

[6] 赵星. 从 51 到 ARM—32 位嵌入式系统入门. 北京：北京航空航天大学出版社，2005.

[7] Tammy Noergaard. 马洪兵，谷源涛译. 嵌入式系统硬件与软件架构. 北京：人民邮电出版社，2008.

[8] Frank Vahid Tony Givargis. 骆丽译. 嵌入式系统设计. 北京：北京航空航天大学出版社，2004.

[9] Jean.J. Labrosse. 邵贝贝等译. 嵌入式实时操作系统μC/OS-II(第 2 版). 北京：北京航空航天大学出版社，2003.

[10] 任哲. 嵌入式实时操作系统μC/OS-II 原理及应用(第 2 版). 北京：北京航空航天大学出版社，2009.

反侵权盗版声明

电子工业出版社依法对本作品享有专有出版权。任何未经权利人书面许可，复制、销售或通过信息网络传播本作品的行为；歪曲、篡改、剽窃本作品的行为，均违反《中华人民共和国著作权法》，其行为人应承担相应的民事责任和行政责任，构成犯罪的，将被依法追究刑事责任。

为了维护市场秩序，保护权利人的合法权益，我社将依法查处和打击侵权盗版的单位和个人。欢迎社会各界人士积极举报侵权盗版行为，本社将奖励举报有功人员，并保证举报人的信息不被泄露。

举报电话：（010）88254396；（010）88258888
传　　真：（010）88254397
E-mail：　dbqq@phei.com.cn
通信地址：北京市海淀区万寿路 173 信箱
　　　　　电子工业出版社总编办公室
邮　　编：100036